TRAITÉ

THÉORIQUE ET PRATIQUE

DU

MAGNÉTISME ANIMAL.

TRAITÉ

THÉORIQUE ET PRATIQUE

DU

MAGNÉTISME ANIMAL

OU

MÉTHODE FACILE

POUR APPRENDRE A MAGNÉTISER,

PAR

J.-J.-A. RICARD,

Directeur du Journal du Magnétisme, professeur à l'Athénée royal de Paris.

> C'est un devoir pour moi d'exposer les vérités dont j'ai la certitude, sans m'inquiéter du jugement des incrédules.
>
> DELEUZE.

PARIS.

GERMER BAILLIÈRE, LIBRAIRE-ÉDITEUR,

RUE DE L'ÉCOLE-DE-MÉDECINE, 17;

LONDRES,	LYON,
H. Baillière , 219, Regent street.	Savy, 43, quai des Célestins.
LEIPZIG,	FLORENCE,
Brockhaus et Avenarius, Michelsen.	Ricordi et Cie, libraires.

MONTPELLIER. Castel, Sevalle.

1841

AVANT-PROPOS.

L'ouvrage que je viens offrir au public est le développement mis en ordre de ce que j'ai déjà écrit dans
quelques opuscules et dans certains journaux.

J'ai cru devoir faire précéder mes instructions d'un
Précis historique du Magnétisme, depuis Mesmer
jusqu'à présent, afin que les personnes encore étrangères à cette science et qui désirent s'en occuper,
puissent connaître tous les obstacles que les magnétiseurs ont eus à surmonter pour se tenir contre le
préjugé général et la mauvaise foi de leurs antagonistes. J'ai pensé aussi qu'il serait utile de donner la
relation de quelques faits remarquables et récemm-
ment obtenus, outre ceux qui sont disséminés dans
la deuxième partie de ce livre; j'en ai donc fait une
section à part, dans laquelle se trouvent quelques
considérations intéressantes.

a

J'ai arrangé mes leçons de façon que l'homme du monde, aussi bien que le philosophe habitué aux études sérieuses, puisse, sans autre secours, se rendre compte d'une science jusqu'ici incompréhensible pour le plus grand nombre ; et, afin de faciliter à chacun les opérations magnétiques, seules capables de déterminer la croyance de bien des gens, j'ai développé largement la partie pratique, en citant à l'appui de mes opinions des faits remarquables dont la relation doit être, à mon avis, d'une haute importance pour toute personne qui aura le désir d'expérimenter.

La théorie que je publie aujourd'hui et les moyens pratiques que j'enseigne, sont le résultat de mes études et de mes observations consciencieuses.

Si quelques uns des phénomènes que je signale paraissent prodigieux même à certains magnétiseurs, je prie ceux des praticiens que la nature a doués d'une énergie supérieure, d'expérimenter comme je l'ai fait, et ils acquerront bientôt la preuve que je n'ai nullement voulu exagérer les effets de la volonté lorsqu'elle est puissante. Il y a plus, c'est que, dans la crainte d'être taxé de visionnaire, et par cela seul de nuire à la propagation de la sublime doctrine dont je me suis fait apôtre, je me suis abstenu de publier plusieurs expériences dont les résultats paraîtraient sans doute ou *miraculeux* ou mensongers.

Pour moi, qui ne vois à présent rien de merveilleux dans les phénomènes du magnétisme, je crois devoir pousser mon expérimentation aussi loin que mes forces et les circonstances pourront me le permettre; car rien ne doit arrêter le progrès de la philosophie. On pourra bien le retarder dans sa marche, comme on l'a fait depuis le commencement du monde social; mais il n'est point possible aux hommes d'enchaîner la vérité.

C'est vainement que les antagonistes de nos doctrines emploient tous les moyens pour obscurcir la lumière, ils n'y sauraient parvenir. Que certains médecins prétendent que le magnétisme est une chimère, cela se conçoit; car le magnétisme prouve évidemment l'impuissance de leurs moyens curatifs dans une foule de maladies aisément guérissables. Que les matérialistes nient les phénomènes du somnambulisme et de l'extase, cela ne nous étonne point; car, par cela seul que l'âme des magnétisés lucides exerce ses facultés sans le secours apparent de la matière, et que, tandis que celle-ci est réduite à un état de mort instantanée, celle-là au contraire acquiert un surcroît de force et de puissance, à tel point qu'elle peut voir et connaître ce qui est à des distances illimitées du corps auquel *Dieu* l'a temporairement liée; leur système serait écrasé même à leurs propres yeux; certes, en acceptant le magnétisme et ses conséquences réelles, l'on renverse le *matérialisme* et toutes les fausses doctrines aussi affligeantes. Que les corps savants eux aussi soient opposés à la propagation d'une science nouvelle, cela doit être, en raison de leur conduite de tous les temps, de toutes les circonstances ; car s'ils adoptaient tout ce qui est bon et réellement utile, que deviendraient les intérêts des uns, les systèmes des autres, les préjugés de ceux-ci, les vanités de ceux-là et l'importance de tous ?...

Un homme de beaucoup d'esprit, tout au moins, que son cynisme seul priva de la haute considération que son siècle accordait aux gens de lettres, dit un jour en passant devant l'Académie française : « *Ils sont là quarante qui ont de l'esprit comme quatre.* » Eh bien ! cette épigramme, que la plupart attribuèren au dépit de l'auteur de la *Métromanie*, devrait peut-être, aujourd'hui, à l'égard d'autres corps académiques, se traduire ainsi : *Ils sont là qui apprécient, qui raisonnent et qui jugent comme les pensionnaires de Charenton.*

Rien n'est plus remarquable, en effet, que l'espèce de vertige dont sont frappés soudainement messieurs les académiciens en général, lorsqu'on réclame de leur attention le sérieux examen de quelque découverte précieuse. On serait vraiment tenté de croire que certains personnages n'ont qu'à passer le seuil d'un portique à épigraphe pour être spontanément privés de la raison.

Toujours les sociétés savantes se sont mises en travers sur la route du progrès ; et il n'est pas de contradictions, de superstitieuses erreurs, d'absurdités monstrueuses, de jugements iniques, de fanatiques persécutions dont ces illustres corps ne se soient rendus coupables. Si l'on voulait entreprendre d'analyser leurs fautes, une vie entière d'un travail assidu ne suffirait point ; et il y aurait, contre ces clubs privilégiés, plus de volumes à écrire qu'ils n'en ont jamais publié eux-mêmes.

En France, surtout, il semble que le démon de l'aveuglement et de l'injustice se soit emparé souverainement des académies. On les a vues, tour à tour, approuver, improuver, caresser, proscrire, abattre, relever, construire et démolir des systèmes plus ou moins bons, sans jamais se fixer d'une manière précise, même quant aux choses positives et matérielles.

Il n'est rien de plus curieux à parcourir que le dédale de leurs propositions, de leurs rejets, de leurs appels, de leurs égarements de toutes sortes. Dans ce labyrinthe inextricable, la mémoire et le raisonnement se fourvoient de plus en plus à mesure qu'on avance ; et certes, le fil même d'Ariane ne pourrait servir de guide pour trouver une issue.

Ces fameux aréopages d'élite humaine ne sauraient s'élever jusqu'à avouer leur ignorance, alors qu'il se présente à leur barre quelque fait important dont le juste crédit renverserait les théories adoptées par la routine ; leur orgueil se révolte contre tout ce qui passe leur conception, et ils ne trouvent rien de plus magnanime qu'anathématiser les *misérables pygmées* qui osent étudier et proclamer les secrets de la nature.

Il est tel rapporteur d'une récente commission

académique (1) qui, je le parierais, préférerait voir au chevet de son lit le *choléra-morbus* incarné, que convenir qu'il fait jour en plein midi, lorsqu'il lui prend fantaisie de fermer les yeux.

Pourquoi donc s'obstiner si absolument à repousser les bienfaits d'une science nouvelle?... Pourquoi vouloir encore, au XIX siècle, maintenir le peuple dans l'abrutissement dégradant de l'obscurantisme systématique que le progrès a frappé de réprobation ? Pourquoi abuser d'une position que l'on doit au hasard des circonstances pour fermer aux hommes la porte de la liberté?...

Pourquoi?... Hélas ! ne savons-nous pas que l'égoïsme émousse la sensibilité, et brise successivement toutes les cordes généreuses destinées à vibrer au fond du cœur ? Ne savons-nous pas que le *moi* doctoral de certains PARCHEMINÉS étouffe tout amour de la vérité et paralyse mortellement les plus nobles facultés ? Ne savons-nous pas enfin que l'orgueil exorbitant du despotisme en robe ose poser des bornes au possible ; comme s'il était donné à l'homme de connaître les limites de l'infini ? Ah ! pitié, pitié pour ces chétives créatures qui se croient au-dessus de l'homme de génie (2) !

---

(1) M. Dubois (d'Amiens), auteur du Rapport sur le magnétisme animal fait à l'Académie royale de médecine, le 8 août 1837.

(2) Ce que je dis relativement aux corps académiques, je n'entends nullement l'appliquer aux individus. Je m'estime trop heureux de l'amitié dont m'honorent quelques savants et nombre de médecins de Paris et des provinces pour vouloir déverser sur tous le blâme d'une conduite de parti dont, en leur particulier, plusieurs gémissent comme moi.

Quant à moi, j'ai consacré ma vie à la défense du *magnétisme*, parce que cette science m'a paru digne d'étude. Depuis long-temps déjà les consciencieuses observations que j'ai faites des phénomènes qui résultent de l'action d'un individu sur un autre ou sur son organisme propre, m'ont convaincu pleinement de la richesse de cette mine féconde, sur laquelle passent d'un air dédaigneux les superbes *esprits-forts* qui ont *la science infuse*.

Il est vrai que pour arriver aux couches précieuses, il faut préalablement perforer avec peine le sol granitique superposé, et dans ce travail difficile plus d'un outil s'ébrèche et plus d'une fois le front dégoutte de sueur; c'est en mangeant le pain amer de la misère et des larmes qu'il faut briser le roc impitoyable qui sert de manteau au trésor, cent fois plus strictement gardé que ne l'était en Colchide la fameuse toison conquise par les Argonautes; car, comme l'a dit le philosophe de Genève, « *la vérité ne mène point à la fortune.* »

Il est vrai que très probablement l'ouvrier laborieux tombera épuisé de fatigue avant d'avoir pu extraire le minerai, qu'il faut encore mettre en fusion pour le purifier, et qu'ainsi il ne pourra jouir du fruit de ses travaux; mais qu'importe! l'homme est-il donc né pour le lucre seul? ne doit-il pas s'estimer heureux d'avoir pu préparer pour ses successeurs la récolte abondante dont il ne lui est pas permis de profiter lui-même? et ne trouve-t-il pas

au fond de son cœur la récompense de son courage
et la consolation de tous ses chagrins ?

Cependant, il est peut-être bon que l'homme d'é-
nergie rencontre sur son passage des obstacles à
vaincre, des ennemis à combattre, des consciences
à raffermir, des préjugés à renverser; car, pour lui,
la résistance est un stimulant probablement nécessaire ; et il est tel voyageur qui préfère gravir un chemin rocailleux et malaisé, pour arriver au sommet
d'une montagne fertile ou variée, que glisser doucement sur les rails unis d'un métal forgé, pour descendre au milieu d'une plaine aride ou monotone.

Allons, vigilants travailleurs, puissants athlètes,
vous tous, amis du progrès et de l'humanité, debout
et à l'œuvre! avançons hardiment dans le sentier frayé
par nos devanciers, prenons la pelle et la pioche et
agrandissons le chemin, afin que tous puissent arriver au temple de salut !

Gloire à ceux qui ont usé leur vie à des travaux
utiles! Gloire à MESMER, le génie du magnétisme!
honneur à PUYSÉGUR, à DELEUZE, à GEORGET, etc., etc.,
qui ont entretenu le feu sacré de l'autel !.... Pardon
aux contempteurs de notre sainte doctrine, et clarté
pour eux !!!

TRAITÉ

THÉORIQUE ET PRATIQUE

DU

MAGNÉTISME ANIMAL.

PREMIÈRE PARTIE.

PRÉCIS HISTORIQUE DEPUIS MESMER JUSQU'A CE JOUR.

CHAPITRE PREMIER.

Mesmer à son début. — Les contrariétés qu'il éprouva à Vienne. — Mlle Paradis. — Voyage de Mesmer en France. — Ses relations avec l'Académie des Sciences de Paris.

Antoine Mesmer, né en 1734 à Weiler, près la ville de Stein, sur le Rhin, élève de Van Swieten et de Haën, docteur en médecine de la Faculté de Vienne, offrit, en 1766, au monde savant, une dissertation intitulée : *De l'influence des planètes sur le corps humain ;* et annonça un *Moyen universel* de guérir et de préserver les hommes, par une opération *naturelle*, qu'il appela MAGNÉTISME ANIMAL.

Jeune alors, plein d'espérance et de franchise, Mesmer s'était figuré qu'en présentant son système à la Faculté dont il était membre, il lui serait aisé de faire accepter tout ce qu'il y avait de vrai et de bon dans ce qu'il annonçait ; rien ne lui semblait plus simple que de déterminer ses confrères à exami-

I

ner soigneusement le magnétisme, et à en préconiser les avantages. Infortuné Mesmer! Qu'il connaissait peu les hommes! Le dédain d'abord, la calomnie et la persécution ensuite, voilà tout ce qu'il lui revint en récompense de ses travaux et des efforts de son génie! Mais aussi, pourquoi lui, jeune homme inconnu encore, se permettait-il d'avoir du génie, de la science; et quel orgueil insensé le poussait à offrir aux hommes des moyens de conservation et de salut que n'avaient point rabâchés dans leurs cours les vieux et roides professeurs de la Faculté? Pourquoi voulait-il sortir de l'ornière scientifique où croupissent à l'envi les célébrités inactives, pour parcourir un vaste champ dont l'immense étendue était vraiment effroyable pour les jarrets affaiblis par l'âge, comme pour les ventres alourdis par l'habitude de la bonne chère et de l'apathie?...

Raconter ici toutes les tracasseries, toutes les insolences que Mesmer eut à supporter à Vienne, serait tout-à-fait inutile à présent : d'abord c'est le père Hell, professeur d'astronomie à Vienne, cherchant à usurper le système de Mesmer, qui avait eu la confiance de lui montrer quelques essais dans lesquels il se servait de pièces aimantées, ce que plus tard il abandonna totalement ainsi que l'électricité; ensuite, c'est le physicien Ingenhouze, qui, marchant sur les traces du père Hell, et d'accord avec lui, emploie toute l'influence de sa position pour ridiculiser Mesmer; et puis, c'est le baron de Stoërck, président de la Faculté de médecine et premier médecin de l'impératrice-reine, qui, par pusillanimité ou autrement, leurre sans cesse le pauvre novateur, et qui, après avoir écrit à Mesmer des lettres par lesquelles il avoue qu'il est persuadé de l'utilité du magnétisme animal, lui adresse un *ordre* par lequel il le taxe de supercherie; enfin, ce sont tous les savants, toutes les sociétés des sciences se déclarant contraires et accablant Mesmer d'injures et de dédains. Le fait ci-après, que je copie textuellement dans Mesmer même, donnera la mesure de toutes les tribulations auxquelles il fut en butte.

« Mademoiselle Paradis était âgée de dix huit ans; elle appartenait à des parents connus ; elle était elle-même particulièrement connue de Sa Majesté l'impératrice-reine ; elle recevait de sa bienfaisance une pension, dont elle jouissait comme absolument aveugle depuis l'âge de quatre ans : le fond de sa maladie était une goutte-sereine parfaite. Elle était de plus attaquée d'une mélancolie accompagnée d'obstructions à la rate et au foie, qui la jetait souvent dans des accès de délire et de fureur, propres à persuader qu'elle était d'une folie consommée. Elle avait fait des remèdes de toute espèce ; elle avait souffert imprudemment plus de trois mille secousses de l'électricité ; elle avait été traitée pendant dix ans par M. Stoërck sans succès ; enfin elle avait été déclarée incurable par M. le baron de Wenzel, médecin oculiste fixé à Paris, qui, dans un de ses voyages à Vienne, l'avait examinée par ordre de Sa Majesté l'impératrice-reine.

» Si jamais aveuglement a été constaté, c'était sans difficulté celui de la demoiselle Paradis. Je lui rendis la vue. Mille témoins, au nombre desquels étaient plusieurs médecins, M. Stoërck lui-même, accompagné du second président de la Faculté, et à la tête d'une députation de cette compagnie, vinrent jouir de ce spectacle nouveau, et rendre hommage à la vérité.

» Le père de la demoiselle Paradis se fit un devoir de transmettre sa reconnaissance à toute l'Europe, en consignant dans les feuilles publiques les détails intéressants de cette cure. On peut lire sa relation, traduite de l'allemand, dans mon mémoire sur la découverte du magnétisme animal.

» Il paraissait impossible de contester un fait aussi avéré. Cependant M. Barth, professeur d'anatomie pour les yeux, opérateur de la cataracte, entreprit avec succès de le faire passer pour supposé. Après avoir reconnu par deux fois chez moi que la demoiselle Paradis jouissait de la faculté de voir, il ne craignit pas d'attester dans le public qu'elle ne voyait pas. Il disait hardiment s'en être assuré par lui-même, et donnait pour preuve de ce qu'il avançait, que la demoiselle ignorait ou confondait le nom des objets qui lui étaient présentés : chose bien simple assurément et même inévitable dans une personne aveugle de naissance ou de bas âge (1).

» Ce membre de plus dans l'association de M. Ingenhouze et du père Hell m'alarmait peu. La vérité prouvait l'extravagance avec éclat. Que je connaissais peu les ressources de l'envie !

» On trama le complot d'enlever à mes soins la demoiselle Paradis, dans l'état d'imperfection où étaient ses yeux, d'empêcher qu'elle ne fût présentée à Sa Majesté, et d'accréditer ainsi sans retour l'imposture avancée.

» Pour arriver à cette odieuse fin, il fallait échauffer la tête de M. Paradis. On lui fit craindre de voir supprimer la pension attachée à la cécité de sa fille : on lui persuada de la retirer de mes mains; il la réclama, d'abord seul, puis de concert avec la mère. La résistance de la demoiselle lui attira de mauvais traitements; le père voulut l'enlever de force : il entra chez moi l'épée à la main comme un forcené. On désarma ce furieux; mais la mère et la fille tombèrent évanouies à mes pieds; la première de rage, la seconde pour avoir été jetée la tête contre la muraille par sa barbare mère : je fus délivré de celle-ci quelques heures après; mais je restai dans la plus grande inquiétude sur le sort de la demoiselle Paradis. Les convulsions, les vomissements et les fureurs, se renouvelaient à chaque instant : elle était même retombée dans son premier aveuglement. Je craignais pour la vie, tout au moins pour l'état du cerveau. Je ne songeai point à la vengeance, ressource que m'offraient les lois : je ne songeai qu'au salut de l'infortunée qui était restée entre mes mains.

---

(1) « Il ne suffit pas de rétablir l'organe des aveugles de naissance, et d'en ménager la sensibilité; il faut encore les familiariser avec l'idée que la cause de leurs sensations est externe, avec l'absence, la présence et la gradation de la lumière, avec la différence des couleurs et des formes, l'éloignement et le rapprochement des objets, l'étroite alliance de la vue et du tact, etc... Toutes ces études, nous les avons faites machinalement, tous tant que nous sommes, dans l'enfance; ce qui nous empêche de réfléchir par la suite sur leurs excessives difficultés. »

» M. Paradis, soutenu des personnes qui le faisaient agir, remplit Vienne de ses clameurs. Je devins l'objet des calomnies les plus insensées. On engagea aisément le trop facile M. Stoërck à m'enjoindre de remettre la demoiselle Paradis à ses parents.

» Elle n'était pas en état d'être transportée ; je la gardai encore un mois. Dans la première quinzaine j'eus le bonheur de rétablir l'organe dans l'état où il était avant l'accident. J'employai les quinze derniers jours à lui donner les instructions nécessaires pour raffermir sa santé, et perfectionner l'usage de ses yeux.

» Les excuses que me fit M. Paradis sur le passé, les remercîments de sa femme à la mienne, la promesse volontaire de renvoyer leur fille chez moi toutes les fois que je le jugerais nécessaire pour sa santé, tout cela n'était que mensonge ; mais, séduit par les apparences de la bonne foi, je consentis à ce que la demoiselle Paradis allât respirer l'air de la campagne. Je ne l'ai plus revue chez moi : il était essentiel dans le système de ses avides parents que cette infortunée redevînt aveugle ou parût telle : c'est à quoi les cruels donnèrent tous leurs soins.

» Ainsi triomphèrent M. Ingenhouze et ses associés (1). »

Cet événement détermina Mesmer à quitter Vienne, d'où il partit six mois après pour se rendre à Paris, dans l'espérance de trouver en France moins d'envieux qu'il n'en avait trouvé en Autriche. Hélas ! son espoir devait encore être déçu ! Malgré les chaudes recommandations qu'il avait obtenues pour des personnages haut placés, ses ennemis firent courir, et trouvèrent le moyen d'accréditer momentanément le bruit qu'il avait été chassé de Vienne par l'autorité, ce qui était entièrement faux.

---

(1) « S'il était possible de faire entendre raison à la mauvaise foi, l'état de la D^{lle} Paradis aurait présenté un fait bien convaincant : il était de notoriété publique, qu'avant d'entrer chez moi ses yeux étaient saillants et tombants hors de leurs orbites. Je les avais remis à leur place en leur procurant la faculté de s'y mouvoir à volonté. Je n'aurais pas mieux fait, que ma découverte nécessitait la plus sérieuse attention. »

Mesmer arriva à Paris au mois de février 1778, avec l'intention d'y passer quelque temps d'abord *incognito*, et de n'entrer ensuite en relation qu'avec quelques savants particuliers qui devaient plus tard, d'après son plan, lui servir de correspondants et s'occuper de la propagation de ce qu'il appelait, lui, *sa découverte*. Cependant la renommée avait publié son nom dans notre capitale, et dès qu'il eut arrêté un logement, on vit se presser à sa porte une foule de malades qui criaient : Salut! et qui espéraient tout de sa puissance curative. Son bon cœur le porta à se laisser aller aux sollicitations, et il se mit en devoir de soulager les patients qui étaient venus implorer son humanité et sa science. Cette première concession faite à sa détermination première engagea Mesmer à proposer son système à l'examen et à l'approbation des corps savants français. Il connaissait le directeur de l'Académie des sciences de Paris, M. Le Roi; ce personnage avait assisté à plusieurs expériences magnétiques et avait paru s'intéresser aux succès d'une science dont il savait la réalité. Il offrit donc à Mesmer ses services auprès de sa compagnie. Le novateur lui remit les assertions relatives à son système, et l'on convint du jour où il se rendrait à l'Académie pour être témoin du rapport.

La manière dont se conduisit l'Académie dans cette affaire est si singulière, que je laisserai parler ici Mesmer lui-même, dans la crainte d'être taxé d'exagération :

« Je fus exact : j'arrivai d'assez bonne heure pour voir se former une assemblée de l'Académie des sciences de Paris.

» A mesure que les académiciens arrivaient, il s'établissait des comités particuliers, où se traitaient sans doute autant de questions savantes. Je supposais, avec vraisemblance, que lorsque l'assemblée serait assez nombreuse pour être réputée entière, l'attention, divisée jusqu'alors, se fixerait sur un seul objet. Je me trompais : chacun continua sa conversation; et lorsque M. Le Roi voulut parler, il réclama inutilement une attention et un silence qu'on ne lui accorda pas. Sa persévérance dans cette demande fut même vertement relevée par un de ses confrères impatienté, qui l'assura positivement qu'on ne ferait ni l'un ni l'autre, en lui ajoutant qu'il était bien le maître de laisser le mémoire qu'il lisait sur le bureau, où pourrait en prendre communication qui voudrait. M. Le Roi ne fut pas plus heureux dans l'annonce d'une seconde nouveauté. Un second confrère le pria cavalièrement de passer à un sujet moins rebattu, par la raison péremptoire qu'on l'ennuyait. Enfin, une troisième annonce fut brusquement taxée de charlatanerie par un troisième confrère, qui voulut bien suspendre sa conversation particulière tout exprès pour donner cette décision réfléchie.

» Heureusement il n'avait pas été question de moi en tout cela. Je perdis le fil de la séance ; et réfléchissant sur l'espèce de vénération que j'avais toujours eue pour l'Académie des sciences de Paris, je conclus qu'il était essentiel, pour certains objets, de n'être vus qu'en perspective. Révérés de loin, qu'ils sont peu de chose vus de près !

» M. Le Roi me tira de ma rêverie en m'annonçant qu'il allait parler de moi. Je m'y opposai vivement, le priant de remettre la chose à un autre jour. Les esprits, monsieur, me paraissent très mal disposés aujourd'hui, lui dis-je. On a manqué d'égards pour vous, n'est-il pas à présumer qu'on en aurait encore moins pour un étranger tel que moi ? A tout événement, je désire n'être pas présent à cette lecture. Je serais sorti si M. Le Roi avait insisté.

» L'assemblée finit comme elle avait commencé : ses membres défilèrent successivement. Il ne resta bientôt plus qu'une douzaine de personnes, dont M. Le Roi éveilla suffisamment la curiosité pour qu'on me pressât de faire des expériences.

» L'enfantillage de me demander des expériences avant de se mettre au fait de la question, m'en aurait fait passer l'envie, si je l'avais eue. Je m'excusai maladroitement sur ce que le lieu n'était pas convenable. Plus maladroitement encore je me laissai entraîner, sans savoir m'en défendre, chez M. Le Roi, où M. A..., sujet à des attaques d'asthme, voulut bien se prêter à mes essais.

» M. A... était dans un fauteuil : j'étais debout devant lui, et je le tenais par les mains : à quelque distance, et derrière moi, ricanait désobligeamment le reste de la compagnie.

» J'interrogeai M. A... sur la nature des sensations que je lui occasionnais. Il ne fit aucune difficulté de me répondre qu'il sentait des tiraillements dans les poignets, et des courants de matière subtile dans les bras ; mais lorsque ses confrères lui firent ironiquement la même question, il n'osa leur répondre qu'en balbutiant et d'une manière équivoque. Je ne jugeai pas à propos de m'en tenir là : je procurai à M. A... une attaque d'asthme. La toux fut violente. Qu'avez-vous donc ? lui demandèrent ses confrères, d'un air moqueur. —Ce n'est rien, répliqua M. A...; c'est que je tousse ; c'est mon asthme : j'en ai tous les jours des attaques pareilles. — Est-ce à la même heure ? lui demandai-je à mon tour et à haute voix. — Non, répondit il ; mon accès a avancé ; mais ce n'est rien. —Je n'en doute pas, repris-je froidement, et je m'éloignai pour mettre fin à cette scène ridicule.

» Je crus m'apercevoir que M. A... était moins gêné après le départ de plusieurs témoins. Nous n'étions plus que cinq, y compris MM. A..., Le Roi et moi. J'offris à ces messieurs une preuve que notre organisation est sujette à des pôles, ainsi que je l'avais avancé. Ils y consentirent, et en conséquence je priai M. A... de mettre un bandeau sur ses yeux. Cela fait, je lui passai les doigts sous les narines à plusieurs reprises, et changeant alternativement la direction du pôle, je lui faisais respirer une odeur de soufre, ou je l'en privais à volonté. Ce que je faisais pour l'odorat je le faisais également pour le goût, à l'aide d'une tasse d'eau.

» Ces expériences ayant été bien constatées par l'aveu formel et répété de M. A..., je me retirai très peu satisfait, on peut le croire, de la compagnie avec laquelle j'avais si désagréablement perdu mon temps.

» Peu de jours après j'allai rendre mes devoirs à son excellence M. de Merci, ambassadeur de l'empire. Je le trouvai prévenu contre la solidité des expériences que je viens de citer. Il avait été instruit par l'abbé Fontana, qui, n'ayant pas été témoin, ne parlait que d'après M. Le Roi : ce que je trouvai tout au moins singulier.

» J'eus occasion de remettre mes assertions à M. le comte de Maillebois, lieutenant-général des armées du roi, et membre de l'Académie des sciences : elles faisaient partie d'un Mémoire où j'exposais succinctement le désir que j'avais eu de faire coopérer sa compagnie au succès d'une découverte aussi essentielle que la mienne, et la peine que je ressentais de n'avoir pas réussi.

» M'étant rencontré chez ce seigneur avec M. Le Roi, je me plaignis amèrement du sang-froid avec lequel ce dernier m'avait exposé, moi étranger et sans support, à l'incivilité de ses confrères. Dans ma juste indignation j'allai jusqu'à prononcer que je croyais devoir faire peu de fond sur un homme qui, après avoir embrassé de son propre mouvement la cause de la vérité, la soutenait aussi mal dans l'occasion.

» L'urbanité française adoucit l'aigreur de cette conversation. Du procédé, M. de Maillebois nous conduisit insensiblement à ne parler que de la chose. A des questions réfléchies sur le genre, les effets et les conséquences de ma découverte, il joignit le regret de ne s'être pas trouvé à portée de m'épargner les désagréments dont je me plaignais, et le désir de voir les expériences que ses confrères avaient dédaignées. Je consentis à lui donner cette satisfaction.

» Au jour indiqué, MM. de Maillebois et Le Roi se rendirent chez moi. Le dernier s'était fait accompagner de sa femme et d'un de ses amis. Moi, j'avais eu soin de rassembler quelques malades. L'un d'eux enflait et désenflait sous mes mains. Ce peu de mots doit suffire pour faire penser que mes expériences furent satisfaisantes.

« M. de Maillebois ne chercha point de subterfuges. Il convint avec candeur de son étonnement; mais en même temps il avoua qu'il n'oserait rendre compte à l'Académie de ce qu'il avait vu, dans la crainte qu'on ne se moquât de lui. M. Le Roi, très fort du même avis, me proposa de mettre la vérité en évidence par le traitement et la guérison de plusieurs malades.

» Je rejetai ce moyen comme peu fait pour convaincre gens à qui la science ne donne pas la faculté d'apprécier, par le raisonnement, le mérite d'expériences telles que les miennes. J'ajoutai, au surplus, que lorsque je m'étais déterminé à fuir les lieux de ma naissance, à raison des dégoûts que m'avait fait éprouver le traitement heureux de maladies très graves, ce n'avait pas été pour m'exposer ailleurs à des désagréments de la même espèce ; que si jamais les circonstances exigeaient de nouveau le sacrifice de mon repos, je le devais à ma patrie de préférence à tout autre pays ; qu'il entrait dans mes projets de connaître la France, l'Angleterre, la Hollande, etc., d'établir des relations avec les savants de ces divers lieux, de leur prouver l'existence d'une vérité physique inconnue, et même d'en constater à leurs yeux l'utilité par des expériences sans appareil ; mais qu'il ne pouvait me convenir de me fixer, sans objet déterminé, en pays étranger, d'y élever des disputes inutiles, d'y soulever les médecins contre ma découverte, peut-être même contre ma personne ; que désirant, en un mot, me faire connaître en physicien et non en médecin, je devais uniquement agir en physicien jusqu'à ce que les circonstances me permissent de faire mieux.

» J'avais entendu plusieurs fois attribuer vaguement à l'imagination ceux de mes effets que l'on voulait nier ; mais il était nouveau pour moi d'entendre lui attribuer des effets avoués tels que je venais de les produire. Cette pitoyable objection sortit de la bouche de M. Le Roi.

» J'étais armé contre les raisonnements spécieux de la prudence ordinaire. Les déclamations tant rebattues en faveur de l'humanité avaient perdu le droit de me séduire : j'aurais même résisté aux sollicitations de l'amitié, bien convaincu que je ne devais être mû que par des considérations indépendantes de tout intérêt particulier ; cependant je ne sus pas tenir contre un raisonnement puéril. Pris au dépourvu, je fus piqué : je perdis mes principes de vue, et je m'engageai, comme par défi, et contre toute espèce de raison, à entreprendre le traitement d'un certain nombre de malades.

» Cette espèce de preuves paraît sans réplique : c'est une erreur. Rien ne prouve démonstrativement que le médecin ou la médecine guérissent les maladies. On verra dans la suite de cet écrit avec quelle sérénité l'on a fait usage de ce raisonnement contre moi. Qu'on ne se hâte donc pas de crier au paradoxe (1).

Mais lorsque, par exemple, je promène sous mon doigt une douleur fixe occasionnée par une incommodité quelconque ; lorsque je la porte à volonté du cerveau à l'estomac, de l'estomac au bas-ventre, et réciproquement du ventre à l'estomac et de l'estomac au cerveau, il n'y a que la folie consommée ou la mauvaise foi la plus insigne qui puissent méconnaître l'auteur de sensations pareilles.

» J'avance donc un axiome incontestable, que tout savant doit en une heure de temps être aussi convaincu de l'existence de ma découverte, qu'un paysan des montagnes Suisses pourrait l'être après des traitements de plusieurs mois.

» Cependant, on vient de voir que je m'engageai à des traitements suivis pour convaincre des savants. Il fut convenu que je n'entreprendrais pas de malades que préalablement leur état ne fût constaté par les médecins de la Faculté de Paris, afin de pouvoir juger les succès par l'inspection des personnes, lorsque leur traitement serait consommé.

» J'ai fidèlement tenu ces engagements. Je me retirai au mois de mai 1778, avec quelques malades, au village de Créteil, à deux lieues de Paris ; le 22 août suivant, j'écrivis à M. Le Roi la lettre que voici :

---

(1) « Guérissez, me crie-t-on de tous côtés, et l'on vous croira. Rien n'est plus faux. J'ai très assurément fait des cures dans Paris. Quoi de plus commun néanmoins que d'entendre décider qu'il n'en existe aucune ! »

» *M. Mesmer à M. Le Roi, directeur de l'Académie des sciences*
» *de Paris.*

» Créteil, le 22 août 1778.

« J'ai eu l'honneur, monsieur, de vous entretenir plusieurs
» fois à Paris, en votre qualité de directeur de l'Académie,
» du Magnétisme Animal. Quelques uns de messieurs vos
» confrères ont aussi eu des conférences avec moi sur ce
» principe. Son existence vous a paru sensible par les épreu-
» ves que j'ai faites sous vos yeux et sous les leurs. Je vous
» ai remis mes propositions sommaires pour être communi-
» quées à l'Académie. J'ai aussi laissé à M. le comte de Mail-
» lebois un mémoire relatif. Vous m'avez paru l'un et l'autre
» désirer qu'aux preuves de l'existence, je joignisse celles
» de l'utilité. J'ai entrepris en conséquence le traitement de
» plusieurs malades, qui ont bien voulu, pour cet effet, se
» rendre au village de Créteil, que j'habite depuis quatre
» mois.

» Quoique j'ignore encore, monsieur, la façon de penser
» de l'Académie sur mes propositions, je m'empresse de l'in-
» viter, par votre médiation, et vous-même aussi particu-
» lièrement, monsieur, à constater l'utilité du Magnétisme
» Animal appliqué aux maladies les plus invétérées. Leur
» traitement devant finir avec ce mois, j'ose espérer que
» vous voudrez bien me transmettre les intentions de l'Aca-
» démie, en m'indiquant le jour et l'heure où ses députés
» voudront bien m'honorer de leur visite, afin que je me
» mette en état de les recevoir. C'est avec des sentiments de
» la plus parfaite considération, que j'ai l'honneur d'être,
» monsieur, votre très humble, etc. »

Cette longue citation prouve évidemment, ce me semble, que
Mesmer n'avait rien tant à cœur que l'assentiment et même
la participation des savants à la propagation du magnétisme. En effet, on le voit s'humilier, en quelque sorte,
devant des hommes qui, géants sans doute dans le monde

savant de leur époque, n'étaient à vrai dire que des nains comparativement à celui qu'ils accablaient de leur dédaigneuse froideur et de leurs sarcasmes impudents. Eh bien ! le croira-t-on, malgré tous les sacrifices que Mesmer imposa à son amour-propre, à sa fortune, à son repos, l'Académie, aveuglée par une bouffissure orgueilleuse et stupide, ne daigna seulement pas accorder une réponse à sa lettre.

CHAPITRE II.

Relations de Mesmer avec la Société royale de médecine de Paris. — Traitement de Madame de La Malmaison. — Traitement de Madame de Berny. — Traitement de M. le Chevalier du Haussay. — Relations de Mesmer avec le docteur D'Eslon. — Extrait du Mémoire sur la découverte du Magnétisme Animal.

Voyant qu'il était traité si inconvenablement par l'Académie des sciences, Mesmer eût peut-être dû s'abstenir de toutes relations avec les autres sociétés savantes ; mais l'amour de sa doctrine l'emporta sans doute sur toutes les considérations personnelles ; il fit abnégation encore une fois de son amour-propre, et demanda à la Société royale de médecine de Paris de nommer des commissaires pour examiner le magnétisme animal. Celle-ci voulut bien consentir à charger une commission d'analyser le système de Mesmer ; mais à condition qu'il présenterait le magnétisme sous la forme d'un sirop, d'une poudre, d'une drogue quelconque ; enfin la Société voulait que Mesmer mît le magnétisme en bouteille ou en paquet. Peu de temps après, Mesmer reçut la visite de MM. Mauduit, Andry, Desperrières et l'abbé Tessier, tous membres de la Société royale de médecine, et il fut arrêté que, pour prouver l'utilité et la réalité de son système, Mesmer s'engageait à traiter des malades dont l'état devait être préalablement constaté par des médecins de la Faculté de Paris, afin qu'on pût juger des résultats du traitement ; il s'engageait en outre à faire présenter successivement à la Société chaque malade qui voudrait être traité par lui, afin que l'on s'assurât de la vérité et de la solidité des consultations. Il consentait, de plus, à faire remettre d'avance entre les mains de la Société les rapports, consultations et attestations des médecins de la Faculté.

Cela convenu, Mesmer fit présenter, en conséquence, la demoiselle L... à MM. Mauduit et Andry, pour qu'ils eussent à reconnaître la maladie dont elle était frappée : c'était une épilepsie dont les accès étaient si rapprochés que deux se manifestèrent en présence de ces messieurs, dans un très court espace de temps ; néanmoins on ne voulut rien constater, on suspecta la malade de feinte, et les médecins et chirurgiens qui avaient attesté l'état de cette fille, de complaisance ou d'incapacité. Mesmer ayant vu que MM. Mauduit et Andry doutaient ainsi de leurs propres connaissances médicales, ne leur envoya plus aucun malade à examiner.

A l'occasion de la jeune épileptique dont il est ici question, Mesmer donne une note qui n'est pas sans intérêt et que je crois bien de reproduire. La voici :

» La mère de mademoiselle L... est en état de domesticité. On m'objectera, sans doute, qu'un témoin de cet ordre n'est pas recevable. Je réponds à cela que c'est précisément parce qu'elle n'est pas savante, que ses paroles font preuve en fait de sciences. Elle raconte simplement ce qu'elle ne saurait inventer ; d'ailleurs, ce que je dis après elle, se rapproche tant de ce que j'ai entendu de mes propres oreilles, qu'il y aurait de la puérilité à moi de révoquer cette narration en doute.

» M. D'Eslon a fait mention de la cure de mademoiselle L..., page 70 de ses *Observations sur le magnétisme animal.* Depuis la publication de son livre, on nous avait assuré que la jeune personne était retombée dans un état pire que par le passé. Cela se pouvait, et nous en étions d'autant moins étonné que, suivant les mêmes rapports, on violentait son inclination dans une maison religieuse, etc. Quelle n'a pas été ma surprise lorsque rentrant chez moi, il n'y a pas bien longtemps, j'ai trouvé la demoiselle L... en compagnie de sa mère! L'air de santé et d'embonpoint de la fille me confondit: je crus rêver, et restai muet quelques instants. Enfin j'expliquai les causes de mon étonnement, et j'appris que la mère, appelée par son état à la campagne, avait placé sa fille dans un couvent. Des restes assez vifs de crises avaient alarmé les religieuses et autres témoins. Cependant la santé avait toujours été de mieux en mieux, successivement il n'était resté que le souvenir de la maladie et le sentiment d'une reconnaissance que la mère et la fille me témoignèrent avec effusion. De mon côté, je n'étais pas sans émotion tant que dura cette scène.

» Voilà de quelle manière on voit, on interprète et l'on raconte dans le monde. Je profiterai de cet exemple pour faire observer que si la cure de la demoiselle L... et d'autres avaient eu lieu sous les auspices et sous les yeux du gouvernement, il ne resterait rien à objecter contre les preuves de ce genre. Quelle différence aujourd'hui! Je raconte : à peine fait-on attention. »

Il y avait une douzaine de jours que Mesmer s'était établi avec quelques malades au village de Créteil, lorsqu'il apprit indirectement et par hasard qu'une commission de la Société royale de médecine devait se présenter prochainement chez lui, et à l'improviste. Étrange conduite, en vérité, surtout de la part d'hommes éminents! Mesmer protesta contre cette visite préméditée à son insu, et refusa très formellement la commission. Il se rendit même à Paris, où il témoigna à messieurs Andry et Desperrières sa surprise de leur singulier procédé ; ces messieurs prétendirent que la commission n'avait été formée que pour obtempérer à une demande faite au nom de Mesmer ; celui-ci désavoua toutes démarches ; la conversation s'aigrit, et, pour en finir, M. Desperrières affirma à Mesmer qu'on ne prenait intérêt ni à ses traitements, ni à sa découverte, ni à lui ; et qu'au surplus la Société lui avait adressé une réponse qu'il trouverait chez lui, à son retour à la campagne.

Voici cette lettre :

> *» M. Vicq-d'Azyr, secrétaire perpétuel de la Société royale*
> *de médecine de Paris , à M. Mesmer.*

» Paris , le 6 mai 1778.

> La Société royale de médecine m'a chargé, monsieur,
> dans la séance qu'elle a tenue hier, de vous renvoyer les
> certificats qui lui ont été remis de votre part, *sous la même*
> *enveloppe, que l'on a eu soin de ne pas décacheter.* Les
> commissaires qu'elle a nommés, *d'après votre demande,*
> pour suivre vos expériences, ne peuvent et ne doivent
> donner aucun avis sans avoir auparavant constaté l'état des
> malades par un examen fait avec soin. *Votre lettre* annonçant
> que *cet examen* et les visites nécessaires n'entrent pas dans
> votre projet, et que pour y suppléer il nous suffit, suivant
> vous, d'avoir la parole d'honneur de vos malades et des
> attestations, la compagnie, en vous les remettant, vous
> déclare qu'elle a retiré la commission dont elle avait chargé
> quelques uns de ses membres à votre sujet. Il est de son
> devoir de ne porter aucun jugement sur des objets dont on
> ne la met pas à portée de prendre une pleine et entière con-
> naissance, surtout lorsqu'il s'agit de justifier des assertions
> nouvelles. Elle se doit à elle-même cette circonspection dont
> elle s'est toujours fait et se fera toujours une loi.

> Je suis très parfaitement, monsieur, etc. »

Tout autre que Mesmer eût cessé dès lors, sans doute,
toute espèce de tentative nouvelle auprès de la Société qui le
ménageait si peu; mais toujours enhardi par l'espérance qu'il
surmonterait tôt ou tard les obstacles qu'on lui opposait, il
écrivit à son tour la lettre ci-après :

« *M. Mesmer à M. Vicq-d'Azyr, secrétaire perpétuel de la Société*
» *royale de médecine de Paris.*

» Créteil, le 12 mai 1778.

» Mon intention, monsieur, ayant toujours été de démon-
» trer l'existence et l'utilité du principe dont j'ai eu l'honneur
» d'entretenir messieurs de la Société royale de médecine, je
» me serais empressé de solliciter moi-même près d'elle la
» commission dont il est question dans la lettre que vous
» m'avez fait l'honneur de m'écrire le 6 de ce mois, si j'avais
» pu penser que des maladies aussi graves que celles dont j'ai
» entrepris le traitement fussent susceptibles d'être caracté-
» risées à la simple inspection et au seul rapport des malades.
» MM. Mauduit et Andry, membres de la Société royale, ont
» pensé comme moi sur cet article, lorsqu'ils ont répondu à
» la dame L..., qui leur présentait sa fille pour constater sa
» maladie, qu'ils voyaient bien que la jeune personne faisait
» des mouvements convulsifs, mais que ces signes apparents
» étaient insuffisants pour motiver leur attention. J'ai donc
» pris, monsieur, de tous les partis celui qui paraissait le plus
» sûr, et en même temps le plus conforme aux intentions de
» la Société royale, en réclamant des malades qui voulaient
» bien m'accorder leur confiance des attestations ou consulta-
» tions faites et signées par les médecins de la Faculté, et je
» déposais ces pièces sous les yeux de la Société royale, afin
» de la mettre en état de juger du mérite des guérisons, lors-
» que le temps et les circonstances me permettraient de les
» lui offrir.

» D'après ces réflexions, monsieur, que vous voudrez bien
» communiquer à la Société royale en réponse à la lettre
» qu'elle vous a chargé de m'écrire, elle jugera facilement que
» la demande d'une commission, et toutes les démarches
» analogues ont été faites sans mon aveu. J'ai la confiance
» qu'elle voudra bien n'en pas douter d'après l'assurance que
» j'en donne, m'accorder pour l'avenir les mêmes bontés

» qu'elle m'a témoignées pendant mon séjour à Paris, et
» croire que je m'empresserai toujours de déférer à la supé-
» riorité de ses lumières. J'ose vous prier de lui offrir ces
» faibles expressions de mes respecteux sentiments. Ne doutez
» pas de la parfaite considération avec laquelle j'ai l'honneur
» d'être, monsieur, etc. »

On voit qu'au lieu d'user de représailles envers la Société
royale, c'est-à-dire d'opposer la mauvaise foi et le dédain à
la fourberie et à l'abandon, Mesmer cherche à la ramener
par des explications ménagées, claires, franches et respec-
tueuses ; mais tous ces soins furent inutiles, la Société de médecine avait décidé qu'elle repousserait le magnétisme animal,
quand même ; les deux lettres qui suivent en sont la preuve.

*« M. Mesmer à M. Vicq-d'Azyr, secrétaire perpétuel de la
Société royale de médecine de Paris.*

» Créteil, le 20 août 1778.

« Ne doutant pas, monsieur, que messieurs de la Société
» royale n'aient pris connaissance de la réponse que j'ai eu
» l'honneur de leur faire, par votre médiation, le 12 mai der-
» nier, et les traitements que j'ai entrepris à Créteil devant
» finir avec ce mois, je m'empresse d'inviter ces messieurs à
» venir s'assurer par eux-mêmes du degré d'utilité du prin-
» cipe dont j'ai annoncé l'existence. Si vous avez la bonté,
» monsieur, de m'annoncer le jour et l'heure où ils voudront
» bien m'honorer de leur visite, je serai disposé à les recevoir
» et à leur répéter l'assurance de mes respectueux sentiments.
» J'ai l'honneur d'être, etc. »

*« M. Vicq-d'Azyr, secrétaire perpétuel de la Société royale
» de médecine de Paris, à M. Mesmer.*

» Paris, le 27 août 1778.

» J'ai communiqué, monsieur, la lettre que vous m'avez
» écrite à la Société royale de médecine. Cette compagnie,

» qui n'a eu aucune connaissance de l'état antérieur des ma-
» lades soumis à votre traitement, ne peut porter aucun juge-
» ment à cet égard.

» J'ai l'honneur d'être, etc. »

Là cessèrent les démarches de Mesmer auprès de la Société royale, dont le parti pris ne pouvait plus être un doute. Cependant si des commissaires se fussent présentés à Créteil, à cette époque, il leur eût été facile de constater des guérisons positives opérées par Mesmer sur plusieurs personnes que leur position mettait à l'abri du soupçon de l'envie ; tels étaient M. le chevalier du Haussay, madame de Bernis et madame de La Malmaison, dont les traitements sont encore aujourd'hui dignes d'attention et d'admiration.

EXPOSÉ DE LA MALADIE ET GUÉRISON DE MADAME DE LA MALMAISON.

« Madame de La Malmaison, âgée de trente-huit ans, quoique d'une constitution forte en apparence, avait toujours eu une disposition vaporeuse, dont les accès lui avaient occasionné plusieurs fausses couches. Ces accidents ont été précédés et suivis de vomissements, évanouissements, dégoûts absolus, douleurs de tête, toux convulsive et crachements de sang ; ses jambes enfin lui refusèrent totalement le service, et la déterminèrent à se rendre aux eaux de Plombières trois années consécutives. Elle en éprouvait de bons effets jusqu'à l'arrivée de l'hiver, qui la remettait à peu près dans le même état où elle était auparavant. Ces variations ont eu lieu jusqu'au mois de juin 1777, époque à laquelle une chute de voiture déchira ses jambes au point de découvrir les tendons. Ce cruel accident renouvela et augmenta toutes les affections qui l'avaient précédé. — Le vomissement surtout devint si violent, qu'elle ne pouvait retenir aucun aliment. — Ses jambes précédemment affaiblies devinrent froides. — Il était sensible qu'elles ne prenaient plus de nourriture. — Elles se desséchèrent. — Les doigts des pieds se courbèrent. — Ses cuisses étaient aussi sans mouvement. — En un mot, la paralysie s'élevait jusqu'à la hanche. — Son médecin sur les lieux parvint à calmer le vomissement et à la mettre en état de se rendre à Paris au mois de février 1778.

» M. Le Roi, qu'elle a consulté et dont elle a suivi les conseils, a achevé le rétablissement de son estomac et a calmé ses autres accidents, mais la paralysie était la même, et elle était très incommodée d'un *asthme vaporeux*. La malade était au moment de partir pour les eaux de Balaruc, lorsqu'ayant appris que M. Mesmer traitait des maladies aussi graves que la sienne au village de Créteil, elle a préféré, après l'avoir consulté et en avoir reçu des espérances, suivre son traitement.

» D'après l'exposé ci-dessus, que je certifie véritable, je déclare qu'ayant éprouvé le traitement de M. Mesmer et sa nouvelle méthode depuis le mois de mai dernier jusqu'à ce jour, j'ai recouvré la faculté de marcher librement et sans appui, de manière à pouvoir monter et descendre sans difficulté ; — que mes jambes ont repris leur nourriture et leur chaleur ; — qu'elles sont, ainsi que les doigts des pieds, dans un état naturel ; — et qu'enfin je suis parfaitement guérie de la paralysie ainsi que des autres incommodités dont j'étais affligée.

» A Créteil, le 30 août 1778.

« *Signé* DOUET DE VICHY DE DE LA MALMAISON. »

EXPOSÉ DE LA MALADIE DE MADAME DE BERNY.

« Madame de Berny, âgée de cinquante-quatre ans, étant à Baréges au mois de juillet 1776, éprouva subitement comme un nuage sur les yeux qui l'empêchait de lire et d'écrire. Revenue à Auch quelques jours après, ce brouillard augmenta. Le médecin du lieu jugea que c'était une fluxion, et ordonna une saignée du bras, des purgations et beaucoup de fumigations, ce qui n'opéra aucun soulagement.

» Elle revint à Paris à la fin d'août suivant, et y consulta quatre célèbres médecins, qui lui ordonnèrent successivement des fumigations de karabé, de la vapeur de café, des vésicatoires aux bras et à la tête, l'ipécacuanha et les eaux de Vichy. Tous ces remèdes ne firent qu'aggraver son état. Elle prit le parti de se baigner, et s'en trouva mieux; elle fut prendre les bains de Saint-Sauveur dans les Pyrénées, et s'en trouva mieux encore. Mais dans le mois d'avril 1778 le nuage le plus épais a couvert sa vue et a augmenté au point de lui ôter la faculté de se conduire. — L'œil gauche surtout ne lui servait aucunement. — Une humeur aqueuse l'empêchait de lever les paupières. — Joint à cela, elle avait des lassitudes douloureuses dans tous les membres. — Le sommeil était rare et communément interrompu par des douleurs élancées aux tempes et derrière la tête. — Des maux de reins et un resserrement habituel du ventre qu'elle avait dès son enfance, et qu'elle croit héréditaire, augmentaient tous ses maux. — La tête était sans transpiration depuis plusieurs années. — Les oreilles étaient sèches et produisaient un bourdonnement fatigant. — Un des plus fâcheux accidents était une contraction spasmodique dans le gosier, l'œsophage et l'estomac, qui provoquait des vomissements violents plusieurs fois par jour. — Elle était sans appétit. — Une mélancolie vaporeuse mettait le comble aux maux.

» C'est dans cet état qu'elle a pris le parti d'aller consulter M. Mesmer, qui lui a répondu sur-le-champ que sa maladie des yeux était une goutte sereine imparfaite, occasionnée, ainsi que ses autres incommodités, originairement par une obstruction dans le bas-ventre, qu'il croyait susceptible de résolution.

» Cette opinion, appuyée de celle de M. Petit, qui, deux ans auparavant, lui avait annoncé le principe de cette obstruction, a déterminé madame de Berny à se rendre, le 27 avril 1778, à Créteil, lieu choisi par M. Mesmer pour le traitement de plusieurs malades.

» D'après cet exposé, que je certifie véritable, j'atteste également, qu'ayant éprouvé le traitement de M. Mesmer depuis le 28 avril dernier jusqu'à ce jour, mes yeux sont rétablis au point, non seulement de me conduire parfaitement seule et de distinguer tous les objets de près et de loin, mais aussi à pouvoir lire et écrire. — Le sommeil et l'appétit sont rétablis. — Je n'ai plus de douleurs de membres, de tête ni de reins. — Je marche avec force et facilité. — Le ventre est libre. — La tête transpire. — Les oreilles sont humides et sans bourdonnement. — Les spasmes de la gorge et de l'estomac n'ont plus lieu. — Les vomissements ont cessé depuis trois mois. — La mélancolie est dissipée, et les obstructions sont résolues : ce qui m'a été annoncé par des urines tellement chargées, que pendant un mois elles avaient l'apparence de petit-lait trouble, et qu'elles déposaient en grande partie; ainsi que par des sueurs continuelles de la tête, un dévoiement modéré, et des ébullitions successives sur toute la surface du corps.

» Tous ces différents effets ont été opérés sans l'usage d'aucun médicament, et M. Mesmer n'a employé pour ma guérison qu'une méthode dont j'ignore le principe. Ce que je certifie.

   » À Créteil, le 28 août 1778.

      « *Signé*, MENJOT DE BERNY. »

EXPOSÉ DE LA MALADIE ET DE LA GUÉRISON DE M. LE CHEVALIER DU HAUSSAY.

« La justice que je dois à la vérité me fait donner au public un détail circonstancié, tant de ma maladie que des effets suivis que j'ai éprouvés depuis quatre mois que je suis entre les mains de M. le docteur Mesmer.

» La nuit du 24 décembre 1757 étant, ainsi que toute l'armée, couché au bivouac, vis-à-vis la ville de Zell, dans le pays d'Hanôvre, le sommeil, joint à la fatigue, me fit endormir sur la neige par une nuit extraordinairement froide. Lorsqu'on battit la générale, il fallut que deux grenadiers me levassent, étant si roide que je ne pouvais me soutenir. Le mouvement et l'action, joints à la jeunesse et à la force de mon tempérament, m'empêchèrent de ressentir les suites de ce froid excessif que j'avais essuyé. Je continuai la guerre jusqu'à la conclusion de la paix, sans autre incommodité ; deux ans après la paix, je fus attaqué d'une forte maladie de poitrine qui se dissipa par l'usage du lait.

» Quelque temps après, je fus pris par une humeur qui se jeta sur mon visage, et commença à se manifester par la pointe du nez. Cette rougeur me gagna le nez en entier, le front, les yeux et les joues. Les médecins firent l'impossible, mais inutilement, pour me la faire passer. Je m'aperçus ensuite d'un peu de faiblesse aux jambes, ce qui ne m'empêcha pas de passer en 1772 à la Martinique. J'ai essuyé, dans cette contrée, une fièvre putride et maligne qui me mit à toute extrémité, et à la suite de laquelle il s'est déclaré une paralysie universelle, qui m'a forcé de revenir en France pour y chercher les secours nécessaires à mon état. Après quatre ans d'expériences, où la médecine a employé tous les remèdes connus, grand nombre de bains, tant froids que chauds et de vapeurs aromatiques, n'éprouvant aucune amélioration, je n'ai pas hésité de me mettre entre les mains de M. Mesmer, qui me fit espérer ma guérison par un procédé nouveau et inconnu jusqu'à ce jour. — Lorsque je suis arrivé chez lui, j'avais la tête continuellement agitée de tous côtés. — Le col penchait en avant ; les yeux rouges, sortant de l'orbite. — La langue paralysée et épaisse me donnait une très grande difficulté de parler. — J'avais la respiration gênée. — Une douleur habituelle au dos. — Un ris continuel qu'annonçait une gaieté déraisonnable. — Le nez gonflé, avec une rougeur pourpre dans tout le visage. — Les épaules relâchées, la poitrine rentrée dans le dos. — Un tremblement par tout le corps, qui agitait mes bras et mes mains, et qui me faisait trébucher de tous côtés en marchant. — Cet état me donnait plutôt l'air d'un vieil ivrogne que d'un homme de quarante ans.

» Je ne connais point les moyens dont M. Mesmer s'est servi. Ce que je puis assurer avec la plus grande vérité, c'est que, sans le secours d'aucun remède, que par son principe dit *magnétisme animal*, il m'a fait éprouver depuis la racine des cheveux jusqu'à la plante des pieds des effets incroyables. Je m'apercevais dans le traitement, qu'excepté les viscères, il n'y avait pas un seul point de mon corps qui ne fût affecté de la maladie. Le cerveau, la moelle de l'épine du dos, la moelle et les os même en étaient pris. J'ai eu des crises qui commencèrent par un malaise général, et furent suivies d'un froid excessif, comme si des filets de glace me sortaient de la chair. Après cela un chaud violent sans fièvre, qui se termina par une sueur d'odeur fétide, quelquefois si abondante, que je traversais mes matelas ; ce qui s'est répété pendant près d'un mois de suite. — Actuellement je me trouve parfaitement guéri de tous ces maux. — J'ai le corps aplomb. — Ma tête est fixe et droite. — Ma langue est déliée. — J'articule et parle aussi bien que je le faisais avant ma maladie. — La grosseur de mon nez est diminuée. — Mes yeux et la couleur de mon visage sont dans leur état naturel. — Ma figure annonce mon âge et une bonne santé. — Ma poitrine est ressortie. — Je m'appuie sur les reins. — J'ai la respiration fort libre, et l'épine du dos ne me fait plus de mal. — Mes épaules sont droites. — La liberté et la force de mes bras et de mes mains sont rétablies. — Je marche actuellement droit, sans appui, et avec beaucoup de vivacité. — Mais il est aisé de comprendre que la mauvaise habitude et la faiblesse empêchent que ma démarche paraisse aussi dégagée qu'elle le sera avec le temps et l'exercice toujours nécessaires pour le parfait usage des facultés nouvellement récupérées.

» Je certifie le présent énoncé conforme à la vérité. En foi de quoi j'ai signé.

Paris, ce 28 août 1778.

» *Signé*, le chev. DU HAUSSAY. »
{» Major d'inf., chev. de l'ordre royal et militaire
» de Saint-Louis »

Certes, des faits aussi positivement avérés auraient dû convaincre les plus sceptiques et faire prévaloir la vérité ; mais il en devait être autrement, du moins pour la plupart : les prétendus savants n'adoptaient pas la nouvelle doctrine, elle devait être et fut, en effet, généralement repoussée, conspuée. Mesmer avait prouvé la réalité et l'excellence d'une médecine destinée à porter le coup de la mort à celle qui, malgré son insuffisance ou sa nullité, était accréditée et en honneur ; il avait démontré par des faits irréfragables qu'un nouveau champ devait être ouvert à la science la plus importante pour l'humanité, l'art de guérir ; il avait produit des phénomènes d'un ordre inconnu des savants, lesquels phénomènes tendaient à renverser de fond en comble tout l'édifice scientifique ; c'en était trop pour échapper à la persécution des médecins et des philosophes de son temps : il fut traité comme un charlatan, comme un imposteur. Lassé des désagréments de toutes sortes qu'il avait éprouvés avec les corps savants, Mesmer résolut de ne plus s'inquiéter de l'opinion qu'on pourrait avoir de sa doctrine. Il avait outre-passé déjà plusieurs fois les limites du but qu'il s'était proposé ; il se promit bien qu'à l'avenir il ne ferait plus de nouvelles concessions à son premier plan de conduite ; cependant, il se lia d'amitié avec le docteur d'Eslon, membre de la Société royale de médecine, et premier médecin de Mgr. le comte d'Artois. L'intérêt que le docteur d'Eslon témoigna à Mesmer ; le soin qu'il prit de défendre dans le monde le magnétisme animal contre les attaques les plus acharnées ; le courage avec lequel il parla souvent en faveur de la nouvelle doctrine, dans les assemblées de la Faculté de médecine ; les sollicitations pressantes qu'il fit à Mesmer de se mettre en rapport avec cette dernière compagnie, tout cela fit encore oublier au novateur la détermination qu'il avait prise, le plaça de nouveau sur le terrain, et lui fit rechercher auprès de la Faculté de médecine des rapports qu'il eût dû éviter avec le plus grand soin. Ainsi il autorisa le docteur d'Eslon à faire en son nom certaines démarches auxquelles il n'eût point dû songer.

« *M. Mesmer à M. d'Eslon.*

» Paris, le 30 mars 1779.

» Vous m'avez paru , monsieur , d'après la lecture du Mé-
» moire que je vous ai communiqué , désirer de savoir quelles
» étaient mes intentions subséquentes , je vous les ai rendues ;
» mais comme elles peuvent vous être échappées dans la rapi-
» dité d'une conversation abrégée, permettez-moi de les tracer
» ici avec plus de précision.

» Je rendrai ce Mémoire public à Paris et dans tous les lieux
» où l'erreur et les préjugés ont été répandus sur ma doctrine
» et ma personne ; mais avant d'y procéder , je désire en faire
» un hommage particulier à la Faculté de Paris, par la média-
» tion de plusieurs de ses membres. Ces messieurs reconnaî-
» tront facilement , à la simple lecture du Mémoire, que mes
» principes n'ont rien de commun avec les spécifiques ordi-
» naires et les productions de l'empirisme ; et si , comme je
» n'en doute pas , ils sont aussi pénétrés que vous m'avez paru
» l'être, monsieur, du désir de voir le développement de ma
» théorie, et d'en être les propagateurs, j'attendrai qu'ils
» veuillent bien m'indiquer les moyens qui leur paraîtront les
» plus propres à remplir cet objet important, pour leur témoi-
» gner mon empressement à seconder leurs vues. Assurez-les
» d'avance, je vous prie, de mes dispositions à cet égard, et ne
» doutez pas des sentiments d'attachement avec lesquels j'ai
» l'honneur d'être , etc. »

Le Mémoire de Mesmer ne produisit point l'effet qu'il avait
le droit d'en attendre : les savants déclarèrent qu'il était tellement obscur qu'ils n'y comprenaient absolument rien. Il faut
croire qu'alors les hautes intelligences étaient frappées de paralysie ; car, comme nos lecteurs vont le voir, ce Mémoire n'est
point inintelligible :

Extrait du Mémoire sur la découverte du magnétisme animal.

« L'homme est naturellement observateur. Dès sa naissance,

sa seule occupation est d'observer, pour apprendre à faire usage de ses organes. L'œil, par exemple, lui serait inutile, si la nature ne le portait d'abord à faire attention aux moindres variations dont il est susceptible. C'est par les effets alternatifs de la jouissance et de la privation, qu'il apprend à connaître l'existence de la lumière et ses différentes gradations ; mais il resterait dans l'ignorance de la distance, de la grandeur et de la forme des objets, si, en comparant et combinant les impressions des autres organes, il n'apprenait à les rectifier l'un par l'autre. La plupart de ses sensations sont donc le résultat de ses réflexions sur les impressions réunies dans ses organes.

» C'est ainsi que l'homme passe ses premières années à acquérir l'usage prompt et juste de ses sens : son penchant à observer, qu'il tient de la nature, le met en état de se former lui-même ; et la perfection de ses facultés dépend de son application plus ou moins constante.

» Dans le nombre infini d'objets qui s'offrent successivement à lui, son attention se porte essentiellement sur ceux qui l'intéressent par des rapports plus particuliers.

» Les observations des effets que la nature opère universellement et constamment sur chaque individu, ne sont pas l'apanage exclusif des philosophes ; l'intérêt universel fait presque de tous les individus autant d'observateurs. Ces observations multipliées, de tous les temps et de tous les lieux, ne nous laissent rien à désirer sur leur réalité.

» L'activité de l'esprit humain, jointe à l'ambition de savoir, qui n'est jamais satisfaite, cherchant à perfectionner des connaissances précédemment acquises, abandonne l'observation, et y supplée par des spéculations vagues et souvent frivoles ; elle forme et accumule des systèmes qui n'ont que le mérite de leur mystérieuse abstraction ; elle s'éloigne insensiblement de la vérité, au point de faire perdre la vue, et de lui substituer l'ignorance et la superstition.

» Les connaissances humaines, ainsi dénaturées, n'offrent plus rien de la réalité qui les caractérisait dans le principe.

» La philosophie a quelquefois fait des efforts pour se dégager des erreurs et des préjugés; mais, en renversant ces édifices avec trop de chaleur, elle en a recouvert les ruines avec mépris, sans fixer son attention sur ce qu'ils renfermaient de précieux.

» Nous voyons chez les différents peuples les mêmes opinions conservées sous une forme si peu avantageuse et si peu honorable pour l'esprit humain, qu'il n'est pas vraisemblable qu'elles se soient établies sous cette forme.

» L'imposture et l'égarement de la raison auraient en vain tenté de concilier les nations, pour leur faire généralement adopter des systèmes aussi évidemment absurdes et ridicules que nous les voyons aujourd'hui; la vérité seule et l'intérêt général ont pu donner à ces opinions leur universalité.

» On pourrait donc avancer que parmi les opinions vulgaires de tous les temps, qui n'ont pas leur principe dans le cœur humain, il en est peu qui, quelque ridicules et même quelque extravagantes qu'elles paraissent, ne puissent être considérées comme le reste d'une vérité primitivement reconnue.

» Telles sont les réflexions que j'ai faites sur les connaissances en général, et plus particulièrement sur le sort de la doctrine de l'influence des corps célestes sur la planète que nous habitons. Les réflexions m'ont conduit à rechercher dans les débris de cette science, avilie par l'ignorance, ce qu'elle pouvait avoir d'utile et de vrai.

» D'après mes idées sur cette matière, je donnai à Vienne, en 1766, une dissertation *de l'influence des planètes sur le corps humain*. J'avançais, d'après les principes connus de l'attraction universelle, constatée par les observations qui nous apprennent que les planètes s'affectent mutuellement dans leurs orbites, et que la lune et le soleil causent et dirigent sur notre globe le flux et le reflux de la mer, ainsi que dans l'atmosphère; j'avançais, dis-je, que ces sphères exercent aussi une action directe sur toutes les parties constitutives des corps animés, particulièrement sur le *système nerveux*, moyennant un fluide qui pénètre tout. Je déterminais cette action par l'INTENTION et la RÉMISSION des propriétés de la *matière et des corps organisés*, telles que sont *la gravité*, *la cohésion*, *l'élasticité*, *l'irritabilité*, *l'électricité*.

» Je soutenais que, de même que les effets alternatifs, à l'égard de la gravité, produisent dans la mer le phénomène sensible que nous appelons flux et reflux, l'INTENTION et la RÉMISSION desdites propriétés, étant sujettes à l'action du même principe, occasionnent, dans les corps animés, des effets alternatifs, analogues à ceux qu'éprouve la mer. Par ces considérations, j'établissais que le corps animal, étant soumis à la même action, éprouvait aussi une sorte de *flux* et *reflux*. J'appuyais cette théorie de différents retours périodiques. Je nommais la propriété du corps animal qui le rend susceptible de l'action des corps célestes et de la terre, MAGNÉTISME ANIMAL; j'expliquais par ce magnétisme les révolutions périodiques que nous remarquons dans le sexe, et généralement celles que les médecins de tous les temps et de tous les pays ont observées dans les maladies.

» Mon objet alors n'était que de fixer l'attention des médecins; mais loin d'avoir réussi, je m'aperçus qu'on me taxait de singularité, qu'on me traitait d'homme à système, et qu'on me faisait un crime de ma propension à quitter la route ordinaire de la médecine.

» Je n'ai jamais dissimulé ma façon de penser à cet égard, ne pouvant, en effet, me persuader que nous ayons fait dans l'art de guérir les progrès dont nous nous sommes flattés; j'ai cru, au contraire, que plus nous avancions dans les connaissances du mécanisme et de l'économie du corps animal, plus nous étions forcés de reconnaître notre insuffisance. La connaissance que nous avons acquise aujourd'hui de la nature et de l'action des nerfs, tout imparfaite qu'elle est, ne nous laisse aucun doute à cet égard. Nous savons qu'ils sont les principaux agents des sensations et du mouvement sans savoir les rétablir dans l'ordre naturel, lorsqu'il est altéré; c'est un reproche que nous avons à nous faire. L'ignorance des siècles précédents sur ce point en a garanti les médecins. La confiance superstitieuse qu'ils avaient et qu'ils inspiraient dans leurs spécifiques et leurs formules, les rendaient despotes et présomptueux.

» Je respecte trop la NATURE pour pouvoir me persuader que la conservation individuelle de l'homme ait été réservée aux hasards des découvertes, et aux observations vagues qui ont eu lieu dans la succession de plusieurs siècles, pour devenir le domaine de quelques particuliers.

» La nature a parfaitement pourvu à tout pour l'existence de l'individu ; la génération se fait sans système comme sans artifice. Comment la conservation serait-elle privée du même avantage? Celle des bêtes est une preuve du contraire.

» Une aiguille non aimantée, mise en mouvement, ne reprendra que par hasard une direction déterminée; tandis qu'au contraire, celle qui est aimantée, ayant reçu la même impulsion, après différentes oscillations proportionnées à l'impulsion et au magnétisme qu'elle a reçu, retrouvera sa première position et s'y fixera. C'est ainsi que l'harmonie des corps organisés, une fois troublée, doit éprouver les incertitudes de ma première supposition, si elle n'est rappelée et déterminée par l'AGENT GÉNÉRAL dont je reconnais l'existence. Lui seul peut rétablir cette harmonie dans l'état naturel.

» Aussi a-t-on vu de tous les temps les maladies s'aggraver et se guérir avec et sans le secours de la médecine, d'après différents systèmes et les méthodes les plus opposées. Ces considérations ne m'ont pas permis de douter qu'il n'existe dans la nature un principe universellement agissant, et qui, indépendamment de nous, opère ce que nous attribuons vaguement à l'art et à la nature.

» Ces réflexions m'ont insensiblement écarté du chemin frayé. J'ai soumis mes idées à l'expérience pendant douze ans, que j'ai consacrés aux observations les plus exactes sur tous les genres de maladies; et j'ai eu la satisfaction de voir les maximes que j'avais pressenties se vérifier constamment.

» Ce fut surtout pendant les années **1773** et **1774**, que j'entrepris chez moi le traitement d'une demoiselle âgée de vingt-neuf ans, nommée Œsterline, attaquée depuis plusieurs années d'une maladie convulsive, dont les symptômes les plus fâcheux étaient que le sang se portait avec impétuosité vers la tête, et excitait dans cette partie les plus cruelles douleurs de dents et d'oreilles, lesquelles étaient suivies de délire, fureur, vomissement et syncope. C'était pour moi l'occasion la plus favorable d'observer avec exactitude ce genre de *flux* et *reflux* que le MAGNÉTISME ANIMAL fait éprouver au corps humain. La malade avait souvent des crises salutaires, et un soulagement remarquable en était la suite; mais ce n'était qu'une jouissance momentanée et toujours imparfaite.

» Le désir de pénétrer la cause de cette imperfection, et mes observations interrompues, m'amenèrent successivement au point de reconnaître l'opération de la nature, et de la pénétrer assez pour prévoir et annoncer, sans incertitude, les différentes révolutions de la maladie. Encouragé par ce premier succès, je ne doutai plus de la possibilité de la porter à sa perfection, si je parvenais à découvrir qu'il existât, entre les corps qui composent notre globe, une action également réciproque et semblable à celle des corps célestes, moyennant laquelle je pourrais imiter artificiellement les révolutions périodiques du flux et reflux dont j'ai parlé.

» J'avais sur l'aimant les connaissances ordinaires : son action sur le fer, l'aptitude de nos humeurs à recevoir ce minéral et les différents essais faits, tant en France qu'en Allemagne et en Angleterre, pour les maux d'estomac et douleurs de dents, m'étaient connus. Ces motifs, joints à l'analogie des propriétés de cette matière avec le système général, me la firent considérer comme la plus propre à ce genre d'épreuve. Pour m'assurer du succès de cette expérience, je préparai la malade, dans l'intervalle des accès, par un usage continué des martiaux.

» La malade ayant éprouvé, le 28 juillet 1774, un renouvellement de ses accès ordinaires, je lui fis l'application sur l'estomac et aux deux jambes de trois pièces aimantées d'une forme commode à l'application. Il en résultait, peu de temps après, des sensations extraordinaires ; elle éprouvait intérieurement des courants douloureux d'une matière subtile, qui, après différents efforts pour prendre leur direction, se déterminèrent vers la partie inférieure, et firent cesser pendant six heures tous les symptômes de l'accès. L'état de la malade m'ayant mis le lendemain dans le cas de renouveler la même épreuve, j'en obtins le même succès. Mon observation sur ces effets, combinés avec mes idées sur le système général, m'éclaira d'un nouveau jour : en confirmant mes idées sur l'influence de l'AGENT GÉNÉRAL, elle m'apprit qu'un autre principe faisait agir l'aimant, incapable par lui-même de cette action sur les nerfs, et me fit voir que je n'avais que quelques pas à faire pour arriver à la THÉORIE IMITATIVE qui faisait l'objet de mes recherches.

» Les préventions données au public, et ses incertitudes sur la nature de mes moyens, me déterminèrent à publier une *lettre, le 5 janvier* 1775, *à un médecin étranger*, dans laquelle je donnais une idée précise de ma théorie, des succès que j'avais obtenus jusqu'alors et de ceux que j'avais lieu d'espérer. J'annonçais la nature et l'action du MAGNÉTISME ANIMAL, et l'analogie de ses propriétés avec celles de *l'aimant et de l'électricité. J'ajoutais que tous les corps étaient, ainsi que l'aimant, susceptibles de la communication de ce principe magnétique ; que ce fluide pénétrait tout ; qu'il pouvait être accumulé et concentré comme le fluide électrique ; qu'il agissait dans l'éloignement ; que les corps animés étaient divisés en deux classes, dont l'une était susceptible de ce magnétisme, et l'autre d'une vertu opposée qui en supprime l'action.* Enfin, je rendais raison des différentes sensations, et j'appuyais ces assertions des expériences qui m'avaient mis en état de les avancer.

» Mes essais successifs pour le triomphe de la vérité ayant été inutiles, je fais aujourd'hui un nouvel effort en donnant à mes premières assertions une publicité et une étendue qui leur ont manqué jusqu'ici.

PROPOSITIONS.

« 1° Il existe une influence mutuelle entre les corps célestes, la terre et les corps animés.

» 2° Un fluide universellement répandu et continué de manière à ne souffrir aucun vide, dont la subtilité ne permet aucune comparaison, et qui, de sa nature, est susceptible de recevoir, propager et communiquer toutes les impressions du mouvement, est le moyen de cette influence.

» 3° Cette action réciproque est soumise à des lois mécaniques inconnues jusqu'à présent.

» 4° Il résulte de cette action des effets alternatifs qui peuvent être considérés comme un flux et reflux.

» 5° Ce flux et reflux est plus ou moins général, plus ou moins particulier, plus ou moins composé, selon la nature des causes qui le déterminent.

» 6° C'est par cette opération (la plus universelle de celles que la nature nous offre) que les relations d'activité s'exercent entre les corps célestes, la terre et ses parties constitutives.

» 7° Les propriétés de la matière et du corps organisé dépendent de cette opération.

» 8° Le corps animal éprouve les effets alternatifs de cet agent, et c'est en s'insinuant dans la substance des nerfs qu'il les affecte immédiatement.

» 9° Il se manifeste particulièrement dans le corps humain des propriétés analogues à celles de l'aimant; on y distingue des pôles également divers et opposés, qui peuvent être communiqués, changés, détruits et renforcés; le phénomène même de l'inclinaison y est observé.

» 10° La propriété du corps animal qui le rend susceptible de l'influence des corps célestes et de l'action réciproque de ceux qui l'environnent, manifestée par son analogie avec l'aimant, m'a déterminé à la nommer MAGNÉTISME ANIMAL.

» 11° L'action et la vertu du magnétisme animal ainsi caractérisées, peuvent être communiquées à d'autres corps animés et inanimés. Les uns et les autres en sont cependant plus ou moins susceptibles.

» 12° Cette action et cette vertu peuvent être renforcées et propagées par ces mêmes corps.

» 13° On observe à l'expérience l'écoulement d'une matière dont la subtilité pénètre tous les corps sans perdre notablement de son activité.

» 14° Son action a lieu à une distance éloignée, sans le secours d'aucun corps intermédiaire.

» 15° Elle est augmentée et réfléchie par les glaces, comme la lumière.

» 16° Elle est communiquée, propagée et augmentée par le son.

» 17° Cette vertu magnétique peut être accumulée, concentrée et transportée.

» 18° J'ai dit que les corps animés n'en étaient pas également susceptibles ; il en est même, quoique très rares, qui ont une propriété si opposée, que leur seule présence détruit tous les effets de ce magnétisme dans les autres corps.

» 19° Cette vertu opposée pénètre aussi tous les corps ; elle peut être également communiquée, propagée, accumulée, concentrée et transportée, réfléchie par les glaces et propagée par le son ; ce qui constitue non seulement une privation, mais une vertu opposée, positive.

20° L'aimant, soit naturel, soit artificiel, est, ainsi que les autres corps, susceptible du magnétisme animal, et même de la vertu opposée, sans que, ni dans l'un ni dans l'autre cas, son action sur le fer et l'aiguille souffre aucune altération : ce qui prouve que le principe du magnétisme diffère essentiellement de celui du minéral.

» 21° Ce système fournira de nouveaux éclaircissements sur la nature du feu et de la lumière, ainsi que dans la théorie de l'atraction, du flux et reflux, de l'aimant et de l'électricité.

» 22° Il fera connaître que l'aimant et l'électricité artificielle, n'ont à l'égard des maladies, que des propriétés communes avec plusieurs autres agents que la nature nous offre, et que s'il est résulté quelques effets utiles de l'administration de ceux-là, ils sont dus au magnétisme animal.

» 23° On reconnaîtra par les faits, d'après les règles pratiques que j'établirai, que ce principe peut guérir immédiatement les maladies des nerfs, et médiatement les autres.

» 24° Qu'avec son secours, le médecin est éclairé sur l'usage des médicaments; qu'il perfectionne leur action, et qu'il provoque et dirige les crises salutaires, de manière à s'en rendre maître.

» 25° En communiquant ma méthode, je démontrerai, par une théorie nouvelle des maladies, l'utilité universelle du principe que je leur oppose.

» 26° Avec cette connaissance le médecin jugera sûrement l'origine, la nature et les progrès des maladies, même des plus compliquées; il en empêchera l'accroissement, et parviendra à leur guérison, sans jamais exposer le malade à des effets dangereux ou des suites fâcheuses, quels que soient l'âge, le tempérament et le sexe. Les femmes mêmes dans l'état de grossesse et lors des accouchements jouiront du même avantage.

» 27° Cette doctrine, enfin, mettra le médecin en état de bien juger du degré de santé de chaque individu, et de le préserver des maladies auxquelles il pourrait être exposé. L'art de guérir parviendra ainsi à sa dernière perfection.

» Quoiqu'il ne soit aucune de ces assertions sur laquelle mon observation, constante depuis douze ans, m'ait laissé de l'incertitude, je conçois facilement, d'après les principes reçus et les connaissances établies, que mon système doit paraître, au premier aspect, tenir à l'illusion autant qu'à la vérité. Mais je prie les personnes éclairées d'éloigner les préjugés, et de suspendre au moins leur jugement jusqu'à ce que les circonstances me permettent de donner à mes principes l'évidence dont ils sont susceptibles. La considération des hommes qui gémissent dans les souffrances et le malheur, par la seule insuffisance des moyens connus, est bien

de nature à inspirer le désir, et même l'espoir d'en reconnaître de plus utiles.

» Les médecins, comme dépositaires de la confiance publique sur ce qui touche de plus près la conservation et le bonheur des hommes, sont seuls capables, par les connaissances
essentielles à leur état, de bien juger de l'importance de la
découverte que je viens d'annoncer, et d'en présenter les
suites. Eux seuls, en un mot, sont capables de la mettre en
pratique. Si ce petit ouvrage offre bien des difficultés, il doit
leur être sensible qu'elles sont de nature à n'être aplanies par
aucun raisonnement sans le concours de l'expérience. Elle
seule dissipera les nuages, et placera dans son jour cette importante vérité : que LA NATURE OFFRE UN MOYEN UNIVERSEL DE
GUÉRIR ET DE PRÉSERVER LES HOMMES. »

Il me semble que cet extrait peut être compris, du moins
en grande partie, par tous les hommes quelque peu adon-
nés à l'étude des sciences, et que si certains passages sont
au-dessus de la portée de certaines intelligences, ils auraient
dû néanmoins rencontrer d'heureux interprètes parmi les savants auxquels Mesmer s'adressait; pour moi, qui n'ai certes
pas la prétention de me placer sur la même ligne que ces no-
tabilités, je crois avoir pénétré le sens véritable des vingt-sept
propositions de notre maître à tous.

CHAPITRE III.

Mesmer en présence de MM. Bertrand, Malloët et Sollier de la Rominais.
— Expériences diverses. — Convention définitive. — Nouvelles expériences concluantes, qui cependant n'amènent à aucun aveu en faveur
du magnétisme animal. — Mesmer refuse les offres du gouvernement.
— Souscription en faveur de la propagation du magnétisme. — Commission nommée par Louis XVI. — Exemples de la puissance magnétique de Mesmer. — Le marquis de Puységur.

Le docteur d'Eslon avait eu, à lui seul, à ce qu'il paraît,
bien plus de compréhension que tous les membres ensemble

de la Faculté, lorsqu'après avoir réfléchi sur les aphorismes de Mesmer, il engagea celui-ci, par tous les moyens possibles, à faire, en présence de quelques médecins notables, des expériences concluantes en faveur de sa doctrine, ce à quoi Mesmer consentit quoiqu'avec peine.

De plusieurs médecins convoqués par le docteur d'Eslon, les docteurs Bertrand, Malloët et Sollier de la Rominais furent les seuls qui consentirent à suivre les expériences de Mesmer; et l'on va voir jusqu'où s'étendit leur bonne foi:

« On leur présenta un paralytique qui avait perdu toute sensibilité et toute chaleur dans les parties inférieures du corps. En huit jours de traitement, la chaleur et la sensibilité revinrent, et n'ont pas été perdues depuis. — Chaleur et sensibilité ne sont pas guérison, disait M. Malloët, et répétaient ses deux échos.

» Un second paralytique de tout le côté droit, arrivé chez Mesmer le 20 janvier sur une civière, cessa de s'en servir le 20 mars suivant, ayant suffisamment recouvré l'usage de ses membres pour agir sans secours. — Cet exemple, qui fit dans le temps assez d'impression dans le public, n'en fit aucune sur MM. Bertrand, Malloët et Sollier. Cependant les progrès de la main leur paraissaient, dans les règles de l'art, plus étonnants que ceux du pied; mais voilà tout.

» Une jeune demoiselle était à peu près aveugle à la suite de glandes au sein. Six semaines après son entrée chez Mesmer, elle y voyait parfaitement. — On convenait qu'elle y voyait; mais il n'était pas aussi évident qu'elle n'y avait pas vu. Personne ne s'était trouvé dans ses yeux pour assurer que cela n'était pas un jeu.

» Un militaire obstrué au point de ne plus penser qu'à la mort, suivant son expression, ne pensa plus, un mois après, qu'à la vie. — A la vérité l'on avait vu un changement réel, et les évacuations paraissaient étonnantes; mais il ne fallait, pour opérer de tels effets, qu'une révolution dont la nature est capable à elle seule.

» Une jeune fille desséchée par les écrouelles avait déjà

perdu un œil ; l'autre était attaqué d'une hernie, et couvert d'ulcères. Six semaines après, cette personne avait repris chair, elle y voyait parfaitement de son œil éclairci, et les tumeurs scrofuleuses étaient considérablement diminuées. — Où gît la preuve que la nature ait été aidée en tout ceci par le magnétisme animal? Elle a tant de ressources à l'âge de cette jeune personne ! »

Une foule d'expériences furent faites pendant sept mois consécutifs. Les preuves les plus positives furent données à MM. Bertrand, Malloët et Sollier ; et cependant ils trouvèrent le moyen de ne rien avouer en faveur du magnétisme, biaisant sans cesse dans leur conduite, et prétendant maladroitement qu'il est impossible de savoir si une guérison est opérée à l'aide des moyens thérapeutiques quels qu'ils soient, ou bien si la nature seule a tout fait.

Fatigué de voir que les observateurs des effets magnétiques se refusaient à avouer l'évidence, Mesmer pria le docteur d'Eslon de faire en sorte d'en finir ; dans ce but, il fut convenu que MM. Bertrand, Malloët et Sollier conduiraient au traitement magnétique un certain nombre de malades, et que Mesmer agirait de manière que la puissance du magnétisme animal pût être reconnue. Au jour fixé pour les expériences, les trois examinateurs furent exacts quant à leur présence ; mais ils oublièrent ou feignirent d'oublier la chose la plus importante : d'amener avec eux des malades ; en sorte que Mesmer se trouva réduit à opérer sur les seules personnes que put lui procurer le docteur d'Eslon.

« *Première expérience* faite sur M. le baron d'Andelau, colonel-commandant du régiment de Nassau-Sarbruck. Il est assez fréquemment tourmenté d'attaques d'asthme. — J'annonçai que je ne le toucherais pas, dit Mesmer, afin de prouver que le tact immédiat n'est pas nécessaire à l'action du magnétisme animal. De quatre ou cinq pas de loin, je dirigeai la verge de fer que je tenais en main vers sa poitrine, et lui ôtai la respiration. Il serait tombé en défaillance, si je ne m'étais arrêté à sa prière. Au surplus, il assura sentir si distinctement les courants opposés que j'opérais en lui, qu'il s'engagea à désigner, les yeux fermés, chaque mouvement de mon fer. Cette dernière expérience eut lieu, mais on y fit peu d'attention.

» *Deuxième expérience* faite sur M. Verdun, homme d'affaires de madame de Petineau, demeurant à Paris, rue de Richelieu, et sur le Palais-Royal. Son sort est assez déplorable : il est sujet à des maladies nerveuses, qui commencent par inflammation, et ne se terminent qu'à l'aide d'évacuations tardives. Il sortait d'une de ces maladies. — La direction de mon fer lui occasionna tremblement, chaleur au visage, suffocation, sueur et défaillance. Il tomba sur un canapé.

» *Troisième expérience* faite sur mademoiselle de Berlancourt de Beauvais, âgée de vingt-deux ans, paralytique de la moitié du corps. Un de ses yeux avait perdu la faculté de voir; l'autre était très douloureux. Elle devenait entièrement aveugle par accès. Les articulations de la langue étaient si gênées que les personnes accoutumées à son service pouvaient seules deviner quelques unes de ses intentions : elle était muette pour le reste du monde, personne ne l'entendait. Cette situation était excessivement aggravée par une douleur au front si terrible, que cette malheureuse demoiselle était quelquefois dix ou douze jours entiers dans un état de malheur inexprimable. Souvent les accents plaintifs de sa voix déchirante ont fait venir les larmes aux yeux de plusieurs de mes malades témoins de ses souffrances. — Je dirigeai mon fer vers son front. La douleur qu'elle y ressentit fut prompte : je la laissai calmer. Dans l'intervalle, j'offris de prouver que le foyer du mal n'était pas dans la tête, mais bien dans les hypochondres. En conséquence, je dirigeai mon fer vers l'hypochondre droit : la douleur fut plus subite et plus vive que la première fois; je laissai calmer encore la malade; et augurant que le vrai principe du mal était dans la rate, j'annonçai qu'on allait apercevoir la différence de mes effets. A peine eus-je dirigé mon fer vers ce viscère, que la demoiselle de Berlancourt chancela, et tomba, les membres palpitants, dans des douleurs excessives. Je la fis emporter tout de suite, ne jugeant pas à propos de pousser plus loin des expériences que déjà plus d'un lecteur accuse peut-être de barbarie.

» *Quatrième expérience* faite sur M. le chevalier de Crussol, venu comme témoin, mais sujet à des incommodités habituelles et souvent manifestées par des accès de maux de tête de douze à quinze jours. —M. le chevalier de Crussol ayant saisi un des intervalles entre les expériences précédentes, m'avait prié de le toucher, et je lui avais occasionné dans le côté une douleur accompagnée de chaleur si sensible qu'il avait engagé la compagnie à s'en assurer en y portant la main. Cette douleur ne lui était pas inconnue. Elle servait assez fréquemment d'avant-coureur aux accès de mal de tête dont j'ai parlé. M. de Crussol, désirant servir de sujet à une dernière expérience, me laissa ignorer ces particularités, et me demanda si je ne pourrais pas essayer de lui faire ressentir ses douleurs habituelles sans être prévenu de leur genre. Je me prêtai à en faire l'essai : il fut heureux, c'est-à-dire que M. de Crussol y gagna un violent mal de tête. Alors il réfléchit que je lui avais fait un fort mauvais présent, et me pria de le reprendre, si la chose était possible; elle l'était; et je trouvai juste de lui ôter son mal avant de le laisser sortir de chez moi. »

Il y avait bien là, certes, de quoi convaincre les plus sceptiques; car des effets spontanés et aussi marqués que ceux qui leur étaient mis sous les yeux ne devaient plus laisser le moindre doute sur l'existence du magnétisme animal; néanmoins MM. Bertrand, Malloët et Sollier ne voulurent point donner à Mesmer la satisfaction de s'avouer vaincus.

N'ayant plus rien à faire avec les corps savants, Mesmer ne s'occupait plus que de soigner les malades qui s'étaient soumis à son traitement, lorsque M. de Maurepas, alors premier ministre, fut chargé de lui offrir, et lui offrit en effet, de la part du gouvernement, une pension annuelle de vingt mille francs, et dix mille francs, aussi annuellement, pour le loyer d'un local convenable à son logement et à ses expériences, sous la condition qu'il s'engagerait à traiter par le magnétisme un certain nombre de malades, et à instruire de sa doctrine trois personnes choisies par le gouvernement. Cette proposition était attrayante, sans doute, et chacun pourrait croire que Mesmer eût dû se hâter de l'accepter ; mais le philosophe jugea autrement, et refusa formellement les offres du ministre. Il n'était pas venu en France, dit-il, pour y faire sa fortune, mais bien pour y introduire un moyen important de guérir les hommes. Il voulait donc voir primitivement sa méthode adoptée et reconnue comme utile à l'humanité entière, avant que de songer à ses intérêts personnels.

Était-ce là la conduite d'un ambitieux, d'un homme avide d'argent et bouffi de vanité, comme ses ennemis le lui reprochèrent ensuite?... Je ne le pense pas. Si Mesmer n'eût eu que des pensées d'égoïsme, l'acceptation des propositions qui lui étaient faites devait certes le satisfaire complétement. D'abord sa fortune était assurée, brillante, ensuite l'autorisation qu'il recevait des grands de l'État pour appliquer et enseigner sa doctrine, était une recommandation tacite qui devait immanquablement le placer au premier rang.

Peu de temps après, Mesmer annonça à ses malades l'intention qu'il avait de quitter la France. Le bruit de cette nouvelle se répandit bientôt, et arriva jusqu'au trône. Alors la reine, dont l'opinion était favorable au novateur, essaya d'obtenir de lui l'assurance qu'il se fixerait définitivement en France ; mais cette fois rien ne put le faire varier ; sa résolution était inébranlable. La lettre suivante explique suffisamment les motifs du docteur allemand :

« MADAME,

» Je n'aurais dû éprouver que les mouvements de la satis-
» faction la plus vive, en apprenant que Votre Majesté daignait
» arrêter ses regards sur moi ; et cependant ma situation pèse
» douloureusement sur mon cœur. On avait précédemment

» peint à Votre Majesté le projet que j'avais de quitter la France
» comme contraire à l'humanité, en ce que j'abandonnais des
» malades à qui mes soins étaient nécessaires. Aujourd'hui, je
» ne doute point qu'on n'attribue à des motifs intéressés mon
» refus indispensable à des conditions qui m'ont été offertes au
» nom de Votre Majesté.

» Je n'agis, madame, ni par inhumanité, ni par avidité.
» J'ose espérer que Votre Majesté me permettra d'en placer
» les preuves sous ses yeux ; mais, avant toutes choses, je dois
» me rappeler qu'elle me blâme, et mon premier soin doit être
» de faire parler ma respectueuse soumission pour ses moin-
» dres désirs.

» Dans cette vue, uniquement par respect pour Votre Ma-
» jesté, je lui offre l'assurance de prolonger mon séjour en
» France jusqu'au 18 septembre prochain, et de continuer jus-
» qu'à cette époque mes soins à ceux de mes malades qui me
» continueront leur confiance.

» Je supplie instamment Votre Majesté de considérer que
» cette offre doit être à l'abri de toute interprétation recher-
» chée. C'est à Votre Majesté que j'ai l'honneur de la faire,
» mais indépendante de toutes grâces, de toutes faveurs, de
» toute espérance autre que de jouir, à l'abri de la puissance
» de Votre Majesté, de la tranquillité et de la sûreté méritées
» qui m'ont été accordées dans ses États depuis que j'y fais
» mon séjour. C'est enfin, madame, en déclarant à Votre Ma-
» jesté que je renonce à tout espoir d'arrangement avec le
» gouvernement français, que je la supplie d'agréer le témoi-
» gnage de la plus humble, de la plus respectueuse et de la
» plus désintéressée des déférences.

» Je cherche, madame, un gouvernement qui aperçoive la
» nécessité de ne pas laisser introduire légèrement dans le
» monde une vérité qui, par son influence sur le physique des
» hommes, peut opérer des changements que, dès leur nais-
» sance, la sagesse et le pouvoir doivent contenir et diriger
» dans un cours et vers un but salutaires. Les conditions qui
» m'ont été proposées au nom de Votre Majesté ne remplissant

» pas ces vues, l'austérité de mes principes me défendait de
» les accepter.

» Dans une cause qui intéresse l'humanité au premier chef,
» l'argent ne doit être qu'une considération secondaire. Aux
» yeux de Votre Majesté, quatre ou cinq cent mille francs de
» plus ou de moins, employés à propos, ne sont rien : le bon-
» heur des peuples est tout. Ma découverte doit être accueillie,
» et moi récompensé avec une munificence digne de la gran-
» deur du monarque auquel je m'attacherai. Ce qui doit me
» disculper sans réplique de toute fausse interprétation à cet
» égard, c'est que depuis mon séjour dans vos États je n'ai
» tyrannisé aucun de vos sujets. Depuis trois ans, je reçois
» chaque jour des offres pécuniaires; à peine mon temps suffit-
» il à les lire, et je puis dire que, sans compter, j'en ai brûlé
» pour des sommes considérables.

» Ma marche dans les États de Votre Majesté a toujours été
» uniforme. Ce n'est assurément ni par cupidité, ni par amour
» d'une vaine gloire que je me suis exposé au ridicule pressenti
» dont votre Académie des sciences, votre Société royale et
» votre Faculté de médecine de Paris ont prétendu me couvrir
» tour à tour. Lorsque je l'ai fait, c'était parce que je croyais
» devoir le faire.

» Après leur refus, je me suis cru au point que le gouver-
» nement devait me regarder de ses propres yeux; trompé
» dans mon attente, je me suis déterminé à chercher ailleurs ce
» que je ne puis raisonnablement espérer ici. Je me suis ar-
» rangé pour quitter la France dans le mois d'avril prochain ;
» c'est ce qu'on a appelé inhumanité, comme si ma marche n'a-
» vait pas été forcée.

» Dans la balance de l'humanité, vingt ou vingt-cinq mala-
» des, quels qu'ils soient, ne pèsent rien à côté de l'humanité
» entière ; et pour faire l'application de ce principe à une per-
» sonne que Votre Majesté honore de sa tendresse, ne puis-
» je pas dire que donner à la seule madame la duchesse de
» Chaulnes la préférence sur la généralité des hommes, serait

» au fond aussi condamnable à moi, que de n'apprécier ma dé-
» couverte qu'en raison de mes intérêts personnels.

» Je me suis déjà trouvé, madame, dans la nécessité d'aban-
» donner des malades qui m'étaient chers et à qui mes soins
» étaient encore indispensables ; ce fut dans le temps que je
» quittai les lieux de la naissance de Votre Majesté : ils sont
» aussi ma patrie ! Alors pourquoi ne m'accusa-t-on pas d'in-
» humanité ? Pourquoi, madame ? Parce que cette accusation
» grave devenait superflue ; parce que l'on était parvenu, par
» des intrigues plus simples, à me perdre dans l'esprit de votre
» auguste mère et de votre auguste frère.

» Celui, madame, qui toujours aura, comme moi, présent
» à l'esprit le jugement des nations et de la postérité ; celui
» qui se préparera sans cesse à leur rendre compte de ses ac-
» tions, supportera comme je l'ai fait, sans orgueil, mais avec
» courage, un revers aussi cruel ; car il saura que s'il est beau-
» coup de circonstances où les rois doivent guider l'opinion des
» peuples, il en est encore un plus grand nombre où l'opinion
» publique domine irrésistiblement sur celle des rois. Aujour-
» d'hui, madame, on me l'a assuré au nom de Votre Majesté,
» votre auguste frère n'a que du mépris pour moi. Eh bien !
» quand l'opinion publique aura décidé, il me rendra justice ;
» si ce n'est pas de mon vivant, il honorera ma tombe de ses
» regrets.

» Sans doute l'époque du 18 septembre, que j'ai indiquée à
» Votre Majesté, lui paraîtra extraordinaire, je la supplie de
» se rappeler qu'à pareil jour de l'année dernière il ne tint pas
» aux médecins de vos États qu'un de leurs confrères, à qui je
» dois tout, ne fût déshonoré à mon occasion. Ce jour-là fut
» tenue l'assemblée de la Faculté de médecine de Paris, où fu-
» rent rejetées mes propositions ; et quelles propositions ! Votre
» Majesté les connaît. J'ai toujours cru, madame, et je vis en-
» core dans la persuasion qu'après un éclat aussi avilissant pour
» les médecins de votre ville de Paris, toute personne un peu
» éclairée ne pouvait plus se dispenser de jeter les yeux sur ma

» découverte, et que la protection de toute personne puissante
» lui était dévolue sans difficulté. Quoi qu'il en soit, au 18 sep-
» tembre prochain il y aura un an que j'aurai fondé mon unique
» espérance sur les soins vigilants et paternels du gouvernement.
» A cette époque, j'espère que Votre Majesté jugera mes sa-
» crifices assez longs, et que je ne leur ai fixé un terme, ni
» par inconstance, ni par humeur, ni par inhumanité, ni par
» jactance. J'ose enfin me flatter que sa protection me suivra
» dans les lieux où ma destinée m'entraînera loin d'elle, et
» que, protectrice de la vérité, elle ne dédaignera pas d'user
» de son pouvoir sur l'esprit d'un frère et d'un époux pour
» m'attirer leur bienveillance.

» Je suis, de Votre Majesté, avec le plus profond res-
» pect, etc.

» Paris, le 29 mars 1781.

» **MESMER.** »

Après avoir obtenu par sa méthode les succès les plus
brillants, Mesmer se rendit à Spa, où le suivirent quelques
malades de distinction dont le traitement n'était pas encore
terminé. Dès que le novateur fut éloigné de la capitale, les
antagonistes de sa doctrine hurlèrent plus fort que jamais
contre le magnétisme et ses partisans ; les discussions conti-
nuèrent entre la Faculté et M. d'Eslon. Celui-ci, confiant en
la puissance de la vérité pour convaincre les savants, provo-
qua de la Faculté la nomination d'une commission devant laquelle il offrait d'opérer et de produire des faits probants.
Cette conduite de M. d'Eslon fut portée à la connaissance de
Mesmer, qui, persuadé que son disciple allait nuire au crédit
de sa découverte, soit par imprudence ou autrement, s'éleva
fort et haut contre son ami, disant qu'il ne l'avait instruit que
très imparfaitement de sa méthode, et qu'il ne lui avait jamais
confié le secret le plus important de sa découverte ; que cette
manière d'agir était déloyale et le ruinait à tout jamais.

C'est alors que pour assurer à Mesmer une fortune digne

de lui, l'avocat Bergasse, un de ses malades, d'accord avec le banquier Kornmann, ouvrit une souscription dont la liste devait être au moins de cent personnes, contribuant chacune pour une somme de cent louis en faveur de Mesmer, moyennant quoi celui-ci devait les instruire du magnétisme. L'heureuse idée de Kornmann et de Bergasse rencontra dans la haute société tant de sympathies, qu'en peu de mois Mesmer encaissa plus de 340,000 francs.

Cet élan donné à la propagation d'une découverte méconnue des corps savants réveilla le gouvernement français, dont le lourd sommeil semblait devoir être éternel. Le 12 mars 1784, Louis XVI nomma une commission prise dans la Faculté de médecine, dans l'Académie des sciences et dans la Société royale de médecine. Cette commission devait examiner soigneusement le magnétisme dans tous ses points, et faire un rapport consciencieux.

D'après cela, il eût été de toute justice, ce semble, que les commissaires du roi suivissent les expériences de Mesmer ; mais il en fut autrement : le docteur allemand fut négligé, et le docteur d'Eslon seul eut l'honneur de recevoir les savants délégués de Sa Majesté.

Mesmer réclama ; on en rit. Il protesta contre ce qui se ferait chez d'Eslon ; on en rit encore ; et l'examen le plus léger, le plus grotesque, le plus partial, se fit chez le disciple imparfait, qui néanmoins produisit des faits de nature à prouver la réalité du magnétisme ; mais comme les résolutions étaient arrêtées d'avance, le rapport condamna le magnétisme, déclara qu'il était nul, et, pour comble de déraison, assura qu'il présentait de graves dangers : comme si ce qui n'est pas pouvait être dangereux.

Cependant l'illustre Jussieu, qui avait suivi les expériences avec plus de soin qu'aucun de ses confrères, et dont la conscience était sans doute moins élastique, fit un rapport contradictoire, en dépit de ses co-examinateurs et du ministre Breteuil, ennemi juré de Mesmer et de sa découverte.

Certes, si la conduite des commissaires eût été équitable et que l'examen eût eu lieu chez Mesmer au lieu d'être fait chez d'Eslon, le magnétisme eût été dès lors accrédité et honoré. Tout porte à croire que les expériences de Mesmer eussent été plus convaincantes que celles de son disciple ; car le docteur allemand, outre qu'il connaissait mieux les moyens d'action, était naturellement doué d'une puissance extraordinaire. Voici ce que rapporte à cet égard le docteur Thouret, antagoniste de Mesmer, dans son livre intitulé : *Recherches et doutes sur le magnétisme :*

« Lorsque M. Mesmer touche un malade pour la première fois, il le touche au plus grand point de réunion d'influences vitales. Alors a lieu la communication électrique. Cela fait, il se retire, et étendant le doigt, il se forme entre le sujet et lui une traînée de fluide par laquelle se conserve la communication établie.

» L'influence de M. Mesmer dure plusieurs jours ; et pendant ce temps-là, si la personne est susceptible, il peut opérer sur elle des effets sensibles sans la toucher de nouveau ; de loin, sans autre intermédiaire que le fluide même, agissant par la communication subsistante quelquefois même à travers un mur.

» M. Mesmer, se trouvant un jour avec MM. Camp... et d'E... auprès du grand bassin de Meudon, leur proposa de passer alternativement de l'autre côté du bassin tandis qu'il resterait à sa place. Il leur fit plonger une canne dans l'eau et y plongea la sienne. A cette distance, M. Camp..., ressentit une attaque d'asthme, et M. d'E... la douleur au foie à laquelle il était sujet. On a vu des personnes ne pouvoir soutenir cette expérience et tomber en défaillance.

» Un autre jour, M. Mesmer se promenait dans les bois d'une terre au-delà d'Orléans. Deux demoiselles profitant de la liberté de la campagne, devancèrent la compagnie pour courir gaiement après lui. Il se mit à fuir ; mais bientôt, revenant sur ses pas, il leur présenta le bout de sa canne, en leur défendant d'aller plus loin. Aussitôt leurs genoux ployèrent ; il leur fut impossible d'avancer.

» Un soir, **M. Mesmer** descendit avec six personnes dans le jardin de monseigneur le prince de Soubise. Il prépara un arbre, et peu de temps après, madame la marquise de... et mesdemoiselles de R... et **P...** tombèrent sans connaissance ; madame la duchesse de C... se tenait à l'arbre sans pouvoir le quitter ; **M.** le comte de Mons... fut obligé de s'asseoir sur un banc, faute de pouvoir se tenir sur ses jambes. Je ne me rappelle pas quel effet éprouva M. Ang..., homme très vigoureux, mais il fut terrible. Alors M. Mesmer appela son domestique pour enlever les corps ; mais, je ne sais par quelles dispositions, celui-ci, quoique fort accoutumé à ces sortes de scènes, se trouva hors d'état d'agir. Il fallut attendre assez long-temps pour que chacun pût retourner chez soi. »

Cependant les élèves de **M.** Mesmer répandaient le magnétisme avec un zèle et un désintéressement dignes du p lussublime apostolat. Des hommes recommandables par leur naissance, leurs vertus, leurs talents, travaillèrent ardémment à faire luire aux yeux du monde la lumière de la vérité ; des sociétés s'organisèrent sur tous les points de la France, et malgré les oppositions des corps savants, du gouvernement, du clergé, des incrédules de toutes classes ; des savants, des hommes politiques, des militaires haut placés, des prêtres instruits, des hommes consciencieux de toutes les conditions s'occupèrent d'applications magnétiques, et prouvèrent à tous ceux qui voulurent voir que les ennemis de la doctrine de Mesmer étaient aveuglés par des idées préconçues ou par des passions intéressées que broyait sous ses foudres le génie du philosophe allemand.

Parmi les heureux disciples de Mesmer, brilla bientôt au premier rang le bon et laborieux marquis de Puységur, qui, à l'exemple de ses deux frères, avait négligé ses propres affaires pour apprendre à être utile à ses semblables. Un succès prodigieux obtenu dès les premiers essais avait enthousiasmé le noble marquis pour une doctrine que jusque là il n'avait pas bien comprise ; il produisait des faits inouïs, des faits palpitants de bonheur, et cela l'enivrait d'une joie pure et sainte qu'il n'eût pas échangée contre un sceptre royal, et qui devaient plus tard le conduire à des travaux dignes de l'immortalité.

CHAPITRE IV.

Apparition du somnambulisme magnétique. — Discussions et travaux qui en furent la suite. — M. le docteur Foissac et l'Académie de médecine. — Rapport des commissaires sur la question d'examen.

Mesmer n'avait jamais parlé à ses élèves du somnambulisme artificiel, bien qu'il connût ce phénomène du magnétisme. M. de Puységur le rencontra par hasard chez un de ses serviteurs qui s'était soumis à son action ; et, une fois revenu de l'étonnement dans lequel l'avait jeté la manifestation de ce singulier état, il en profita pour perfectionner son instruction magnétique.

Alors les curieux se rendirent en foule chez M. de Puységur, et répandirent bientôt le bruit des belles expériences somnambuliques dont ils avaient été témoins ; un nouveau champ fut ouvert au magnétisme, et les disciples de Mesmer ne visèrent plus, pour ainsi dire, qu'à la production de cette crise. Plusieurs personnes dignes de foi et désintéressées dans la question se plurent à rendre hommage à la vérité et à publier les faits surprenants qui s'étaient passés sous leurs yeux. M. Cloquet, homme éclairé et consciencieux, a donné de cet ordre de phénomènes une relation dont voici un extrait :

« Ces malades en crise ont un pouvoir surnaturel, par lequel, en touchant un malade qui leur est présenté, en portant la main, même par-dessus les vêtements, ils sentent quel est le viscère affecté, la partie souffrante ; ils le déclarèrent et indiquent à peu près les remèdes convenables.

» Je me suis fait toucher par une femme d'à peu près cinquante ans. Je n'avais certainement instruit personne de l'es-

4

pèce de ma maladie. Après s'être arrêtée particulièrement à ma tête, elle me dit que j'en souffrais souvent, et que j'avais habituellement un grand bourdonnement dans les oreilles, ce qui est vrai. Un jeune homme, spectateur incrédule de cette expérience, s'y est soumis ensuite, et il lui a été dit qu'il souffrait de l'estomac, qu'il avait des engorgements dans le bas-ventre, et cela depuis une maladie qu'il avait eue quelques années avant, ce qu'il a confessé être conforme à la vérité. Non content de cette divination, il a été sur-le-champ à vingt pas de son premier médecin, se faire toucher par un autre qui lui a dit la même chose. Je n'ai jamais vu de stupéfaction pareille à celle de ce jeune homme, qui était venu pour contredire, persifler, et non pour être convaincu.

» Une singularité non moins remarquable que tout ce que je viens de vous exposer, c'est que ces dormeurs, qui pendant quatre heures ont touché les malades, ont raisonné avec eux, ne se souviennent de rien, de rien absolument, lorsqu'il a plu au maître de les désenchanter, de les rendre à leur état naturel; le temps qui s'est écoulé depuis leur entrée dans la crise jusqu'à leur sortie est pour ainsi dire nul. Le maître a le pouvoir, non seulement, comme je l'ai dit, de se faire entendre de ses somnambules en crise, mais je l'ai vu plusieurs fois, de mes yeux bien ouverts, je l'ai vu présenter le doigt à un de ces êtres, toujours en crise et dans un état de sommeil spasmodique, se faire suivre partout où il l'a voulu, ou les envoyer loin de lui, soit à leur maison, soit à différentes places qu'il leur désignait sans rien dire. Retenez bien que le somnambule a toujours les yeux bien exactement fermés. J'oubliais encore de dire que l'intelligence de ces malades est d'une susceptibilité singulière; si à une distance assez éloignée il se tient des propos qui blessent l'honnêteté, ils les entendent pour ainsi dire intérieurement, leur âme en souffre, ils s'en plaignent et en avertissent le maître, ce qui plusieurs fois a donné lieu à des scènes de confusion pour les mauvais plaisants qui se permettaient des sarcasmes inconsidérés et déplacés chez M. de Puységur. »

Des preuves si évidentes de la réalité, de la puissance et de l'utilité du magnétisme ne pouvaient manquer d'intéresser les classes éclairées de la société et de soulever parmi les ESPRITS FORTS des ennemis implacables; aussi des polémiques virulentes s'engagèrent-elles de toutes parts sur cette nouvelle question, et y eut-il une guerre à outrance entre les partis opposés.

C'est dans le temps que les esprits étaient tout attentifs aux discussions magnétiques que la révolution éclata, et, comme un torrent impétueux, roula dans ses flots courroucés, et savants et sciences, et artistes et beaux-arts. La plupart des amis du magnétisme disparurent dans la tourmente révolutionnaire, et ce ne fut qu'après que le plus grand capitaine du monde eut imposé à l'Europe le joug de son effroyable génie, que le marquis de Puységur, toujours zélé pour le bonheur de l'humanité, se montra de nouveau, et reprit ses importants travaux. A son exemple, une foule de savants, de médecins, de naturalistes, s'occupèrent du magnétisme, et publièrent des ouvrages aussi remarquables que piquants. Le charitable Deleuze, professeur d'histoire naturelle au Jardin des Plantes, fit paraître une *Histoire critique* du magnétisme animal, puis successivement quelques autres publications, parmi lesquelles une *Instruction pratique* digne d'estime. Le comte de Redern, le baron Massias, le savant de la Place, le grand Cuvier, le docteur Georget et une foule d'hommes distingués, s'occupèrent d'établir le crédit de la grande question qui nous occupe.

M. Dupotet, plein de zèle et d'enthousiasme, fit, en 1820, dans quelques hôpitaux de Paris, et en présence de plusieurs médecins et étudiants en médecine, des expériences tout-à-fait concluantes en faveur du magnétisme.

De nouvelles tentatives devaient être faites auprès des corps savants pour attirer leur attention sur la plus grande de toutes les sciences, et, en 1825, le docteur Foissac se chargea de ce soin.

Il adressa à l'Académie des sciences et à l'Académie de

médecine plusieurs exemplaires d'un mémoire sur le magnétisme, par lequel il démontrait la nécessité d'un nouvel examen, offrant de présenter aux commissaires qui seraient
nommés, les somnambules qu'il avait alors à sa disposition.
Le baron Cuvier, au nom de l'Académie des sciences, répondit à M. Foissac une lettre de remerciements ; mais l'Académie
de médecine garda le silence. Comme M. Foissac pensait que
cette dernière société ne pouvait se refuser à examiner le magnétisme, il lui adressa, le 11 octobre 1825, la lettre suivante :

*A Messieurs les membres de l'Académie royale de médecine,
section de médecine.*

« Messieurs, vous connaissez tous les expériences faites,
» il y a quarante ans, sur le magnétisme animal par les com-
» missaires de la Société royale de médecine. Leur rapport,
» vous le savez, ne fut point favorable au magnétisme ; mais
» un des membres, M. de Jussieu, s'isola de la commission
» et fit un rapport contradictoire. Depuis, malgré la répro-
» bation dont il était frappé, le magnétisme donna lieu à de
» laborieuses recherches, à des observations multipliées ; as-
» sez récemment encore, des membres de l'Académie actuelle
» de médecine s'en occupèrent spécialement, et le résultat de
» leurs expériences fait vivement désirer qu'elles soient con-
» tinuées avec la même sagesse et la même impartialité.

» L'Académie royale de médecine, qui s'occupe avec tant
» de zèle et d'éclat de tout ce qui est relatif à l'avancement de
» la science et au soulagement de l'humanité, ne croirait-elle
» pas qu'il est dans ses attributions de recommencer l'examen
» du magnétisme animal ? Si elle se décide pour l'affirmative,
» j'ai l'honneur de la prévenir que j'ai actuellement à ma dis-
» position une somnambule, et j'offre à messieurs les com-
» missaires qu'il lui plaira de nommer, de faire sur elle les
» expériences qu'ils jugeront convenables.

« Je suis, etc.

» FOISSAC, D. M. P. »

La lecture de cette lettre donna lieu à une discussion assez vive, à la suite de laquelle il fut décidé qu'une commission serait nommée pour faire un rapport sur la simple question de savoir s'il était convenable que l'Académie s'occupât du magnétisme animal. Les commissaires ayant été désignés, le rapport suivant fut fait par M. Husson, le 13 décembre 1825 :

RAPPORT DE LA COMMISSION SUR LA QUESTION DE L'EXAMEN DU MAGNÉTISME ANIMAL.

« Messieurs, vous avez chargé, dans la séance du 11 octobre dernier, une commission composée de MM. Marc, Adelon, Pariset, Burdin et moi, de vous faire un rapport sur une lettre que M. Foissac, docteur en médecine de la Faculté de Paris, a écrite à la section pour l'engager à renouveler les expériences faites en 1784 sur le magnétisme animal, et pour mettre à sa disposition, si elle jugeait convenable de les répéter, une somnambule qui servirait aux recherches que des commissaires pris parmi vous croiraient à propos de tenter.

» Avant de prendre une détermination sur l'objet de cette lettre, vous avez désiré être éclairés sur la question de savoir s'il était convenable que l'Académie soumît à un nouvel examen une question scientifique jugée et frappée de réprobation, il y a quarante ans, par l'Académie royale des sciences, la Société royale de médecine, la Faculté de médecine ; poursuivie depuis cette époque par le ridicule, enfin abandonnée ou plutôt délaissée par plusieurs de ses partisans.

» Pour mettre l'Académie à même de prononcer dans cette cause, la commission a cru devoir comparer les renseignements qu'elle a pu recueillir sur les expériences faites par ordre du roi en 1784, avec les ouvrages publiés en dernier lieu sur le magnétisme, avec les expériences dont plusieurs de ses membres et plusieurs d'entre vous ont été les témoins. Elle a établi d'abord que quand bien même les travaux modernes ne seraient que la répétition de ceux qui furent jugés par les corps savants investis, en **1784,** de la confiance du roi, un nouvel examen pourrait cependant être encore utile, parce que, dans cette affaire du magnétisme animal, on peut, comme dans toutes celles qui sont soumises aux jugements de la faible humanité, en appeler des décisions prises par nos devanciers à un nouvel et plus rigoureux examen. Eh ! quelle science plus que la médecine a été aussi sujette à ces variations qui en ont si souvent changé les doctrines ! Nous ne pouvons pas ouvrir les fastes de notre art sans être frappés non seulement de la diversité des opinions qui se sont partagé son domaine, mais encore du peu de solidité de ces jugements qu'on croyait inattaquables au moment où on les portait, et que des jugements nouveaux sont venus réformer. Ainsi de nos jours, pour ainsi dire, nous avons vu successivement la circulation du sang déclarée impossible (1) ; l'inoculation de la petite-vérole considérée comme un crime (2) ; ces énormes perruques dont plusieurs d'entre nous ont eu la tête surchargée, être proclamées comme infiniment plus salubres que la chevelure naturelle (3), et pourtant il a été bien reconnu que le sang circule ; nous ne voyons pas qu'on intente de procès aux personnes qui inoculent la petite-vérole, et nous avons tous la conviction qu'on peut se très bien porter sans avoir la tête recouverte de l'attirail grotesque qui occupe le tiers au moins de la surface de chacun des portraits qui nous restent de nos anciens maîtres.

» Si des opinions nous passons aux jugements, qui n'a encore présent à la pensée la proscription qui frappa toutes les préparations de l'antimoine sous le décanat du fameux Gui Patin ? Qui a pu oublier qu'un arrêt du parlement, sollicité par la Faculté de médecine de Paris, défendit l'usage de l'émé-

---

(1) Ergo motus sanguinis non circularis. 1642.—Candidatus, Simon Boullot ; præses, Hugo Chasles.

Ergo sanguinis motus circularis impossibilis. 1672. — Candidatus, Franciscus Bazin ; præses, Philippus Hardouin de Saint-Jacques.

(2) Ergo variolas inoculare nefas. 1723. —Candidatus, Ludovicus Duvrac ; præses, Claudius Delavigne.

(3) Ergo coma adscititia nativa salubrior. 1691.—Candidatus, Al. Petrus Mattot ; præses, Petrus Paulus Guyard.

tique, et que, quelques années après, Louis XIV étant tombé malade et ayant dû sa guérison à ce médicament, l'arrêt du parlement fut révoqué par suite d'un décret de la même Faculté, et l'émétique replacé au rang qu'il tient encore dans la matière médicale ? Enfin ce même parlement n'a-t-il pas défendu en 1763 que l'on pratiquât l'inoculation de la petite-vérole dans les villes et faubourgs de son ressort ? Et onze ans après, en 1774, à quatre lieues de la salle de ses séances, Louis XVI, ses deux frères Louis XVIII et Charles X, ne se firent-ils pas inoculer à Versailles, dans le ressort du parlement de Paris ?

» Vous voyez donc, messieurs, que le principe de l'autorité de la chose jugée, si respectable dans une autre sphère que la nôtre, peut être abrogé, et que, par conséquent, dans cette circonstance d'un nouvel examen du magnétisme, votre sollicitude pour la science ne doit point être enchaînée par un jugement qui aurait été porté précédemment, en admettant même que, comme dans les deux questions précédentes, l'objet à juger fût identiquement semblable à celui sur lequel il a déjà été prononcé.

» Mais aujourd'hui le magnétisme ne se présente plus à votre examen tel qu'il a été soumis à celui des corporations savantes qui l'ont jugé ; et sans vouloir rechercher jusqu'à quel point ces jugements ont été précédés d'une étude impartiale des faits, jusqu'à quel point la manière de procéder dans cette étude a été conforme aux principes d'une observation sage et éclairée, la commission s'en rapporte à vous, messieurs, du soin d'établir si l'on doit ajouter une confiance exclusive et irrévocable aux conclusions d'un rapport dans lequel on trouve cet étrange avertissement, ce singulier exposé du plan d'après lequel les commissaires se proposent d'opérer.

» Les malades distingués qui viennent au traitement pour leur santé, disent les commissaires du roi, pourraient être importunés par les questions ; le soin de les observer pourrait ou les gêner ou leur déplaire ; les commissaires eux-mêmes seraient gênés par leur discrétion. Ils ont donc arrêté que leur

assiduité n'étant point nécessaire à ce traitement, il suffirait
que quelques uns d'eux y vinssent de temps en temps pour
confirmer les premières observations générales, en faire de
nouvelles, s'il y avait lieu, et en rendre compte à la commission
assemblée. (Voy. *Rapport de Bailly*, in-4°, p. **8**.)

» Ainsi, on établit en principe que, dans l'examen d'un fait
aussi important, les commissaires ne feront point de questions
aux personnes soumises aux épreuves, qu'ils ne prendront pas
le soin de les observer, qu'ils ne seront pas assidus aux séances
dans lesquelles se feront les expériences, qu'ils y viendront
de temps en temps, et qu'ils rendront compte de ce qu'ils auront vu isolément à la commission assemblée. Votre commission, messieurs, ne peut s'empêcher de reconnaitre que ce
n'est pas de cette manière que l'on fait à présent les expériences, que l'on observe les faits nouveaux ; et que, quel que
soit l'éclat que la réputation de Franklin, Bailly, Darcet, Lavoisier, réfléchisse encore sur une génération qui n'est plus la
leur, quel que soit le respect qui environne leur mémoire, quel
qu'ait été l'assentiment général qui, pendant quarante ans, a
été accordé à leur rapport, il est certain que le jugement qu'ils
ont porté pèche par la base radicale, par une manière peu rigoureuse de procéder dans l'étude de la question qu'ils étaient
chargés d'examiner. Et si nous les suivons près des personnes
qu'ils magnétisent ou font magnétiser, surtout les commissaires de la Société royale de médecine, nous les voyons dans
une disposition peu bienveillante ; nous les voyons, malgré
toutes les représentations qui leur sont faites, faire des essais,
tenter des expériences dans lesquelles ils omettent les conditions morales exigées et annoncées comme indispensables aux
succès ; nous voyons enfin l'un de ces derniers, celui qui a été
le plus assidu à toutes les expériences, dont nous connaissons
tous la probité, l'exactitude, la candeur, **M.** de Jussieu, se séparer de ses collègues et publier un rapport particulier, contradictoire, qu'il termine en déclarant « que les expériences
qu'il a faites et dont il a été le témoin, prouvent que l'homme
produit sur son semblable une action sensible par le frotte-

ment, par le contact, et plus rarement par un simple rapprochement à quelque distance ; que cette action, attribuée à un fluide universel, non démontré, lui semble appartenir à la chaleur animale existante dans les corps ; que cette chaleur émane d'eux continuellement, se porte assez loin et peut passer d'un corps dans un autre ; qu'elle est développée, augmentée ou diminuée dans un corps par des causes morales et par des causes physiques ; que, jugée par des effets, elle participe de la propriété des remèdes toniques, et produit comme eux des effets salutaires ou nuisibles, selon la quantité de chaleur communiquée et selon les circonstances où elle est employée ; qu'enfin un usage plus étendu et plus réfléchi de cet agent fera mieux connaître sa véritable action et son degré d'utilité. » (*Voy.* p. 50.)

» Dans cette position, messieurs, quel est celui des deux rapports qui doit fixer votre indécision ? Est-ce celui dans lequel on annonce que l'on ne questionnera pas les malades , que l'on ne s'astreindra pas à les observer exactement, qu'on peut ne point être assidu aux épreuves , ou celui d'un homme laborieux, attentif, scrupuleux, exact , qui a le courage de se décharger de ses collègues , de mépriser le ridicule dont il sait qu'il va être couvert , de braver l'influence du pouvoir, et de publier un rapport particulier dont les conclusions sont diamétralement opposées à celles des autres commissaires ? Votre commission n'est pas instituée pour se prononcer à cet égard , mais elle trouve dans cette divergence d'opinions un motif nouveau pour prendre en considération la proposition de M. Foissac.

» Ainsi , messieurs , voilà déjà deux raisons pour soumettre le magnétisme à un nouvel examen ; l'une, vous l'avez senti , est fondée sur cette vérité, qu'en fait de science un jugement quelconque n'est qu'une chose transitoire ; l'autre que les commissaires chargés par le roi d'examiner le magnétisme animal ne nous paraissent pas avoir scrupuleusement rempli leur mandat, et que l'un d'eux a fait un rapport contradictoire. Voyons à présent si nous n'en trouverons pas une troisième dans la différence qui existe entre le magnétisme de **1784**, et celui sur lequel on veut fixer aujourd'hui l'attention de l'Académie.

» Notre devoir n'est pas d'entrer dans des détails sur l'histoire de cette découverte, sur la manière dont elle a été accueillie en Allemagne et en France; nous devons seulement établir que la théorie, les procédés et les résultats qui ont été jugés en **1784** ne sont pas les mêmes que ceux que les magnétiseurs modernes nous annoncent et sur lesquels ils appellent votre examen. D'abord la théorie de Mesmer, fidèlement exposée par les commissaires et copiée textuellement par eux dans son premier ouvrage, est celle-ci :

« Le magnétisme animal est un fluide universellement répandu. Il est le moyen d'une influence mutuelle entre les corps célestes, la terre et les corps animés. Il est continué de manière à ne souffrir aucun vide. Sa subtilité ne permet aucune comparaison. Il est capable de recevoir, propager, communiquer toutes les impressions du mouvement. Il est susceptible de flux et reflux. Le corps animal éprouve les effets de cet agent, et c'est en s'insinuant dans la substance des nerfs qu'il les affecte immédiatement. On reconnaît particulièrement dans les corps humains des propriétés analogues à celles de l'aimant; on y distingue des pôles également divers et opposés. L'action et la vertu du magnétisme animal peuvent être communiquées d'un corps à d'autres corps animés et inanimés ; cette action a lieu à une distance éloignée, sans le secours d'aucun corps intermédiaire : elle est augmentée, réfléchie par les glaces, communiquée, propagée, augmentée par le son ; cette vertu peut être accumulée, concentrée, transportée. Quoique ce fluide soit universel, tous les corps animés n'en sont pas également susceptibles. Il en est même, quoiqu'en très petit nombre, qui ont une propriété si opposée, que leur seule présence détruit tous les effets de ce fluide dans les autres corps.

» Le magnétisme animal peut guérir immédiatement les maux de nerfs et médiatement les autres ; il perfectionne l'action des médicaments ; il provoque et dirige les crises salutaires, de manière qu'on peut s'en rendre maître : par son moyen, le médecin connaît l'état de santé de chaque individu, et juge avec certitude l'origine, la nature et les progrès des maladies les plus compliquées ; il en empêche l'accroissement et parvient à leur guérison sans jamais exposer le malade à des effets dangereux ou à des suites fâcheuses, quels que soient l'âge, le tempérament et le sexe : la nature offre dans le magnétisme un moyen universel de guérir et de préserver les hommes. » (*Voy*. pag. 1.)

» Ainsi, messieurs, cette théorie était liée à un système général du monde. Dans ce système tous les corps avaient une influence réciproque les uns sur les autres ; le moyen de cette influence était un fluide universel qui pénétrait également les astres, les corps animés et la terre, qui ne souffrait aucun vide. Tous les corps avaient des pôles opposés, et les courants rentrants et sortants prenaient une direction différente selon ces pôles, que Mesmer comparait à ceux de l'aimant.

» Aujourd'hui les personnes qui ont écrit sur le magnétisme et celles qui le pratiquent n'admettent point l'existence ni l'action de ce fluide universel, ni cette influence mutuelle entre les corps célestes, la terre et les êtres animés, ni ces pôles, ni ces courants opposés. Les uns n'admettent l'existence d'aucun fluide, d'autres établissent que l'agent magnétique qui produit tous les phénomènes dont il a été question est un fluide qui existe dans tous les individus, mais qui ne se sécrète et n'en émane que d'après la volonté de celui qui veut en imprégner pour ainsi dire un autre individu ; que d'après cet acte de sa volonté il met ce fluide en mouvement, le dirige, le fixe à son gré, et l'enveloppe de cette atmosphère ; que s'il rencontre dans cet individu les dispositions morales analogues à celles qui l'animent, le même fluide se développe dans l'individu magnétisé ; que leurs deux atmosphères se confondent et que de là naissent ces rapports qui les identifient l'un avec l'autre, rapports qui font que les sensations du premier se communiquent au second, et qui, selon les magnétiseurs modernes, peuvent expliquer cette clairvoyance que les observateurs assurent avoir vue très fréquemment chez les personnes que le magnétisme a fait tomber en somnambulisme.

» Voilà donc une première différence établie, et qui a paru à votre commission d'autant plus digne d'examen, qu'à présent la structure et les fonctions du système nerveux deviennent l'objet de l'étude des physiologistes, et que l'opinion de Reil, d'Autenrieth et de Humboldt, ainsi que les travaux récents de **M.** Bogros paraissaient donner la certitude, **non** seulement de l'existence d'une circulation nerveuse, mais même de l'expansion au-dehors de ce fluide circulant, expansion qui a lieu avec une force et une énergie qui forment une sphère d'action qu'on peut comparer à celle où l'on observe l'action des corps électrisés.

» Si de la théorie du magnétisme nous passons aux procédés, nous verrons encore une différence totale entre ceux dont se servaient Mesmer, d'Eslon, et ceux qui sont mis en usage aujourd'hui. Ce seront encore les commissaires du roi qui nous fourniront les renseignements sur les procédés qu'ils ont vus mettre en usage. « Ils ont vu, au milieu d'une grande salle, une caisse circulaire faite de bois de chêne, et élevée d'un pied ou d'un pied et demi, qu'on nomme le baquet. Le couvercle de cette caisse est percé d'un nombre de trous d'où sortent des branches de fer coudées et mobiles. Les malades sont placés à plusieurs rangs autour de ce baquet; et chacun a sa branche de fer, laquelle au moyen du coude peut être appliquée directement sur la partie malade. Une corde passée autour de leurs corps les unit les uns aux autres; quelquefois on forme une seconde chaîne en se communiquant par les mains, c'est-à-dire en appliquant le pouce entre le pouce et l'index de son voisin et en pressant le pouce que l'on tient ainsi. L'impression reçue à la gauche se rend par la droite et circule à la ronde. Un piano est placé dans un coin de la salle, et on y joue différents airs sur des mouvements variés; on y joint quelquefois le son de la voix et le chant. **Tous ceux qui magnétisent ont** à la main une baguette de fer longue de dix à douze pouces. Cette baguette, qui est le conducteur du magnétisme, le concentre dans sa pointe, et en rend les émanations plus puissantes. Le son du piano est aussi conducteur du magnétisme ; les malades, rangés en très grand nombre et à plusieurs rangs autour du baquet, reçoivent donc à la fois le magnétisme par tous ces moyens, par les branches de fer qui leur transmettent celui du baquet, par la corde enlacée autour du corps, par l'union des pouces, par le son du piano. Les malades sont encore magnétisés directement, au moyen du doigt et de la baguette de fer promenés devant le visage, dessus ou derrière la tête, et sur les parties malades ; mais surtout ils sont magnétisés par l'application des mains et par la pression sur les hypochondres et sur les régions du bas-ventre ; application souvent continuée pendant long-temps, quelquefois pendant plusieurs heures. » (*Voy*. pag. 3.)

» Ainsi, messieurs, les expériences consistaient alors dans une pression mécanique exercée et répétée sur les lombes et sur le ventre, depuis l'appendice sternal jusqu'au pubis ; elles se faisaient alors, ces expériences, dans les grandes réunions, sur un grand nombre de personnes en même temps, en présence d'une foule de témoins ; et il était impossible que l'imagination ne fût pas vivement excitée par la vue des appareils, le son de la musique et le spectacle des crises ou plutôt des convulsions, qui ne manquaient jamais de se développer, que l'imitation répétait, et qui avaient souvent des formes tellement effrayantes que les salles de magnétisme avaient reçu dans le monde le nom d'*enfer à convulsions*.

» Aujourd'hui, au contraire, nos magnétiseurs ne cherchent plus de témoins de leurs expériences ; ils n'appellent à leur aide ni l'influence de la musique, ni l'influence de l'imitation ; les magnétisés restent seuls ou dans la compagnie d'un ou deux parents ; on ne les enveloppe plus de cordes, on a entièrement abandonné le baquet ainsi que les branches de fer coudées et mobiles qui en sortaient. Au lieu de la pression qu'on exerçait sur les hypochondres, sur l'abdomen, on se borne à des mouvements qui semblent au premier coup d'œil insignifiants, qui ne produisent aucun effet mécanique; on promène doucement les mains sur la longueur des bras, des avant-bras, des cuisses et des jambes; on touche légèrement le front, l'épigastre; on promène vers ces parties ce que les magnétiseurs appellent leur atmosphère magnétique. Ces espèces d'attouchements n'ont rien qui puisse blesser la décence, puisqu'ils ont lieu par-dessus les habits, et que souvent même il n'est pas nécessaire que le contact ait lieu; car on a vu et l'on voit très fréquemment l'effet magnétique obtenu en promenant les mains à une distance de plusieurs pouces du corps du magnétisé et même de plusieurs pieds, quelquefois même à son insu, par le seul acte de la volonté, par conséquent sans contact.

» Ainsi, sous le rapport des procédés nécessaires à la production des effets magnétiques, vous voyez qu'il existe une très grande différence entre le mode suivi autrefois et celui adopté de nos jours.

» Mais c'est surtout dans la comparaison des résultats obtenus en **1784** avec ceux que les magnétiseurs modernes disent observer constamment, que votre commission a cru trouver un des plus puissants motifs de votre détermination à soumettre le magnétisme à un nouvel examen. Les commissaires, dont nous empruntons encore les expressions, nous disent « que dans les expériences dont ils ont été témoins, les malades offrent un tableau très varié par les différents états où ils se trouvent : quelques uns sont calmes, tranquilles, et n'éprouvent rien ; d'autres toussent, crachent, sentent quelque légère douleur, une chaleur locale ou universelle, et ont des sueurs; d'autres sont tourmentés et agités par des convulsions : ces convulsions sont extraordinaires par leur durée et par leur force; dès qu'une convulsion commence, plusieurs autres se déclarent. Les commissaires en ont vu durer plus de trois heures; elles sont accompagnées d'expectoration d'une eau trouble et visqueuse arrachée par la violence des efforts; on y a vu quelquefois des filets de sang. Elles sont caractérisées par des mouvements précipités, involontaires, de tous les membres et du corps entier, par le resserrement de la gorge, par des soubresauts des hypochondres et de l'épigastre, par le trouble et l'égarement des yeux, par des cris perçants, des pleurs, des hoquets et des rires immodérés : elles sont précédées ou suivies d'un état de langueur et de rêverie, d'une sorte d'abattement et même d'assoupissement. Le moindre bruit imprévu cause des tressaillements, et l'on a remarqué que le changement de ton et de mesure dans les airs joués sur le piano influait sur les malades, en sorte qu'un mouvement plus vif agitait davantage et renouvelait la vivacité de leurs convulsions. Rien n'est plus étonnant que le spectacle de ces convulsions; quand on ne l'a point vu on ne peut s'en faire une idée, et en le voyant on est également surpris et du repos profond d'une partie de ces malades et de l'agitation qui anime les autres, des accidents variés qui se répètent, des sympathies qui s'établissent. On voit des malades se chercher exclusivement, et en se précipitant l'un vers l'autre, se sourire, se parler avec affection, et adoucir mutuellement leurs crises. Tous sont soumis à celui qui magnétise ; ils ont beau être dans un assoupissement apparent, sa voix, un regard, un signe les en retire. On ne peut s'empêcher de reconnaître à ces effets constants une grande puissance qui agite les malades, qui les maîtrise, et dont celui qui magnétise semble être le dépositaire. Cet état convulsif est appelé improprement crise dans la théorie du magnétisme animal. » (Voyez *Rapport de Bailly*, pag. 5, in-4°.)

» Aujourd'hui il n'y a plus de convulsions; si quelque mouvement nerveux se déclare, on cherche à l'arrêter ; on prend toutes les précautions possibles pour ne point troubler les personnes soumises à l'action du magnétisme animal : on n'en fait plus un sujet de spectacle. Mais si l'on n'observe plus ces crises, ces cris, ces plaintes, ce spectacle de convulsions, que les commissaires avouent être si extraordinaire, on a, depuis la publication de leur rapport, observé un phénomène que les magnétiseurs disent tenir presque du prodige : votre commission veut parler du somnambulisme produit par l'action magnétique.

» C'est M. de Puységur qui l'a observé le premier dans sa terre de Busancy, et qui l'a fait connaître à la fin de 1784, quatre mois après la publication du rapport des commissaires du roi.

» Vingt-neuf ans après, en 1813, le respectable M. Deleuze, à la véracité, à la probité, à l'honneur duquel votre commission se plaît à rendre hommage, lui a consacré un chapitre entier dans son *Histoire critique du magnétisme animal*, ouvrage dans lequel l'auteur a exposé avec autant de sagacité que de talent et de méthode, tout ce qu'on recueillait péniblement dans les nombreux écrits publiés sur ce sujet à la fin du siècle dernier.

» Plus tard, au mois de mai 1819, un ancien élève et un élève distingué de l'École polytechnique, qui venait de recevoir le doctorat à la Faculté de médecine de Paris, M. Bertrand, fit avec un grand éclat, et devant un nombreux auditoire, un cours public sur le magnétisme et le somnambulisme. Il le recommença, avec le même succès, à la fin de cette même année, en 1820 et en 1821; puis l'état de sa santé ne lui permettant plus de se livrer à l'enseignement public, il fit paraître, en 1822, son traité du somnambulisme, qui fut le premier ouvrage *ex professo* sur ce sujet; ouvrage dans lequel, outre les expériences propres à l'auteur, on trouve réunis un très grand nombre de faits peu connus sur les possédés, les prétendus inspirés et les illuminés des différentes sectes. Avant M. Bertrand, notre estimable, laborieux et modeste collègue, M. Georget, avait analysé cet étonnant phénomène, d'une manière véritablement philosophique et médicale, dans son important ouvrage intitulé : *De la Physiologie du système nerveux;* et c'est dans cet ouvrage, ainsi que dans le traité du docteur Bertrand, et dans le travail de M. Deleuze, que vos commissaires ont puisé les notions suivantes sur le somnambulisme.

» Si l'on en croit les magnétiseurs modernes, et à cet égard leur rapport est unanime, lorsque le magnétisme produit le somnambulisme, l'être qui se trouve dans cet état acquiert une extension prodigieuse dans la faculté de sentir. Plusieurs de ses organes extérieurs, ordinairement ceux de la vue et de l'ouïe, sont assoupis, et toutes les sensations qui en dépendent s'opèrent intérieurement. Le somnambule a les yeux fermés, et il ne voit pas par les yeux, il n'entend point par les oreilles ; mais il voit et entend mieux que l'homme éveillé. Il ne voit et n'entend que ceux avec lesquels il est en rapport, et ne regarde ordinairement que les objets sur lesquels on dirige son attention. Il est soumis à la volonté de son magnétiseur pour tout ce qui ne peut lui nuire et pour tout ce qui ne contrarie pas en lui les idées de justice et de vérité. Il sent la volonté de son magnétiseur ; il aperçoit le fluide magnétique ; il voit ou plutôt il sent l'intérieur de son corps et celui des autres ; mais il n'y remarque ordinairement que les parties qui ne sont pas dans l'état naturel et dont l'harmonie est troublée. Il retrouve dans sa mémoire le souvenir des choses qu'il avait oubliées pendant la veille. Il a des prévisions, des pressentiments qui peuvent être erronés dans plusieurs circonstances, et qui sont limités dans leur étendue. Il s'énonce avec une facilité surprenante ; il n'est point exempt d'une vanité qui naît de la conscience du développement de cette singulière faculté. Il se perfectionne de lui-même pendant un certain temps, s'il est conduit avec sagesse ; mais il s'égare s'il est mal dirigé. Lorsqu'il rentre dans l'état naturel, il perd absolument le souvenir de toutes les sensations et de toutes les idées qu'il a eues dans l'état de somnambulisme, tellement que ces deux états sont aussi étrangers l'un à l'autre que si le somnambule et l'homme éveillé étaient deux êtres différents ; souvent, dans ce singulier état, on est parvenu à paralyser, à fermer entièrement les sens aux impressions extérieures, à tel point qu'un flacon contenant plusieurs onces d'ammoniaque concentré a pu être tenu sous le nez pendant cinq, dix, quinze minutes et plus, sans produire le moindre effet, sans empêcher aucunement la respiration, sans même provoquer l'éternument; à tel point que la peau était également d'une insensibilité complète, lorsqu'on la pinçait de manière à la faire devenir noire, lorsqu'on la piquait; bien plus, elle a été absolument insensible à la brûlure du moxa, à la vive irritation déterminée par l'eau chaude très chargée de farine de moutarde, brûlure et irritation qui étaient vivement senties et extrêmement douloureuses, lorsque la peau reprenait sa sensibilité normale.

» Certes, messieurs, tous ces phénomènes, s'ils sont réels, méritent bien qu'on en fasse une étude particulière, et c'est précisément parce que votre commission les a trouvés tout-à-fait extraordinaires, et jusqu'à présent inexpliqués, nous ajoutons même incroyables, quand on n'en a pas été témoin, qu'elle n'a pas balancé à vous les exposer, bien convaincue que, comme elle, vous jugerez convenable de les soumettre à un examen sérieux et réfléchi. Nous ajouterons que les commissaires du roi n'en ayant pas eu connaissance, puisque le somnambulisme ne fut observé qu'après la publication de leur rapport, il devient instant d'étudier cet étonnant phénomène et d'éclaircir un fait qui unit d'une manière si intime la psychologie et la physiologie; un fait, en un mot, qui, s'il est exact, peut jeter un si grand jour sur la thérapeutique.

» Et s'il est prouvé, comme l'assurent les observateurs modernes, que dans cet état du somnambulisme dont nous venons de vous exposer analytiquement les principaux phénomènes, les personnes magnétisées aient une lucidité qui leur donne des idées positives sur la nature de leurs maladies, sur la nature des affections des personnes avec lesquelles on les met en rapport, et sur le genre de traitement à opposer à ces deux cas; s'il est constamment vrai, comme on prétend l'avoir observé en 1820, à l'Hôtel-Dieu de Paris, que pendant ce singulier état, la sensibilité soit tellement assoupie qu'on puisse impunément cautériser les somnambules; s'il est également vrai que, comme on assure l'avoir vu à la Salpétrière, en 1821, les somnambules jouissent d'une prévision telle, que des femmes bien reconnues comme épileptiques et comme telles traitées depuis long-temps, aient pu prévoir vingt jours d'avance le jour, l'heure, la minute où l'accès épileptique devait leur arriver, et arrivait en effet, et si enfin il est également reconnu par les mêmes magnétiseurs que cette singulière faculté peut être employée avec avantage dans la pratique de la médecine, il n'y a aucune espèce de doute que ce seul point de vue ne mérite l'attention et l'examen de l'Académie.

» A ces considérations, toutes prises dans l'intérêt de la science, permettez-nous d'en ajouter une que nous puisons dans l'amour-propre national. Les médecins français doivent-ils rester étrangers aux expériences que font sur le magné-tisme les médecins du nord de l'Europe? Votre commission ne le pense pas. Dans presque tous les royaumes de ces contrées, le magnétisme est étudié et exercé par des hommes fort habiles, fort peu crédules ; et si son utilité n'y est pas généralement reconnue, on assure du moins que sa réalité n'y est pas mise en doute. Ce ne sont plus seulement des écrivains enthousiastes qui donnent des théories ou qui rapportent des faits ; ce sont des médecins et des savants d'un ordre distingué.

» En Prusse, M. Hufeland, après s'être prononcé contre le magnétisme, s'est rendu à ce qu'il appelle l'évidence, et s'en est déclaré le partisan. On a établi à Berlin une clinique considérable dans laquelle on traite avec succès les malades par cette méthode ; et plusieurs médecins ont aussi des traitements avec l'autorisation du gouvernement : car il n'est permis qu'à des médecins approuvés d'exercer publiquement le magnétisme.

» A Francfort, M. le docteur Passavant a donné un ouvrage extrêmement remarquable, non seulement par l'exposition des faits, mais encore par les conséquences morales et psychologiques qu'il en déduit ; à Groningue, M. le docteur Bosker, qui jouit d'une grande réputation, a traduit en hollandais l'histoire critique du magnétisme de notre honorable compatriote M. Deleuze, et il y a joint un volume d'observations faites au traitement qu'il a établi conjointement avec ses confrères. A Stockholm, on soutient pour le grade de docteur en médecine des thèses sur le magnétisme, comme on en soutient dans toutes les universités sur les diverses parties de la science.

» A Saint-Pétersbourg, M. le docteur Stoffreghen, premier médecin de l'empereur de Russie, et plusieurs autres médecins, ont également prononcé leur opinion sur l'existence et l'utilité du magnétisme animal. Quelques abus auxquels on a été exposé lorsqu'on en faisait usage sans précaution ont fait suspendre les traitements publics ; mais les médecins y ont recours dans leur pratique particulière lorsqu'ils le jugent utile. Près de Moscou, M. le comte de Panin, ancien ministre de Russie, a établi dans sa terre, sous la direction d'un médecin, un traitement magnétique où se sont opérées, dit-on, plusieurs guérisons importantes.

» Resterons-nous en arrière des peuples du Nord, messieurs ; n'accorderons-nous aucune attention à un ensemble de phénomènes qui a fixé celle des nations que nous avons le noble orgueil de croire en arrière de nous pour la civilisation et pour l'avancement dans les sciences ? Votre commission, messieurs, vous connaît trop pour le craindre.

» Enfin, n'est-il pas déplorable que le magnétisme s'exerce, se pratique pour ainsi dire sous vos yeux par des gens tout-à-fait étrangers à la médecine ; par des femmes qu'on promène clandestinement dans Paris ; par des individus qui semblent faire mystère de leur existence ? Et l'époque n'est-elle pas arrivée où, selon le vœu exprimé depuis longues années par les personnes honnêtes et par les médecins qui n'ont pas cessé d'étudier et d'observer dans le silence les phénomènes du magnétisme, la médecine française doive enfin, s'affranchissant de la contrainte à laquelle paraissent l'avoir condamnée les jugements de nos devanciers, examiner, juger par elle-même des faits attestés par des personnes à la moralité, à la véracité, à l'indépendance et au talent desquelles tout le monde s'empresse de rendre hommage ?

» Nous ajoutons, messieurs, que par le mode de votre institution, vous devez connaître de tout ce qui peut avoir rapport à l'examen des remèdes extraordinaires et secrets, et que ce qu'on vous annonce du magnétisme ne fût-il qu'une jonglerie imaginée par les charlatans pour tromper la foi publique, il suffit que votre surveillance soit avertie pour que vous ne balanciez pas à remplir un de vos premiers devoirs, à user d'une de vos plus honorables prérogatives, celle qui vous est conférée par l'ordonnance royale de votre création, l'examen de ce moyen qui vous est annoncé comme un moyen de guérison.

» En se résumant, messieurs, la commission pense :

» 1° Que le jugement porté en 1784 par les commissaires chargés par le roi d'examiner le magnétisme animal, ne doit en aucune manière vous dispenser de l'examiner de nouveau, parce que dans les sciences un jugement quelconque n'est point une chose absolue, irrévocable.

» 2° Parce que les expériences d'après lesquelles ce jugement a été porté paraissent avoir été faites sans ensemble, sans le concours simultané et nécessaire de tous les commissaires, et avec des dispositions morales qui devaient, d'après les principes du fait qu'ils étaient chargés d'examiner, les faire complétement échouer.

» 3° Que le magnétisme jugé ainsi en 1784 diffère entièrement par la théorie, les procédés et les résultats, de celui que des observateurs exacts, probes, attentifs, que des médecins éclairés, laborieux, opiniâtres, ont étudié dans ces dernières années.

» 4° Qu'il est de l'honneur de la médecine française de ne pas rester en arrière des médecins allemands dans l'étude des phénomènes que les partisans éclairés et impartiaux du magnétisme annoncent être produits par ce nouvel agent.

» 5° Qu'en considérant le magnétisme comme un remède secret, il est du devoir de l'Académie de l'étudier, de l'expérimenter, afin d'en enlever l'usage et la pratique aux gens tout-à-fait étrangers à l'art, qui abusent de ce moyen et en font un objet de lucre et de spéculation.

» D'après toutes ces considérations, votre commission est d'avis que la section doit adopter la proposition de M. Foissac, et charger une commission spéciale de s'occuper de l'étude et de l'examen du magnétisme animal.

» *Signé* : ADELON, PARISET, MARC, BURDIN aîné, HUSSON, rapporteur. »

CHAPITRE V.

Rapport de la commission de l'Académie de médecine sur les expériences magnétiques.

D'après l'avis de ses commissaires, l'Académie résolut de faire examiner les phénomènes du magnétisme animal ; elle nomma donc une nouvelle commission, pour suivre les expériences, et au bout de cinq longues années de patience et d'épreuves, les magnétiseurs se virent enfin triomphants.

RAPPORT SUR LES EXPÉRIENCES MAGNÉTIQUES FAITES PAR LA COMMISSION DE L'ACADÉMIE ROYALE DE MÉDECINE, LU DANS LES SÉANCES DES 21 ET 28 JUIN 1831 ; PAR M. HUSSON, RAPPORTEUR.

« Messieurs, plus de cinq ans se sont écoulés depuis qu'un jeune médecin , M. Foissac , dont nous avons eu de fréquentes occasions de juger le zèle et l'esprit observateur , crut devoir fixer l'attention de l'Académie de médecine sur les phénomènes du magnétisme animal. Il lui rappela que le rapport fait en 1784 par la Société royale de médecine, avait trouvé parmi les commissaires chargés des expériences un homme consciencieux et éclairé, qui avait publié un rapport contradictoire à celui de ses collègues ; que depuis cette époque, le magnétisme avait été l'objet de nouvelles expériences, de nouvelles recherches ; et, si l'Académie le jugeait convenable, il proposait de soumettre à son examen une somnambule qui lui paraissait propre à éclairer une question que plusieurs bons esprits de France et d'Allemagne regardaient comme loin d'être résolue, bien qu'en 1784, l'Académie des sciences et la Société royale de médecine eussent prononcé leur jugement contre le magnétisme.

» Une commission, composée de MM. Adelon, Burdin aîné, Marc, Pariset et moi, fut chargée de vous faire un rapport sur la proposition de M. Foissac.

» Le rapport présenté à la section de médecine dans sa séance du 13 décembre 1825, concluait à ce que le magnétisme fût soumis à un nouvel examen ; cette conclusion donna lieu à une discussion animée qui se prolongea pendant les séances des 10 et 24 janvier, et 14 février 1826. La commission répondit dans cette dernière à toutes les objections dont son rapport avait été l'objet ; et le même jour, après une mûre délibération, après le mode jusqu'alors inusité, en matière de science, d'un scrutin individuel, la section arrêta qu'une commission spéciale serait chargée d'examiner de nouveau les phénomènes du magnétisme animal.

» Cette nouvelle commission, composée de MM. Bourdois, Double, Fouquier, Itard, Gueneau de Mussy, Guersent, Laënnec, Leroux, Magendie, Marc et Thillaye, fut nommée dans la séance du 28 février 1826. Quelque temps après, M. Laënnec ayant été forcé de quitter Paris pour raison de santé, je fus désigné pour le remplacer, et la commission ainsi constituée s'occupa de remplir la mission dont elle avait été investie.

» Son premier soin, avant la retraite de M. Laënnec, fut d'examiner la somnambule qui avait été offerte par M. Foissac (mademoiselle Cœline).

» Diverses expériences furent faites sur elle dans le local de l'Académie ; mais, nous devons l'avouer, notre inexpérience, notre impatience, notre défiance, trop vivement manifestées peut-être, ne nous permirent d'observer que des phénomènes physiologiques assez curieux que nous vous ferons connaître dans la suite de notre rapport, mais dans lesquels nous ne vîmes aucune des facultés dont elle nous a donné des preuves dans une autre occasion. Cette somnambule, fatiguée sans doute de notre exigence, cessa à cette époque d'être mise à notre disposition, et nous dûmes chercher dans les hôpitaux des moyens de poursuivre nos expériences.

» M. Pariset, médecin de la Salpêtrière, pouvait plus que toute autre personne nous aider dans nos recherches ; il s'y prêta avec un empressement dont malheureusement le résultat ne répondit point à notre attente. La commission, qui fondait une grande partie de ses espérances sur les ressources que pouvait lui fournir cet hôpital, soit sous le rapport des individus qu'elle aurait soumis aux expériences, soit à cause de la présence de M. Magendie, qui avait demandé à les suivre comme commissaire ; la commission, disons-nous, se voyant privée des moyens d'instruction qu'elle espérait y trouver, eut recours au zèle de chacun de ses membres.

» M. Guersent lui promit le sien dans l'hôpital des Enfants, M. Fouquier dans celui de la Charité, MM. Guéneau et le rapporteur dans l'Hôtel-Dieu, M. Itard dans l'institution des Sourds-Muets ; et dès lors chacun se disposa à faire des essais dont il devait rendre témoins les autres membres de la commission.

» Bientôt d'autres et de plus puissants obstacles ne tardèrent pas à arrêter nos travaux. Les causes qui ont pu faire naître ces obstacles nous sont inconnues ; mais en vertu d'un arrêté du conseil général des hospices, en date du 19 octobre 1825, qui défendait l'usage de tout remède nouveau qui n'aurait pas été approuvé par une commission nommée par le conseil, les expériences magnétiques ne purent être continuées à l'hôpital de la Charité.

Réduite à ses propres ressources, à celles que les relations

de ses membres pouvaient lui offrir, la commission fit un appel
à tous les médecins connus pour faire ou avoir fait du magnétisme animal l'objet de leurs recherches. Elle les pria de la
rendre témoin de leurs expériences, de lui permettre d'en
suivre avec eux la marche, d'en constater les résultats. Nous
déclarons que nous avons été parfaitement servis dans nos
espérances par différents de nos confrères, et surtout par
celui qui le premier avait soulevé la question de l'examen du
magnétisme, par M. Foissac. Nous ne craignons pas de déclarer que c'est à sa constante et persévérante intervention
et au zèle actif de M. Dupotet que nous devons la majeure
partie des matériaux que nous avons pu réunir pour rédiger
le rapport que nous vous présentons.

» Toutefois, messieurs, ne croyez pas que votre commission ait, dans aucune circonstance, confié à d'autres qu'à
elle le soin de la direction des expériences dont elle a été
témoin ; que d'autres que le rapporteur aient tenu, minute
par minute, la plume pour la rédaction des procès-verbaux
constatant la succession des phénomènes qui se présentaient
et à mesure qu'ils se présentaient. La commission a mis à
remplir tous ses devoirs l'exactitude la plus scrupuleuse, et
si elle rend justice à ceux qui l'ont aidée de leur bienveillante
coopération, elle doit détruire les plus légers doutes qui pourraient s'élever dans vos esprits sur la part plus ou moins grande
que d'autres qu'elle auraient prise dans l'examen de cette
question. C'est elle qui a toujours conçu les divers modes
d'expérimentation, qui en a tracé les plans, qui en a constamment dirigé le cours, qui en a suivi et décrit la marche ;
enfin, en se servant d'auxiliaires plus zélés et éclairés, elle a
toujours été présente, et toujours elle a imprimé sa direction
propre à tout ce qui a été fait.

» Aussi, vous verrez qu'elle n'admet aucune expérience
faite en dehors de la commission, même par des membres de
l'Académie.

» Quelque confiance que doivent établir entre nous l'esprit
de confraternité et l'estime réciproque dont nous sommes

tous animés, nous avons senti que dans l'examen d'une question dont la solution est si délicate, nous ne devions nous en rapporter qu'à nous seuls, et que vous, vous ne pouviez vous en rapporter qu'à notre garantie. Nous avons cru cependant ne pas devoir frapper de cette exclusion rigoureuse un fait très curieux observé par M. Cloquet. Nous l'avons admis, parce qu'il était déjà, pour ainsi dire, la propriété de l'Académie, la section de chirurgie s'en étant occupée dans deux de ses séances (1).

» Cette réserve que la commission s'est imposée, messieurs, dans l'usage des faits divers relatifs à la question qu'elle a étudiée avec tant de soin et d'impartialité, nous donnerait le droit d'en demander le retour, si quelques personnes qui n'auraient pas été témoins de nos expériences voulaient élever des discussions sur leur authenticité. Par la raison que nous n'appelons votre confiance que sur ce que nous avons vu et fait, nous ne pouvons pas admettre que ceux qui en même temps que nous et avec nous n'auraient ni vu ni fait, pussent attaquer ou révoquer en doute ce que nous avancerons avoir observé; et comme enfin nous nous sommes toujours défiés de ces merveilles qu'on nous disait devoir arriver, et que ce sentiment nous a constamment dominés dans toutes nos recherches, nous pensons avoir quelque droit à ce que, si vous ne nous accordez pas votre croyance, vous n'éleviez cependant aucun doute sur les dispositions morales et physiques dans lesquelles nous avons toujours procédé à l'observation des divers phénomènes dont nous avons été témoins.

» Ainsi, messieurs, ce rapport que nous sommes loin de vous présenter comme devant fixer votre opinion sur la question du magnétisme, ne peut, ne doit être considéré que comme la réunion et la classification des faits que nous avons observés jusqu'à présent; nous vous l'offrons comme une preuve que nous avons cherché à justifier votre confiance; et

____

(1) Le 16 et le 30 avril 1829.

tout en regrettant qu'il ne repose pas sur un plus grand
nombre d'expériences, nous avons cependant l'espoir que
vous l'accueillerez avec indulgence, et que vous en entendrez
la lecture avec quelque intérêt.

» Nous croyons toutefois devoir vous prévenir que ce
que nous avons vu dans nos expériences ne ressemble en aucune manière à tout ce que le rapport de 1784 cite des magnétiseurs de cette époque. Nous n'admettons ni ne rejetons
l'existence d'un fluide, parce que nous ne l'avons pas constatée ; nous ne parlons ni du baquet, ni de la baguette, ni de la
chaîne que l'on établissait en faisant communiquer tous les magnétisés par les mains, ni des pressions prolongées pendant
long-temps, et quelquefois pendant plusieurs heures, sur les
hypochondres et sur le ventre, ni du chant, ni de la musique
instrumentale qui accompagnaient les opérations magnétiques,
ni de la réunion d'un grand nombre de personnes qui se faisaient magnétiser en présence d'une foule de témoins, parce
que toutes nos expériences ont eu lieu dans le calme le plus
parfait, dans le silence le plus absolu, sans aucun moyen ac-
cessoire, jamais par un contact immédiat, et toujours sur une
seule personne à la fois.

» Nous ne parlons pas de ce que, du temps de Mesmer, on
appelait si improprement crise, et qui consistait en convulsions, en rires quelquefois inextinguibles, en pleurs immodérés, mais perçants, parce que nous n'avons jamais rencontré
ces différents phénomènes.

» Sous tous ces rapports, nous ne balançons pas à prononcer qu'il existe une très grande différence entre les faits
observés et jugés en 1784, et ceux que nous avons recueillis
dans le travail que nous avons l'honneur de vous présenter ;
que cette différence établit entre les uns et les autres une
ligne de démarcation nettement tranchée, et que si la raison
a fait justice d'une grande partie des premiers, l'esprit de
recherches et d'observation doit s'étudier à multiplier et apprécier les seconds.

» Il en est du magnétisme, messieurs, comme de beaucoup d'autres opérations de la nature, c'est-à-dire qu'il est nécessaire que certaines conditions soient réunies pour produire tels et tels effets ; c'est une vérité incontestable, et qui, s'il était besoin de preuves pour la constater, se trouverait confirmée par ce qui arrive dans divers phénomènes physiques. Ainsi, sans sécheresse dans l'atmosphère, vous ne pourrez développer que faiblement l'électricité : sans la chaleur, vous n'obtiendrez jamais la combinaison du plomb et de l'étain, qui est la soudure commune des plombiers ; sans la lumière du soleil, vous ne verrez pas s'enflammer spontanément le mélange de parties égales en volume de chlore et d'hydrogène, etc., etc. Que ces conditions soient extérieures ou physiques, comme celles que nous venons de vous citer ; qu'elles soient intimes ou morales, comme celles que MM. de Puységur, Deleuze, etc., prétendent être indispensables au développement des phénomènes magnétiques, il suffit qu'elles existent et qu'elles soient exigées par eux, pour que la commission ait dû se faire une obligation de chercher à les réunir, et un devoir de s'y soumettre. Pourtant nous n'avons dû ni voulu nous dépouiller de cette inquiète curiosité qui nous portait en même temps à varier nos expériences et à mettre en défaut, si nous le pouvions, les pratiques et les promesses de certains magnétiseurs. Sous ce double rapport, nous avons cru devoir nous affranchir de l'obligation qu'ils imposent d'avoir une foi robuste, de n'être mus que par l'amour du bien ; nous avons cherché tout simplement à être des observateurs exacts, curieux et défiants.

» Nous n'avons pas dû non plus chercher à expliquer ces conditions : c'eût été une question de pure controverse, et pour la solution de laquelle nous n'aurions pas été plus avancés que lorsqu'il s'agit d'expliquer les conditions en vertu desquelles s'exécutent les phénomènes physiologiques, et comment a lieu l'action des médicaments. Ce sont des questions du même genre, et sur lesquelles la science n'a point encore prononcé.

» Dans toutes les expériences que nous avons faites, le silence le plus rigoureux a toujours été observé, parce que nous avons pensé que dans le développement de phénomènes aussi délicats, l'attention du magnétiseur et du magnétisé ne devait être distraite par rien d'étranger ; nous ne voulions pas d'ailleurs mériter le reproche d'avoir nui par des conversations ou par des distractions au succès de l'expérience, et nous avons toujours eu soin que l'expression de nos physionomies n'inspirât ni gêne au magnétiseur, ni doute au magnétisé ; notre position, nous aimons à le répéter, a été constamment celle d'observateurs curieux et impartiaux. Ces diverses conditions, dont plusieurs avaient été recommandées dans les ouvrages du respectable M. Deleuze, ayant été bien établies, voici ce que nous avons vu.

» La personne qui devait être magnétisée a été placée assise soit sur un fauteuil commode, soit sur un canapé, quelquefois même sur une chaise.

» Le magnétiseur, assis sur un siége un peu plus élevé, en face et à un pied de distance d'elle, paraît se recueillir quelques moments, pendant lesquels il prend les pouces de la personne magnétisée, et reste dans cette position jusqu'à ce qu'il sente qu'il s'est établi entre les pouces de cette personne et les siens le même degré de chaleur. Alors il retire ses mains en les tournant en dehors ; il les place sur les épaules environ une minute, et les ramène lentement, par une sorte de friction très légère, le long des bras jusqu'à l'extrémité des doigts ; il recommence cinq ou six fois ce mouvement, que les magnétiseurs appellent passe, puis il place ses mains au-dessus de la tête, les y tient un moment, les descend en passant devant le visage, à la distance d'un ou deux pouces, jusqu'à l'épigastre, où il s'arrête encore, tantôt en appuyant, tantôt sans appuyer ses doigts sur cette partie, et il descend lentement le long du corps jusqu'aux pieds. Ces passes se répètent la plus grande partie de la séance, et lorsqu'il veut la terminer, il les prolonge au-delà de l'extrémité des mains et des pieds, en secouant ses doigts à chaque fois ; enfin il fait devant le visage et la poitrine des passes transversales, à la distance de trois à quatre pouces, en présentant les deux mains rapprochées et en les écartant brusquement.

» D'autres fois il approche les doigts de chaque main et les présente à trois ou quatre pouces de distance de la tête ou de l'estomac, en les laissant dans cette position pendant une ou deux minutes; puis, les éloignant et les rapprochant alternativement de ces parties avec plus ou moins de promptitude, il simule le mouvement tout naturel qu'on exécute lorsqu'on veut se débarrasser d'un liquide qui aurait humecté l'extrémité des doigts. Ces divers modes ont été suivis dans toutes nos expériences, sans nous attacher à l'un plutôt qu'à l'autre, souvent n'en employant qu'un, quelquefois nous servant de deux, et nous n'avons jamais été dirigés dans le choix que nous avons fait par l'idée qu'un mode produirait un effet plus prompt et plus marqué que l'autre.

» La commission ne suivra pas dans l'énumération des faits qu'elle a observés l'ordre des temps dans lequel ils ont été recueillis; il lui a paru plus convenable, et surtout plus rationnel, de vous les présenter classés selon le degré plus ou moins prononcé de l'action magnétique qu'elle a reconnue dans chacun d'eux.

» Ainsi nous avons établi les quatre divisions suivantes :

» 1° Les effets du magnétisme sont nuls chez les personnes bien portantes et chez quelques malades.

» 2° Ils sont peu marqués chez d'autres.

» 3° Ils sont souvent le produit de l'ennui, de la monotonie, de l'imagination.

» 4° Enfin on les a vus se développer indépendamment de ces dernières causes, très probablement par l'effet du magnétisme seul.

§ 1. *Effets nuls.*

» Le rapporteur de la commission s'est soumis à plusieurs reprises à des expériences magnétiques. Une fois entre autres, jouissant alors d'une santé parfaite, il a eu la constance de se tenir pendant trois quarts d'heure assis, dans la même position, les yeux fermés, dans une immobilité complète, et il déclare n'avoir ressenti dans cette épreuve aucune espèce d'effet, bien que l'ennui de la position et le silence absolu qu'il avait recommandé aux assistants eussent été très capables de produire le sommeil. M. Guéneau de Mussy a subi la même épreuve avec le même résultat. Dans une autre circonstance, où le rapporteur était tourmenté par des douleurs rhumatismales très violentes et très opiniâtres, il a fait l'essai du magnétisme à plusieurs reprises, et jamais il n'a obtenu de ce moyen le plus léger soulagement, quoique bien certainement l'acuité de ses souffrances lui fît désirer vivement de les voir disparaître ou du moins s'adoucir.

» Le 11 novembre 1826, notre respectable collègue M. Bourdois éprouvait depuis deux mois un malaise qui exigeait de sa part une attention particulière pour sa manière habituelle de vivre. Ce malaise, nous disait-il, n'était pas son état normal ; il en connaissait la cause et pouvait en fixer le point de départ. Dans ces conditions, qui, d'après l'assertion de M. Dupotet, étaient favorables au développement des phénomènes magnétiques, M. Bourdois fut magnétisé par ce même M. Dupotet, en présence de MM. Itard, Marc, Double, Guéneau et le rapporteur. L'expérience commença à trois heures trente-trois minutes ; le pouls alors battait quatre-vingt-quatre fois, nombre qui, au rapport de M. Double et de M. Bourdois, est celui de l'état normal. A trois heures quarante-une minutes on cessa l'expérience, et M. Bourdois n'a absolument rien éprouvé. Nous avons seulement noté que le pouls était descendu à soixante-douze pulsations, c'est-à-dire douze de moins qu'avant l'expérience.

» Dans la même séance, notre collègue M. Itard, atteint depuis huit ans d'un rhumatisme chronique, dont le siége était alors dans l'estomac, et souffrant dans ce même moment d'une crise habituelle attachée à sa maladie (ce sont ses expressions), a été magnétisé par M. Dupotet. A trois heures cinquante minutes son pouls bat soixante fois ; à trois heures cinquante-sept minutes il ferme les yeux ; à quatre heures trois minutes on cesse de le magnétiser. Il nous dit que pendant le temps qu'il a eu les yeux ouverts, il a cru sentir l'impression du trajet des doigts se porter sur ses organes, comme s'ils avaient été frappés d'une bouffée d'air chaud ; mais qu'après les avoir fermés, et l'expérience continuant, il n'avait plus éprouvé la même sensation ; il ajoute qu'au bout de cinq minutes il a senti un mal de tête qui occupait tout le front et le fond des orbites, avec un sentiment de sécheresse à la langue, bien que la langue, observée par nous, fût très humide ; enfin, il dit que la douleur qu'il éprouvait avant l'expérience et qu'il avait annoncée être dépendante de l'affection dont il se plaignait, avait disparu ; mais qu'elle était en général très mobile. Nous avons noté que le pouls était monté à soixante-quatorze pulsations, c'est-à-dire quatorze de plus qu'avant l'expérience.

» Nous aurions pu très facilement vous rapporter d'autres observations dans lesquelles le magnétisme n'a eu aucune espèce d'action ; mais, outre l'inconvénient de citer des faits sans aucun résultat, nous avons pensé qu'il vous suffirait d'avoir connaissance de ce que trois membres de la commission avaient expérimenté sur eux mêmes, pour avoir une certitude plus complète de la vérité de nos recherches.

§ 2. *Effets peu marqués.*

» Il ne vous aura pas échappé, messieurs, que le dernier fait de la série précédente présentait un commencement d'action magnétique ; nous l'avons placé à la fin de cette section pour servir de chaînon à ceux qui vont suivre.

» M. Magnien, docteur en médecine, âgé de cinquante-quatre ans, demeurant rue Saint-Denis, n° 202, marchant avec beaucoup de difficulté, par suite d'une chute faite, il y a plusieurs années, sur le genou gauche, et probablement aussi à cause d'un anévrisme du cœur auquel il a succombé au mois de septembre dernier (1831), a été magnétisé par le rapporteur, les 18, 19, 20, 21, 22 et 23 août 1826 ; le nombre des pulsations a été moindre à la fin de cinq séances qu'au commencement ; ainsi il a baissé de 96 à 90 , de 96 à 86, de 77 à 71, de 82 à 79 , de 80 à 78 ;, et dans la sixième ce nombre a été le même au commencement qu'à la fin , c'est-à-dire 83. Les inspirations ont été égales , à une seule exception , où elles ont été à 20 au commencement et à 26 à la fin. M. Magnien a constamment éprouvé une sensation de fraîcheur dans toutes les parties vers lesquelles les doigts du magnétiseur ont été dirigés et maintenus long-temps dans la même direction. Ce phénomène ne s'est pas démenti une seule fois.

» Notre collègue, M. Roux, qui se plaignait d'une affection chronique de l'estomac, a été magnétisé six fois par M. Foissac , les 27 et 29 septembre, les 1er, 3, 5 et 7 octobre 1827. Il éprouva d'abord une diminution sensible dans le nombre des inspirations et des battements du pouls , ensuite un peu de chaleur à l'estomac , une grande fraîcheur au visage, la sensation d'une vaporisation d'éther , même quand on n'exécutait point de passes devant lui , et enfin une disposition marquée au sommeil.

» Anne Bourdin , âgée de vingt-cinq ans, demeurant rue du Paon , n° 15, a été magnétisée les 17, 20 et 21 juillet 1826 , à l'Hôtel-Dieu, par M. Foissac , en présence du rapporteur. Cette femme se plaignait d'une céphalalgie et d'une névralgie qui avait son siége dans l'œil gauche. Pendant les trois séances magnétiques qui lui ont été consacrées, nous avons vu les inspirations s'élever de 16 à 39, de 14 à 20, et les pulsations de 69 à 79, de 60 à 68, de 76 à 95. La tête s'est appesantie ; il y a eu quelques minutes de sommeil, de l'amélioration dans la céphalalgie ; mais il ne s'est opéré aucun changement dans la névralgie orbitaire.

» Thérèse Tierlin a été magnétisée les 22, 23, 24, 29 et 30 juillet 1826 ; elle était entrée à l'Hôtel-Dieu, se plaignant de douleurs dans le ventre et dans la région lombaire. Pendant les cinq séances magnétiques, nous avons vu les inspirations s'élever de 15 à 17, de 18 à 19, de 20 à 25, et s'abaisser de 27 à 24 ; et les pulsations s'élever de 118 à 125, de 100 à 120, de 100 à 115, de 95 à 98, de 117 à 120. Nous avons remarqué que cette femme semblait avoir peur des mouvements des doigts et des mains du magnétiseur ; qu'elle les fuyait en retirant sa tête en arrière ; qu'elle les suivait pour ne pas les perdre de vue, comme si elle avait à en redouter un mal quelconque ; elle a été visiblement tourmentée pendant les cinq séances.

» Nous avons observé chez elle de fréquents et longs soupirs, quelquefois entrecoupés, le clignotement et l'abaissement des paupières, le frottement des yeux, la déglutition assez fréquente de la salive, mouvement qui chez d'autres magnétisés a constamment précédé le sommeil, et enfin la disparition de la douleur de la région lombaire.

» La commission, en rapprochant ces différents faits, n'a voulu fixer votre attention que sur la série des phénomènes physiologiques qui se sont développés dans les deux derniers. Elle ne peut attacher aucune importance à cette amélioration partielle survenue dans les symptômes des très insignifiantes maladies de ces deux femmes. Si ces maladies existaient, le temps et le repos ont pu en triompher ; si elles n'existaient pas, comme il arrive trop souvent, la feinte a dû disparaître sans le magnétisme. Ainsi, messieurs, nous ne vous les avons présentés que comme les premiers éléments, pour ainsi dire, de l'action magnétique, que vous verrez se prononcer davantage à mesure que nous parcourrons les autres divisions que nous avons établies.

§ 3. *Effets produits par l'ennui, la monotonie et l'imagination.*

» La commission a eu plusieurs occasions de remarquer que la monotonie des gestes, que le silence religieux observé dans les expériences, que l'ennui occasionné par une position constamment la même, ont produit le sommeil chez plusieurs individus, qui cependant n'étaient pas soumis à l'influence magnétique, mais qui se retrouvaient dans les mêmes circonstances physiques et morales dans lesquelles précédem-

ment on les avait endormis ; dans ces cas il nous a été impossible de ne pas reconnaître la puissance de l'imagination,
puissance en vertu de laquelle ces individus croyant être
magnétisés, éprouvaient les mêmes effets que s'ils l'avaient
été. Nous citerons particulièrement les observations suivantes.

» Mademoiselle Lemaître, âgée de vingt-cinq ans, était affectée depuis trois ans d'une amaurose, quand elle entra à
l'Hôtel-Dieu. Elle a été magnétisée les 7, 13, 14, 15, 16,
17, 18, 19, 20, 21 et 22 juillet 1826. Nous ne répéterons
pas ici les différents phénomènes qui ont marqué le commencement de l'action magnétique, et que nous avons détaillés
dans la section précédente, tels que le clignotement, l'abaissement des paupières, le frottement des yeux comme pour se
débarrasser d'une sensation incommode, l'inclination brusque de la tête et la déglutition de la salive. Ce sont, comme
nous vous l'avons dit, des signes que nous avons observés
constamment et sur lesquels nous ne reviendrons plus. Nous
dirons seulement que nous avons remarqué un commencement de somnolence à la fin de la troisième séance ; que cette
somnolence a été en croissant jusqu'à la onzième ; qu'à dater
de la quatrième, des mouvements convulsifs des muscles du
col et de la face, des mains, de l'épaule, se sont manifestés ;
et qu'à la fin de chaque séance, nous avons trouvé plus d'accélération dans le pouls qu'au commencement. Mais ce qui
doit le plus fixer votre attention, c'est qu'après avoir été magnétisée dix fois, et avoir paru les huit dernières de plus en plus
sensible à l'action du magnétisme, M. Dupotet, son magnétiseur, s'assit d'après l'invitation du rapporteur, à la onzième
séance, le 20 juillet, derrière elle, sans faire aucun geste, sans
avoir aucune intention de la magnétiser, et elle éprouva une
somnolence plus marquée que les jours précédents, mais moins
d'agitation et de mouvements convulsifs. Du reste il ne s'est
manifesté aucune amélioration dans l'état de sa vue, depuis le
commencement des expériences, et elle sortit de l'Hôtel Dieu
comme elle y était entrée.

» Louise Ganot, domestique, demeurant rue du Battoir, 17, entrée à l'Hôtel-Dieu, le 18 juillet 1826, salle Saint-Roch, 17, pour y être traitée d'une leucorrhée, a été magnétisée par M. Dupotet, les 21, 22, 23, 24, 25, 26, 27 et 28 juillet 1826 ; elle était, nous a-t-elle dit, sujette à des attaques de nerfs ; et, en effet, des mouvements convulsifs de la nature de ceux qui caractérisent l'hystérie se sont constamment développés chez elle pendant toutes les séances magnétiques, tels que les cris plaintifs, la roideur et la torsion des membres supérieurs, la projection de la main vers l'épigastre, le renversement de tout le corps en arrière de manière à former un arc dont la concavité était dans le dos, et enfin quelques minutes de sommeil qui terminaient cette scène. A la sixième séance, le 26 juillet, M. Dupotet se plaça en face d'elle et à deux pieds de distance, sans la toucher, sans faire un seul geste, mais avec la vive intention de la magnétiser ; l'agitation, les mouvements convulsifs, des soupirs long-temps entrecoupés, la roideur des bras, ne tardèrent pas à se manifester comme dans les séances précédentes. Le lendemain 27, la malade étant assise dans le grand fauteuil à joues dont on s'était servi dans les expériences précédentes, nous plaçons M. Dupotet derrière elle ; il se borne à diriger l'extrémité de ses doigts en face de la partie moyenne de son dos ; et par conséquent le derrière du fauteuil était interposé entre la magnétisée et le magnétiseur ; bientôt les mouvements convulsifs des jours précédents se déclarent violemment et plus souvent elle tourne la tête en arrière. Elle nous dit à son réveil qu'elle a exécuté ce mouvement parce qu'il lui semblait qu'elle était tourmentée par quelque chose qui agissait derrière elle. Enfin, après avoir observé, les 26 et 27 juillet, le développement des phénomènes magnétiques produits, dans un cas seulement par l'intention, et dans l'autre par des gestes très simples (la direction des doigts), exécutés derrière et à l'insu de ladite dame Ganot, nous avons voulu expérimenter si les mêmes phénomènes se reproduiraient en l'absence du magnétiseur, et par le seul fait de l'imagination ; c'est ce qui est arrivé le 28 juillet. Madame

Ganot a été mise dans toutes les circonstances semblables à celles des autres épreuves ; même heure de la journée (cinq heures et demie du matin), même local, même silence, même fauteuil, mêmes assistants, mêmes préparatifs ; tout, en un mot, était comme les six jours précédents ; il ne manquait que le magnétiseur, qui était resté chez lui... Les mêmes mouvements convulsifs se sont déclarés, peut-être avec un peu moins de promptitude et de violence, mais toujours avec le même caractère.

» Un homme âgé de vingt-sept ans, sujet depuis quinze ans à des attaques d'épilepsie, a été magnétisé quinze fois à l'Hôtel-Dieu, depuis le 27 juin jusqu'au 17 juillet 1826, par le rapporteur de la commission. Le sommeil a commencé à paraître à la quatrième séance, le 1er juillet ; il a été plus fort à la cinquième, le 2 du même mois ; dans les suivantes il a été assez léger, et on l'interrompait facilement, soit par du bruit, soit par des questions ; le rapporteur le magnétisa, dans les treizième et quatorzième, en se plaçant derrière le fauteuil dans lequel cet homme était assis ; à la quinzième séance, qui eut lieu le 17 juillet, on continua à le placer, comme cela avait été fait pour madame Ganot, dans les mêmes circonstances où il s'était trouvé depuis le commencement des expériences ; le rapporteur se mit de même derrière le fauteuil, et les mêmes phénomènes de somnolence se manifestèrent, bien qu'il ne l'eût point magnétisé. Nous avons dû nécessairement conclure de cette série d'expériences, que ces deux femmes et que cet épileptique ont éprouvé les mêmes effets, lorsqu'ils étaient magnétisés et lorsqu'ils croyaient l'être ; que par conséquent l'imagination a suffi pour produire chez eux des phénomènes qu'avec peu d'attention ou qu'avec de la préoccupation d'esprit on aurait pu attribuer au magnétisme.

» Mais nous nous empressons de déclarer qu'il est plusieurs autres cas, et aussi rigoureusement observés, dans lesquels il nous eût été difficile de ne pas admettre le magnétisme comme cause de ces phénomènes. Nous les plaçons dans notre quatrième classe.

§ 4. *Effets dépendant très probablement du magnétisme seul.*

» Un enfant de vingt-huit mois, atteint comme son frère, dont il sera parlé plus tard, d'attaque d'épilepsie, fut magnétisé chez M. Bourdois par M. Foissac, le 6 octobre 1827. Presque immédiatement après le commencement des passes, l'enfant se frotta les yeux, fléchit la tête de côté, l'appuya sur un des coussins du canapé où on l'avait assis, bâilla, s'agita, se gratta la tête et les oreilles, parut combattre le sommeil qui semblait vouloir l'envahir, et bientôt se releva, permettez-nous l'expression, en grognant ; le besoin d'uriner le prit, et après qu'il l'eut satisfait, il fut encore magnétisé quelques instants ; mais comme cette fois la somnolence n'était pas aussi prononcée, on cessa l'expérience.

» Nous rapprochons de ce fait celui d'un sourd-muet, âgé de dix-huit ans, sujet depuis long-temps à des accès d'épilepsie très fréquents, sur lequel M. Itard voulut essayer l'action du magnétisme. Ce jeune homme a été magnétisé quinze fois par M. Foissac ; nous ne dirons pas seulement ici que les accès épileptiques furent suspendus pendant les séances, et qu'ils ne revinrent qu'au bout de huit mois, retard sans exemple dans l'histoire de sa maladie ; mais encore que les phénomènes appréciables que ce jeune homme éprouva pendant les expériences, furent la pesanteur des paupières, un engourdissement général, le besoin de dormir, et quelquefois même des vertiges.

» Une action encore plus prononcée a été observée sur un membre de la commission, M. Itard, qui, le 11 novembre 1826, s'était soumis, comme nous l'avons dit, à des expériences, et n'avait ressenti aucun effet. Magnétisé par M. Dupotet, le 27 octobre 1827, il a éprouvé de l'appesantissement sans sommeil, un agacement prononcé des nerfs de la face ; des mouvements convulsifs dans les ailes du nez, dans les muscles de la face et des mâchoires, un afflux dans la bouche d'une salive d'un goût métallique, sensation analogue à celle qu'il

avait éprouvée par le galvanisme. Les deux premières séances
ont provoqué une céphalalgie qui a duré plusieurs heures, et
en même temps les douleurs habituelles ont beaucoup diminué.
Un an après, **M. Itard**, qui avait des douleurs dans la tête,
fut magnétisé dix-huit fois par **M. Foissac**. Le magnétisme a
provoqué presque constamment un afflux de salive, et deux
fois avec une saveur métallique ; on observait peu de mouvements et de contractions musculaires, si ce n'est quelques
soubresauts dans les tendons des muscles des avant-bras et
des jambes. M. Itard nous a dit que sa céphalalgie avait cessé
chaque fois après une séance de douze à quinze minutes,
qu'elle n'existait plus à la neuvième, lorsqu'elle fut rappelée
par une interruption de trois jours dans le traitement magnétique, et dissipée de nouveau par ce moyen ; il a éprouvé pendant l'expérience la sensation d'un bien-être général ; une
disposition à un sommeil agréable, de la somnolence, accompagnée de rêvasseries agréables. Sa maladie subit, comme précédemment, une amélioration notable qui ne fut pas de longue
durée après la cessation du magnétisme.

» Ces trois observations ont paru à votre commission tout-
à-fait digne de remarque. Les deux individus qui font le sujet
des deux premières, l'un, cet enfant de vingt-huit mois, l'autre,
le sourd-muet, ignorent ce qu'on leur fait : l'un d'eux, même,
n'est pas en état de le savoir, et l'autre n'a jamais eu la moindre idée de ce qui concerne le magnétisme ; tous deux sont
cependant sensibles à son action, et bien certainement on ne
peut attribuer chez l'un ni chez l'autre cette sensibilité à l'imagination ; le ferait-on avec plus de raison dans l'observation
que nous avons rapportée de M. Itard ?

» Ce n'est point sur des hommes de notre âge, et, comme
nous, toujours en garde contre les erreurs de notre esprit et
de nos sens, que l'imagination, telle que nous l'envisageons
ici, a de la prise : elle est, à cette époque de la vie, éclairée
par la raison, et dégagée de ces prestiges qui séduisent si facilement la jeunesse ; elle se tient en éveil, et la défiance plutôt
que la confiance préside aux diverses opérations de notre es-

prit. Ces circonstances se sont heureusement rencontrées chez notre collègue ; et l'Académie le connaît trop bien pour ne pas admettre que ce qu'il dit avoir éprouvé, il l'a réellement éprouvé ; sa véracité a été la même, et le 11 novembre 1826, lorsqu'il a déclaré n'avoir rien ressenti, et le 27 octobre 1827, quand il affirme devant nous avoir été sensible à l'action du magnétisme.

» La somnolence observée dans les trois faits que nous venons de rapporter, nous a paru être le passage de l'état de veille à celui que l'on appelle le sommeil magnétique ou somnambulisme, mots que la commission a trouvés impropres, pouvant donner de fausses idées, mais que, dans l'impossibilité de les changer, elle a été forcée d'adopter.

» Quand l'individu soumis à l'action magnétique est en somnambulisme, les magnétiseurs nous assurent qu'il n'entend ordinairement que la personne qui le magnétise, et celles que l'on met en communication avec lui par le moyen de la jonction des mains ou d'un contact immédiat quelconque. Selon eux, les organes extérieurs des sens du somnambule, sont tous ou presque tous assoupis, et cependant, il éprouve des sensations. Ils ajoutent que l'on dirait qu'il se réveille en lui un sens intérieur, une sorte d'instinct qui l'éclaire, tantôt sur sa conservation, tantôt sur celle des personnes avec lesquelles il est en rapport. Pendant tout le temps que dure le somnambulisme, il est, disent-ils, soumis à l'influence de celui qui le magnétise, et paraît lui obéir avec une docilité sans réserve, sans même que sa volonté fortement prononcée à l'intérieur soit manifestée ni par un geste, ni par une parole (1).

» Ce singulier phénomène, messieurs, a paru à votre commission un objet d'autant plus digne de son attention et de

---

(1) « Les magnétisés, dit l'illustre et infortuné Bailly, page 7 de son rapport à l'Académie royale des sciences, ont beau être plongés dans un assoupissement apparent, la voix du magnétiseur, son regard, un signe les en retire. On ne peut s'empêcher de reconnaître à ces effets constants une grande puissance qui agite les malades, les maîtrise, et dont celui qui magnétise semble être dépositaire. »

ses recherches, que, bien que Bailly eût paru l'entrevoir, il n'é-
tait cependant pas connu lorsque le magnétisme fut soumis à
l'examen des commissaires du roi, en 1784, et qu'en outre
c'était pour l'étudier que M. Foissac avait pour ainsi dire ex-
humé la question du magnétisme. En effet, les mémoires de
M. de Puységur, dans lesquels se trouvent exposées pour la
première fois les observations de somnambulisme qu'il avait
faites à sa terre de Buzancy, près Soissons, ne parurent
qu'après les rapports des commissaires, à la fin de 1784 et
en 1785.

» Dans un sujet qui pouvait être si facilement exploité par
le charlatanisme, et qui nous paraissait si éloigné de tout ce
qu'on connaissait jusqu'alors, vos commissaires ont dû être
très sévères sur le genre des preuves admises pour constater
ce phénomène, et en même temps se tenir continuellement
en garde contre l'illusion et la fourberie dont ils pouvaient
craindre d'être les dupes.

» La commission réclame votre attention pour les observations suivantes, qu'elle a disposées de manière à vous offrir
une progression toujours croissante des phénomènes du somnambulisme ; c'était le moyen de vous les rendre de plus en
plus évidents.

» Mademoiselle Louise Delaplane, âgée de seize ans, demeurant rue Tirechape, n° 9, avait une suppression men-
struelle, accompagnée de douleurs, de tension et de gonflement dans le bas-ventre, lorsqu'elle entra à l'Hôtel-Dieu, le
13 juin 1826. Des sangsues appliquées à la vulve, des bains,
et en général un traitement approprié, ne produisant aucun
effet, elle fut magnétisée par M. Foissac les 22, 23, 24,
25, 26, 27 et 28 juin 1826 ; elle s'endormit dans la première séance au bout de huit minutes. On lui parle, elle ne
répond pas ; on jette près d'elle un paravent de fer-blanc,
elle reste dans une complète immobilité ; on brise avec force
un flacon de verre, elle se réveille en sursaut. A la deuxième
séance, elle répond par des signes de tête affirmatifs et négatifs aux questions qu'on lui adresse. Dans la troisième, elle

donne à entendre que dans deux jours elle parlera et indiquera le siége de sa maladie. On la pince très fortement, au point de faire naître une ecchymose, elle ne donne aucun signe de sensibilité. On lui débouche sous le nez un flacon plein d'ammoniaque, elle est insensible à une première respiration; à la deuxième, elle porte la main à son nez. A son réveil elle se plaint de la douleur que lui cause la partie pincée et ecchymosée. On lui présente le même flacon d'ammoniaque, et à la première inspiration elle retire brusquement sa tête. Les parents de cette fille résolurent de la faire sortir de l'Hôtel-Dieu, le 30 du même mois, parce qu'ils avaient appris qu'on la magnétisait. Elle y fut cependant magnétisée encore quatre fois. Dans toutes ces épreuves elle ne parla jamais, et répondit seulement par signes aux diverses questions qu'on lui adressa. Nous ajouterons qu'insensible au chatouillement d'une plume introduite dans les narines, promenée sur les lèvres et sur les ailes du nez, au bruit d'une planche jetée brusquement sur une table, elle se réveille au bruit d'un bassin de cuivre lancé sur le carreau, et au bruit d'un sac d'écus qu'un autre jour l'on vide de haut dans ce même bassin.

» Une autre fois, le 9 décembre 1826, M. Dupotet magnétise devant la commission le nommé Baptiste Chamet, charretier à Charonne, qu'il avait magnétisé pour la dernière fois il y avait deux ou trois ans. Au bout de huit minutes, interpellé à diverses reprises pour savoir de lui s'il dort, il fait brusquement un signe de tête affirmatif; plusieurs questions restent sans réponse. Comme il paraît souffrir, on lui demande ce qui lui fait mal, il indique avec la main la poitrine. On lui demande encore quelle est cette partie, alors il répond : C'est le foie; et il indique toujours la poitrine. M. Guersent le pince très fortement au poignet gauche, et il ne témoigne aucune douleur. On lui ouvre la paupière, qui cède très difficilement à cette tentative, et on voit le globe de l'œil tourné comme convulsivement vers le haut de l'orbite, et la pupille notablement contractée.

« La commission a vu dans les deux observations qu'elle

vient de rapprocher la première ébauche du somnambulisme, de cette faculté au moyen de laquelle les magnétiseurs disent que, dans le sommeil des organes extérieurs des sens, il se développe chez les magnétisés un sens intérieur et une espèce d'instinct capables de se manifester par des actes extérieurs raisonnés. Dans chacun de ces cas rapportés ci-dessus, la commission a vu en effet, soit des réponses par signes ou par phrases à des questions faites, soit des promesses, à la vérité toujours déçues, d'événements qui n'arrivent pas, mais pourtant les premières traces de l'expression d'un commencement d'intelligence. Les trois observations suivantes vous prouveront avec quelle défiance on doit accueillir les promesses de certains prétendus somnambules.

» Mademoiselle Joséphine Martineau, âgée de dix-neuf ans, demeurant rue Saint-Nicolas, n° 37, était affectée depuis trois mois d'une gastrite chronique lorsqu'elle entra à l'Hô-tel-Dieu, le 5 août 1826. Elle fut magnétisée par M. Dupotet, en présence du rapporteur, quinze jours de suite, depuis le 7 jusqu'au 21 du même mois, deux fois entre quatre et cinq heures du soir, et treize fois de six à sept heures du matin. Elle a commencé à s'endormir dans la deuxième séance : et dans la quatrième elle a répondu aux questions qu'on lui adressait. Nous ne vous répéterons pas qu'à la fin de chaque séance, le pouls a été plus fréquent qu'au commencement ; qu'elle n'a conservé aucun souvenir de ce qui s'est passé dans le sommeil. Ce sont de ces phénomènes communs qui ont précédemment été bien constatés chez d'autres magnétisés. Il s'agit ici du somnambulisme, et c'est ce phénomène que nous avons cherché à observer sur mademoiselle Martineau. Dans son sommeil elle dit qu'elle ne voit pas les assistants, mais qu'elle les entend, et personne ne parle. Sur l'interpellation faite à cet égard, elle répond qu'elle les entend quand on fait du bruit ; elle dit qu'elle ne guérira que quand on l'aura purgée. Elle désigne pour ce purgatif trois onces de manne et des pilules anglaises prises deux heures après la manne. Le lendemain et le surlendemain, le rapporteur ne donne pas de manne ; il administre quatre pilules de mie de pain en deux jours : elle a quatre garde-robes pendant ces deux jours. Elle dit qu'elle se réveillera tantôt après cinq ou dix minutes de sommeil, et elle ne se réveille qu'après dix-sept et seize. Elle annonce que tel jour elle donnera des détails sur la nature de son mal. Ce jour arrive et elle ne nous dit rien. Enfin chaque fois elle a été en défaut.

» M. de Geslin, demeurant rue de Grenelle-Saint Honoré, n° 37, écrivit à la commission, le 8 juillet 1826, qu'il avait à sa disposition une somnambule, logée dans la même maison que lui, madame Couturier, âgée de trente ans, ouvrière en dentelles, qui, entre autres facultés, possédait celle de lire dans la pensée de son magnétiseur et d'exécuter les ordres qu'il lui transmettait mentalement. La proposition de M. de Geslin était trop importante pour ne pas être acceptée avec empressement. M. Guéneau et le rapporteur se rendirent à son invitation; M. de Geslin leur renouvela les assurances qu'il nous avait données dans sa lettre sur les facultés surprenantes de sa somnambule; et après l'avoir endormie par les procédés ordinaires, il nous invita à lui faire connaître ce que nous désirions qu'il fit exécuter à cette personne.

» L'un de nous, le rapporteur, se plaça sur un bureau pour tenir une note exacte de tout ce qui se passerait; et l'autre, M. Guéneau, se chargea d'écrire les ordres que nous voulions faire transmettre à la magnétisée.

» M. Guéneau écrivit sur un morceau de papier les mots suivants : Allez-vous asseoir sur un tabouret qui est en face du piano. M. de Geslin se pénétrant de cette volonté, dit à la somnambule d'exécuter ce qu'il lui demande mentalement. Elle se lève de sa place, et se mettant devant la pendule : Il est, dit-elle, neuf heures vingt minutes. M. de Geslin lui annonce que ce n'est pas là ce qu'il lui a demandé; alors elle va dans la chambre voisine. On lui fait savoir qu'elle se trompe encore; elle reprend sa place. On veut qu'elle se gratte le front, elle étend la main droite et n'exécute pas le mouvement commandé. On désire qu'elle s'asseye au piano, elle va à une croisée éloignée de six pieds du piano. Le magnétiseur se plaint de ce qu'elle ne fait pas ce qu'il lui impose par sa pensée ; elle se lève et change de chaise. Nous demandons que lorsque M. de Geslin lèvera la main, la somnambule lèvera la sienne, et qu'elle la tienne suspendue jusqu'à ce que celle du magnétiseur retombe. Elle lève la main, qui reste immobile et qui ne retombe que cinq minutes après celle de M. de Geslin. On lui présente le derrière d'une montre, elle dit qu'il est neuf heures trente-cinq minutes, et l'aiguille marque sept heures. Elle dit qu'il y a trois aiguilles, et il n'y en a que deux. On substitue une montre à trois aiguilles, et elle dit qu'il y en a deux, qu'il est neuf heures quarante minutes et la montre marque neuf heures vingt-cinq minutes. Elle se met en rapport avec M. Guéneau, et lui dit au sujet de sa santé des choses tout-à-fait erronées et en contradiction évidente avec ce que notre collègue avait écrit à ce sujet avant de se prêter à l'expérience. En résumé, cette dame Couturier n'a tenu aucune des promesses qui nous avaient été faites, et nous avons été autorisés à croire que M. de Geslin n'avait pas pris toutes les précautions convenables pour ne pas être induit en erreur, et que telle était la cause de sa croyance aux facultés extraordinaires qu'il lui attribuait.

» M. Chapelain, docteur en médecine, demeurant cour Batave, n° 5, informa la commission, le 14 mars 1828, qu'une femme de vingt-quatre ans, demeurant dans sa maison, et qui lui avait été adressée par notre collègue, M. Caille, avait annoncé dans l'état de somnambulisme magnétique, que le lendemain 15, à onze heures du soir, elle rendrait un tœnia de la longueur du bras. La commission avait un trop grand désir de voir le résultat de cette annonce pour négliger l'occasion qui lui était offerte. MM. Itard, Thillaye et le rapporteur, auxquels se joignirent deux membres de l'Académie, MM. Caille et Virey, ainsi que le docteur Danu, actuellement médecin de l'hôpital Cochin, se rendirent le lendemain 15, à dix heures cinquante-sept minutes du soir au domicile de cette femme. Elle fut à l'instant magnétisée par M. Chapelain et endormie à onze. Elle annonce alors qu'elle voit dans son intérieur quatre morceaux de vers dont le premier est enveloppé dans une peau ; que pour les rendre, il faudrait qu'elle prît de l'émétique et de la poudre aux vers. On lui objecte qu'elle avait dit qu'elle rendrait ce premier morceau à onze heures. Cette objection la contrarie ; elle se lève brusquement : le rapporteur la saisit, s'assure qu'elle ne cache rien sous ses jupons, et l'asseoit sur une chaise percée qu'il avait bien visitée auparavant. Au bout de dix minutes, elle dit éprouver du chatouillement à l'anus ; elle se lève avec vivacité et on profite de ce mouvement pour s'assurer que rien ne sort de l'anus. A onze heures quarante-deux minutes elle est réveillée, fait des efforts pour aller à la garde-robe et ne rend rien. M. Chapelain la magnétisa de nouveau, l'endormit, et lui donna à deux heures et demie du matin l'émétique qui procura des vomissements sans morceaux de vers. Le 16, à dix heures du matin, elle rendit par l'anus des matières fécales moulées dans lesquelles il n'y avait aucune apparence de vers.

» Voilà donc trois faits bien constatés, et nous pourrions en citer d'autres, dans lesquels il y a eu bien évidemment erreur ou tentative de supercherie de la part des somnambules, soit dans ce qu'ils disaient entendre, soit dans ce qu'ils promettaient de faire, soit enfin dans ce qu'ils annonçaient devoir arriver.

» Dans cette position, et désirant ardemment éclaircir la question, nous pensâmes qu'il était essentiel, dans l'intérêt des recherches auxquelles nous nous livrions et pour nous soustraire aux déceptions du charlatanisme, de nous assurer s'il y avait quelque signe qui pût indiquer que le somnambulisme existait véritablement, c'est-à-dire si le magnétisé endormi était, permettez-nous l'expression, plus qu'endormi, s'il était arrivé à l'état du somnambulisme.

» M. Dupotet, dont il a déjà été question plusieurs fois, proposa, le 4 novembre 1826, à la commission, de la rendre témoin d'expériences dans lesquelles il mettrait dans toute son évidence la réalité du somnambulisme magnétique. Il s'engageait, et nous avons sa promesse signée par lui, à produire à volonté et hors de la portée de la vue des individus mis par lui en somnambulisme, des mouvements convulsifs dans une partie quelconque de leur corps, par le fait seulement de la direction de son doigt vers cette partie. Il regardait ces convulsions comme le signe certain de l'existence du somnambulisme. La commission profita de la présence de Baptiste Chamet pour faire sur lui les expériences nécessaires pour éclaircir et résoudre cette question. En conséquence, M. Dupotet l'ayant mis en somnambulisme, dirigea un doigt en pointe vers les siens; il en approcha même une tige métallique : aucun effet convulsif ne fut produit. Un doigt du magnétiseur fut dirigé de nouveau vers ceux du magnétisé; on vit dans les doigts index et medius des deux mains un léger mouvement semblable à la convulsion déterminée par la pile galvanique. Six minutes après, le doigt du magnétiseur dirigé vers le poignet gauche, imprima à cette partie un mouvement complet de convulsion; et c'est alors que le magnétiseur annonça que dans cinq minutes on ferait tout ce que l'on voudrait de cet homme. Alors M. Marc, placé derrière ce dernier, indiqua que le magnétiseur devait chercher à agir sur l'index droit; il dirigea le sien vers cette partie, et c'est la gauche et la cuisse du même côté qui entrèrent en convulsion. Plus tard on dirigea les doigts vers les orteils, aucun effet ne fut produit. On exécuta des passes antérieures. MM. Bourdois, Guersent et Guéneau de Mussy dirigèrent successivement leurs doigts vers ceux du magnétisé, qui se contractèrent à leur approche. Plus tard on aperçut des mouvements dans la main gauche, vers laquelle cependant aucun doigt n'était dirigé. Enfin on suspendit toute expérience pour vérifier si les mouvements convulsifs n'avaient pas lieu quand on ne le magnétisait pas, et ces mouvements se renouvelèrent, mais plus faiblement.

» La commission a conclu qu'il n'était pas besoin de l'approche des doigts du magnétiseur pour produire des convulsions, bien que M. Dupotet ajoutât que lorsqu'elles ont

commencé à avoir lieu, elles pouvaient se reproduire d'elles-
mêmes.

» Mademoiselle Lemaître, dont nous avons déjà parlé lorsqu'il s'est agi de l'influence de l'imagination sur la production
des phénomènes magnétiques, a présenté aussi cette mobilité
convulsive ; mais tantôt ces mouvements, assez semblables
pour leur prestesse à ceux qu'on éprouve par l'approche d'une
pointe électrique, avaient lieu dans une partie, par suite de
l'approche des doigts, tantôt aussi, sans que cette dernière
condition eût été remplie, nous les avons vus arriver plus ou
moins de temps après la tentative qu'on faisait pour les développer. Plusieurs fois ce phénomène se montrait dans une
séance, il ne paraissait pas du tout dans l'autre. Enfin l'approche des doigts vers une partie était quelquefois suivie de
convulsions dans un point différent.

» Un nouvel exemple de ce phénomène est celui qui nous a
été fourni par M. Chalet, consul de France à Odessa. M. Dupotet le magnétisa en notre présence, le 17 novembre 1826 ;
il dirigea le doigt vers son oreille gauche, et aussitôt on aperçut dans les cheveux qui sont derrière l'oreille, un mouvement
que l'on attribua à la contraction des muscles de cette région ;
on renouvela des passes avec une seule main, sans diriger le
doigt vers l'oreille, et on aperçut dans l'oreille un mouvement
général et brusque d'ascension. Un doigt fut ensuite dirigé
vers la même oreille et n'y produisit aucun effet.

» C'est principalement sur M. Petit, âgé de trente-deux ans,
instituteur à Athis, que les mouvements convulsifs ont été dé-
terminés avec le plus de précision par l'approche des doigts
du magnétiseur.

» M. Dupotet le présenta à la commission, le 10 août 1826,
en lui annonçant que cet homme était très susceptible d'entrer
en somnambulisme, et que dans cet état, lui, M. Dupotet,
pouvait à sa volonté, et sans l'exprimer par la parole, déterminer dans les parties que la commission aurait désignées des
mouvements convulsifs apparents, par la seule approche de
ses doigts. Il fut endormi très promptement, et c'est alors

que la commission, pour prévenir tout soupçon d'intelligence, remit à **M.** Dupotet une note rédigée en silence à l'instant même, et dans laquelle elle avait indiqué par écrit les parties qu'elle désirait voir entrer en convulsion. Muni de cette instruction, il dirigea d'abord la main vers le poignet droit, qui entra en convulsion ; il se plaça ensuite derrière le magnétisé, et dirigea son doigt en premier lieu vers la cuisse gauche, puis vers le coude gauche, et enfin vers la tête. Ces trois parties furent presque aussitôt prises de mouvements convulsifs. **M.** Dupotet dirigea sa jambe gauche vers celle du magnétisé ; celui-ci s'agita de manière à ce qu'il fut sur le point de tomber. **M.** Dupotet dirigea ensuite son pied vers le coude droit de **M.** Petit, et ce coude droit s'agita ; puis il porta son pied vers le coude et la main gauches, et des mouvements convulsifs très forts se développèrent dans tout le membre supérieur. Un des commissaires, **M.** Marc, dans l'intention de prévenir davantage encore toute espèce de supercherie, lui mit un bandeau sur les yeux, et les expériences précédentes furent répétées avec une légère différence dans le résultat. D'après l'indication mimique et instantanée de plusieurs d'entre nous, **M.** Dupotet dirigea son doigt vers la main gauche ; à son approche les deux mains s'agitèrent. On désira que l'action se portât à la fois sur les deux membres inférieurs. D'abord les doigts furent approchés sans résultat ; bientôt le somnambule remua d'abord les mains, puis se recula, puis agita les pieds. Quelques moments plus tard, le doigt approché de la main le fit retirer et produisit une agitation générale. **MM.** Thillaye et Marc dirigèrent les doigts sur diverses parties du corps et provoquèrent quelques mouvements convulsifs. Ainsi **M.** Petit a toujours eu par l'approche des doigts des mouvements convulsifs, soit qu'on lui ait mis, soit qu'on ne lui ait pas mis un bandeau sur les yeux, et ces mouvements ont été plus marqués quand on a dirigé vers les parties soumises aux expériences une tige métallique, telle qu'une clef ou une branche de lunettes. En résultat, la commission, quoique témoin de plusieurs cas dans lesquels cette faculté contractile a été mise en jeu par l'approche des doigts ou de tiges métalliques, a besoin de nouveaux faits pour apprécier ce phénomène, sur la constance et la valeur duquel elle ne se croit pas assez éclairée pour se prononcer.

» Réduits par conséquent à nous en rapporter à notre inquiète surveillance, nous avons poursuivi nos recherches et multiplié nos observations, en redoublant de soins, d'attention et de défiance.

» Vous vous rappelez peut-être, messieurs, les expériences qui furent faites en 1820, à l'Hôtel-Dieu, en présence d'un grand nombre de médecins, dont quelques uns sont membres de cette Académie, et sous les yeux du rapporteur, qui seul en concevait le plan, en dirigeait tous les détails et les consignait minute par minute dans un procès-verbal signé par chacun des assistants. Peut-être nous nous serions abstenus de vous en parler sans une circonstance particulière qui nous fait un devoir de rompre le silence. Au milieu des discussions que la proposition de soumettre le magnétisme animal à un nouvel examen avait soulevées dans le sein de l'Académie, un membre (1), qui du reste ne niait pas la réalité des phénomènes magnétiques, avait dit que tandis que les magnétiseurs proclamaient la guérison de mademoiselle Samson, elle lui demandait à rentrer à l'Hôtel-Dieu, où, ajoutait-il, elle était *morte* par suite d'une lésion organique jugée incurable par les hommes de l'art.

» Cependant cette même demoiselle Samson reparut, six ans après cette prétendue mort ; et votre commission, convoquée le 29 décembre 1826, pour faire sur elle des expériences, voulut avant tout s'assurer si la personne que lui présentait M. Dupotet, dont la bonne foi d'ailleurs lui était parfaitement connue, était bien la même que celle qui six ans auparavant avait été magnétisée à l'Hôtel-Dieu. MM. Bricheteau et Patissier, qui avaient assisté à ces premières expériences, eurent

---

(1) M. Récamier.

la complaisance de se rendre à l'invitation de la commission ;
et, conjointement avec le rapporteur, ils constatèrent et signè-
rent que c'était bien la même personne qui avait été le sujet
des expériences faites à l'Hôtel-Dieu en 1820, et qu'ils n'a-
percevaient en elle d'autre changement que celui qui annonce
une amélioration notable dans la santé.

» L'identité ainsi constatée, mademoiselle Samson fut magnétisée par M. Dupotet en présence de la commission. A
peine les passes étaient-elles commencées, que mademoiselle
Samson s'agita sur son fauteuil, se frotta les yeux, témoigna
de l'impatience, se plaignit, et toussa d'une voix rauque qui
rappela à MM. Bricheteau, Patissier et au rapporteur, ce
même timbre de voix qui les avait frappés en 1820, et qui
alors, comme dans la circonstance présente, était pour eux
l'indice d'un commencement d'action magnétique. Bientôt elle
frappa du pied, appuya sa tête sur sa main droite et son fauteuil, et leur parut dormir. On lui souleva la paupière, et on
vit, comme en 1820, le globe de l'œil tourné convulsivement
en haut. Plusieurs questions lui furent adressées et restèrent
sans réponse ; puis, lorsqu'on lui en fit de nouvelles, elle fit
des gestes d'impatience, et répondit avec mauvaise humeur
qu'on ne devait pas la tourmenter. Enfin, sans en avoir prévenu qui que ce fût, le rapporteur jeta en même temps sur le
parquet une table et une bûche qu'il avait placée sur cette table.
Quelques uns des assistants jetèrent des cris d'effroi, mademoiselle Samson seule n'entendit rien, ne fit aucune espèce de
mouvement, et continua de dormir du plus profond sommeil.
On la réveilla quatre minutes après, en lui frottant les yeux
circulairement avec les pouces. Alors la même bûche fut jetée
à l'improviste sur le parquet ; le bruit fit tressaillir la magnétisée, qui se plaignit très vivement du sentiment de la peur
qu'on venait de lui causer, tandis que six minutes auparavant
elle avait été insensible à un bruit beaucoup plus fort.

» Vous avez tous également entendu parler d'un bruit qui
a fixé dans le temps l'attention de la section de chirurgie, et
qui lui a été communiqué dans la séance du 16 avril 1829, par

M. Jules Cloquet. La commission a cru devoir le consigner ici comme une des preuves les moins équivoques de la force du sommeil magnétique. Il s'agit d'une dame P... (madame Plantin), âgée de soixante-quatre ans, demeurant rue Saint-Denis, n° 151, qui consulta M. Cloquet, le 8 avril 1829, pour un cancer ulcéré qu'elle portait au sein droit depuis plusieurs années, et qui était compliqué d'un engorgement considérable des ganglions axillaires correspondants. M. Chapelain, médecin de cette dame, qu'il magnétisait depuis quelques mois dans l'intention, disait-il, de dissoudre l'engorgement du sein, n'avait pu obtenir d'autre résultat qu'un sommeil très profond, pendant lequel la sensibilité paraissait anéantie, les idées conservant toute leur lucidité. Il proposa à M. Cloquet de l'opérer pendant qu'elle serait plongée dans le sommeil magnétique. Ce dernier, qui avait jugé l'opération indispensable, y consentit, et l'on décida qu'elle aurait lieu le dimanche suivant, 12 avril. La veille et l'avant-veille, cette dame fut magnétisée plusieurs fois par M. Chapelain, qui la disposait lorsqu'elle était en somnambulisme à supporter sans crainte l'opération, et qui l'amena même à en causer avec sécurité, tandis qu'à son réveil elle en repoussait l'idée avec horreur.

» Le jour fixé pour l'opération, M. Cloquet, en arrivant à dix heures et demie du matin, trouva la malade habillée et assise dans un fauteuil, dans l'attitude d'une personne paisiblement livrée au sommeil naturel. Il y avait à peu près une heure qu'elle était revenue de la messe, qu'elle entendait habituellement à la même heure. M. Chapelain l'avait mise dans le sommeil magnétique depuis son retour; la malade parla avec beaucoup de calme de l'opération qu'elle allait subir. Tout étant disposé pour l'opérer, elle se déshabilla elle-même et s'assit sur une chaise.

» M. Chapelain soutint le bras droit, le bras gauche fut laissé pendant sur le côté du corps. M. Pailloux, élève interne de l'hôpital Saint-Louis, était chargé de présenter les instruments et de faire les ligatures. Une première incision partant du creux de l'aisselle fut dirigée au-dessus de la tumeur jusqu'à la face interne de la mamelle. La deuxième, commencée au même point, cerna la tumeur par en bas et fut conduite à la rencontre de la première. M. Cloquet disséqua avec précaution les ganglions engorgés, à raison de leur voisinage de l'artère axillaire, et extirpa la tumeur. La durée de l'opération a été de dix à douze minutes.

» Pendant tout ce temps, la malade a continué à s'entretenir tranquillement avec l'opérateur et n'a pas donné le plus léger signe de sensibilité : aucun mouvement dans les membres ou dans les traits, aucun changement dans la respiration ni dans la voix, aucune émotion, même dans le pouls, ne se sont manifestés ; la malade n'a pas cessé d'être dans l'état d'abandon et d'impassibilité automatiques où elle était quelques minutes avant l'opération. On n'a pas été obligé de la contenir, on s'est borné à la soutenir. Une ligature a été appliquée sur l'artère thoracique latérale, ouverte pendant l'extraction des ganglions. La plaie étant réunie par des emplâtres agglutinatifs et pansée, l'opérée fut mise au lit, toujours en état de somnambulisme dans lequel on l'a laissée quarante-huit heures. Une heure après l'opération, il se manifesta une légère hémorrhagie qui n'eut pas de suite. Le premier appareil fut levé le mardi suivant 14 ; la plaie fut nettoyée et pansée de nouveau ; la malade ne témoigna aucune sensibilité ni douleur ; le pouls conserva son ryhthme habituel.

» Après ce pansement, M. Chapelain réveilla la malade, dont le sommeil somnambulique durait depuis une heure avant l'opération, c'est-à-dire depuis deux jours. Cette dame ne parut avoir aucune idée, aucun sentiment de ce qui s'était passé ; mais, en apprenant qu'elle avait été opérée, et voyant ses enfants autour d'elle, elle en éprouva une vive émotion, que le magnétiseur fit cesser en l'endormant aussitôt.

» La commission a vu dans ces deux observations la preuve la plus évidente de l'abolition de la sensibilité pendant le somnambulisme ; et elle déclare que, bien qu'elle n'ait pas été témoin de la dernière, elle la trouve empreinte d'un tel caractère de vérité, elle lui a été attestée et répétée par un si bon observateur qui l'avait communiquée à la section de chirurgie, qu'elle n'a pas craint de vous la présenter comme le témoignage le moins contestable de cet état de torpeur et d'engourdissement provoqué par le magnétisme.

» Au milieu des expériences dans lesquelles la commission avait cherché à apprécier cette faculté de mettre en mouvement sans contact la contractilité des muscles de M. Petit, d'Athis, d'autres essais se faisaient sur lui pour observer un genre particulier de clairvoyance, la vision à travers les paupières fermées, dont on disait qu'il était doué pendant le somnambulisme.

» Le magnétiseur nous avait annoncé que ce somnambule reconnaîtrait entre douze pièces de monnaie celles que lui, M. Dupotet, aurait tenues dans sa main. Le rapporteur y plaça un écu de 5 fr. au millésime de l'an XIII, et le mêla ensuite à douze autres qu'il rangea en cercle sur une table. M. Petit désigna une de ces pièces, mais elle était au millésime de 1812. Ensuite on lui présenta une montre dont avait dérangé les aiguilles, afin qu'elles n'indiquassent pas l'heure actuelle, et deux fois de suite M. Petit fut dans l'erreur sur l'indication de leur direction. On a voulu expliquer ces mécomptes en nous disant que M. Petit perdait de sa lucidité depuis qu'il était magnétisé moins souvent ; et pourtant dans la même séance le rapporteur a fait avec lui une partie de piquet, il a souvent cherché à le tromper, en annonçant une carte ou une couleur pour une autre, et la mauvaise foi du rapporteur n'a pas empêché M. Petit de jouer juste et de savoir la couleur du point de son adversaire. Nous devons ajouter que chaque fois que l'on a interposé un corps, une feuille de papier, un carton entre les yeux et l'objet à désigner, M. Petit n'a pu rien distinguer.

» Si ces épreuves eussent été les seules dans lesquelles nous eussions cherché à reconnaître cette clairvoyance, nous en aurions conclu que ce somnambule ne la possédait pas ; mais dans l'expérience suivante, cette faculté parut dans tout son jour, et cette fois le succès répondit entièrement à ce que nous avait annoncé M. Dupotet.

» M. Petit fut magnétisé par lui, le 15 mars 1826, à huit heures et demie du soir, et endormi à peu près en une minute. Le président de la commission, M. Bourdois, s'assura que le nombre des pulsations avait diminué de vingt-deux par minute depuis qu'il était endormi, et que le pouls avait même quelque chose d'irrégulier. M. Dupotet, après avoir mis un bandeau sur les yeux du somnambule, dirige sur lui à plusieurs reprises ses doigts en pointe à deux pieds environ de distance. Aussitôt il se manifeste dans les mains et dans les bras vers lesquels était dirigée l'action, une contraction violente. M. Dupotet ayant également approché ses pieds de ceux de M. Petit, toujours sans contact, celui-ci les retire avec vivacité. Il se plaint d'éprouver dans les membres sur lesquels l'action s'était portée une vive douleur et une chaleur brûlante. M. Bourdois essaie de produire les mêmes effets ; il les obtient également, mais avec moins de promptitude et à un degré plus faible.

» Ce point bien établi, on s'occupe de reconnaître la clairvoyance du somnambule. Celui-ci ayant déclaré qu'il ne pouvait voir avec le bandeau, on le lui retire ; mais alors toute l'attention se porte à constater que les paupières sont exactement fermées. A cet effet, on tient presque constamment pendant les expériences une lumière au-devant des yeux de M. Petit, à la distance d'un ou deux pouces, et plusieurs personnes eurent presque continuellement les yeux fixés sur les siens. Aucune ne put apercevoir le moindre écartement entre les paupières. M. Ribes fit même remarquer que leurs bords étaient superposés de manière que les cils se croisaient.

» On examine aussi l'état des yeux, on les ouvre de force sans que le somnambule s'éveille, et l'on remarque que la prunelle est portée en bas et dirigée vers le grand angle de l'œil.

» Après ces observations préliminaires, on procède à vérifier les phénomènes de la vision avec les yeux fermés.

» M. Ribes, membre de l'Académie, présente un catalogue qu'il tire de sa poche. Le somnambule, après quelques efforts, qui paraissent le fatiguer, lit très distinctement ces mots : *Lavater. Il est bien difficile de connaître les hommes.* Ces derniers mots étaient imprimés en caractères très fins. On lui met sous les yeux un passeport ; il le reconnaît et le désigne sous le nom de passe-homme. Quelques instants après, on substitue au passeport un port d'armes, que l'on sait être presque en tout semblable au passeport, et on le lui présente du côté blanc. M. Petit peut seulement reconnaître que c'est une pièce encadrée et assez semblable à la première : on le retourne ; alors, après quelques instants d'attention, il dit ce que c'est, et lit distinctement ces mots : *De par le roi ;* et à gauche : *Port d'armes.* On lui montre ensuite une lettre ouverte : il dit ne pouvoir la lire, n'entendant pas l'anglais ; c'était en effet une lettre en anglais.

» M. Bourdois tire de sa poche une tabatière sur laquelle était un camée encadré en or. Le somnambule ne peut d'abord le voir distinctement ; le cadre d'or l'éblouissait, disait-il. Quand on eut couvert le cadre avec les doigts, il dit voir l'emblème de la fidélité. Pressé de dire quel était cet emblème, il ajoute : Je vois un chien ; il est comme dressé devant un autel. C'est là en effet ce qui était représenté.

» On lui montre une lettre fermée : il ne peut rien découvrir du contenu. Il suit seulement la direction des lignes avec le doigt ; mais il lit fort bien l'adresse, quoiqu'elle contienne un nom assez difficile : A M. de Rockenstrok.

» Toutes ces expériences fatiguaient extrêmement M. Petit. On le laissa un instant reposer ; puis, comme il aime beaucoup le jeu, on lui proposa, pour le délasser, de faire une partie de cartes. Autant les expériences de pure curiosité semblent le contrarier et le fatiguer, autant il fait avec aisance et dextérité ce qui lui fait plaisir, et ce à quoi il se porte de son propre mouvement.

» Un des assistants, M. Raynal, ancien inspecteur de l'université, fit avec M. Petit un cent de piquet et perdit. Celui-ci maniait les cartes avec la plus grande agilité et sans jamais se tromper. On essaya plusieurs fois inutilement de le mettre en défaut en soustrayant ou en changeant des cartes ; il comptait avec une surprenante facilité le nombre des points marqués sur la carte à marquer de son adversaire.

» Pendant tout ce temps, on n'avait cessé d'examiner les yeux et de tenir auprès d'eux une lumière ; on les avait toujours trouvés exactement fermés : on remarqua que le globe de l'œil semblait néanmoins se mouvoir sous la paupière et suivre les divers mouvements des mains. Enfin, **M.** Bourdois déclara que, selon toutes les vraisemblances humaines, et autant qu'on en pouvait juger par les sens, les paupières étaient exactement closes.

» Pendant que **M.** Petit faisait une deuxième partie de piquet, **M.** Dupotet, sur l'invitation de **M.** Ribes, dirigea par derrière la main vers son coude ; la contraction précédemment observée eut lieu de nouveau. Puis, sur la proposition de **M.** Bourdois, il le magnétisa par derrière et toujours à un pied de distance, dans l'intention de l'éveiller. L'ardeur que le somnambule portait au jeu combattait cette action, et faisait que, sans le réveiller, elle le gênait et le contrariait. Il porta plusieurs fois la main derrière la tête, comme s'il y souffrait. Il tomba enfin dans un assoupissement qui paraissait être un sommeil naturel assez léger ; et quelqu'un lui ayant parlé dans cet état, il s'éveilla comme en sursaut. Peu d'instants après, **M.** Dupotet, toujours placé près de lui et à quelque distance, le plongea de nouveau dans le sommeil magnétique, et les expériences recommencèrent. **M.** Dupotet désirant qu'il ne restât aucune ombre de doute sur la nature d'une action physique exercée à volonté sur le somnambule, proposa de mettre à **M.** Petit tel nombre de bandeaux que l'on voudrait, et d'agir sur lui dans cet état. On lui couvrit en effet la figure jusqu'aux narines avec plusieurs cravates ; on tamponna avec des gants la cavité formée par la proéminence du nez, et on recouvrit le tout d'une cravate noire descendant en forme de voile jusqu'au col. Alors on recommença de nouveau et de toutes les manières les essais d'action à distance, et constamment les mêmes mouvements se manifestèrent dans les parties vers lesquelles la main ou le pied étaient dirigés.

» Après ces nouvelles épreuves, M. Dupotet ayant ôté à M. Petit ses bandeaux, fit avec lui une partie d'écarté pour le distraire. Il joua avec la même facilité qu'auparavant et gagna encore. Il mettait tant d'ardeur à son jeu qu'il resta insensible à l'influence de M. Bourdois, qui essaya inutilement pendant qu'il jouait d'agir sur lui par derrière et de lui faire exécuter un commandement volontaire.

» Après sa partie le somnambule se leva, se promena à travers le salon, écartant les chaises qui se trouvaient sur son passage, et alla s'asseoir à l'écart pour se reposer quelque temps loin des curieux et des expérimentateurs qui l'avaient fatigué. Là, M. Dupotet le réveilla à plusieurs pieds de distance; mais ce réveil ne fut pas complet à ce qu'il paraît, car quelques instants après il s'assoupit; il fallut faire de nouveaux efforts pour le réveiller complétement.

» Éveillé, il a dit ne conserver aucun souvenir de ce qui s'était passé pendant son sommeil.

» A coup sûr, si, comme M. Bourdois l'a consigné à part sur le procès-verbal de cette séance, *la constante immobilité des paupières et leurs bords superposés de manière que les cils paraissent entrecroisés, sont des garanties suffisantes de la clairvoyance de ce somnambule à travers les paupières, il est impossible de refuser, sinon sa croyance, au moins son étonnement à tout ce qui s'est passé dans cette séance, et de ne pas désirer être témoins de nouvelles expériences pour pouvoir fixer son opinion sur l'existence et la valeur du magnétisme animal.*

» Le vœu exprimé à cet égard par notre président n'a pas tardé à recevoir son exécution chez trois somnambules, qui, outre cette clairvoyance observée sur le précédent, ont présenté des preuves d'une *intuition* et d'une *prévision* très remarquables soit pour eux, soit pour d'autres.

» Ici la sphère paraît s'agrandir : il ne s'agit plus de satisfaire une simple curiosité, de chercher à s'assurer s'il existe un signe qui puisse faire prononcer que le somnambulisme est réel ou simulé, si un somnambule peut lire les yeux fermés, se livrer pendant son sommeil à des combinaisons de jeux plus ou moins compliqués; questions curieuses, intéressantes, dont la solution, celle de la dernière surtout, est, comme spectacle, un phénomène très extraordinaire; mais qui, en véritable intérêt et surtout en espérances sur le parti qu'en peut tirer la médecine, sont infiniment au-dessous de celles dont la commission va vous donner connaissance.

» Il n'est personne parmi vous, messieurs, qui dans tout ce qu'on a pu lui citer du magnétisme, n'ait entendu parler de cette faculté qu'ont certains somnambules, non seulement de déterminer le genre de maladies dont ils sont affectés, la durée, l'issue de ces maladies, mais encore le genre, la durée et l'issue des maladies des personnes avec lesquelles on les met en rapport. Les trois observations suivantes nous ont paru tellement importantes, que nous avons cru devoir vous les faire connaître dans leur entier, comme présentant des exemples fort remarquables de cette intuition et de cette prévision; vous y trouverez en même temps la réunion de divers phénomènes qui n'ont pas été observés chez les autres magnétisés.

» Paul Villagrand, étudiant en droit, né à Magnac-Laval (Haute-Vienne), le 18 mai 1803, fut frappé, le 25 décembre 1825, d'une attaque d'apoplexie avec paralysie de tout le côté gauche du corps. Après dix-sept mois de divers traitements par l'acupuncture, un séton à la nuque, douze moxas le long de la colonne vertébrale, traitement qu'il suivit soit chez lui, soit à la maison de santé, soit à l'hospice de Perfectionnement, et dans le cours desquels il eut deux nouvelles attaques, il fut admis le 8 avril 1827 dans l'hôpital de la Charité. Bien qu'il eût éprouvé un soulagement notable des moyens mis en usage avant son entrée dans cet hôpital, il marchait avec des béquilles, sans pouvoir s'appuyer sur le pied gauche. Le bras du même côté exécutait bien divers mouvements, mais Paul ne pouvait le lever vers la tête. Il y voyait à peine de l'œil droit, et avait l'ouie très dure des deux oreilles. C'est dans cet état qu'il fut confié aux soins de notre collègue, M. Fouquier, qui, outre la paralysie bien évidente, lui reconnut des symptômes d'hypertrophie du cœur.

» Pendant cinq mois il lui administra l'extrait alcoolique de noix vomique, le fit saigner de temps en temps, le purgea, et lui fit appliquer des vésicatoires. Le bras gauche reprit un peu de force, les maux de tête auxquels il était sujet s'éloignèrent, et son état resta stationnaire jusqu'au 29 août 1827, époque à laquelle il fut magnétisé par M. Foissac, d'après l'ordre et sous la direction de M. Fouquier. Dans cette première séance il éprouva une sensation de chaleur générale, puis des soubresauts dans les tendons. Il s'étonna d'être envahi pour ainsi dire par une envie de dormir, se frotta les yeux pour la dissiper, fit des efforts visibles et infructueux pour tenir ses paupières ouvertes ; enfin, sa tête tomba sur sa poitrine, et il s'endormit. A dater de ce moment, la surdité et le mal de tête disparurent. Ce n'est qu'à la neuvième séance que le sommeil devint profond, et c'est à la dixième qu'il répondit par des sons inarticulés aux questions qu'on lui adressa ; plus tard, il annonça qu'il ne pouvait guérir qu'à l'aide du magnétisme, et il se prescrivit des sinapismes, des bains de Baréges, et la continuation des pilules d'extrait de noix vomique. Le 25 septembre, la commission se rendit à l'hôpital de la Charité, fit déshabiller le malade, et constata que le membre inférieur gauche était manifestement plus maigre que le droit; que la main gauche serrait beaucoup moins fort que la main droite; que la langue tirée hors la bouche était portée vers la commissure droite, et que, dans la buccination, la joue droite était plus bombée que la gauche.

» On magnétisa alors Paul, qui ne tarda pas à entrer en somnambulisme. Il récapitula ce qui était relatif à son traitement, et prescrivit que, dans le jour même, on lui appliquât un sinapisme à chaque jambe pendant une heure et demie ; que le lendemain on lui fît prendre un bain de Baréges, et qu'en sortant du bain on lui mît des sinapismes pendant douze heures sans interruption, tantôt à une place tantôt à une autre ; que le surlendemain, après avoir pris un second bain de Baréges, on lui tirât une palette et demie de sang du bas droit. Enfin il ajouta qu'en suivant ce traitement, le 28, c'est-à-dire trois jours après, il marcherait sans béquilles en sortant de la séance, où il dit qu'il faudrait encore le magnétiser.

» On suivit le traitement qu'il avait indiqué ; et au jour dit, le 28 septembre, la commission vint à l'hôpital de la Charité. Paul se rendit appuyé sur ses béquilles à la salle des conférences, où il fut magnétisé comme de coutume et mis en somnambulisme. Dans cet état, il assura qu'il retournerait à son lit sans béquilles, sans soutien. A son réveil, il demanda ses béquilles ; on lui répondit qu'il n'en avait plus besoin. En effet il se leva, se soutint sur sa jambe paralysée, traversa la foule qui le suivait, descendit la marche de la chambre d'expériences, traversa la deuxième cour de la Charité, monta deux marches, et arrivé au bas de l'escalier il s'assit. Après s'être reposé deux minutes il monta, à l'aide d'un bras et de la rampe, les vingt-quatre marches de l'escalier qui conduit à la salle où il couchait ; il alla à son lit sans appui, s'assit encore un moment, et fit ensuite une nouvelle promenade dans la salle, au grand étonnement de tous les malades qui jusqu'alors l'avaient vu cloué dans son lit. A dater de ce jour, Paul ne reprit plus ses béquilles.

» La commission se réunit encore le 11 octobre suivant à l'hôpital de la Charité. On le magnétisa, et il annonça qu'il serait complétement guéri à la fin de l'année, si on lui établissait un séton deux pouces au-dessous de la région du cœur. Dans cette séance, on le pinça à plusieurs reprises, on lui enfonça une épingle à une ligne de profondeur dans le sourcil et dans le poignet, sans qu'il donnât aucun signe de sensibilité.

» Le 16 octobre, M. Fouquier reçut du conseil-général des hospices une lettre qui l'invitait à suspendre les expériences magnétiques qu'il avait commencées à l'hôpital de la Charité. On fut donc obligé de cesser l'usage du magnétisme, dont le malade ne pouvait, disait-il, assez louer l'efficacité. Alors M. Foissac le fit sortir de l'hôpital, et le plaça rue des Petits-Augustins, n° 18, dans une chambre particulière, où il continua son traitement.

» Le 29 du même mois, la commission se rendit chez le malade, pour examiner le progrès de sa guérison ; mais avant de le magnétiser, elle constata que la marche avait lieu sans béquilles, et qu'elle paraissait plus assurée que dans la séance précédente ; ensuite on lui fit essayer ses forces au dynamomètre. Pressé par la main droite, l'aiguille marquait 50 kilogrammes et de la main gauche 12. Les deux mains réunies les firent monter à 31. On le magnétisa ; en quatre minutes le somnambulisme se déclara, et Paul assura qu'il serait totalement guéri le 1er janvier. On essaie ses forces : la main droite fait monter l'aiguille du dynamomètre à 29 kilogrammes (un de moins qu'avant le sommeil), la main gauche (la paralysée) à 26 (14 de plus qu'avant le sommeil), et les deux mains réunies à 45 (14 de plus qu'avant).

» Toujours dans le somnambulisme, il se lève pour marcher, et franchit vivement l'espace ; il saute à cloche-pieds sur le pied gauche ; il se met à genou sur le genou droit ; il se lève en se soutenant par la main gauche sur un assistant et en faisant porter sur le genou gauche tout le poids de son corps. Il prend et soulève M. Thillaye, le fait tourner sur lui-même, et se rasseoit l'ayant sur ses genoux. Il tire de toute sa force le dynamomètre et fait monter l'échelle de traction à 16 myriagrammes. Sur l'invitation qu'on lui fait de descendre l'escalier, il quitte brusquement son fauteuil, prend le bras de M. Foissac, qu'il laisse à la porte, descend et remonte les marches deux à deux, trois à trois, avec une rapidité convulsive, qu'il modère cependant quand on lui dit de les franchir une à une. Aussitôt qu'il est réveillé, il perd cette augmentation étonnante de ses forces ; alors en effet, le dynamomètre ne marque plus que 3 myriagrammes 3/4, c'est-à-dire 12, 1/4 moins qu'avant le réveil. Sa démarche est lente, mais assurée ; il ne peut soutenir le poids de son corps sur sa jambe gauche

(la paralysée) , et il essaie inutilement de soulever M. Foissac.

» Nous devons noter, messieurs, que, peu de jours avant cette dernière expérience, ce malade avait perdu deux livres et demie de sang, qu'il avait encore deux vésicatoires aux jambes, un séton à la nuque, un autre à la poitrine ; vous reconnaîtrez par conséquent avec nous quelle prodigieuse augmentation de forces le magnétisme avait développée dans les organes malades, celle des organes sains restant la même, puisque pendant tout le temps qu'a duré le somnambulisme, la force totale du corps avait été plus que quadruplée.

» Paul renonça par la suite à tout traitement médical. Il voulut seulement qu'on se bornât à le magnétiser ; et vers la fin de l'année, comme il témoignait le désir d'être mis et maintenu pendant huit jours en somnambulisme pour que sa guérison fût complétée le 1er janvier, il fut magnétisé le 25 décembre, et à dater de ce jour il resta en somnambulisme jusqu'au 1er janvier.

» Pendant ce temps, il fut, à des intervalles inégaux, réveillé environ douze heures, et dans ces courts moments de réveil on lui laissait croire qu'il n'était endormi que depuis quelques heures. Pendant tout son sommeil, ses fonctions digestives se firent avec un surcroît d'activité.

» Il était endormi depuis trois jours lorsque, accompagné de M. Foissac, il partit à pied le 28 décembre de la rue de Mondovi et alla trouver M. Fouquier, à l'hôpital de la Charité où il arriva à neuf heures ; il y reconnut les malades auprès desquels il était couché avant sa sortie, les élèves qui faisaient le service dans la salle, et il lut les yeux fermés, un doigt étant appliqué sur chaque paupière, quelques mots que lui présenta M. Fouquier.

» Tout ce dont nous étions les témoins nous parut si étonnant, que la commission, voulant suivre jusqu'à la fin l'histoire de ce somnambule, se réunit le 1er janvier chez M. Foissac, où elle trouva Paul endormi depuis le 25 décembre. Il avait supprimé, quinze jours auparavant, les sétons de la nuque et de la poitrine, et s'était fait établir au bras gauche un cautère qu'il devait conserver toute sa vie. Il déclarait du reste qu'il était guéri; qu'en ne commettant aucune imprudence, il arriverait à un âge avancé, et qu'il succomberait à une attaque d'apoplexie. Éveillé, il sort de chez M. Foissac, il marche, et court dans la rue d'un pas ferme et assuré. A son retour, il porte avec la plus grande facilité une personne présente qu'il n'avait pu soulever qu'avec peine pendant son sommeil.

» Le 12 janvier la commission se rassembla de nouveau chez M. Foissac, où se trouvaient M. Em. de Las Cases, député; M. le comte de Rumigny, premier aide de camp du roi, et M. Ségalas, membre de l'Académie. M. Foissac nous annonça qu'il allait endormir Paul; que dans cet état de somnambulisme on lui appliquerait un doigt sur chaque œil fermé, et que, malgré cette occlusion complète des paupières, il distinguerait la couleur des cartes, qu'il lirait le titre d'un ouvrage et quelques mots ou lignes indiqués au hasard dans le corps même de l'ouvrage. Au bout de deux minutes de gestes magnétiques Paul est endormi. Les paupières étant tenues fermées constamment et alternativement par MM. Fouquier, Itard, Marc et le rapporteur, on lui présente un jeu de cartes neuves, dont on brise la bande portant le timbre de la régie; on les mêle, et Paul reconnaît facilement et successivement le roi de pique, as de trèfle, dame de pique, neuf de trèfle, sept de carreau, dame de carreau et huit de carreau.

» On lui présente, ayant les paupières tenues fermées par M. Ségalas, un volume dont le rapporteur s'était muni. Il lit sur le titre : *Histoire de France.* Il ne peut lire les deux lignes intermédiaires, et lit sur la cinquième le nom seul *Anquetil*, qui y est précédé de la préposition *par*. On ouvre le livre à la page 89, et il lit à la première ligne : *Le nombre de ses....;* il passe le mot *troupes*, et continue : *Au moment où on le croyait le plus occupé des plaisirs du carnaval....* Il lit également le titre courant *Louis*, mais ne peut lire le chiffre romain qui le suit. On lui présente un papier sur lequel on a écrit les mots *agglutination* et *magnétisme animal*, il épèle le premier et prononce les deux autres. Enfin on lui présente le procès-verbal de cette séance ; il en lit assez distinctement la date et quelques mots plus lisiblement écrits que d'autres. Dans toutes ces expériences les doigts ont été appliqués sur la totalité de la commissure de chaque œil, en pressant de haut en bas la paupière supérieure sur l'inférieure, et nous avons remarqué que le globe de l'œil avait été dans un mouvement constant de rotation et paraissait se diriger vers l'objet soumis à la vision.

» Le 2 février, Paul fut mis en somnambulisme chez MM. Scribe et Brémard, négociants, rue Saint-Honoré, n° 296. Le rapporteur de la commission était le seul membre présent à l'expérience. On ferma les paupières comme à la précédente, et Paul lut, dans l'ouvrage intitulé *les Mille et une nuits*, le titre, le mot *préface* et la première ligne de cette préface moins le mot *peu*. On lui présenta aussi un livre intitulé : *Lettres de deux amies*, par madame Campan. Il distingua sur une estampe la figure de Napoléon ; il en montra les bottes, et dit qu'il y voyait deux femmes ; ensuite il lut couramment les 4 premières lignes de la page 3, à l'exception du mot *raviver* ; enfin il reconnut, sans les toucher, quatre cartes qu'on lui présenta successivement deux à deux : c'étaient le roi de pique et le huit de cœur, la dame et le roi de trèfle.

» Dans une autre séance, qui eut lieu le 13 mars suivant, Paul essaya inutilement de distinguer différentes cartes qu'on lui appliqua sur l'épigastre ; mais il lut encore, les yeux fermés, dans un livre ouvert au hasard, et cette fois ce fut M. Jules Cloquet qui lui boucha les paupières. Le rapporteur écrivit aussi sur un morceau de papier deux noms propres : *Maximilien Robespierre*, qu'il lut également bien.

» Les conclusions à tirer de cette longue et curieuse observation sont faciles ; elles découlent naturellement de la simple exposition des faits que nous avons rapportés, et nous les établissons de la manière suivante : 1° un malade qu'une médecine rationelle, faite par un des praticiens les plus distingués de la capitale, n'a pu guérir de la paralysie, trouve sa guérison dans l'emploi du magnétisme et dans l'exactitude avec laquelle on suit le traitement qu'il se prescrit lui-même quand il est en somnambulisme ; 2° dans cet état, ses forces sont notablement augmentées ; 5° il nous donne la preuve la plus irrécusable qu'il lit ayant les yeux fermés ; 4° enfin il prévoit l'époque de sa guérison, et cette guérison arrive.

» L'observation suivante nous montrera cette prévision encore plus développée chez un homme du peuple tout-à-fait ignorant, et qui à coup sûr n'avait jamais entendu parler du magnétisme.

» Pierre Cazot, âgé de vingt ans, ouvrier chapelier, né d'une mère épileptique, était sujet depuis dix ans à des attaques d'épilepsie qui se renouvelaient cinq à six fois par semaine, lorsqu'il entra à l'hôpital de la Charité, dans les premiers jours du mois d'août 1827. Il fut de suite magnétisé par M. Foissac ; il s'endormit à la troisième séance, et devint somnambule à la dixième, qui eut lieu le 19 août. Ce fut alors, à neuf heures du matin, qu'il annonça que le jour même, à quatre heures après midi, il aurait une attaque d'épilepsie ; mais qu'on pouvait la prévenir si on le magnétisait un peu auparavant. On préféra vérifier l'exactitude de sa prévision, et aucune précaution ne fut prise pour s'y opposer ; on se contenta de l'observer sans qu'il s'en doutât. A une heure, il fut saisi d'une violente céphalalgie ; à trois heures, il fut forcé de se mettre au lit ; et à quatre heures précises l'accès éclata ; sa durée fut de cinq minutes. Le surlendemain, Cazot étant en somnambulisme, M. Fouquier lui enfonça à l'improviste une épingle d'un pouce de long entre l'index et le pouce de la main droite ; il lui perça avec la même épingle le lobe de l'oreille ; on lui écarta les paupières, et on frappa plusieurs fois la conjonctive avec la tête d'une épingle sans qu'il donnât le moindre signe de sensibilité.

» La commission se rendit à l'hôpital de la Charité le

24 août, à neuf heures du matin, pour suivre les expériences que M. Fouquier, l'un de ses membres, avait le projet de continuer sur ce malade.

» Dans cette séance, M. Foissac se plaça en face, et à six pieds de distance de Cazot ; il le fixa, ne fit aucun geste avec les mains, garda le silence le plus absolu, et Cazot s'endormit en huit minutes. Trois fois on lui plaça sous le nez un flacon d'ammoniaque : sa figure se colora, la respiration s'accéléra, mais il ne se réveilla point. M. Fouquier lui enfonça dans l'avant-bras une épingle d'un pouce. On lui en enfonça une autre à une profondeur de deux lignes obliquement sous le sternum ; une troisième obliquement aussi à l'épigastre, une quatrième perpendiculairement dans la plante du pied. M. Guersent le pinça à l'avant-bras, de manière à y laisser une ecchymose ; M. Itard s'appuya sur sa cuisse de tout le poids de son corps.

» On chercha à provoquer le chatouillement en promenant sous le nez, sur les lèvres, sur les sourcils, les cils, le col et la plante du pied un petit morceau de papier ; rien ne put le réveiller. Nous le pressâmes de questions... « Combien aurez-vous encore d'accès ? — Pendant un an. — Savez-vous s'ils seront rapprochés les uns des autres ? — Non. — En aurez-vous un ce mois-ci ? — J'en aurai un lundi 27, à trois heures moins vingt minutes. — Sera-t-il fort ? — Il ne le sera pas la moitié de celui qui m'a pris dernièrement.—Quel autre jour aurez-vous un nouvel accès ? » Après un mouvement d'impatience, il répond : « D'aujourd'hui en quinze, c'est-à-dire le 7 septembre. — A quelle heure ? — A six heures moins dix minutes du matin. »

» La maladie d'un des enfants de Cazot le força de sortir ce jour-là même, 24 août, de la Charité. Mais on convint de l'y faire revenir le lundi 27 au matin pour observer l'accès qu'il avait annoncé devoir arriver le même jour, à trois heures moins vingt minutes.

» Le concierge ayant refusé de le recevoir lorsqu'il se présenta, Cazot se rendit chez M. Foissac pour se plaindre de ce refus. Ce dernier préféra, nous a-t-il dit, dissiper cet accès par le magnétisme que d'en être seul témoin ; nous n'avons pu par conséquent constater l'exactitude de cette prévision. Mais il nous restait encore à observer l'accès annoncé pour le 7 septembre. M. Fouquier ayant fait entrer Cazot le 6 à l'hôpital, sous prétexte de lui donner des soins qu'il ne pouvait recevoir hors de l'établissement, le fit magnétiser dans le courant de cette journée du 6 par M. Foissac, qui l'endormit par le seul acte de sa volonté et là fixité de son regard. Dans ce sommeil Cazot répéta que le lendemain il aurait une attaque à six heures moins dix minutes, et qu'on pourrait le prévenir s'il était magnétisé un peu auparavant. A un signal convenu et donné par M. Fouquier, M. Foissac, dont Cazot ignorait la présence, le réveilla comme il l'avait endormi, par l'acte de sa volonté, malgré les questions qu'on adressait à ce somnambule, et qui n'avaient d'autre but que de lui cacher le moment où il devait être réveillé.

» Pour être témoin du second accès, la commission se réunit le 7 septembre, à six heures moins un quart du matin, dans la salle Saint-Michel à la Charité. Là, elle apprit que la veille, à huit heures du soir, Cazot avait été saisi d'une douleur de tête qui l'avait tourmenté toute la nuit ; que cette douleur lui avait procuré la sensation d'un carillon, et qu'il avait eu des élancements dans les oreilles. A six heures moins dix minutes, nous fûmes témoins de l'accès épileptique, caractérisé par la roideur et la contraction des membres, la projection répétée et saccadée de la tête en arrière, la clôture convulsive des paupières, la rétraction du globe de l'œil vers le haut de l'orbite, les soupirs, les cris, l'insensibilité du pincement, le serrement de la langue entre les dents. Tout cet appareil de symptômes a duré cinq minutes, pendant lesquelles il y a eu deux rémissions de quelques secondes chacune, et ensuite un brisement douloureux des membres et une lassitude générale.

» Le 10 septembre à dix heures du soir, la commission se réunit chez M. Itard pour continuer ses expériences sur Cazot ; ce dernier était dans le cabinet où la conversation s'était engagée avec lui jusqu'à sept heures et demie, moment auquel M. Foissac, arrivé depuis lui, et resté dans l'antichambre, séparé du cabinet par deux portes fermées et à une distance de douze pieds, commença à le magnétiser. Trois minutes après, Cazot dit : *Je crois que M. Foissac est là, car je me sens abasourdi.* Au bout de huit minutes, il était complétement endormi. On le questionne, et il assure de nouveau que de ce jour en trois semaines, le 1er octobre, il aura un accès épileptique à midi moins deux minutes.

» Il s'agissait d'observer avec autant de soin que nous l'avions fait le 7 septembre, l'accès épileptique qui avait été prédit pour le 1er octobre. A cet effet la commission se rendit ce même jour, à onze heures et demie, chez M. Georges, fabricant de chapeaux, rue des Ménétriers, n° 17, où Cazot demeurait et travaillait. Nous apprîmes de M. Georges que c'était un ouvrier très rangé, d'une excellente conduite, et incapable, soit par la simplicité de son esprit, soit par sa moralité, de se prêter à une supercherie quelconque ; qu'il n'avait pas eu d'accès d'épilepsie depuis celui dont la commission avait été témoin à l'hôpital de la Charité ; que, ne se sentant pas bien portant, il était resté dans sa chambre et qu'il ne travaillait pas ; qu'il y avait dans ce moment auprès de lui un homme intelligent sur la véracité et la discrétion duquel on pouvait compter ; que cet homme ne lui avait point dit qu'il avait prédit une attaque pour aujourd'hui ; qu'il paraissait prouvé que depuis le 7 septembre M. Foissac avait eu des relations avec Cazot, mais sans qu'on pût en inférer qu'il lui eût rappelé sa prédiction, et qu'au contraire M. Foissac attachait une très grande importance à ce que personne ne parlât au malade de ce qu'il avait annoncé, etc. M. Georges monte à midi moins cinq minutes dans une pièce située au-dessous de celle où habite Cazot, et une minute après il vient nous prévenir que l'accès a lieu. Nous montons tous à la hâte, MM. Guersent, Thillaye, Marc, Guéneau de Mussy, Itard et le rapporteur, au sixième étage, où, la montre, étant arrivés, marquait midi moins une minute au temps vrai. Réunis autour du lit de Cazot, nous avons trouvé l'accès épileptique caractérisé par les symptômes suivants : roideur tétanique du tronc et des membres, renversement de la tête et parfois du tronc en arrière, rétraction convulsive par en haut du globe de l'œil, dont on ne voit que le blanc ; injection très prononcée de la face et du cou, contraction des mâchoires, convulsions fibrillaires partielles des muscles de l'avant-bras et du bras droit ; bientôt après, épisthotonos tellement prononcé, que le tronc était soulevé en arc de cercle, et que le corps n'avait d'autre appui que la tête et les pieds, lesquels mouvements se sont terminés par une brusque détente. Peu de moments après cette attaque, c'est-à-dire après une minute de relâche, un nouvel accès semblable au précédent s'est déclaré ; il y a eu des sons inarticulés ; la respiration était haletante, par secousses, le larynx s'abaissant et s'élevant rapidement, et le pouls battant de cent trente-deux à cent soixante fois ; il n'y a pas eu d'écume à la bouche, ni de contraction du pouce vers la face palmaire. Au bout de six minutes l'accès s'est terminé par des soupirs, l'affaissement des membres et l'ouverture des paupières.

» Le malade a fixé les assistants d'un air étonné, et il s'est plaint d'être courbaturé, surtout dans le bras droit.

» Quoique la commission ne pût douter de l'action bien réelle que le magnétisme produisait sur Cazot, même à son insu et à une certaine distance, elle voulut encore en acquérir une preuve nouvelle ; et comme il avait été prouvé dans la dernière séance que M. Foissac avait eu avec lui des relations, dans lesquelles il aurait pu lui dire qu'il avait annoncé une attaque qui devait arriver le 1er octobre, la commission voulut aussi, en provoquant de nouvelles expériences sur Cazot, induire M. Foissac en erreur sur le jour où son épileptique aurait l'attaque, qu'il aurait annoncée d'avance. Par ce moyen nous nous mettions à l'abri de toute espèce de connivence, à moins qu'on ne suppose qu'un homme, que nous avons toujours vu probe et loyal, voulût s'entendre avec un homme sans éducation, sans intelligence, pour nous tromper. Nous avouons que nous n'avons fait ni à l'un ni à l'autre cette injure, et nous rendons la même justice à MM. Dupotet et Chapelain, dont nous avons eu plusieurs fois occasion de vous parler.

» La commission se réunit donc dans le cabinet de M. Bourdois, le 6 octobre à midi, heure à laquelle Cazot y arriva avec son enfant. M. Foissac avait été invité à s'y rendre à midi et demi ; il fut exact à l'heure dite, et resta dans le salon, à l'insu de Cazot, sans aucune communication avec nous. On alla cependant lui dire par une porte dérobée que Cazot était assis sur un canapé, éloigné de dix pieds d'une porte fermée, et que la commission désirait qu'il l'endormît et l'éveillât à cette distance, lui restant dans le salon, et Cazot dans le cabinet.

» A midi trente-sept minutes, pendant que Cazot est occupé de la conversation à laquelle nous nous livrons, ou qu'il examine les tableaux qui ornent le cabinet, M. Foissac, placé dans la pièce voisine, commence à le magnétiser ; nous remarquons qu'au bout de quatre minutes, Cazot clignotte légèrement des yeux, qu'il a un air inquiet, et qu'enfin il s'endort en neuf minutes. M. Guersent, qui lui avait donné des soins à l'hôpital des Enfants, pour ses attaques d'épilepsie, lui demande s'il le reconnaît : réponse affirmative. M. Itard lui demande quand il aurait un accès. Il répond que ce sera d'aujourd'hui en quatre semaines (le 3 novembre), à quatre heures cinq minutes du soir. On lui demanda ensuite quand il en aura un autre. Il répond, après s'être recueilli et avoir hésité, que ce sera cinq semaines après celui qu'il vient d'indiquer, le 9 décembre à neuf heures et demie du matin.

» Le procès-verbal de cette séance ayant été lu en présence de M. Foissac, pour qu'il le signât avec nous, nous avions voulu, comme il a été dit ci-dessus, l'induire en erreur ; et en le lui lisant avant de le faire signer aux membres de la commission, le rapporteur lut que le premier accès de Cazot aurait lieu le dimanche 4 novembre, tandis que le malade avait fixé samedi 3. Il le trompa également sur le second, et M. Foissac prit note de ces fausses indications comme si elles étaient exactes ; mais ayant quelques jours après mis Cazot en somnambulisme ainsi qu'il avait coutume de le faire pour dissiper ses maux de tête, il apprit de lui que c'était le 3 et non le 4 qu'il devait avoir son accès, et il en avertit M. Itard le 1er novembre, croyant qu'il y avait eu erreur dans le procès-verbal, dont cependant M. Itard soutint la prétendue véracité.

» La commission prit de nouveau toutes les précautions convenables pour observer l'accès du 3 novembre ; elle se rendit à quatre heures du soir chez M. Georges ; elle apprit de lui, de sa femme et d'un de ses ouvriers, que Cazot avait travaillé comme de coutume, toute la matinée, jusqu'à deux heures, et qu'en dînant il avait ressenti du mal de tête ; que cependant il était descendu pour reprendre son travail, mais que le mal de tête augmentant, et qu'ayant eu un étourdissement, il était remonté chez lui, et s'était couché et endormi. Alors MM. Bourdois, Fouquier et le rapporteur montèrent, précédés de M. Georges, vers la chambre de Cazot ; M. Georges y entra seul et le trouva profondément endormi, ce qu'il nous fit remarquer par la porte qui était entr'ouverte sur l'escalier. M. Georges lui parla haut, le remua, le secoua par le bras sans pouvoir le réveiller. Cazot fut saisi des principaux symptômes qui caractérisent un accès d'épilepsie, et semblable en tout à ce que nous avions observé sur lui précédemment.

» Le second accès annoncé dans la séance du 6 octobre pour le 9 décembre, c'est-à-dire deux mois auparavant, eut lieu à neuf heures et demie, un quart d'heure plus tard qu'il n'avait été prédit, et fut caractérisé par les mêmes phénomènes précurseurs, et par les mêmes symptômes que ceux des 7 septembre, 1er octobre et 3 novembre.

» Enfin, le 11 février 1828, Cazot fixa l'époque d'un nouvel accès au 22 avril suivant, à midi cinq minutes ; et cette annonce se vérifia comme les précédentes, à cinq minutes près, c'est-à-dire à midi dix minutes. Cet accès, remarquable par sa violence, par l'espèce de fureur avec laquelle Cazot se mordit la main et l'avant-bras, par les secousses brusques et répétées qui le soulevaient, durait depuis trente-cinq minutes, lorsque M. Foissac qui était présent le magnétisa. Bientôt l'état convulsif cessa pour faire place à l'état de somnambulisme magnétique pendant lequel Cazot se leva, se mit sur une chaise, et dit qu'il était très fatigué ; qu'il aurait encore deux accès : l'un de demain en neuf semaines à six heures trois minutes (25 juin). Il ne veut pas penser au deuxième accès, parce qu'il faut songer à ce qui arrivera auparavant (à ce moment, il renvoie sa femme qui était présente), et il ajoute qu'environ trois semaines après l'accès du 25 juin, il deviendra fou ; que sa folie durera trois jours pendant lesquels il sera si méchant qu'il se battra avec tout le monde ; qu'il maltraitera même sa femme et son enfant ; qu'on ne devra pas le laisser avec eux, et qu'il ne sait pas s'il ne tuerait pas une personne qu'il ne désigne pas. Il faudra alors le saigner de suite des deux pieds ; *enfin*, dit-il, *je serai guéri pour le mois d'août ; et une fois guéri, la maladie ne me reprendra plus, quelles que soient les circonstances qui arrivent.*

» C'est le 22 avril que toutes ces prévisions nous sont annoncées ; et deux jours après, le 24, Cazot, voulant arrêter un cheval fougueux qui avait pris le mors aux dents, fut précipité contré la roue d'un cabriolet qui lui fracassa l'arcade orbitaire gauche et le meurtrit horriblement. Transporté à l'hôpital Beaujon, il mourut le 15 mai. On trouva à l'ouverture du crâne une méningite récente, des collections purulentes sous les téguments du crâne, et à l'extrémité du plexus choroïde une substance jaunâtre intérieurement, blanche à l'extérieur, et renfermant de petites hydatides.

» Nous voyons dans cette observation un jeune homme sujet depuis dix ans à des attaques d'épilepsie pour lesquelles il a été successivement traité à l'hôpital des Enfants, à Saint-Louis, et exempté du service militaire ; le magnétisme agit sur lui quoiqu'il ignore complétement ce qu'on lui fait : il devient somnambule. Les symptômes de sa maladie s'améliorent, les accès diminuent de fréquence ; les maux de tête, son oppression, disparaissent sous l'influence du magnétisme ; il se prescrit un traitement approprié à la nature de son mal, et dont il se promet la guérison. Magnétisé à son insu et de loin, il tombe en somnambulisme, et en est retiré avec la même promptitude que lorsqu'il était magnétisé de près. Enfin, il indique avec une rare précision, un et deux mois d'avance, le jour et l'heure où il doit avoir un accès d'épilepsie ; cependant doué de sa prévision pour des accès aussi éloignés, bien plus pour des accès qui ne doivent jamais avoir lieu, il ne prévoit pas que dans deux jours il sera frappé d'un accident mortel.

»Sans chercher à concilier tout ce qu'une pareille observation peut, au premier coup d'œil, offrir de contradictoire, la commission vous fera remarquer que les prévisions de Cazot ne sont relatives qu'à ses accès ; qu'elles se réduisent à la conscience des modifications organiques qui se préparent et arrivent en lui, comme le résultat nécessaire des fonctions intérieures ; que ces prévisions, quoique plus étendues, sont tout-à-fait semblables à celles de certains épileptiques qui reconnaissent à divers symptômes précurseurs, comme la céphalalgie, les vertiges, la morosité, l'*aura epileptica*, qu'ils auront bientôt un accès. Serait-il étonnant que les somnambules, dont, comme vous l'avez vu, les sensations sont extrêmement vives, pussent prévoir leurs accès long-temps d'avance, d'après quelques symptômes ou impressions intérieures qui échappent à l'homme éveillé? C'est de cette manière, messieurs, que l'on pourrait entendre la prévision attestée par Arétée dans deux endroits de ses immortels ouvrages, par Sauvage, qui en rapporte un exemple, et par Cabanis. Ajoutons que la prévision de Cazot n'est pas rigoureuse, absolue ; qu'elle est conditionnelle, puisqu'en prédisant un accès, il annonce qu'il n'aura pas lieu si on le magnétise, et qu'effectivement il n'a pas lieu ; elle est tout organique, tout intérieure. Ainsi, nous concevons pourquoi il n'a pas prévu un événement tout extérieur ; savoir que le hasard lui ferait rencontrer un cheval fougueux, qu'il aurait l'imprudence de vouloir l'arrêter, et qu'il recevrait une blessure mortelle. Il a donc pu prévoir un accès qui n'a dû jamais arriver. C'est l'aiguille d'une montre qui, dans un temps donné, doit parcourir une certaine portion du cercle d'un cadran, et qui ne la décrit pas, parce que la montre vient à être brisée.

» Nous venons de vous offrir dans les deux observations précédentes deux exemples très remarquables de l'*intuition*, de cette faculté développée pendant le somnambulisme, et en vertu de laquelle deux individus magnétisés voyaient la maladie dont ils étaient atteints, indiquaient le traitement par lequel on devait la combattre, en annonçaient le terme, ou prévoyaient les attaques. Le fait dont nous allons vous présenter l'analyse nous a offert un nouveau genre d'intérêt. Ici le magnétisé plongé dans le somnambulisme juge la maladie des personnes avec lesquelles il se met en rapport ; il en détermine la nature et en indique le remède.

» Mademoiselle Céline a été mise en somnambulisme en présence de la commission, les 18 et 21 avril, 17 juin, 9 août, 23 décembre 1826, 13 et 17 janvier et 21 février 1827. En passant de l'état de veille à celui de somnambulisme, elle éprouve un refroidissement de plusieurs degrés appréciable au thermomètre ; sa langue devient sèche et rugueuse de souple et humide qu'elle était auparavant ; son haleine douce jusqu'alors, est fétide et repoussante.

» La sensibilité est presque abolie pendant la durée de son sommeil, car elle fait six inspirations, ayant sous les narines un flacon rempli d'acide hydrochlorique, et elle n'en témoigne aucune émotion. M. Marc la pince au poignet ; une aiguille à acupuncture est enfoncée de trois lignes dans la cuisse gauche, une autre de deux lignes dans le poignet droit. On réunit ces deux aiguilles par un conducteur galvanique : des mouvements convulsifs très marqués se développent dans la main, et mademoiselle Céline paraît étrangère à tout ce qu'on lui fait. Elle entend les personnes qui lui parlent de près et en la touchant, et elle n'entend pas le bruit de deux assiettes que l'on brise à l'improviste à côté d'elle.

» C'est lorsqu'elle est plongée dans cet état de somnambulisme, que la commission a reconnu trois fois chez elle la faculté de découvrir les maladies des personnes qu'elle touche, et d'indiquer les remèdes qu'il convient de leur opposer.

» La commission trouva parmi les membres quelqu'un qui voulut bien se soumettre à l'exploration de cette somnambule ; ce fut M. Marc. Mademoiselle Céline fut priée d'examiner avec attention l'état de la santé de notre collègue. Elle appliqua la main sur la région du cœur et sur la tête, et au bout de trois minutes elle dit que le sang se portait à la tête ; qu'actuellement M. Marc avait mal dans le côté gauche de cette cavité ; qu'il avait souvent de l'oppression, surtout après avoir mangé ; qu'il devait avoir souvent une petite toux ; que la partie inférieure de la poitrine était gorgée de sang ; que quelque chose gênait le passage des aliments ; que cette partie (et elle désignait la région de l'appendice xyphoïde) était rétrécie ; que, pour guérir M. Marc, il fallait qu'on le saignât largement, que l'on appliquât des cataplasmes de ciguë, et que l'on fît des frictions avec du laudanum sur la partie inférieure de la poitrine ; qu'il bût de la limonade gommée, qu'il mangeât peu et souvent, et qu'il ne se promenât pas immédiatement après le repas.

» Il nous tardait d'apprendre de M. Marc s'il éprouvait tout ce que cette somnambule annonçait ; il nous dit qu'en effet il avait de l'oppression lorsqu'il marchait en sortant de table ; que souvent il avait de la toux, et qu'avant l'expérience il avait mal dans le côté gauche de la tête, mais qu'il ne ressentait aucune gêne dans le passage des aliments.

» Nous avons été frappés de cette analogie entre ce qu'éprouve M. Marc et ce qu'annonce la somnambule ; nous l'avons soigneusement annoté, et nous avons attendu une autre occasion pour constater de nouveau cette singulière faculté. Cette occasion fut offerte au rapporteur, sans qu'il l'eût provoquée, par la mère d'une jeune personne à laquelle il donnait des soins depuis fort peu de temps.

» Mademoiselle de N***, fille de M. le marquis de N***, pair de France, âgée de vingt-trois à vingt-cinq ans, était atteinte depuis deux ans environ d'une hydropisie ascite, accompagnée d'obstructions nombreuses, les unes du volume d'un œuf, d'autres du volume du poing, quelques unes du volume de la tête d'un enfant, et dont les principales avaient leur siége dans le côté gauche du ventre. L'extérieur du ventre était inégal, bosselé, et ces inégalités correspondaient aux obstructions dont la capacité abdominale était le siége. M. Dupuytren avait déjà pratiqué dix ou douze fois la ponction à cette malade, et avait toujours retiré une grande quantité d'albumine claire, limpide, sans odeur, sans aucun mélange. Le soulagement suivait toujours l'emploi de ce moyen.

» Le rapporteur a été présent trois fois à cette opération ; et il fut facile à M. Dupuytren et à lui de s'assurer du volume et de la dureté de ces tumeurs, par conséquent de reconnaître leur impuissance pour la guérison de cette malade. Ils prescrivirent néanmoins différents remèdes, et ils attachèrent quelque importance à ce que mademoiselle de N*** fût mise à l'usage du lait d'une chèvre à laquelle on ferait des frictions mercurielles.

» Le 21 février 1827, le rapporteur alla chercher M. Foissac et mademoiselle Céline, et il les conduisit dans une maison, rue du faubourg du Roule, sans leur indiquer ni le nom, ni la demeure, ni la nature de la maladie de la personne qu'il voulait soumettre à l'examen de la somnambule.

» La malade ne parut dans la chambre où se fit l'expérience que quand M. Foissac eut endormi mademoiselle Céline ; et alors, après avoir mis une de ses mains dans la sienne, elle l'examina pendant huit minutes, non pas, comme le ferait un médecin, en pressant l'abdomen, en le percutant, en le scrutant dans tous les sens, mais seulement en appliquant légèrement la main à plusieurs reprises sur le ventre, la poitrine, le dos et la tête.

» Interrogée pour savoir d'elle ce qu'elle aurait observé chez mademoiselle de N***, elle répondit que tout le ventre était malade ; qu'il y avait un squirrhe et une grande quantité d'eau du côté de la rate ; que les intestins étaient très gonflés ; qu'il y avait des poches où des vers étaient renfermés ; qu'il y avait des grosseurs du volume d'un œuf dans lesquelles étaient contenues des matières puriformes, et que ces grosseurs devaient être douloureuses ; qu'il y avait au bas de l'estomac une glande engorgée, de la grosseur de trois de ses doigts ; que cette glande était dans l'estomac et devait nuire à la digestion ; que la maladie était ancienne, et qu'enfin mademoiselle de N*** devait avoir des maux de tête. Elle conseilla l'usage d'une tisane de bourrache et de chiendent nitrée, de cinq onces de suc de pariétaire pris chaque matin, et de très peu de mercure pris dans du lait ; elle ajouta que le lait d'une chèvre que l'on frotterait d'onguent mercuriel, une demi-heure avant de la traire, conviendrait mieux ; en outre, elle prescrivit des cataplasmes de fleur de sureau constamment appliqués sur le ventre, des frictions sur cette cavité avec de l'huile de laurier, et à défaut, avec le suc de cet arbuste uni à l'huile d'amandes douces ; un lavement de décoction de kina coupée avec une décoction émolliente. La nourriture devait consister en viandes blanches, laitages, farineux, point de citron. Elle permettait très peu de vin, un peu de rhum à la fleur d'orange, ou de la liqueur de menthe poivrée. Ce traitement n'a pas été suivi, et l'eût-il été, il n'aurait pas empêché la malade de succomber. Elle mourut un an après ; l'ouverture du cadavre n'ayant pas été faite, on ne put vérifier dans tous ses détails ce qu'avait dit la somnambule.

» Dans une circonstance délicate, où des médecins fort habiles, dont plusieurs sont membres de l'Académie, avaient prescrit un traitement mercuriel pour un engorgement de glandes cervicales qu'ils attribuaient à un vice vénérien ; la famille de la malade qui était soumise à ce traitement, voyant survenir de graves accidents, voulut avoir l'avis d'une somnambule. Le rapporteur fut appelé pour assister à cette consultation, et il ne négligea pas de profiter de cette nouvelle occasion d'ajouter encore à ce que la commission avait vu.

»Il trouva une jeune femme, madame la comtesse de L. F., ayant tout le côté droit du cou profondément engorgé par une grande quantité de glandes rapprochées les unes des autres. L'une d'elles était ouverte, et donnait issue à une matière purulente jaunâtre.

» Mademoiselle Céline, que **M.** Foissac magnétisa en présence du rapporteur, se mit en rapport avec la malade, et dit que l'estomac avait été attaqué par une substance *comme du poison;* que les intestins étaient légèrement enflammés ; qu'il existait à la partie supérieure droite du cou une maladie scrofuleuse qui avait dû être plus considérable qu'elle ne l'était à présent ; qu'en suivant un traitement qu'elle allait prescrire, il y aurait de l'amélioration dans quinze jours ou trois semaines. Ce traitement consistait en huit sangsues au creux de l'estomac, quelques grains de magnésie, des décoctions de gruau, un purgatif salin toutes les semaines, deux lavements chaque jour, l'un de décoction de kina, et immédiatement après, un autre de racine de guimauve ; des frictions d'éther sur les membres, un bain toutes les semaines ; et pour nourriture, du laitage, des viandes-légères, et l'abstinence du vin.

» On suivit ce traitement pendant quelque temps, et il y eut une amélioration notable. Mais l'impatience de la malade, qui trouvait que le retour vers la santé n'était pas assez rapide, détermina la famille à convoquer une nouvelle réunion de médecins. Il y fut décidé que la malade serait soumise de nouveau à un traitement mercuriel. Le rapporteur cessa alors de la voir, et apprit qu'à la suite de l'administration du mercure elle avait eu, du côté de l'estomac, des accidents très graves, qui la conduisirent au tombeau après deux mois de vives souffrances. Un procès-verbal d'autopsie, signé par MM. Fouquier, Marjolin, Cruveilhier et Foissac, constata qu'il existait un engorgement scrofuleux ou tuberculeux des glandes du cou, deux légères cavernes remplies de pus, résultant de la fonte des tubercules au sommet de chaque poumon ; la membrane muqueuse du grand cul-de-sac de l'estomac était presque entièrement détruite. Ces messieurs constatèrent en outre que rien n'indiquait la présence d'une maladie vénérienne, soit récente, soit ancienne.

» Il résulte de ces observations, 1° que dans l'état de somnambulisme mademoiselle Céline a indiqué les maladies de trois personnes avec lesquelles on l'a mise en rapport ; 2° que la déclaration de l'une, l'examen que l'on a fait de l'autre, après trois ponctions et l'autopsie de la troisième, se sont trouvés d'accord avec ce que cette somnambule avait avancé ; 3° que les divers traitements qu'elle a prescrits ne sortent pas du cercle des remèdes qu'elle pouvait connaître, ni de l'ordre des choses qu'elle pouvait raisonnablement recommander ; et 4° qu'elle les a appliqués avec une sorte de discernement.

» A tous ces faits, que nous avons si péniblement recueillis, que nous avons observés avec tant de défiance et d'attention, que nous avons cherché à classer de la manière qui pût le mieux vous faire suivre le développement des phénomènes dont nous avions été les témoins, que nous nous sommes surtout efforcés de vous présenter dégagés de toutes les circonstances accessoires qui en auraient embarrassé ou embrouillé l'exposition, nous pourrions ajouter ceux que l'histoire ancienne et même l'histoire moderne nous rapportent sur les prévisions qui se sont souvent réalisées, sur les guérisons obtenues par l'imposition des mains, sur les oracles, sur les extases, sur les convulsionnaires, sur les hallucinations, enfin sur tout ce qui, s'éloignant des phénomènes physiques explicables, par l'action d'un corps sur un autre, rentre dans le domaine de la psychologie, et peut être considéré comme un effet dépendant d'une influence morale non appréciable par nos sens. Mais la commission était instituée pour examiner le *somnambulisme*, pour faire des expériences sur ce phénomène, qui n'avait pas été étudié par les commissaires de 1784, et pour vous en rendre compte ; elle serait donc sortie du cercle dans lequel vous l'aviez circonscrite, si, cherchant à appuyer ce qu'elle avait vu sur des autorités qui auraient observé des faits analogues, elle eût grossi son travail de faits qui lui auraient été étrangers.

, Elle a rapporté avec impartialité ce qu'elle avait vu avec défiance ; elle a exposé avec ordre ce qu'elle a observé en diverses circonstances, ce qu'elle a suivi avec une attention autant minutieuse que continue. Elle a la conscience que le travail qu'elle vous présente est l'expression fidèle de tout ce qu'elle a observé. Les obstacles qu'elle a rencontrés vous sont connus; ils sont en partie cause du retard qu'elle a mis à vous présenter son rapport, quoique depuis long-temps les matériaux en fussent entre ses mains. Toutefois, nous sommes loin de nous excuser et de nous plaindre de ce retard, puisqu'il donne à nos observations un caractère de maturité et de réserve qui doit appeler votre confiance sur les faits que nous vous racontons, loin de la prévention et de l'enthousiasme que vous pourriez nous reprocher, si nous les avions recueillis la veille. Nous ajoutons qu'il est loin de notre pensée de croire avoir tout vu; aussi nous n'avons pas la prétention de vous faire admettre comme axiome qu'il n'y a de positif dans le magnétisme que ce que nous mentionnons dans notre rapport. Loin de poser des limites à cette partie de la science physiologique, nous avons au contraire l'espoir qu'un *nouveau champ* lui est ouvert; et garants de nos propres observations, les présentant avec confiance à ceux qui, après nous, voudront s'occuper de magnétisme, nous nous bornons à en tirer les conclusions suivantes, qui sont la conséquence nécessaire des faits dont l'ensemble constitue notre rapport.

Conclusions.

» 1° Le contact des pouces ou des mains, les frictions ou certains gestes que l'on fait à peu de distance du corps, et appelés *passes*, sont les moyens employés pour se mettre en rapport, ou, en d'autres termes, pour transmettre l'action du magnétiseur au magnétisé.

» 2° Les moyens qui sont extérieurs et visibles ne sont pas toujours nécessaires, puisque dans plusieurs occasions, la volonté, la fixité du regard ont suffi pour produire les phénomènes magnétiques, même à l'insu des magnétisés.

» 3° Le magnétisme a agi sur des personnes de sexe et d'âge différents.

» 4° Le temps nécessaire pour transmettre et faire éprouver l'action magnétique a varié depuis une demi-minute jusqu'à une minute.

» 5° Le magnétisme n'agit pas en général sur les personnes bien portantes ; il n'agit pas non plus sur tous les malades.

» 6° Il se déclare quelquefois pendant qu'on magnétise des effets insignifiants et fugaces que nous n'attribuons pas au magnétisme seul, tels qu'un peu d'oppression, de chaleur ou de froid, et quelques autres phénomènes nerveux dont on peut se rendre compte sans l'intervention d'un agent particulier, savoir : par l'espérance ou la crainte, la prévention ou l'attente d'une chose inconnue et nouvelle, l'ennui qui résulte de la monotonie des gestes, le silence et le repos observés dans les expériences, enfin par l'imagination, qui exerce un si grand empire sur certains esprits et sur certaines organisations.

» 7° Un certain nombre des effets observés nous ont paru dépendre du magnétisme seul, et ne se sont pas reproduits sans lui ; ce sont des phénomènes physiologiques et thérapeutiques bien constatés.

» 8° Les effets réels produits par le magnétisme sont très variés : il agite les uns, calme les autres ; le plus ordinairement il cause l'accélération momentanée de la respiration et de la circulation, des mouvements convulsifs fibrillaires passagers ressemblant à des secousses électriques, un engourdissement plus ou moins profond, de l'assoupissement, de la somnolence, et, dans un petit nombre de cas, ce que les magnétiseurs appellent *somnambulisme*.

» 9° L'existence d'un caractère unique propre à faire reconnaître dans tous les cas la réalité de l'état de somnambulisme n'a pas été constatée.

» 10° Cependant on peut conclure avec certitude que cet état existe, quand il donne lieu au développement des facultés nouvelles, qui ont été désignées sous les noms de *clair-*

voyance, d'*intuition*, de *prévision intérieure*, ou qu'il produit de grands changements dans l'état physiologique, comme *l'insensibilité, un accroissement subit et considérable de forces*, et quand cet état ne peut être rapporté à une autre cause.

» 11° Comme parmi les effets attribués au somnambulisme il en est qui peuvent être simulés, le somnambulisme lui-même peut quelquefois être simulé et fournir au charlatanisme des moyens de déception.

» Aussi dans l'observation de ces phénomènes, qui ne se présentent encore que comme des faits isolés qu'on ne peut rattacher à aucune théorie, ce n'est que par l'examen le plus attentif, les précautions les plus sévères, et par des épreuves nombreuses et variées qu'on peut échapper à l'illusion.

» 12° Le sommeil provoqué avec plus ou moins de promptitude et établi à un degré plus ou moins profond, est un effet réel, mais non constant du magnétisme.

» 13° Il nous est démontré qu'il a été provoqué dans des circonstances où les magnétisés n'ont pu voir et ont ignoré les moyens employés pour le déterminer.

» 14° Lorsqu'on a fait tomber une fois une personne dans le sommeil magnétique, on n'a pas toujours besoin de recourir au contact et aux passes pour le magnétiser de nouveau. Le regard du magnétiseur, sa volonté seule, ont sur elle la même influence. Dans ce cas, on peut non seulement agir sur le magnétisé, mais encore le mettre complétement en somnambulisme et l'en faire sortir à son insu, hors de sa vue, à une certaine distance, et au travers des portes fermées.

» 15° Il s'opère ordinairement des changements plus ou moins remarquables dans les perceptions et les facultés des individus qui tombent en somnambulisme par l'effet du magnétisme.

» *A.* Quelques uns, au milieu du bruit de conversations confuses, n'entendent que la voix de leur magnétiseur ; plusieurs répondent d'une manière précise aux questions que celui-ci ou que les personnes avec lesquelles on les a mis en rapport leur adressent ; d'autres entretiennent des conversations avec toutes les personnes qui les entourent ; toutefois, il est rare qu'ils entendent ce qui se passe autour d'eux. La plupart du temps, ils sont complétement étrangers au bruit extérieur et inopiné fait à leur oreille, tel que le retentissement de vases de cuivre vivement frappés près d'eux, la chute d'un meuble, etc.

» *B*. Les yeux sont fermés, les paupières cèdent difficilement aux efforts qu'on fait avec la main pour les ouvrir. Cette opération, qui n'est pas sans douleur, laisse voir le globe de l'œil convulsé, et porté vers le haut et quelquefois vers le bas de l'orbite.

» *C*. Quelquefois l'odorat est comme anéanti. On peut leur faire respirer l'acide muriatique ou l'ammoniaque, sans qu'ils en soient incommodés, sans même qu'ils s'en doutent ; le contraire a lieu dans certains cas et ils sont sensibles aux odeurs.

» *D*. La plupart des somnambules que nous avons vus étaient complétement insensibles ; on a pu leur chatouiller les pieds, les narines et l'angle des yeux par l'approche d'une plume, leur pincer la peau de manière à l'ecchymoser, la piquer sous l'ongle avec des épingles enfoncées à l'improviste à une assez grande profondeur, sans qu'ils aient témoigné de la douleur, sans qu'ils s'en soient aperçus. Enfin, on en a vu une qui a été insensible à une des opérations les plus douloureuses de la chirurgie (1), et dont ni la figure, ni le pouls, ni la respiration n'ont pas dénoté la plus légère émotion.

» 16° Le magnétisme a la même intensité, il est aussi promptement ressenti à une distance de six pieds que de six pouces ; et les phénomènes qu'il développe sont les mêmes dans les deux cas.

---

(1) « Madame Plantin, magnétisée par M. le docteur Chapelain, et opérée par M. Cloquet d'un cancer ulcéré qu'elle portait au sein droit depuis plusieurs années. »

» 17° L'action à distance ne paraît pouvoir s'exercer avec succès que sur des individus qui ont été déjà soumis au magnétisme.

» 18° Nous n'avons pas vu qu'une personne magnétisée pour la première fois tombât en somnambulisme. Ce n'a été quelquefois qu'à la huitième ou dixième séance que le somnambulisme s'est déclaré.

» 19° Nous avons constamment vu le sommeil ordinaire, qui est le repos des organes des sens, des facultés intellectuelles et des mouvements volontaires, précéder et terminer l'état de somnambulisme.

» 20° Pendant qu'ils sont en somnambulisme, les magnétisés que nous avons observés conservent l'exercice des facultés qu'ils ont pendant la veille. Leur mémoire même paraît plus fidèle et plus étendue, puisqu'ils se souviennent de ce qui s'est passé pendant tout le temps et toutes les fois qu'ils ont été en somnambulisme.

» 21° Au réveil, ils disent avoir oublié totalement toutes les circonstances de l'état de somnambulisme, et ne s'en ressouvenir jamais. Nous ne pouvons avoir à cet égard d'autre garantie que leurs déclarations.

» 22° Les forces musculaires des somnambules sont quelquefois engourdies et paralysées, d'autres fois les mouvements ne sont que gênés, et les somnambules marchent ou chancèlent à la manière des hommes ivres, et sans éviter, quelquefois aussi en évitant les obstacles qu'ils rencontrent sur leur passage. Il y a des somnambules qui conservent intact l'exercice de leurs mouvements; on en voit même qui sont plus forts et plus agiles que dans l'état de veille.

» 23° Nous avons vu deux somnambules distinguer, les yeux fermés, les objets que l'on a placés devant eux; ils ont désigné, sans les toucher, la couleur et la valeur des cartes; ils ont lu des mots tracés à la main, ou quelques lignes du livre que l'on a ouvert au hasard. Ce phénomène a eu lieu alors même qu'avec les doigts on fermait exactement l'ouverture des paupières.

» 24° Nous avons rencontré chez deux somnambules la faculté de prévoir des actes de l'organisme plus ou moins éloignés, plus ou moins compliqués.

» L'un d'eux a annoncé plusieurs jours, plusieurs mois d'avance, le jour, l'heure et la minute de l'invasion et du retour d'accès épileptiques, l'autre a indiqué l'époque de sa guérison. Leurs prévisions se sont réalisées avec une ponctualité remarquable. Elles ne nous ont paru s'appliquer qu'à des actes ou des lésions de leur organisme.

» 25° Nous n'avons rencontré qu'une seule somnambule qui ait indiqué les symptômes de la maladie de trois personnes avec lesquelles on l'avait mise en rapport. Nous avions cependant fait des recherches sur un assez grand nombre.

» 26° Pour établir avec quelque justesse les rapports du magnétisme avec la thérapeutique, il faudrait en avoir observé les effets sur un grand nombre d'individus, et avoir fait longtemps et tous les jours des expériences sur les mêmes malades. Cela n'ayant pas eu lieu, la commission a dû se borner à dire ce qu'elle a vu dans un trop petit nombre de cas pour oser rien prononcer.

» 27° Quelques uns des malades magnétisés n'ont ressenti aucun bien ; d'autres ont éprouvé un soulagement plus ou moins marqué, savoir : l'un, la suspension de douleurs habituelles ; l'autre, le retour des forces ; un troisième, un retard de plusieurs mois dans l'apparition des accès épileptiques ; et un quatrième, la guérison complète d'une paralysie grave et ancienne.

» 28° Considéré comme agent de phénomène physiologique ou comme moyen thérapeutique, le magnétisme devrait trouver sa place dans le cadre des connaissances médicales ; et par conséquent, les médecins seuls devraient en faire ou en surveiller l'emploi, ainsi que cela se pratique dans les pays du Nord.

» 29° La commission n'a pu vérifier, parce qu'elle n'en a pas eu l'occasion, d'autres facultés que les magnétiseurs avaient annoncé exister chez les somnambules. Mais elle a recueilli et elle communique des faits assez importants pour qu'elle pense que l'*Académie devrait encourager les recherches sur le magnétisme* comme une branche *très curieuse de psychologie et d'histoire naturelle.*

» Arrivée au terme de ses travaux, avant de clore ce rapport, la commission s'est demandé si, dans les précautions qu'elle a multipliées autour d'elle pour éviter toute surprise; si dans le sentiment de constante défiance avec lequel elle a toujours procédé; si, dans l'examen des phénomènes qu'elle a observés, elle a rempli scrupuleusement son mandat. Quelle autre marche, nous sommes-nous dit, aurions-nous pu suivre? Quels moyens plus certains aurions-nous pu prendre? De quelle défiance plus marquée et plus discrète aurions-nous pu nous pénétrer? Notre conscience, messieurs, nous a répondu hautement que vous ne pouviez rien attendre de nous que nous n'ayons fait. Ensuite, avons-nous été des observateurs probes, exacts, fidèles? C'est à vous qui nous connaissez depuis longues années; c'est à vous qui nous voyez constamment près de vous, soit dans le monde, soit dans nos fréquentes assemblées, de répondre à cette question. Votre réponse, messieurs, nous l'attendons de la vieille amitié de quelques uns d'entre vous et de l'estime de tous.

» Certes, nous n'osons nous flatter de vous faire partager entièrement notre conviction sur la réalité des phénomènes que nous avons observés, et que vous n'avez ni vus, ni suivis, ni étudiés avec et contre nous.

» Nous ne réclamons donc pas de vous une croyance aveugle à tout ce que nous vous avons rapporté. Nous concevons qu'une grande partie de ces faits sont si extraordinaires, que vous ne pouvez pas nous l'accorder: peut-être nous-mêmes oserions-nous vous refuser la nôtre, si, changeant de rôle, vous veniez les annoncer à cette tribune à nous qui, comme vous aujourd'hui, n'aurions rien vu, rien observé, rien étudié, rien suivi.

» Nous demandons seulement que vous nous jugiez comme nous vous jugerions, c'est-à-dire que vous demeuriez bien convaincus, que ni l'amour du merveilleux, ni le désir de la célébrité, ni un intérêt quelconque, ne nous ont guidés dans nos travaux. Nous étions animés par des motifs plus élevés, plus dignes de vous, par l'amour de la science, et par le besoin de justifier les espérances que l'Académie avait conçue de notre zèle et de notre dévouement.

> » *Ont signé :* BOURDOIS DE LAMOTTE, président; FOUQUIER, GUÉNEAU DE MUSSY, GUERSENT, ITARD, J.-J. LEROUX, MARC, THILLAYE, HUSSON, rapporteur. »

CHAPITRE VI.

M. le docteur Berna en présence d'une nouvelle commission académique. — M. Dubois (d'Amiens) et son rapport. — Protestation de M. Berna. — — Opinion de M. Husson. — Réfutation du rapport de M. Dubois (d'Amiens), par M. Berna. — Défi Burdin. — M. le docteur Pigeaire et ses expériences.

L'Académie, qui, malgré les manifestations inconvenantes d'une hostilité non motivée de quelques membres contraires au magnétisme, avait écouté attentivement la lecture de ce savant et judicieux rapport, resta tout ébahie aux récits de faits si surprenants! Mais toujours guidée par le préjugé, l'intérêt et la vanité, elle se livra à des discussions nouvelles qui eurent pour résultat d'empêcher que le travail, si digne d'être publié, du respectable M. Husson, reçût les honneurs de l'impression. On pensa même qu'une lithographie passable serait de luxe en cette occasion, aussi n'accorda-t-on que l'autographie sur copie.

Néanmoins la victoire éclatante remportée sur le scepticisme eût dû certes accréditer le magnétisme à tout jamais; des chaires eussent dû être instituées dans nos facultés en faveur de la plus importante de toutes les sciences; mais trop d'intérêts eussent été froissés; l'Académie enterra dans ses cartons le rapport qui proclamait la vérité, et s'abîma dans une léthargie profonde!

Le magnétisme demeura encore quelque temps sans avoir rien à démêler avec les corps savants; cependant une nouvelle lutte se préparait, et un nouveau champion se présenta dans l'arène. M. le docteur Berna, plein d'un honorable zèle et d'une franchise trop confiante, se proposa comme expérimentateur. Malheureusement pour lui, pour le magnétisme et pour la justice, la commission chargée par l'Académie d'examiner les effets annoncés par le programme qu'il avait fourni, se trouva composée de gens pour la plupart ennemis avoués de notre doctrine. Le commissaire rapporteur surtout, M. Dubois (d'Amiens), que ses antécédents eussent dû porter à se récuser comme juge, montra dans cette affaire une partialité évidente. Le rapport qu'il lut à l'Académie, le 7 août 1837, porte à chaque paragraphe, pour ainsi dire, le sceau de la mauvaise foi la plus insigne, de l'ironie la plus inconvenante, du raisonnement le plus faux !

Pour l'honneur de M. Dubois (d'Amiens), de ses co-examinateurs et de l'Académie elle-même, qui a permis en sa présence la lecture d'absurdités si monstrueuses, je me dispenserai de relater ici le grotesque rapport dont voici les conclusions :

« *Première conclusion.* — Il résulte d'abord de tous les faits et de tous les incidents dont nous avons été témoins, que préalablement aucune preuve spéciale ne nous a été donnée sur l'existence d'un état particulier dit *état de somnambulisme magnétique ;* que c'est uniquement par voie d'*assertion*, et non par voie de *démonstration*, que le magnétiseur a procédé sous ce rapport, en nous *affirmant* à chaque séance, et avant toute tentative d'expérimentation, que ses sujets étaient en état de somnambulisme.

» Le programme à nous délivré par le magnétiseur portait, il est vrai, qu'avant la somnambulisation on s'assurerait que le sujet des expériences jouit de l'intégrité de la sensibilité ; qu'à cet effet on pourrait le piquer, et qu'il serait ensuite *endormi* en présence des commissaires. Mais il résulte des essais tentés par nous dans la séance du 5 mars, et avant toute pratique magnétique, que le sujet des expériences ne paraissait pas plus sentir les piqûres avant le sommeil supposé, que pendant le sommeil ; que sa contenance et ses réponses ont été, à peu de chose près, les mêmes avant et pendant l'opération dite magnétique. Était-ce erreur de sa part ? était-ce impassibilité naturelle ou acquise par l'usage ? était-ce pour jeter intempestivement de l'intérêt sur sa personne ? c'est ce que vos commissaires ne peuvent décider. Il est bien vrai ensuite que chaque fois on nous a dit que les sujets étaient endormis ; mais on nous l'a *dit*, et voilà tout.

» Que si néanmoins les preuves de l'état de somnambulisme devaient résulter ultérieurement des expériences faites sur les sujets présumés dans cet état, la valeur ou la nullité de ces preuves ressortiront des conclusions que nous allons tirer de ces mêmes expériences.

» *Deuxième conclusion.* — D'après les termes du programme, la seconde expérience devait consister dans la constatation de l'insensibilité des sujets. Mais après avoir rappelé les restrictions imposées à vos commissaires : que la face était mise en dehors et soustraite à toute tentative de ce genre ; qu'il en était de même pour toutes les parties naturellement couvertes, de sorte qu'il ne restait que les mains et le cou ;

» Après avoir rappelé que sur ces parties il n'était permis d'exercer ni pincements, ni tiraillements, ni contact d'aucun corps, soit en ignition, soit d'une température un peu élevée, qu'il fallait se borner à enfoncer des pointes d'aiguilles à la profondeur d'une demi-ligne ;

» Qu'enfin la face étant en grande partie couverte d'un bandeau, nous ne pouvions juger de l'expression de la physionomie pendant qu'on cherchait à provoquer la douleur ;

» Après avoir rappelé toutes ces restrictions , nous sommes fondés à déduire de ces faits :

» 1° Qu'on ne pouvait provoquer que des sensations douloureuses très modérées ;

» 2° Qu'on ne pouvait les faire naître que sur des parties habituées peut-être à ce genre d'impression ;

» 3° Que ce genre d'impression était toujours le même , qu'il résultait d'une sorte de tatouage;

» 4° Que la figure, et surtout les yeux où se peignent plus particulièrement les impressions douloureuses , étaient cachés à vos commissaires ;

» 5° Qu'en raison de ces circonstances , une impassibilité , même complète, absolue, n'aurait pu , pour nous , être une preuve *concluante* de l'abolition de la sensibilité chez le sujet en question.

» *Troisième conclusion.* — Le magnétiseur devait prouver aux commissaires que, par la seule intervention de sa volonté, il avait le pouvoir de rendre, soit totalement, soit partiellement, la sensibilité à sa somnambule , ce qu'il appelait restitution de la sensibilité.

» Mais comme il lui était impossible de nous prouver expérimentalement qu'il avait enlevé , qu'il avait isolé la sensibilité chez cette jeune fille, cette expérience étant corrélative de l'autre, il lui a été par cela même impossible de prouver la restitution de cette sensibilité; et d'ailleurs il résulte des faits par nous observés, que toutes les tentatives faites en ce sens ont complétement échoué.

» La somnambule accusait toute autre chose que ce qu'il avait annoncé. Vous le savez , messieurs, nous en étions réduits, pour la vérification , aux *assertions* de la somnambule. Certes , lorsqu'elle affirmait aux commissaires qu'elle ne pouvait avancer la jambe gauche, par exemple, ce n'était pas une preuve pour eux qu'elle fût magnétiquement paralysée de ce membre; mais alors encore son dire n'était pas d'accord avec les prétentions de son magnétiseur, de sorte que de tout cela résultaient des assertions sans preuves, en opposition avec d'autres assertions également sans preuves.

» *Quatrième conclusion.* — Ce que nous venons de dire pour l'abolition et la restitution de la sensibilité, peut s'appliquer en tout point à la prétendue abolition et à la prétendue restitution du *mouvement*. La plus légère preuve n'a pu être administrée à vos commissaires.

» *Cinquième conclusion.* — L'un des paragraphes du programme avait pour titre : *Obéissance à l'ordre naturel de cesser, au milieu d'une conversation, de répondre verbalement ou par signes à une personne désignée.*

» Le magnétiseur a cherché, dans la séance du 13 mai, à prouver à la commission que la puissance tacite de sa volonté allait jusqu'à produire cet effet; mais il résulte des faits qui ont eu lieu dans cette même séance, que, loin de produire ce résultat, sa somnambule paraissait ne plus entendre lorsqu'il ne voulait pas encore l'empêcher d'entendre, et qu'elle paraissait entendre de nouveau, lorsque positivement il ne *voulait plus* qu'elle entendît; de sorte que, d'après les assertions de cette somnambule, la faculté d'entendre ou de ne plus entendre avait été en elle complétement en révolte avec la volonté du magnétiseur.

» Mais, d'après ces faits bien observés, les commissaires n'en tirent pas plus la conclusion d'une révolte que d'une soumission; ils ont vu ici une indépendance naturelle et complète; voilà tout.

» *Sixième conclusion.* — *Transposition du sens de la vue.* Cédant aux sollicitations des commissaires, le magnétiseur, ainsi que nous l'avons vu, avait fini par laisser là ses abolitions et ses restitutions de sensibilité et de mouvement, pour passer aux faits majeurs, c'est-à-dire aux faits de vision sans le secours des yeux.

» Tous les incidents relatifs à ces faits vous ont été exposés; ils ont eu lieu dans la séance du 5 avril 1837.

» Par la puissance de ses manœuvres magnétiques, M. Berna devait montrer aux commissaires une femme déchiffrant des mots, distinguant des cartes à jouer, suivant les aiguilles d'une montre, non pas avec les yeux, mais par l'occiput. Ce qui impliquerait ou la transposition, ou la non-nécessité, ou la superfluité de l'organe de la vue dans l'état magnétique ; les expériences ont été faites ; vous savez comment ; elles ont complétement échoué.

» Tout ce que la somnambule savait, tout ce qu'elle pouvait inférer de ce qu'on venait de se dire près d'elle, tout ce qu'elle pouvait naturellement supposer, elle le dit les yeux bandés ; dès lors nous concluons d'abord qu'elle ne manquait pas d'une certaine adresse. Ainsi le magnétiseur invitait-il à haute voix l'un des commissaires à écrire un mot sur une carte, et à le présenter à l'occiput de cette femme, elle disait qu'elle voyait une carte, et même de l'écriture sur cette carte ; lui demandait-on le nombre des personnes présentes, comme elle les avait vues entrer, elle disait en approximation le nombre de ces personnes ; lui demandait-on si elle voyait l'un des commissaires placés près d'elle, et occupé à écrire avec une plume dont le bec criait sur le papier, elle levait la tête, cherchait à le voir sous son bandeau, et disait que ce monsieur tenait quelque chose de blanc à la main ; lui demandait-on si elle voyait la bouche de ce même monsieur qui, cessant d'écrire, venait de se placer derrière elle, elle disait qu'il avait quelque chose de blanc à la bouche : d'où nous tirons cette conclusion, que ladite somnambule, plus exercée, plus adroite que la première, savait faire des suppositions plus vraisemblables.

» Mais pour ce qui est des faits réellement propres à constater la vision par l'occiput, des faits absolus, décisifs et péremptoires, non seulement ils ont manqué, et complétement manqué, mais ils sont de nature à faire naître d'étranges soupçons sur la moralité de cette femme, comme nous le ferons remarquer tout-à-l'heure.

» *Septième conclusion. — Clairvoyance.* Désespérant de prouver aux commissaires la transposition du sens de la vue, la nullité, la superfluité des yeux dans l'état magnétique, le magnétiseur voulut du moins se réfugier dans le fait de la clairvoyance, ou de la vision à travers des corps opaques.

» Vous connaissez les expériences faites à ce sujet ; les faits emportent ici avec eux leur conclusion capitale, savoir : qu'un homme placé devant une femme dans une certaine posture n'a pas pu lui donner la facilité de distinguer à travers un bandeau les objets qu'on lui présentait. Mais ici une réflexion plus grave a préoccupé vos commissaires. Admettons pour un moment cette hypothèse, d'ailleurs fort commode pour les magnétiseurs, qu'en bien des circonstances les meilleurs somnambules perdent toute lucidité, et que, comme le commun des mortels, ils ne peuvent plus voir par l'occiput, par l'estomac, pas même à travers un bandeau ; admettons tout cela, si l'on veut ; mais que conclure, à l'égard de cette femme, de la description minutieuse d'objets *autres* que ceux qu'on lui présentait ? que conclure d'une somnambule qui décrit un valet de trèfle dans une carte toute blanche ? qui, dans un jeton d'académie, voit une montre d'or, cadran blanc et lettres noires, et qui, si l'on eût insisté, aurait peut-être fini par nous dire l'heure que marquait cette montre ?.....

» Que si maintenant vous nous demandez, messieurs, quelle conclusion dernière et générale nous devons inférer de l'ensemble de toutes les expériences faites sous nos yeux, nous vous dirons que M. Berna s'est fait, sans aucun doute, illusion à lui-même, lorsque, le 21 février de cette année, il a écrit à l'Académie royale de médecine qu'il se faisait fort de nous donner l'expérience personnelle qui nous manquait (ce sont ses expressions) ; lorsqu'il s'offrait de faire voir à vos délégués des faits *concluants* ; lorsqu'il affirmait que ces faits seraient de nature à éclairer la physiologie et la thérapeutique. Ces faits vous sont tous connus ; vous savez, comme nous, qu'ils ne sont rien moins que *concluants* en faveur de la doctrine du magnétisme même, et qu'ils ne peuvent avoir rien de commun, soit avec la physiologie, soit avec la thérapeutique.

» Aurions-nous trouvé autre chose dans des faits plus nombreux, plus variés, et fournis par d'autres magnétiseurs? C'est ce que nous ne chercherons pas à décider ; mais ce qu'il y a de bien avéré, c'est que, s'il existe encore en effet aujourd'hui d'autres magnétiseurs, ils n'ont pas osé se produire au grand jour; ils n'ont pas osé accepter enfin, ou la sanction, ou la réprobation académique.

> *Signé :* MM. Roux, président, Bouillaud, Cloquet, Émery, Pelletier, Caventou, Cornac, Oudet, Dubois (d'Amiens), rapporteur.

» Paris, le   juillet 1837. »

M. le docteur Berna, voyant l'inconvenance avec laquelle il était traité par M. Dubois (d'Amiens), se hâta de protester contre l'artificieux rapport :

Lettre adressée par M. le docteur Berna à M. le président de l'Académie royale de médecine.

« Monsieur le président, je proteste devant l'Académie
» contre le rapport qu'elle a entendu tout récemment sur le
» magnétisme animal. Je reproche à ce rapport de défigurer
» les faits qu'il mentionne ; de taire les plus importants ; de
» dissimuler la conduite de la commission, de représenter
» celle-ci comme imaginant, et moi comme repoussant des
» mesures dont j'avais fait au contraire, et le premier, mes
» conditions essentielles ; j'accuse enfin ce rapport d'être un
» tissu d'artifices et d'insinuations qui ont pour conclusion
» implicite que j'ai voulu tromper l'Académie.
» Je déclare que les expériences dont la commission a été
» témoin ne sont que le commencement de celles que je me
» proposais de faire sous ses yeux ; je déclare sur l'honneur
» que je n'ai renoncé à lui en montrer davantage que parce
» qu'elle a constamment violé l'engagement qu'elle avait pris
» de se conformer à mon programme, et principalement à la

» condition bien débattue, il est vrai, mais aussi bien for-
» mellement acceptée, de rédiger, lire et rectifier les procès-
» verbaux séance tenante.

» La nécessité où je me trouve de faire à l'instant même
» cette protestation ne me permet pas de plus longs déve-
» loppements; mais j'adresserai bientôt à l'Académie une ré-
» futation complète qui sera appuyée sur des pièces irrécu-
» sables, sur les termes mêmes du rapport, sur certains aveux
» qu'il renferme, sur la nature de la conviction que ses com-
» missaires ont apportée à leur mission, et sur l'impuissance
» de tant d'adresse, d'aussi nombreuses infidélités, à édifier
» autre chose qu'un soupçon fugitif.

» J'ai, etc.

» Signé : BERNA ,
» Docteur médecin de la Faculté de Paris. »

L'indignation que souleva dans les cœurs honnêtes l'é-
trange conduite de M. Dubois (d'Amiens) porta le respectable M. Husson à prendre la défense de M. Berna, et
à démolir pièce à pièce le chétif édifice du bilieux rapporteur :

OPINION PRONONCÉE PAR M. HUSSON A L'ACADÉMIE DE MÉDE-
CINE (SÉANCE DU 22 AOUT 1837), SUR LE RAPPORT DE
M. DUBOIS (D'AMIENS), RELATIF AU MAGNÉTISME ANIMAL.

« Messieurs, vous avez pu être étonnés qu'à l'occasion d'expériences faites sur deux somnambules que M. le docteur
Berna vous avait proposé de présenter à l'examen d'une commission nommée par l'Académie, M. Dubois soit venu vous
lire un travail intitulé : Rapport sur le magnétisme. D'après
ce titre général vous vous attendiez sûrement à voir toutes les
questions relatives au magnétisme traitées avec détail ; à savoir
enfin à quoi vous arrêter sur le somnambulisme, sur l'insensibilité, sur le sens intérieur, sur la prévision, sur la vue à
travers les paupières closes ou par d'autres organes que les

yeux, en un mot, sur l'ensemble de tous les faits que l'on raconte du magnétisme. Nous avons tous été trompés dans notre attente, car, au lieu de la solution de ces diverses questions, le travail qu'on vous a présenté se réduit à ce qu'on a appelé l'histoire académique du magnétisme en France, depuis l'année 1784 jusqu'à ce jour ; à l'exposé des expériences faites sur deux individus se disant somnambules, et à des conclusions présentées sous une forme générale, et tirées de ces deux faits particuliers. J'ai dû vous signaler de suite cette première inexactitude, parce qu'elle annonce une prétention que le mandat de la commission ne justifie en aucune manière. Elle était chargée de vous faire un rapport sur les deux somnambules de M. Berna, et non pas un rapport sur le magnétisme. Sa mission était circonscrite, et le titre de ce rapport s'étend à l'infini; il aurait dû être intitulé : *Rapport des expériences magnétiques* faites sur deux somnambules.

» Quoi qu'il en soit, le rapport ne se composant que des trois parties que j'ai indiquées ci-dessus, le champ de la discussion se trouve infiniment rétréci ; j'y entrerais de suite si je n'avais deux observations préjudicielles à soumettre à l'Académie.

» 1° Ce ne sont point les précautions prises pour faire les expériences ni leur résultat que je me propose d'attaquer ; je déclare même d'avance que je crois à tout ce que la commission a fait et vu; mais comme une commission n'est garante que de l'essence et de l'exactitude des faits qu'elle étudie, comme elle est étrangère à leur rédaction qu'elle confie à l'un de ses membres, je l'isole entièrement de la discussion, j'attaque seulement la fidélité, le mode de cette rédaction, j'attaque l'ouvrage du rapporteur.

» 2° Selon M. le rapporteur, l'Académie a sagement agi en appelant dans cette commission des membres connus par leurs opinions opposées, soit pour, soit contre le magnétisme, parce que confiante, dit-il, dans leur bonne foi, elle a pensé qu'ils examineraient les faits sous toutes leurs faces. Je respecte entièrement la décision de l'Académie, mais il est permis de ne pas la juger avec la complaisance du rapporteur.

En effet, quand j'examine la composition de la commission, je vois, sur neuf membres, cinq de nos collègues qui, par leurs écrits ou par la manifestation publique et prononcée de leur conviction, sont entièrement opposés à admettre l'existence du magnétisme. C'est leur foi, c'est leur croyance : je la respecte et surtout je ne déverse sur elle aucun mépris; je ne la poursuis par aucun outrage, comme il arrive trop souvent que l'on en agit envers les personnes qui ne partagent pas notre manière de voir. Auprès d'eux je vois quatre de nos collègues que je crois entièrement indifférents à cette question; deux vous l'ont assuré; vous ne pouvez donc pas infirmer une déclaration aussi positive sans prétendre mieux connaître l'opinion de nos confrères qu'ils ne la connaissent eux-mêmes. Cette commission n'est donc pas composée, comme le dit le rapporteur, d'opinions opposées; j'y vois quatre indifférents, cinq opposants, je n'y découvre aucun partisan. Je pense, contrairement au rapporteur, et on en conviendra facilement, qu'il eût été plus convenable que tous les commissaires n'eussent eu aucune opinion formée sur le magnétisme; que n'étant, comme les membres de la commission de 1826, connus, ni par des publications d'ouvrages, ni par la manifestation antérieure de leurs opinions, ils eussent été libres de toute opinion préconçue et affranchis de cette espèce d'entraînement qui porte la faiblesse humaine à abonder toujours dans son sens; en un mot qu'ils eussent pu être indépendants d'eux-mêmes; leurs assertions en auraient acquis plus de force, si dans les faits qu'ils vous ont rapportés il y avait eu besoin d'une garantie plus forte que celle qui ressort naturellement de ces faits.

» Mais au lieu de cette condition préliminaire et nécessaire à tout jugement équitable, je vois dans l'organe, dans l'interprète de cette commission, l'auteur d'une brochure publiée en 1833 et intitulée : *Examen historique et raisonné des expériences prétendues magnétiques, faites par la commission de l'Académie royale de médecine*, écrit dans lequel (pag. 5); *il se déclare en état d'hostilité contre les magnétiseurs*, dans lequel il accumule à chaque page le ridicule et le persiflage, non seulement sur le rapport de la commission, mais encore sur quelques uns de ses membres, et sur les extrêmes et minutieuses précautions prises dans certaines expériences. Vous conviendrez, messieurs, qu'il est bien difficile que cet antécédent n'ait pas dominé, malgré lui sans doute, M. le rapporteur dans la rédaction du travail qu'il vous a présenté, et que, placé entre l'esprit satirique qui a dicté son opuscule, et l'embarras d'avouer aujourd'hui qu'il s'est autrefois prononcé trop légèrement, il n'ait pas subi la nécessité de sa position, et n'ait pas été entraîné à nous faire un rapport qu'on peut considérer comme un appendice ou un supplément de sa brochure. N'eût-il pas été convenable qu'il se fût borné au simple rôle de commissaire? Il est permis de douter qu'il se fût trouvé dans cette assemblée quelqu'un qui, avec ces antécédents, aurait consenti à se charger de ce rapport. Au demeurant, comme aucune dissension ne peut exister entre nous sur le jugement que la commission a porté des faits qu'elle a observés, et comme c'est à l'œuvre du rapporteur que je m'attaché, je passe à l'examen de son travail. Pour ne rien omettre, je suivrai le rapport dans chacun des articles dont il se compose.

» La première partie, consacrée à l'histoire académique du magnétisme en France, commence par l'exposé des circonstances qui ont pu déterminer l'Académie à s'occuper de nouveau du magnétisme. Le rapporteur rappelle la communication faite le 24 janvier dernier, par M. Oudet, relative à l'extraction d'une dent chez une femme plongée dans le sommeil magnétique ; et de là, ne faisant aucune mention de la communication donnée huit jours plus tard, le 31 du même mois, par M. Cloquet, il passe à la lettre que M. Berna écrivit à l'Académie le 12 février, lettre dans laquelle ce docteur se faisait fort de donner à ceux pour qui, disait-il, l'autorité n'est rien, l'expérience personnelle comme moyen de conviction. M. le rapporteur ajoute que, le 14 du même mois, l'Académie a nommé une commission pour assister aux expériences dont M. Berna voulait la rendre témoin.

» Mais pourquoi, dans quelle intention omet-il de vous dire

que huit jours après la communication de **M.** Oudet, c'est-à-
dire le 31 janvier. **M.** Cloquet vous en renouvelait une bien
plus importante? Il s'agissait de l'extirpation d'un sein, pra-
tiquée pendant le sommeil magnétique. C'était à coup sûr
une opération plus grave, plus douloureuse, plus longue, bien
autrement délicate que l'extraction d'une dent. C'était un fait
qui pouvait paraître à l'Académie assez saillant et assez extraordinaire pour qu'elle voulût, même avant de connaître la
proposition de **M.** Berna, qu'on étudiât de nouveau cette singulière puissance qui engourdit la sensibilité pendant une des
plus grandes opérations de la chirurgie, et quand l'opérateur
vous disait que, voyant et voulant juger la durée de l'insensibilité de la malade, il ne se pressait pas de la terminer. L'ordre
chronologique exigeait pourtant que ce fait entrât comme
motif dans la décision de l'Académie. Mais si on l'eût rappro-
ché de celui de **M.** Oudet, on aurait appelé de nouveau et
plus fortement encore l'attention publique sur ces exemples
de l'étonnante insensibilité observée par nos deux confrères, et
attestée par l'un d'eux, maître en cette partie de la science,
puisqu'il est professeur de chirurgie clinique; c'est ce qu'on
voulait éviter dans un rapport qui ne contenait que des faits
négatifs. Puisqu'on voulait faire l'histoire du magnétisme dans
les sociétés savantes, on aurait dû savoir que l'histoire ne sup-
porte point de pareilles omissions, qui, si elles ne sont point
coupables, sont au moins très condamnables.

» **M.** le rapporteur rappelle ensuite sommairement les
expériences faites en 1784 par les commissaires nommés par
le roi, et choisis par lui dans l'Académie royale des sciences,
la Faculté de médecine de Paris et la Société royale de médecine. Il fait connaître les conclusions prises par ces commissaires, et il invoque à leur appui l'autorité des noms célèbres
de Francklin, Bailly, Lavoisier, Darcet. Mais il se garde de
nous dire comment à cette époque (il y a cinquante-trois ans)
ces hommes illustres faisaient leurs expériences. Je vais suppléer à cette omission du rapport; l'Académie jugera s'il y a
eu beaucoup d'impartialité à ne pas lui avoir rappelé ces dé-

tails ; elle appréciera si un jugement porté après un examen fait avec si peu d'ensemble et de soin, peut être cité comme irrévocable, et s'il doit inspirer une confiance aveugle.

» *Les malades distingués qui viennent au traitement pour leur santé*, disent les commissaires du roi, *pourraient être importunés par leurs questions ; le soin de les observer pourrait les gêner ou leur déplaire ; les commissaires eux-mêmes seraient gênés par leur discrétion. Ils ont donc arrêté que leur assiduité n'étant point nécessaire à ce traitement, il suffisait que quelques uns d'eux y vinssent de temps en temps pour confirmer les premières observations générales, en faire de nouvelles s'il y avait lieu, et en rendre compte à la commission.* » (*Rapport des commissaires du roi*, 1784, p. 8.)

« Ainsi, messieurs, on établit en principe que, dans l'examen d'un fait aussi important, les commissaires ne feront point de questions aux personnes soumises aux expériences, qu'ils ne prendront pas le soin de les observer, qu'ils ne seront point assidus aux séances dans lesquelles se feront les expériences, qu'ils y viendront de temps en temps, et qu'ils rendront compte de ce qu'ils auront vu isolément aux commissaires réunis ! On ne peut s'empêcher de reconnaître que ce n'est pas de cette manière que l'on fait à présent des expériences ni que l'on observe les faits nouveaux. Et quel que soit l'éclat que la réputation de Franklin, Bailly, Lavoisier et Darcet réfléchisse encore sur une génération qui n'est plus la leur, quel que soit le respect qui environne leur mémoire et le malheur de deux d'entre eux, quel qu'ait été enfin l'assentiment général qui, pendant quarante ans, a été accordé à leur rapport, il est certain que le jugement qu'ils ont porté pèche par la base radicale, par une manière peu rigoureuse de procéder dans l'étude de la question qu'ils étaient chargés d'examiner.

» Eh ! toutes ces expériences eussent-elles été faites avec tout le scrupule qu'on met aujourd'hui dans la recherche de la vérité, nous dirions encore qu'elles n'ont point résolu la question et qu'elles ne pouvaient la résoudre. Le temps n'amène-t-il pas chaque jour des progrès dans chaque science, et ce qu'on appelle la *vérité* aujourd'hui n'est-il pas qualifié d'*erreur* le lendemain ? Qui eût osé, disions-nous, il y a douze ans, s'élever au commencement de ce siècle contre la théorie de Newton sur la lumière ? Elle faisait loi en physique ; mais Malus découvre les phénomènes de la polarisation, et toute la théorie newtonienne se trouve renversée.

» L'histoire de la médecine n'offre-t-elle pas des exemples frappants de ces changements produits par l'observation de faits nouveaux ? Qui de nous ignore qu'un arrêt du parlement, provoqué par un décret de la Faculté de médecine de Paris, avait défendu l'usage de l'émétique, et que quelques années plus tard ce médicament, administré avec succès à Louis XIV, reprit sa place dans la matière médicale ? Ne savons-nous pas aussi qu'en 1765 un arrêt du parlement de Paris, sollicité par la même Faculté, défendit que l'on pratiquât l'inoculation de la petite vérole dans les villes et bourgs de son ressort, et qu'après la mort de Louis XV, arrivée le 7 mai 1774, par suite d'une petite vérole confluente, ses trois petits-fils, les trois derniers rois de la branche des Bourbons, Louis XVI, Louis XVIII et Charles X, furent inoculés ?

» Les jugements des corps savants, les arrêts de l'autorité, ne préjugent donc rien pour la suite ; aucuns n'ont enchaîné les siècles à venir. Les travaux de nos devanciers n'ont pas plus de puissance ; ce sont des jalons qu'ils ont laissés sur la voie de la science, mais ce ne sont pas des fossés *infranchissables* qu'ils aient creusés ; ce ne sont point des barrières qu'ils aient posées pour arrêter le progrès de l'esprit humain. Cet esprit est plus fort que tous ces frêles obstacles ; il les renverse par sa marche lente, mais sûre ; aussi, cette autorité des noms qu'on paraît avoir évoquée est nulle aujourd'hui, elle ne peut plus imposer à personne. J'ai mille fois plus de confiance dans les expériences que vous venez de faire, que dans toutes celles des commissaires de 1784.

» Et ne croyez pas, messieurs, que ces commissaires de 1784 étaient les commissaires des compagnies auxquelles ils appartenaient ; il faut vous détromper à cet égard. L'Académie des sciences avait constamment repoussé les tentatives que fit Mesmer auprès d'elle pour la rendre témoin de ses expériences. Le crédit, la position de M. Leroi, alors président de cette compagnie, et qui avait assisté à quelques expériences magnétiques, avaient échoué complétement auprès de ses collègues.

» La Société royale de médecine ne put jamais s'entendre avec Mesmer, parce qu'il ne voulut pas se soumettre à certaines conditions qu'elle lui imposait avant de lui donner des commissaires. La Faculté de médecine lui fit le même refus, par la raison qu'elle craignait de lui donner, par cette mesure, de la célébrité, à lui et à l'un des membres de la Faculté que M. Dubois nomme un M. Deslon, lequel était docteur régent, l'un des membres les plus distingués de sa compagnie, homme fort honorable et médecin du comte d'Artois, frère du roi.

» C'est après tous ces refus que Louis XVI, sollicité en même temps et par la reine sa femme, la malheureuse Marie-Antoinette, à laquelle Mesmer, arrivant à Paris, avait été fortement recommandé par ses amis et ses parents de la cour de Vienne ; que, sollicité en même temps par le comte d'Artois son frère, qui l'était lui-même par son médecin, M. Deslon ; c'est alors, dis-je, que le roi nomma de sa propre et souveraine autorité des commissaires, qu'il dut naturellement choisir dans les compagnies qui avaient refusé d'examiner la doctrine nouvelle, mais où se trouvaient les personnes les plus propres à éclairer le public sur la valeur du magnétisme. Ces commissaires, messieurs, n'étaient point les commissaires de leurs compagnies qui avaient été étrangères à leur nomination ; ils étaient les commissaires du roi. C'était à lui et non à leurs compagnies qu'ils devaient rendre et qu'ils ont rendu compte de leurs travaux. La première page de leur rapport en fait foi ; je la lis textuellement : « Le roi a nommé, » le 12 mars 1784, des médecins choisis dans la Faculté de » Paris, MM. Borie, Sallin, Darcet et Guillotin, pour faire

» l'examen et lui rendre compte du magnétisme animal pra-
» tiqué par M. Deslon ; et, sur la demande de ces quatre mé-
» decins, Sa Majesté a nommé, pour procéder avec eux à
» cet examen, cinq membres de l'Académie des sciences,
» MM. Franklin, Leroi, Bailly, de Bory et Lavoisier. »

» D'autre part, je lis la même phrase du rapport des commissaires choisis dans la Société royale de médecine ; elle est
conçue en ces termes : « Nous avons été nommés par M. le
» baron de Breteuil, conformément aux ordres du roi, pour
» suivre les procédés de M. Deslon, dans l'application du ma-
» gnétisme animal au traitement des maladies, et pour en
» rendre au ministre un compte qu'il doit mettre sous les yeux
» de Sa Majesté. » Ces commissaires furent MM. Poissonnier-
Despérières, Mauduit, Andry, Caille et de Jussieu.

» Ces commissaires firent leur rapport au roi ; ceux choisis
dans l'Académie des sciences et dans la Faculté royale de médecine, le 11 août 1784, et ceux de la Société royale de médecine le 17 du même mois. Les commissaires pris dans la
Faculté en donnèrent une lecture tout-à-fait officieuse à leur
compagnie, le 24 août ; et, dans la même séance, *sans aucune
discussion préalable*, elle a approuvé ce rapport. La Société
royale de médecine approuva également, *sans discussion
préalable*, le rapport que les commissaires choisis dans son
sein lui avaient communiqué, et dès lors on publia que la question du magnétisme était irrévocablement et surtout équita-
blement jugée.

» Voilà, messieurs, l'histoire fidèle de ces deux rapports,
qu'on nous dit avoir été discutés et adoptés par des majorités
académiques, rapports que l'on prétend vous donner comme
le résultat de sages et lumineuses discussions, de graves et
longues délibérations, et comme devant encore faire loi aujourd'hui. Il eût été plus exact de nous dire qu'ils avaient été
approuvés comme par une sorte d'entraînement irréfléchi,
sans aucune discussion, après une lecture de complaisance,
par des compagnies qui s'étaient constamment refusées à tout
examen, et auxquelles on donnait pour la première fois une

connaissance inexacte, il est vrai, mais au moins scientifique, de la doctrine du magnétisme.

» Une quatrième omission grave, et que nous ne savons comment qualifier, est relative aux travaux des deux commissions créées par l'Académie, en 1825 et 1826, et au rapport qui vous a été présenté en 1831. M. le rapporteur prétend faire l'histoire du magnétisme dans les sociétés savantes de France, et il oublie les travaux de l'Académie qui vient de lui ouvrir ses portes, et devant laquelle il parle ! Il me semble que quand il prenait tant de soins pour nous rappeler les conclusions des rapports des commissaires de 1784, il y aurait eu de la justice, et surtout de la bonne foi, à faire connaître la marche sage et mesurée suivie par la section de médecine pour la solution de cette simple question : *L'Académie doit-elle s'occuper de l'étude du magnétisme ?* N'était-il pas de son devoir, s'il voulait être historien fidèle, de nous dire que cette question, soulevée par un de nos confrères, M. le docteur Foissac, avait été renvoyée, le 11 octobre 1825, à une commission composée de MM. Adelon, Pariset, Marc, Burdin aîné et Husson ; et que, le 13 décembre suivant, cette commission avait fait un rapport dont la conclusion finale était que l'on devait accueillir la proposition de M. Foissac, et charger une commission spéciale de l'étude et de l'examen du magnétisme animal. Il aurait dû également dire que ce rapport fut discuté dans les séances des 10, 24 janvier et 26 février 1826 ; que, dans cette dernière séance, la commission répondit à toutes les objections rédigées contre son rapport, et qu'enfin, après les discussions qui occupèrent exclusivement trois séances, ce rapport et ces conclusions furent, chose unique et qui ne s'est pas renouvelée depuis en matière de science, adoptés au scrutin secret, à une majorité de trente-cinq voix contre vingt-cinq ; il y avait soixante votants. C'était là un fait historique à consigner dans son travail ; et comme rapporteur de cette première commission, je lui reproche hautement de l'avoir passé sous silence.

» Je poursuis ; n'était-il pas également de son devoir d'historien, qu'après avoir rétrogradé de cinquante-trois ans pour chercher dans le passé des opinions dont les auteurs n'existent plus, il fit mention des travaux entrepris de son temps par la commission de 1826? Ne devait-il pas rappeler qu'après six ans de peines, de patience, de dégoûts, cette commission, composée de MM. Bourdois, Leroux, Itard, Marc, Fouquier, Guéneau de Mussy, Thillaye, Guersent, Magendie, Double, Husson, avait fait à l'Académie, les 21 et 28 juin 1831, un rapport dans lequel elle avait établi que le magnétisme qu'elle avait examiné et étudié, n'était pas le même que celui qu'on avait prétendu juger en 1784; qu'il n'était plus question de baquets, de baguettes, de crises, de musique, de nombreuses réunions de magnétiseurs et de magnétisés; de chaînes, de convulsions, d'arbres magnétisés; qu'un phénomène nouveau, inconnu des commissaires de 1784, le somnambulisme, avait été observé depuis cette époque, et que la commission avait cherché à en faire une étude particulière? Non; fidèle *à son état d'hostilité contre les magnétiseurs,* M. le rapporteur a gardé un silence absolu sur cette nouvelle position, sur ce fait nouveau et jusqu'alors inexplicable. Il a accumulé les déclarations contraires au magnétisme, déclarations qu'il a été prendre cinquante-trois ans derrière lui; et il n'en a fait connaître aucune qui lui fût favorable, aucune que les témoins encore vivants auraient pu défendre si on les eût attaquées. Est-ce là de la bonne foi? est-ce là de l'impartialité? est-ce là faire l'histoire académique du magnétisme?

» Cette partie historique du rapport occupe deux cent quatorze lignes dans le journal politique où il l'a fait insérer le surlendemain du jour où il l'a lu à l'Académie; et la seule phrase où il soit question de la commission de 1826 en occupe quatre et demie, c'est-à-dire la quarante-deuxième partie. La voici cette phrase : « Nous n'entrerons point dans l'historique de toutes les expériences qui furent faites en présence de nos collègues; nous respectons leurs convictions; mais leur rapport ne peut être considéré comme l'expression générale de l'Académie. »

» Je réponds à chacun des membres de cette phrase.

» Qui vous empêchait d'entrer dans cet historique? c'était votre devoir. Vous l'aviez rempli pour les commissaires de 1784, et vous vous en affranchissez pour la commission de 1826, la seule qui soit émanée d'une élection académique, la seule par conséquent dont vous deviez faire mention, et dont les membres siègent encore dans cette salle, sur le banc presque où vous êtes assis. Et si vous les aviez rappelées, ces expériences, auriez-vous prétendu nier les faits que nous avons vus et dont vous n'avez pas été les témoins, et que par conséquent vous ne pouvez pas juger? N'auriez-vous de croyance que pour ceux qui sont contraires à l'existence du magnétisme? Auriez-vous rejeté impitoyablement ceux qui établissent une opinion opposée à la vôtre, et que vous attestent des collègues tout aussi méfiants, tout aussi éclairés, tout aussi judicieux que vous? Ces faits, il est vrai, ne cadrent pas avec vos opinions connues et publiées; ce ne sont pas moins des faits aussi prouvés, aussi positifs que ceux que vous nous dites s'être passés sous vos yeux. Ils vous paraissent extraordinaires, mais devez-vous en conclure qu'ils n'ont pas eu lieu? La portée de l'intelligence humaine est-elle donc la mesure de la réalité de tous les faits extraordinaires dont nous sommes environnés? Nous croyons, nous, à vos expériences sans en avoir été témoins; et vous, vous taisez les nôtres, uniquement parce qu'elles contrarient vos idées préconçues. Persuadez-vous donc bien que, quoiqu'elles les contrarient, elles ne les détruisent pas.

» Vous dites que vous respectez nos convictions; faut-il vous remercier de vos généreuses concessions? faut-il vous savoir gré de cette espèce de pitié que l'on accorde aux extatiques, aux illuminés, et que vous paraissez vouloir bien laisser tomber jusqu'à nous?

» Enfin, vous terminez en disant que notre rapport ne peut pas être considéré comme l'expression générale de l'opinion de l'Académie. Mais nous n'avons jamais prétendu le contraire : la preuve en est dans les dernières phrases de ce rapport auquel votre pamphlet n'a épargné aucun sarcasme, aucune injure.

» Voilà comme nous nous exprimions : « Nous ne récla-
» mons pas de vous une croyance aveugle à tout ce que nous
» vous avons rapporté, et que vous n'avez ni vu ni étudié avec
» et comme nous. Nous concevons même qu'une grande
» partie de ces faits sont si extraordinaires que vous ne
» pouvez pas nous l'accorder. Peut-être nous-même oserions-
» nous vous refuser la nôtre si, changeant de rôle, vous ve-
» niez les annoncer à cette tribune, à nous qui, comme vous
» aujourd'hui, n'aurions rien vu, rien observé, rien étudié,
» rien suivi. » (*Rapport sur les expériences magnétiques*, lu en juin 1831, in-4°, page 77.) Nous n'avons donc pas eu la prétention que vous paraissez vouloir combattre; et si vous l'avez eue pour votre travail, j'espère que l'Académie, au jugement de laquelle nous en appelons avec confiance, sera trop équitable pour ne pas vous prouver que vous êtes dans l'erreur.

» Après avoir fait connaître, messieurs, les omissions capitales qui fourmillent dans la première partie de ce rapport, si j'en examine la deuxième partie, je ne puis pas ne pas témoigner combien elle m'a paru sortir des bornes de la gravité et de la convenance qui jusqu'à présent se sont fait remarquer dans les travaux des rapporteurs des différentes commissions.

» M. le rapporteur appelle d'un bout à l'autre le ridicule sur un jeune confrère dont les expériences n'ont pas réussi comme il l'avait annoncé, et qui paraît avoir été la dupe de deux femmes se disant somnambules. Mais il n'y a rien d'extraordinaire dans cette déconvenue. On sait que rien n'est plus mobile, plus variable que les effets magnétiques; et c'est cette mobilité, cette inconstance qui éloigne tant de personnes de s'en occuper et de l'étudier. Quels sont, pourrions-nous le demander, les faits en médecine pratique, en thérapeutique, en physiologie, qui soient toujours fixes et immuables? Ceux dont on ne nous épargne aucun détail sont du nombre de ceux que l'on rencontre fréquemment. Nous avons, en 1831, rapporté trois faits absolument semblables à ceux de M. Berna, et quoique, comme dans la circonstance présente, ils eussent été entièrement contraires à ce que nous avaient annoncé et prédit les trois magnétiseurs qui nous avaient appelés pour en être témoins, nous nous sommes gardés d'effleurer la considération à laquelle tout homme convaincu par des expériences a droit de prétendre, quand bien même d'autres expériences semblables ne réussiraient pas. Cet homme peut se tromper; mais il n'en résulte pas qu'il veuille en tromper d'autres.

» Ce M. Berna, que je ne connais pas, que je n'ai jamais vu, avec qui je n'ai jamais eu aucun rapport direct ou indirect, auquel on accorde du savoir et du talent, a eu le grand tort de faire des promesses aussi positives que celles qu'il vous a adressées. Il a prouvé dans cette circonstance qu'il ne connaissait pas toutes les anomalies, toutes les incertitudes des phénomènes dont il s'occupe; qu'il ne s'est pas assez méfié de la tendance de certains somnambules à exploiter la crédulité publique. Mais ce tort, qui, au demeurant, part d'une conviction fondée sur d'autres preuves, est-il tellement grave qu'on doive placer ce jeune confrère sur des tréteaux, pour y être l'objet de la risée publique? Accordez, messieurs, quelque chose à la jeunesse laborieuse; elle a assez de déboires à dévorer, assez d'entraves à rencontrer, assez d'injustices à éprouver, sans que vous ajoutiez encore un poids à ceux qui l'accablent, sans que vous vous exposiez à la flétrir, par cette seule et unique raison que sa conviction n'est pas la vôtre.

» J'ajouterai que puisque M. le rapporteur avait été si soigneux de nous rappeler les conclusions prises par les commissaires de 1784, il aurait dû se pénétrer du ton de leur rapport; il y aurait trouvé un modèle de décence, qui, sans blesser personne, donne le résultat des faits; il y aurait trouvé une gravité digne des noms célèbres qu'il nous a cités, gravité qui est de première nécessité dans l'étude de la vérité, et que je cherche en vain dans son travail. Croit-on, par exemple, que la matière du ridicule leur eût manqué? N'avaient-ils pas pour la mettre en œuvre les baquets, les tiges conducteurs du fluide magnétique, les arbres magnétisés, les chaînes, les convulsions, en un mot, tout l'appareil qu'avait introduit Mesmer? Ils s'en sont bien gardés; ils sentaient que dans leur position les faits les plus plaisants doivent être gravement et sérieusement traités.

» Puis, que résulte-t-il de ces expériences? Rien autre chose, sinon que les procédés magnétiques ont complétement échoué sur deux individus soumis par M. Berna à des expériences faites sous les yeux de la commission. Est-ce là le sujet de l'hilarité que le rapporteur a excitée dans l'assemblée? Non, ce n'est pas ce résultat qui l'a provoqué, c'est la manière avec laquelle les expériences ont été présentées; c'est la causticité dont il en a imbibé les détails, en un mot, ce qui a occasionné le rire, c'est la contexture grotesque du cadre, ce n'est pas le tableau.

» Si, oubliant le ton plaisant peut-être, mais à mon avis très peu convenable, qui règne dans cette seconde partie, je passe à l'examen des expériences, mes anciens collègues et moi, nous avons trop de foi pour ne pas reconnaître comme vrais les résultats qui sont rapportés : 1° parce qu'ils sont affirmés par des confrères, à l'esprit observateur desquels nous rendons justice ; 2° parce que nous avons trouvé dans les précautions qu'ils ont prises la répétition de celles que nous n'avions cessé de prendre dans les trente-trois expériences dont se compose notre rapport; 3° enfin, parce que parmi les trente-trois individus qui y ont été soumis, il en est trois pour lesquels on nous avait fait les mêmes promesses qu'à vous; que, comme vous, et avec la même méfiance que vous, nous avons également trouvés en défaut, et sur lesquels nous avons porté le même jugement que votre commission a porté sur les deux qu'elle a observés.

» Mais, messieurs, ces expériences étaient identiques, c'est-à-dire négatives, et semblables à quelques unes que nous vous avons fait connaitre, on doit naturellement se demander s'il était utile, s'il importait beaucoup à l'Académie que l'on vînt à cette occasion ranimer ici des discussions qui ne peuvent manquer d'être vives, parce qu'elles froissent de part et d'autre des convictions que chacun considère comme sincères. On se demandera aussi quel usage l'Académie peut faire de ces expériences qui n'ont rien de neuf, qui ne sont que la répétition des nôtres, et qui, en dernière analyse, ne prouvent rien ? Adoptera-t-elle ce rapport ? en approuvera-t-elle les conclusions ? Avant de se prononcer, il faut que l'Académie se persuade bien qu'elle n'a pas la puissance morale de juger la question du magnétisme, pas plus qu'elle n'a pu et ne pourra jamais juger celle sur le traitement de la fièvre typhoïde, celle de la méthode numérique, de la lithrotritie, de la morve, etc., etc.; elle ne peut ni poser des bornes à l'inconnu, ni fixer de limites à l'esprit de recherche qui marche et marchera toujours vers le progrès, avec et malgré toutes les académies du monde. Elles se réuniraient toutes pour déclarer qu'un fait quelconque est une chimère, que des expériences répétées en silence de côté et d'autre, si elles sont faites par des esprits impartiaux, éclairés et indépendants, finiraient par anéantir cette déclaration. J'ajoute même qu'un seul fait bien constaté la détruirait de fond en comble. Nous ne sommes plus au temps où l'opinion obéissait en aveugle aux jugements des corps savants et aux arrêts des parlements ; la science ne se courbe plus devant l'autorité des hommes, autorité si mobile, si passagère. Ne vous hasardez donc pas, messieurs, dans une voie si dangereuse, ne compromettez pas votre dignité; laissez dire et faire les magnétiseurs ; s'ils n'ont pour eux que la fraude et l'ignorance, ils se perdront eux-mêmes; s'ils ont pour eux l'expérience, ils peuvent braver vos décisions, ils triompheront malgré vous de votre impuissante résistance, et casseront aujourd'hui le jugement que vous aurez porté contre eux la veille.

Si j'examine la troisième partie de ce rapport, ses con-

clusions, je trouve qu'en bonne logique elles sont essentiellement vicieuses, parce qu'elles concluent du particulier au
général, et que c'est là leur défaut radical, irrémissible ; je
m'abstiendrai donc de les discuter, me réservant de présenter,
avant de finir, celle qui me paraît convenir au rapport que je
viens de combattre.

» Je ne terminerai point cet examen sans prier la commission de me permettre de lui adresser quelques réflexions sur
un fait que je n'ai connu que dans la dernière séance, et qui
me force de la position où je m'étais placé vis-à-vis d'elle, je
veux parler de l'appel qu'elle a cru devoir faire à tous les magnétiseurs, pour les inviter à lui apporter des faits et à la rendre témoin d'expériences positives et concluantes. Aucun, dit
M. le rapporteur, ne s'est rendu à cette invitation, et il conclut de leur silence que, désespérant de leur cause, et convaincus de la nullité de leur doctrine, ils n'ont pas osé se
présenter devant la commission. D'abord, je pose en fait que
vous n'aviez pas le droit de leur adresser cette proposition ;
votre mandat unique, circonscrit, était d'être témoins des expériences de **M.** Berna ; vous ne deviez suivre que ces expériences ; l'Académie ne vous demandait pas un rapport sur
autre chose ; vous ne pouviez donc sans avoir reçu des pou-
voirs plus étendus de l'Académie, élargir le cercle de vos attributions. J'ignore si les magnétiseurs se sont abstenus par
cette raison, puisque je n'ai de rapports avec aucun ; mais je
sais très bien que si j'avais été magnétiseur et que si j'avais
connu votre appel, aussi bien que je crois connaître les dispositions de vos esprits, je me serais bien gardé d'y répondre.
Quel est, je vous le demande, l'homme le plus innocent qui
ira volontairement se présenter devant un tribunal où il est
certain qu'il trouvera des juges qui ne seront pas impartiaux,
et un avocat-général qui se sera déclaré publiquement *en état
d'hostilité contre lui ?...*

» Les personnes d'ailleurs qui ont quelque expérience de
l'observation des phénomènes magnétiques, y ont acquis cette
conviction dont **M.** Berna n'était pas assez pénétré, savoir,

que telles sont les irrégularités, les anomalies attachées à la production de ces phénomènes, que la répétition d'un fait arrivé quinze jours de suite n'est pas une garantie de la répétition du même fait pour le lendemain, et que tel somnambule lucide aujourd'hui peut cesser de l'être vingt-quatre heures après. Ne vous étonnez donc pas qu'aucun magnétiseur n'ait voulu se commettre de la sorte; ils ont très sagement agi en regardant votre invitation comme non avenue. Ils ont pensé avec raison qu'une commission dans laquelle une minorité, si faible qu'on la suppose, s'est déclarée contraire à ce qu'elle doit examiner, n est point impartiale, parce que, malgré vous, à votre insu, votre partialité découle de votre conviction; parce qu'enfin vous êtes hommes, et que quoique médecins, et même académiciens, vous n'êtes pas à l'abri ni des passions ni des faiblesses de la pauvre humanité. Aussi, en interprétant leur silence comme l'aveu d'une défaite, M. le rapporteur a ajouté une conclusion vicieuse à celles qui terminent son rapport.

» Je me résume, messieurs, et je termine en vous remettant sous les yeux le sommaire des réflexions que je viens de vous présenter. J'ai blâmé le choix du rapporteur ; ses antécédents en fait de magnétisme devaient lui faire décliner ces fonctions.

» J'ai critiqué le titre général de ce rapport, qui aurait dû être intitulé : *Rapport des expériences faites sur deux somnambules*, et non : *Rapport sur le magnétisme.*

» Dans l'exposé des motifs qui ont déterminé l'Académie à former une commission actuelle, j'ai signalé l'omission tout-à-fait partiale de l'opération faite par M. Cloquet.

» J'ai dit que les expériences des commissaires de **1784** étaient essentiellement fautives par la manière dont elles avaient été faites. J'ai ajouté que le rapporteur, qui voulait faire l'histoire du magnétisme, aurait dû ne pas passer sous silence cette remarque d'autant plus importante, que cette manière d'expérimenter a nécessairement influé sur les conclusions qu'ils ont prises.

11

» J'ai prouvé que jamais l'Académie royale des sciences, la Société royale de médecine, et la Faculté de médecine de Paris, n'avaient été saisies de l'affaire du magnétisme ; qu'elles avaient refusé de s'en occuper ; que, sur leur refus, le roi Louis XVI avait nommé des commissaires pour l'étudier ; que ces commissaires n'étaient point commissaires des compagnies auxquelles ils appartenaient ; qu'ils étaient les commissaires du roi, et que c'est au roi qu'ils ont fait leurs rapports. J'ai ajouté qu'ils les avaient communiqués officieusement à leurs compagnies, et que sans aucune discussion préalable ces rapports avaient été, séance tenante, approuvés par elles, comme il y a huit jours vous étiez sur le point d'adopter celui que je combats.

» Je me suis hautement élevé contre le silence gardé par le rapporteur sur les travaux des deux commissions nommées par l'Académie royale de médecine, la seule compagnie savante qui s'en fût occupée scientifiquement, c'est-à-dire par l'intermédiaire d'une commission nommée par elle en vertu d'une décision prise par l'Académie.

» Enfin, il n'a pas été difficile de vous faire apercevoir la partialité avec laquelle on prétend juger la question générale du magnétisme, en vous communiquant des expériences négatives et en vous taisant les faits positifs, observés, recueillis par vos premiers commissaires, avec autant de soin que la nouvelle commission en a mis à accueillir ceux qu'elle vous présente.

» Voilà pour la partie *prétendue* historique.

» Si je passe à la seconde, qui, par sa nature, devrait ne contenir que la simple exposition des faits obtenus, j'y vois le ridicule versé sur un confrère laborieux et estimable, parce que des expériences qu'il avait assuré devoir réussir n'ont absolument rien produit.

» J'ai dit et je répète que les expériences m'ont paru avoir été faites avec soin, avec toutes les précautions convenables, et qu'elles méritent une pleine et entière confiance. J'ai rappelé qu'elles ne sont point nouvelles, que nous en avions recueilli trois absolument semblables ; et j'en ai conclu qu'il était inutile de venir à cette occasion ramener ici des discussions qui ne peuvent désormais que troubler l'Académie sans l'instruire.

» Je vous ai dit que les cinq expériences négatives que vous avez faites ne peuvent jamais détruire les faits positifs que la première commission a observés, parce que, quoique diamétralement opposés, ils peuvent être et sont également vrais.

» Je vous ai dit que vous ne pouviez pas plus vous constituer juges du magnétisme que de toute autre question scientifique, parce que vos jugements sont eux-mêmes justiciables du progrès des sciences, et que votre jugement d'aujourd'hui peut être réformé demain.

» Enfin, en arrivant à la troisième partie, aux conclusions, je vous ai fait sentir que des conclusions générales ne peuvent jamais se déduire de quelques faits particuliers, et que par conséquent vous ne pouviez rien conclure de ces deux expériences, sinon qu'elles ne sont pas nouvelles, et qu'étant négatives elles ne prouvent rien.

» Voilà donc à quoi se réduit ce rapport : à des omissions historiques, graves, à des réticences nombreuses et certainement blâmables, à des expériences déjà connues et qui ne prouvent rien, à des conclusions vicieuses et à une rédaction amusante, peut-être, mais déplacée, même d'après les jugements des amis du rapporteur.

» Dans cette position, messieurs, vous ne pouvez pas adopter ce travail, parce que vous ne pouvez approuver ni les omissions, ni les infidélités historiques, ni le ridicule versé sur un jeune confrère connu pour un homme studieux et fort honorable ; parce que ces expériences, outre qu'elles ne sont pas nouvelles, n'apprennent et ne prouvent rien, absolument rien, sinon qu'un magnétiseur s'est trompé ou a été trompé ; parce que l'Académie ne peut pas approuver la manière peu grave et le ton caustique avec lesquels est traitée la partie qui devait être le plus à l'abri du ridicule, la partie expérimentale ; parce qu'enfin la compagnie voudra éviter des discussions sans but, sans issue possible, et prévenir des répliques, des récriminations dans lesquelles elle verra inévitablement compromises sa dignité et sa considération ; discussions qui lui feront perdre beaucoup de temps, qui ne convaincront personne, et qui se termineront par passer à l'ordre du jour.

» Je crois donc que la seule conclusion que l'on puisse tirer de ce rapport, c'est que, dans les expériences faites par M. Berna devant la commission, elle n'a vu aucun des phénomènes que ce médecin lui avait annoncé devoir être produits.

» C'est la seule que je propose à l'Académie d'adopter, en passant à l'ordre du jour sur le reste du rapport.

» HUSSON. »

Quelque temps après la réplique si remarquable de M. Husson, M. Berna publia une réfutation du rapport fait par M. Dubois (d'Amiens), et démontra évidemment la fausseté des assertions de ce rapport. Ce magnétiseur se résume et conclut ainsi :

« Résumé et conclusion.

» Je terminerai mes observations sur le rapport par un rapprochement rapide des points que j'ai développés.

» L'Académie accueille avec une sorte d'indignation ma proposition de lui montrer des faits magnétiques. Il semble qu'elle l'accepte comme un défi dont elle compte bien me faire repentir, et, à cet effet, me met aux prises avec les plus grands adversaires de la vérité que je veux démontrer. Ceux-ci, moins un, sont seuls désignés pour voir mes expériences ; si on leur adjoint deux ou trois membres sans opinion arrêtée (MM. Cornac, Pelletier et Caventou), c'est d'après le vœu de ces derniers.

» Conséquents avec l'esprit qui les a réunis, les commissaires choisissent pour interprète de leur jugement celui d'entre eux qui s'est le plus violemment prononcé contre l'objet de leur examen.

» Le rapporteur déclare faussement que la commission renferme des partisans du magnétisme, et confesse plus tard à quelqu'un qu'il s'est servi à cette fin d'un petit artifice *pour faire valoir son rapport.*

» En présence d'une commission dont l'hostilité est flagrante, je comprends qu'au soin de produire des faits irrécusables il me faut ajouter celui de la forcer à les bien voir et à les bien rapporter. Je prévois qu'elle ne se montrera nullement exigeante sur les conditions à imposer aux faits (1), afin de découvrir qu'elles ont manqué ; je me persuade qu'il suffit, contre un tel danger, de rechercher moi-même ces conditions, d'en faire un exposé ou programme que la commission discuterait, et de ne rien entreprendre avant qu'elle l'ait agréé.

» Les commissaires entendent la lecture de ce programme, ils en reçoivent chacun un exemplaire. Nulle objection ne s'élève sur ce qu'il renferme, et pourtant on le repousse. On motive une fin de non-recevoir sur des raisons frivoles et même puériles ; je les réfute par une lettre, et l'on ne répond à mes instances que par des marques d'impatience et des paroles d'une prévention invétérée. Cependant mon opiniâtreté semble l'emporter ; on s'engage verbalement. Je commence, et l'on agit comme si l'on n'avait rien promis. Les séances se succèdent avec désordre, les procès-verbaux demeurent en germe dans la mémoire du rapporteur ; quand enfin, forcé de les mettre sur le papier, il se décide à nous en donner lecture, les infidélités qu'ils renferment, les lacunes qu'ils offrent, une forme malveillante, ont presque entièrement défiguré les expériences. Je réclame tout d'abord contre les inexactitudes qui se pressent dans la bouche du rapporteur ; la commission,

---

(1) « Faites cela sans façon, comme quand vous voulez amuser une société. » (M. Roux.)

tout entière et avec empressement, m'impose silence par cette réflexion quelque peu ridicule : *Nous voulons entendre de suite tous les procès-verbaux pour juger de l'ensemble.* Une fois ce besoin d'ensemble satisfait, vient le tour d'une révision bien nécessaire ; je la propose de nouveau, mais on me rit au nez et chacun se retire. Toutefois, voulant encore tirer parti de moi, M. le rapporteur me leurre d'une révision toujours prochaine et toujours reculée, jusqu'au moment où, riche de matériaux, il croit pouvoir en composer un ensemble digne des regards de l'Académie. Arrivé là, j'obtiens de lui un refus qu'il ne se donne même pas la peine de motiver.

» Cependant le rapport se rédige. Les commissaires y deviennent des hommes *impartiaux, de bonne foi, sévères dans l'observation, consciencieux, narrateurs fidèles;* puis mon programme y est dépecé, quelques uns de ses lambeaux, attribués à ces messieurs, leur donnent l'air d'avoir imaginé quelque chose ; d'autres figurent un joug sous lequel je me suis débattu ; d'autres sont restés ma propriété, mais, par la transposition des négatives, ils tournent à ma confusion ; d'autres enfin sont jetés dans l'oubli comme d'un emploi dangereux. Arrive la description d'une première expérience : c'est une jeune fille qu'on pique éveillée, et qu'on dit n'avoir point accusé de douleur ; de là trois conjectures absurdes à l'usage de ceux qui n'oseraient soupçonner M. Dubois d'avoir simulé la piqûre non sentie. Vient ensuite une expérience de la façon du rapporteur (piquer le menton), qu'il transforme en l'une des miennes, à l'aide d'une simple préposition (*sous* le menton). A cette expérience en succède une autre tout à-fait méconnaissable, arrangée en tour de passe-passe, et que termine cette exclamation : *Voilà la sensibilité recouvrée.* Celle-ci fait place à une quatrième, qui donnerait à penser, si M. Dubois n'y mettait pas la main : c'est la paralysie des deux membres droits à la suite d'un ordre mental intimé à un seul. On trouve, pour correctif de ce fait, l'insinuation d'un contact préalable et significatif du magnétiseur avec la somnambule, et la réflexion que celle-ci ne pouvait être l'objet que de *cinq* expériences au lieu d'une *quarantaine* indiquées au programme. Aux expériences faites, s'ajoutent dans le rapport les expériences projetées par la commission, et ces dernières, bout d'oreille de la fable, nous apprennent à la fois et que M. Dubois n'entend rien aux faits qu'il veut décrire, et qu'il aime beaucoup à dire autre chose que la vérité. Ainsi, après avoir répété que je donnais ma somnambule pour insensible, et l'avoir vérifié, il oublie bientôt que nul ne perd ce qu'il n'a plus, raconte qu'on m'enjoint de la priver de sensibilité, assure que je m'y refuse, et me fait trouver à ce surprenant refus un motif différent de celui qui frappe tout le monde.

» Un autre ordre de faits se présente : *Vision sans le secours des yeux.* Ici, redoublement d'*exactitude*, de *scrupule*, d'*impartialité*, de *bonne foi*, amour du vrai poussé jusqu'à l'état fébrile. Preuves :

» **1**re *preuve :* mettre que le bandeau fut appliqué seulement au moment où tous les commissaires furent arrivés, afin que la somnambule en pût dire le nombre sans inconvénient.

» **2**e : ne point rappeler, pour la même fin, que trois d'entre eux manquaient.

» **3**e : dire que M. Berna appliqua le bandeau, afin qu'on le puisse croire mal appliqué, et afin que ce ne fût pas sans succès que cette femme, qui *ne manquait pas d'une certaine adresse*, tentât de voir sous le bord inférieur de ce bandeau.

» **4**e, **5**e, **6**e, **7**e, **8**e et **9**e : omettre qu'elle a indiqué du doigt la place qu'occupait chacun des six commissaires présents ;

» **10**e : qu'elle a indiqué de même une nouvelle place que M. Cornac avait prise vis-à-vis et loin d'elle ;

» **11**e : qu'elle a su reconnaître qu'il était assis ;

» **12**e : qu'il s'appuyait en même temps le coude sur un meuble.

» **13**e : omettre qu'elle a dit plus tard qu'il se tenait alors derrière elle,

» **14**e : à gauche,

» **15**e : ayant une carte,

» 16e : dans la main droite,

» 17e : le coude gauche appuyé sur un secrétaire ;

» 18e : que M. Oudet se trouve aussi derrière elle,

» 19e : mais à droite,

» 20e : sans tenir de carte à la main ;

» 21e : qu'elle s'est mis devant le visage sa main fermée, indiquant ainsi ce que je faisais alors ;

» 22e : qu'elle a indiqué de la même manière mes mains étendues devant ma figure,

» 23e : et qu'elle a reproduit d'autres mouvements.

» 24e : omettre que M. Dubois, à côté d'elle, est debout,

» 25e : penché ;

» 26e : qu'ayant cessé d'écrire, il tient son bras pendant sur son côté ;

» 27e : que dans cette position sa main droite n'a pas quitté la plume ;

» 28e : que, s'étant placé derrière elle, il s'est mis à sa gauche.

» 29e : omettre encore qu'avant de lui adresser cette question : Voyez-vous sa bouche ? j'ai fait les questions suivantes : Voyez-vous son front ?

» 30e : ses yeux ?

» 31e : son nez ?

» 32e : qu'à la question relative aux yeux, elle a fait entendre qu'elle y voyait des lunettes ;

» 33e : que les trois questions qui précèdent celle-ci : Voyez-vous sa bouche ? lui ôtent ce qu'on se plaît à lui trouver de trop significatif, de trop spécialisé ; qu'elle ne mettait nullement *le doigt sur la chose*, et conséquemment que la découverte d'une plume en travers de la bouche demeure un fait qui doit scandaliser M. Dubois (1).

» Toutes ces omissions, toutes ces erreurs, que commande

---

(1) « Ainsi, pour une seule séance, trente-trois omissions, qui la plupart sont autant d'expériences passées sous silence. En faisant la même récapitulation pour les trois autres séances, on dépasserait la centaine. »

à l'écrivain de la commission son devoir de *narrateur fidèle*, devoir qu'il évoque de page en page d'un air si pénétré, sont rachetées par une foule de détails sur lesquels il répand une grâce infinie et une gaieté tout-à-fait académique. Cette alliance de tant de laconisme avec tant de diffusion aurait lieu d'étonner si l'on ne songeait que cet homme, habile non moins que scrupuleux, a dû harmoniser son rapport comme un tableau. Sur la toile, quelques objets seulement reçoivent le fini du pinceau ; les autres cachent dans une ombre savamment nuancée des formes à peine ébauchées. Mais tout, formes et ombres, se subordonne à un effet général, libre conception du génie, sur le choix duquel le peintre non plus que M. Dubois ne doit aucun compte à personne. Si nous voulions poursuivre cette analogie entre l'art de peindre aux yeux et l'art de peindre à l'âme, nous verrions que l'un et l'autre donnent à chaque sujet un ton, une teinte qui lui est propre. Ainsi, dans le rapport, ce ton, cette teinte, c'est une suspicion non interrompue. L'esprit du lecteur y est maintenu dans une constante défiance du magnétiseur. Cette défiance est à chaque instant tenue en haleine par un mot, une épithète, une phrase construite d'une certaine manière, un de ces puissants riens que possèdent seuls les grands écrivains. Puis le nôtre la stimule, cette défiance, l'avive par des propositions sourdement accusatrices, placées en relais habilement ménagés, telles que celles ci :

« *Vous le sentez, messieurs, on pourrait s'arranger ainsi* » *avec les gens du monde, etc.* »

» Ou : « *Nous n'avions pas la bonhomie, malgré les termes* » *du programme...* »

» Ou : « *M. Berna en avait assez, ainsi que la somnam-* » *bule...* »

» Ou bien encore : « *Ladite somnambule, plus adroite, plus* » *exercée que la première...* »

» D'autres propositions, moins circonspectes, rappellent quelque peu les dossiers de la cour d'assises, comme celles-ci :

« *La commission, bien que convaincue du but où l'on veut* » *l'amener, etc...* »

» Ou : « *Ils sont* (les faits) *de nature à faire naître d'é-* » *tranges soupçons sur la moralité de cette femme.* »

» D'autres propositions encore ne provoquent qu'un mépris plein d'hilarité, exemple :

« *Toutes choses bonnes, comme on dit, pour amuser le* » *tapis, pour intermède obligé.* »

» Maintenant, pour en finir avec M. Dubois et son rapport, je n'ai qu'à conclure. A cet effet, je me contenterai d'inviter le lecteur à revoir ma lettre à l'Académie , dans laquelle je proteste contre le secrétaire de la commission. Lue en tête de ma réfutation, cette lettre en est le sommaire; relue ici, elle en sera la conclusion. » (*Voy.* pag. 143.)

Au milieu des nouveaux débats académiques qui eurent lieu à l'occasion des expériences de M. Berna, M. Burdin proposa un prix de trois mille francs pour la personne qui pourra lire sans le secours des yeux et sans lumière.

« M. Burdin entend par là qu'elle lira un écrit quelconque » placé hors de la portée des organes visuels, et sans le se- » cours du toucher. »

Sur la proposition du conseil d'administration, l'Académie, dans sa séance du 12 septembre 1837, a résolu :

« 1° D'accepter le dépôt fait par M. Burdin, chez un no- » taire, de la somme de trois mille francs, destinée à être » donnée en prix à qui donnera la preuve de fait qu'on peut » lire sans le secours des yeux, de la lumière et du toucher; » 2° De faire surveiller les épreuves par une commission de » sept membres pris uniquement dans le sein de l'Académie; » 3° De limiter à deux années le temps de ces épreuves, à » moins que le prix n'ait été mérité plus tôt. »

A l'occasion de ce défi, plusieurs magnétiseurs écrivirent à l'Académie pour proposer des expériences de nature à prou-

ver la réalité de la vision malgré l'occlusion des yeux. Moi-même, qui possédais alors à Bordeaux quelques somnambules lucides, j'écrivis que je pensais « que si le somnambule ma-
» gnétique pouvait désigner les objets qui auraient été sépa-
» rés de ses yeux par l'interposition d'un corps opaque, soit
» renfermés dans une boîte de carton très épais, et placés de
» manière à ne pouvoir donner aucune indication, le but de
» M. Burdin devrait se trouver rempli ; la conviction de la
» réalité de ce phénomène devrait lui être acquise ». Mais ces expériences n'étant pas conformes aux conditions du pro-gramme, je ne fus pas admis à concourir.

M. le docteur Pigeaire, de Montpellier, possédait une somnambule lisant malgré l'occlusion des yeux, pourvu que l'écrit à être lu fût éclairé en lui-même. Il adressa à l'Acadé-mie un mémoire qui fut présenté et lu par M. Bousquet, dans la séance du 13 mars 1838 :

Lettre sur quelques faits de magnétisme animal, par M. Pigeaire, médecin à Montpellier. — Rapport de MM. Guéneau de Mussy et Bousquet.

« Si le manuscrit dont nous avons à vous entretenir trai-tait d'un sujet ordinaire, notre premier devoir serait de vous le faire connaître par une analyse; mais on y parle de magné-tisme animal, sorte d'exception physiologique dont les titres ne sont encore ni bien constatés ni même bien reconnus. Il y a plus d'un demi-siècle que le magnétisme animal aspire à prendre place dans la science, sans pouvoir y réussir. C'est que, d'une part, ce qu'il raconte est si étrange, si merveil-leux, si peu vraisemblable, que la raison révoltée s'en dé-fend; et de l'autre côté, on peut le dire ici, il n'est pas tou-jours tombé en bonnes mains : trop souvent le charlatanisme s'en est emparé, et il est des personnes qui croient que l'i-gnorance et la fourberie ont fait tort au savoir et à la bonne foi.

» Ce reproche ne saurait atteindre M. Pigeaire. Docteur

en médecine comme nous, nous lui accordons tous les sentiments d'honneur et de délicatesse que ce titre fait supposer.
Néanmoins, s'il était isolé, s'il habitait une ville étrangère
aux sciences médicales, s'il n'agissait pas sur sa propre fille,
et si cette fille n'était pas un enfant de dix à onze ans ; s'il
avait à citer moins d'autorités ou des autorités moins respectables ; enfin, si nous n'avions pas pris nos informations particulières, nous l'avouons sans détour, nous aurions donné
moins d'attention au mémoire de notre confrère, et nous ne
vous demanderions pas la vôtre ; mais les académies ont
des devoirs à remplir : impassibles, comme la science dont
elles sont dépositaires, elles accueillent tous les faits, elles
entendent toutes les opinions, et, après avoir pris une connaissance exacte, elles jugent. Vos commissaires attendront
votre jugement pour se former le leur sur la réalité des choses dont ils vont vous entretenir.

» Après quelques réflexions rapides sur les expériences de
M. Berna et sur le rapport dont elles sont l'objet, après une
courte histoire du magnétisme animal écrite évidemment pour
faire la contre-partie de celle que M. Dubois (d'Amiens) en a
tracée, M. Pigeaire nous apprend comment il s'est fait partisan du magnétisme. Il y était resté complétement étranger
jusqu'en 1836. A cette époque, M. Dupotet se rendit à Montpellier avec le dessein de propager la doctrine de Mesmer.
Nous ne rappellerons pas ici l'accueil qu'il y reçut. Il faut
croire qu'il ne remplit pas toutes les formalités prescrites par
les règlements universitaires, puisque, le jour même de l'ouverture de son cours, il trouva, au lieu de curieux, des gendarmes qui défendaient la porte de l'amphithéâtre. Ce n'est
pas tout, il fut cité en police correctionnelle par M. le recteur de l'Académie de Montpellier : un jugement intervint, et
M. Dupotet fut acquitté. M. le recteur en appela devant la
cour royale, et le magnétiseur sortit encore victorieux de
cette nouvelle lutte.

» Le résultat le plus clair de ce double procès fut de donner
à M. Dupotet plus de célébrité peut-être qu'il n'en aurait ob-

tenu de son enseignement. En moins de deux mois, il eut à magnétiser cent cinquante malades de tout âge et de toute condition. «Sa clientèle, dit M. Pigeaire, aurait parfaitement pourvu un hôpital d'incurables. »

» En général, la médecine de Montpellier, fort indifférente pour le magnétisme, traitait assez légèrement le magnétiseur. M. Pigeaire considéra les choses d'un autre œil, si bien qu'un jour il se présenta chez M. Dupotet et le pria de l'admettre à une de ses séances. En entrant dans la salle, il vit une quinzaine de malades assis côte à côte sur des chaises ; M. Dupotet les magnétisa, et, en quelques minutes, les uns s'endormirent, les autres entrèrent en convulsions : c'était le spectacle le plus singulier. Mais nous passons encore sur ces détails pour arriver aux expériences propres à M. Pigeaire. Toutefois, ce qu'il avait vu fit une impression si profonde sur son esprit, que dès ce moment il fut gagné au magnétisme et y gagna madame Pigeaire. »

Ici, M. le rapporteur annonce qu'il va lire dans le manuscrit de M. Pigeaire, de peur, dit-il, d'altérer les idées en touchant aux paroles. Il commence par les expériences de madame Pigeaire sur sa propre fille. Il est dit que, magnétisée par sa mère, cette enfant en suivait tous les mouvements, en sorte que, lorsque la mère inclinait la main à gauche ou à droite, la petite fille penchait tout son corps de l'un ou l'autre côté ; portait-elle la main en haut et en arrière, la tête de la somnambule se redressait et se renversait, et ainsi de suite.

Maintenant c'est M. Pigeaire qui va parler.

« Dans la suite, et le soir, lorsque nous n'étions qu'en famille, la petite demandait tous les jours à être magnétisée. Elle s'en trouvait bien, disait-elle ; nous la fîmes lire ayant les yeux fermés par le sommeil magnétique, ou recouverts d'un mouchoir en forme de bandeau ; elle lisait avec la plus grande facilité les caractères imprimés ou écrits, non seulement en appliquant ses doigts sur le papier, mais encore sur une plaque de verre interposée entre le livre et ses doigts. Plus de quarante personnes ont été témoins de cette expérience que nous avions soin de ne faire qu'en présence de peu de personnes à la fois, pour ne pas troubler la petite somnambule. Jamais cette expérience n'a manqué; une fois seulement elle a été incomplète.

» Je sais qu'on me dira : comment peut-on croire qu'un enfant, comme toute autre personne, en état de somnambulisme magnétique, puisse voir et lire les yeux fermés ? et moi aussi, dans un temps, je ne pouvais le croire, et moi aussi je traitais de rêves ce que l'on me debitait à ce sujet, quoique je ne doutasse pas de phénomènes semblables observés chez quelques cataleptiques , et notamment chez une dame traitée par M. Petetin. »

» Ici. M. Pigeaire détaille les obscurités de la physiologie et les merveilles de la physique ; après quoi il ajoute :

« Je laisse, messieurs , ces simples réflexions à vos méditations, et je continue le récit de quelques faits de somnambulisme. Le plus simple de ces faits sera peut-être celui qui nous donnera la clef de tous les autres ; le voici : si, après avoir magnétisé un objet quelconque, on appelle ma petite fille étant dans son état naturel et non en somnambulisme, et qu'on lui dise de prendre cet objet, celui même qu'elle aurait le plus de plaisir à posséder, aussitôt qu'elle le saisit, elle est obligée de le lâcher, comme si le contact de l'objet la brûlait. Que ce soit une poupée, une orange, ou toute autre chose semblable , elle ne peut les prendre et les tenir dans sa main qu'après les avoir ballottées pendant un certain temps sur la table, comme elle pourrait le faire d'un corps brûlant.

» J'arrive à quelques autres faits de clairvoyance. Nous avons déjà vu que la petite, en état de somnambulisme , avait désigné certains objets renfermés dans des tabatières ; avait annoncé des personnes encore hors de la salle où elle se trouvait, et qu'elle lisait ayant les yeux recouverts d'un bandeau qui empêche les rayons de la lumière d'arriver aux organes de la vue. J'avais même oublié de vous dire qu'elle avait plusieurs fois indiqué l'heure et la minute, tenant dans sa main une montre dite à savonnette.

» Le professeur Lallemand, avec qui je suis lié d'amitié depuis plusieurs années, désira voir ma petite fille en somnambulisme ; il voulait surtout se convaincre si elle pouvait lire sans le secours des yeux. Un soir donc, nous nous rendîmes chez lui, où nous ne trouvâmes que M. Lallemand père, son épouse et mademoiselle Élisa Lallemand. Le professeur ayant resté trop long-temps à rentrer, nous nous disposions à nous retirer ; mais mademoise le Lallemand pria instamment madame Pigeaire d'endormir sa fille et de la faire lire. Mademoiselle Élisa recouvrit elle-même d'un mouchoir les yeux de l'enfant, qui, magnétisée et endormie, lut avec la plus grande facilité, mieux qu'elle ne l'aurait fait dans son état naturel, toute une page d'un livre de la bibliothèque du professeur. Après cette lecture, la petite ayant dit qu'elle n'était pas fatiguée, mademoiselle Lallemand fut à son secrétaire prendre une lettre ; à peine l'eut-elle dans sa main, et mademoiselle Élisa n'avait pu voir encore qui l'avait écrite, que la petite somnambule se mit à dire : « Cette lettre est d'Ernest » (un petit neveu du professeur) ; mademoiselle Élisa était stupéfaite. La petite lut ensuite la lettre, comme elle avait lu dans le livre. Un tableau de famille fut apporté ; la petite, après avoir appliqué ses doigts sur le verre qu'elle frottait avec rapidité, désigna l'un après l'autre les personnages dessinés qui composaient ce tableau et qu'elle n'avait jamais vus.

» M. Lallemand vint chez moi le lendemain, il vit la petite malade ; elle avait une irritation cérébrale par suite peut-être de la contension trop forte et trop long-temps continuée où elle avait été soumise dans la séance de la veille.

» A quelque temps de là, faisant des expériences, ou pour mieux dire des essais magnétiques sur deux ou trois malades de l'hôpital Saint-Éloi, je voulus par curiosité, plus que par tout autre motif, en faire consulter un par la petite somnambule. Dans une des chambres de l'hôpital, la petite, magnétisée par sa mère en présence du professeur Lallemand, de M. de Saint-Cricq, de deux ou trois médecins, et de plusieurs élèves en médecine, lut, les yeux recouverts d'un bandeau, dans un livre qu'un des assistants, incrédule, apporta; un autre alla ensuite chercher deux tableaux, qui furent remis à l'enfant l'un après l'autre. Après avoir posé les doigts sur le verre du premier, elle dit : « C'est un monsieur âgé, non pas très âgé, mais d'un certain âge. Je ne le connais pas. » C'était le portrait du professeur Broussonnet. Au second tableau elle dit : Celui-ci je le connais, c'est M. Lallemand. «

» Mise en rapport avec un des malades que je magnétisais, la petite annonça qu'il était paralysé des jambes; qu'il ne s'endormirait jamais par la magnétisation, qui lui ferait du bien, mais ne le guérirait pas complétement.

» M. Eustache, qui remplit les fonctions d'interne à l'hôpital Saint-Éloi, l'un des élèves les plus instruits de la faculté de Montpellier, présent à la séance, dit : « Malgré ce que je » viens de voir, et ce que j'en entends raconter, je ne croirai » au magnétisme que lorsque j'en aurai éprouvé les effets, » et je suis prêt, ajouta-t-il, à en subir l'expérience. »

» Le lendemain, M. Eustache, accompagné de M. Dumas, premier interne à Saint-Éloi, vint chez moi, et madame Pigeaire le magnétisa. A la première magnétisation il éprouva des soubresauts dans le bras et le cou, et il lui en resta une pesanteur de tête qu'il conserva toute la journée. A la deuxième épreuve, qui eut lieu le lendemain, M. Eustache éprouva des convulsions tellement fortes, que sa tête heurtait le mur contre lequel était le fauteuil qu'il occupait, et que nous fûmes obligés d'écarter. Ses bras et ses jambes étaient aussi dans une agitation convulsive. Il fallut plus de temps pour calmer cet état nerveux que pour le faire naître. M. Eustache voulant pousser plus loin ses observations, eut le courage de se livrer à de nouvelles épreuves. Il lui semblait qu'il devait opposer à l'action magnétique celle plus forte de sa volonté; mais la lutte ne fut pas égale. Si les passes n'avaient été faites avec prudence et modération, on l'aurait renversé comme par l'effet d'une forte commotion électrique. Une fois il fut magnétisé en présence de MM. Lallemand, de Saint-Cricq, Vialars, Hubert, etc. La main dirigée devant son front et à la distance de trois pieds, lui faisait éprouver des secousses violentes. «Com- » ment, lui disait M. Vialars, un homme comme vous ne pou- » vez regarder sans trembler et sans mouvements nerveux la » main d'une femme? Non, monsieur; je voudrais vous y voir » vous-même; plus je me roidirais, et plus les convulsions se- » raient fortes, je suis obligé de crier merci. »

» Ce n'est que par des passes très modérées qu'on est parvenu à développer le somnambulisme chez M. Eustache. Mais dans cet état il est tellement sensible, que si l'on cause même à voix basse, ou si l'on remue seulement une chaise, au même instant il éprouve des mouvements musculaires; il marque, au reste, avec précision la mesure du temps. A son réveil, oubli complet, et de ce qu'il a dit, et de ce qu'il a éprouvé.

» Je reviens encore à ma petite somnambule. M. Kuhnholtz, agrégé et bibliothécaire à la Faculté de Montpellier, qui se livre avec zèle et talent aux expériences magnétiques, et qui a fait quelques cures heureuses par la magnétisation, voulut voir lire ma petite fille étant endormie. Nous lui mîmes un bandeau sur les yeux après les avoir *tamponnés avec du coton*. Un livre apporté par M. Kuhnholtz lui fut remis, et après quelques moments d'hésitation, elle lut avec facilité, toujours avec le secours des doigts. M. le docteur Pongoski, présent à cette séance, détacha ensuite un tableau : c'était le portrait de M. Trélat. Après avoir appliqué ses doigts sur le verre, la petite lut avec rapidité la sentence tracée au-dessous du por- trait.

» Le lendemain, quoiqu'étant dans son état normal, impossible encore à elle de jeter les yeux sur ce tableau. Ce n'a été que trois à quatre jours après qu'elle a pu le regarder sans éprouver de malaise.

» La petite, très sensible dans l'état magnétique, nous dit dans son somnambulisme, que le contact du coton appliqué sur les paupières lui donnait mal de tête. Il est bon d'observer que les yeux des magnétisés sont agités, pendant le somnambulisme, d'un mouvement d'oscillation, de demi-rotation, qu'on aperçoit très bien quoique les paupières soient closes. Ce mouvement purement organique peut, si l'œil est comprimé, devenir douloureux ou seulement gênant pour la somnambule, troubler ses idées, et l'empêcher de lire ou de raisonner les sensations nouvelles qu'elle éprouve.

» Au bandeau ou mouchoir, nous substituâmes, dans la séance qui suivit, un masque, après avoir clos l'ouverture des yeux avec du velours noir plié en quatre. Quoique le masque parût faire une impression très désagréable à l'enfant et qu'elle demandât à trois reprises différentes d'attendre qu'elle y fût un peu habituée, elle finit par lire avec cet appareil, sans se tromper, dans un nouveau livre qu'avait encore apporté M. Kuhnholtz. Après cette lecture, M. Pongoski sortit un nouveau livre et demanda à la petite si elle pouvait y lire sans l'ouvrir. Vous voyez, messieurs, qu'en fait d'expériences magnétiques, si on n'est pas satisfait d'être témoin d'un fait extraordinaire, il faut toujours demander quelque chose de plus fort. La petite, après avoir frotté la couverture du livre avec ses doigts, dit : « Je ne peux pas lire ; je vois seulement » que ce livre est en vers. » On releva la couverture, et la feuille non imprimée qui est au-dessous se trouva appliquée sur le titre du livre ; la petite frotta rapidement ses doigts sur cette feuille et lut : « *Fables de La Fontaine.* » Pendant qu'on la laissait reposer, quelqu'un agita la sonnette de la porte. J'allais pour ouvrir, lorsque la petite nous apprit que c'était M. Eustache qui sonnait. Nous en fûmes d'autant plus surpris, qu'un des assistants avait dit que M. Eustache était à la campagne et qu'il ne viendrait pas.

» Nous avons, dans les expériences suivantes, remplacé le masque qui cache la physionomie de l'enfant, par une espèce de besicles sans ouverture, entourées, sur la face interne, d'un bourrelet qui s'applique exactement au pourtour de la région orbitaire, et dont le bord inférieur est collé par du taffetas gommé à l'angle formé par le nez et les joues. Cet appareil, bien léger, imperméable à la lumière, met les yeux dans l'obscurité la plus grande, sans la fatiguer. C'est ainsi que nous avons démontré deux fois la clairvoyance par le secours des doigts, à MM. Lordat et d'Amador, professeurs à la Faculté de médecine de Montpellier, et que nous renouvellerons cette expérience devant tous ceux qui s'occupent de physiologie et de médecine.

» Quelques uns d'entre vous, messieurs, suspecteront-ils la réalité des faits dont j'ai l'honneur de vous faire part ? Pourront-ils supposer qu'un père et une mère qui se croient animés de quelques sentiments honnêtes, élèvent leur enfant dans le mensonge et la duplicité, et lui font jouer un rôle qui serait aussi méprisable qu'il serait sans portée, et si difficile à soutenir ; ou bien que depuis dix mois nous sommes dans une illusion complète sur tant de phénomènes divers observés sur diverses personnes, et que nous avons fait partager cette illusion à un grand nombre d'autres bien éloignées auparavant de croire ces phénomènes possibles ?

» Les faits dont je viens de vous entretenir, messieurs, sont vrais ; ils sont importants. Ils peuvent jeter un grand jour sur plusieurs points obscurs ou inconnus de la physiologie. Ils méritent donc d'être observés par ceux qui s'occupent de cette science avec attention, et sans prévention contre des phénomènes qu'ils n'ont pas encore vus, car un jugement sain ne peut émaner d'un esprit prévenu.

» Vous pouvez voir, messieurs, par ce long extrait, de quel style est écrit le mémoire de M. Pigeaire. Il est tel, ce nous semble, que si l'on racontait des faits communs, ordinaires, il ne viendrait dans l'esprit de personne de les mettre en doute. Mais comment croire à des événements si incompréhensibles ? N'est-il pas plus raisonnable de supposer que le narrateur s'est fait illusion, que d'admettre qu'on puisse voir les yeux clos et bandés? L'autorité des vérités acquises est aussi contre lui , et ce n'est pas la plus faible objection. Dans la vie commune , il est si bien avéré qu'on voit par les yeux , et rien que par les yeux , que ce fait établit à lui seul la plus terrible présomption contre tout ce qui vient le contredire.

» D'un autre côté, on cite des témoins nombreux et dont le nom est fait pour imposer. Si les faits racontés passent notre intelligence , ils sont du moins faciles à constater. Dans cet état de choses, que peuvent faire vos commissaires? A coup sûr, ils ne se porteront pas garants de ce que dit M. Pigeaire ; mais ils croient qu'il y a lieu à une enquête.

» C'est ainsi que l'Académie le comprit en 1825 , lorsque, sur la proposition de M. Foissac , elle nomma une commission dont elle connaît le travail. C'est ainsi qu'elle le comprit en 1837, lorsqu'à la prière de M. Berna , elle délégua neuf de ses membres pour vérifier les prodiges qui lui étaient annoncés. Elle ne peut faire moins dans cette circonstance ; jamais peut-être le magnétisme ne se montra sous des auspices aussi favorables et escorté de noms plus honorables.

» Ceux qui, pour se refuser à cet examen, arguent de l'impossibilité des faits allégués par le magnétisme , font un raisonnement vicieux, en ce qu'ils admettent précisément ce qui est en question. Il faudrait avoir été initié à tous les mystères de la création , pour oser dire : Ceci est possible, et cela ne l'est pas. On convient d'ailleurs que les organes ont reçu une structure appropriée aux fonctions qu'ils sont appelés à remplir , bien que les rapports nous échappent le plus souvent. Des sens font peut-être une exception : on saisit du moins quelques rapports entre la conformation de l'œil et les lois de la lumière , et cela seul semble rendre cet organe d'autant plus difficile à suppléer. On voit que nous ne dissimulons pas la faculté.

» Quoi qu'il en soit, il faut examiner. Ce n'est pas tout, il faut apporter dans cet examen l'esprit qui convient à la matière. Le savant Euler distinguait trois ordres de vérité : vérités des sens, vérités de l'entendement, vérités de témoignage. La clairvoyance sans le secours des yeux n'est pas une vérité d'entendement, car elle ne se démontre pas par le raisonnement; c'est un fait de la compétence des sens pour tous ceux qui peuvent en être témoins; pour les autres, c'est un fait qui, comme les vérités historiques, ne peut être apprécié que par ceux qui ont vu les événements ou par le témoignage. Toutefois, on convient qu'il y a une différence immense entre les précautions à prendre pour constater un fait simple, naturel, et un fait qui, comme celui de M. Pigeaire, sort pour ainsi dire du monde connu; mais enfin le procédé logique est le même dans les deux cas. Il s'agirait donc de compter et de peser les témoignages invoqués par M. Pigeaire, en preuve de la vérité de sa narration. Supposé que MM. Lordat, Kuhnholtz, Lallemand, Amador, Eustache, Delmas, etc., aient vu ce qu'on dit qu'ils ont vu; ces témoignages sont-ils assez importants par leur nombre et par leur qualité, pour nous faire admettre la réalité d'un fait qui blesse toutes les vraisemblances? Nous avouons d'ailleurs que des faits de cette nature, on aime bien à les voir pour y croire; mais la physique n'a pas encore trouvé d'instrument qui puisse faire voir à Paris ce qui se passe à Montpellier. En attendant, M. Pigeaire invite deux de nos collègues qu'il choisit parmi les plus incrédules, à se rendre à Montpellier : si sa somnambule ne lit pas, les yeux parfaitement clos et recouverts d'un double taffetas noir, il s'engage à les défrayer; ou il viendra, lui, à Paris, et si l'expérience réussit, il sera couvert des frais de son voyage.

» M. Pigeaire en était là de son mémoire, lorsqu'il eut connaissance du défi de M. Burdin. En prenant la plume, il n'avait donc pas en vue le prix proposé par notre honorable collègue; il y a plus, si les termes du programme qu'il a lu dans un journal de médecine sont exacts, il déclare formellement qu'il ne saurait s'y conformer; il se met hors du concours. Ce journal fait dire à M. Burdin qu'il propose un prix de 3,000 fr. à celui ou à celle qui, dans l'état de sommeil ou de veille, lirait en l'absence de la lumière. Ce n'est pas ainsi que s'est exprimé M. Burdin ; il a dit qu'il offrait le prix à celui ou à celle « qui pourra lire sans le secours de la lumière des yeux et du toucher. » (Procès-verbal du 25 sept. 1837.) Toutefois , les deux programmes se ressemblent en ce point, qu'ils imposent l'un et l'autre aux concurrents l'obligation de lire *en l'absence de la lumière* ; et c'est là ce qui fait l'équivoque. M. Pigeaire ne saurait accepter cette condition ; il s'engage seulement à produire une somnambule qui lira les yeux fermés et en passant ses doigts sur une glace dont on couvrira le livre ou le manuscrit à lire ; mais il ne saurait se passer de la lumière. Cela se conçoit. En effet, pour voir, la lumière et les yeux sont également nécessaires. Sans doute quand on se fait fort de lire sans yeux, il semble qu'on devrait lire sans lumière. L'un du moins ne paraît pas plus difficile que l'autre ; mais ce n'est pas la question. Les magnétiseurs à qui l'on conteste jusqu'à la réalité de leur science, répondent par les faits qui leur paraissent les plus propres à leur gagner les incrédules. Au nombre de ces faits, ils citent très sérieusement des personnes à qui le sommeil magnétique communiquerait la faculté de voir sans se servir des yeux ; c'est leur affaire et non la nôtre. Mais de ce qu'ils consentent, eux, à se priver des yeux , ce n'est pas une raison pour leur ôter la lumière. A cet égard, ils rentrent dans la loi commune. Or, pour être aperçus, les effets doivent être visibles, et pour être visibles, ils doivent être éclairés. Placer ces objets dans des lieux inaccessibles à la lumière, ce serait aller contre le but même de l'expérience ; car il n'y aurait rien à conclure contre la clairvoyance du somnambule qui ne les verrait pas , puisque les yeux les plus fins ne les distingueraient pas mieux. Ce serait en outre doubler les difficultés du problème, lequel consisterait alors à voir sans yeux et sans lumière. Il n'est pas probable que M. Burdin l'entende ainsi. Le fait à éclaircir est unique ; il consiste à savoir si les organes en général et les yeux en particulier peuvent se suppléer ; si, par exemple, les doigts ou toute autre partie du corps peuvent en usurper momentanément les fonctions, ou enfin si les yeux sont indispensables pour voir. Or, pour acquérir cette connaissance, il n'est pas besoin d'exclure la lumière. Qu'on rende, dit M. Pigeaire, ma somnambule momentanément aveugle, j'y consens ; mais c'est tout ce qu'il promet, et c'est bien assez.

» En entrant à cet égard dans les vues de M. Pigeaire, nous croyons céder à la justice encore plus qu'à la curiosité. Nous avouons d'ailleurs que nous désirons vivement lui ôter tout prétexte de s'éloigner du concours, et que nous sommes impatient de le voir répéter ses expériences devant vous.

» Avant de proposer nos conclusions, nous demandons à l'Académie la permission de lui lire le document que nous tenons en main et que nous déposerons sur le bureau ; c'est le procès-verbal que M. le professeur Lordat a rédigé pour lui des deux séances magnétiques auxquelles il avait assisté, lorsque, à la prière de vos commissaires, M. le secrétaire perpétuel eut la bonté de lui écrire.

« Le voici :

» Le dimanche 1er octobre 1837, à trois heures après midi, je me suis rendu chez M. Pigeaire pour assister à une séance de magnétisme qui avait été assignée pour M. d'Amador et moi. J'ai vu deux demoiselles, dont la plus jeune, qui est le sujet de l'observation, peut avoir dix à onze ans. Elle est d'une complexion délicate ; elle sort d'une indisposition qui avait fait suspendre les expériences depuis une quinzaine de jours.

» On a mis entre nos mains un appareil de soie noire destiné à couvrir les yeux de telle sorte qu'aucun rayon de lumière ne peut pénétrer dans l'orbite. Nous l'avons essayé chacun sur nous-mêmes, et nous nous sommes bien convaincus qu'il remplissait parfaitement son but. Dans les sillons qui sont entre le nez et les joues, on avait pratiqué deux prolongements très épais munis d'une substance emplastique, afin d'intercepter tout rayon.

» La petite s'est mise dans un fauteuil dès qu'on l'en a priée, et la magnétisation a commencé. C'est M. Pigeaire qui a fait cette opération. Il n'a pas fallu plus de deux minutes pour que mademoiselle ait dit qu'elle était endormie. La maman lui a demandé si elle voulait être magnétisée plus long-temps ; elle a répondu affirmativement. Après quelques *passes*, elle a dit : *C'est assez*. Un instant après, madame lui a mis l'appareil pour fermer les yeux , et tout a été fait avec la plus grande exactitude.

» Il s'était écoulé trente-cinq minutes, quand elle s'est mise en devoir de nous satisfaire. Elle a pris le livre ; elle n'a pas pu lire la première ligne : *Biographie*, faite en caractères fort ornés, noyés dans des traits nombreux et altérés par les ombres d'un clair obscur, mais elle a lu *des médecins français*, comme si elle épelait en elle-même et en hésitant assez. Chaque mot essayé et inexact lui déplaisait ; elle revenait sur son examen, paraissant fort contente quand elle croyait avoir bien rencontré, et qu'on approuvait sa lecture. J'ai toujours remarqué que le doigt ne grattait que le commencement du mot, et que le reste était achevé sans toucher les autres lettres. Elle a continué la lecture , *vivant...* et le reste assez couramment. Mais, en arrivant aux mots *officiers de santé*, écrits en italiques, elle s'est arrêtée, et a dit : *Voilà une écriture couchée*. Elle s'est mise à étudier en grattant de son doigt à la gauche de ces mots, et les a prononcés parfaitement.

» Après cette épreuve, on a présenté à la petite une feuille imprimée, ayant fait partie apparemment de quelque journal scientifique, dont le sujet m'a paru se rapporter à la géographie physique, et dont le caractère m'a paru un peu supérieur au *cicéro*. On a mis par-dessus un verre transparent, et la petite a paru être plus à son aise. Elle a lu à travers le verre plusieurs lignes assez facilement. Elle a eu besoin de plusieurs essais pour lire le mot *géologie* et le mot *fossiles*. Comme tout cela l'ennuyait, il a fallu lui dire qu'elle n'irait que jusqu'à la fin d'une ligne qui lui a été assignée. Arrivée là, elle a été fort satisfaite. Elle a dit qu'elle était en sueur, et comme elle s'est aperçue qu'elle avait un peu déplu à sa maman, elle l'a accablée de baisers. On a ôté l'appareil. Elle a désiré dormir encore. Les yeux étaient à demi ouverts : pour l'éveiller il a fallu beaucoup de travail, elle a paru fort surprise et assez fatiguée.

» Le somnambulisme donnait à la petite une physionomie et des apparences très différentes de ce que j'ai vu chez elle lorsqu'elle a été éveillée.

» Après l'épreuve de la seconde lecture, la petite dit avec triomphe : *Eh bien ! dira-t-on qu'il y a du compérage encore ?*

» Le 3 octobre, j'ai fait une visite de remerciement ; j'ai demandé à madame si la demoiselle avait besoin de lumière : la réponse a été affirmative ; elle peut lire à un degré de lumière qui ne suffirait pas pour tout le monde, mais elle ne peut pas se passer de ce degré de lumière au moins.

» Le 9 octobre, à trois heures après midi, j'ai assisté à une séance pareille. Etaient présents plusieurs docteurs, entre autres, MM. Vailher, Lafosse, Pourché, Bertrand, Quissac, plus le colonel Du Barret, etc.; tout s'est passé comme l'autre fois, excepté les circonstances suivantes : 1° la petite s'est servie quelquefois de l'index de la main droite ; 2° elle a lu un instant après être tombée en somnambulisme. La plupart des assistants étaient étrangers aux faits et aux procédés du magnétisme. Plusieurs ont dit n'être pas convaincus ; ils se sont récriés sur ce que l'appareil, qui était pour un enfant de dix ans, ne s'adaptait pas exactement à leur nez et à leurs yeux. Pour moi, j'ai vu ce que j'avais vu primitivement.

» Le dimanche 17 décembre courant, je voulus revoir la même expérience, pour répondre à la confiance de M. Pariset. La séance était pour des dames amies de madame Pigeaire et pour un jeune officier. La petite était dans son sommeil magnétique. J'ai trouvé près de la somnambule le docteur Jean-Jean, qui était venu comme incrédule. Il avait apporté son livre, et il était dans la plus grande surprise parce que mademoiselle avait lu presque couramment. L'officier écrivait. L'appareil oculaire avait été rendu plus serré ; le bord inférieur portait une bande couverte d'une substance emplastique, qui s'appliquait au nez, dans le fond des sillons et au-dessous de l'éminence des joues, en sorte que quand l'appareil a été levé, une raie emplastique est restée continue dans les lieux susdits. La petite n'a pas pu lire l'écriture, parce que l'encre était trop pâle, a-t-elle dit. On a écrit la même phrase avec un crayon dont la couleur était beaucoup plus noire, elle a tout lu avec facilité ; elle n'a été arrêtée que par quelques lettres dont les formes ne lui étaient pas familières.

» Peu de temps après, elle a demandé à être réveillée, et sa maman s'est rendue à ses désirs.

» J'ai demandé si mademoiselle pouvoit lire après avoir mis un obstacle opaque entre les mains et l'œil ; madame Pigeaire a répondu négativement. On a même varié ces obstacles sous le rapport des substances. J'ai demandé si mademoiselle pourrait lire en portant les mains derrière le dos, la réponse a encore été négative.

» Montpellier, le 23 décembre 1837.

« *Signé* LORDAT. »

» Finalement, nous avons l'honneur de vous proposer :

» 1° De réunir la commission du magnétisme ;

» 2° De lui envoyer le mémoire de M. Pigeaire et le procès-verbal de M. Lordat. (Adopté). »

M. Burdin annonce qu'il prendra la parole dans la séance prochaine, et qu'il donnera des éclaircissements qui plairont aux magnétiseurs.

En effet, dans la séance du 20 mars, M. Burdin annonça qu'il consentait à modifier son programme.

« Messieurs, dit-il, la commission nommée au scrutin par l'Académie royale de médecine, dans le but d'adjuger le prix de 3,000 fr. à la personne qui, soit à l'aide de l'agent dit magnétique animal, soit sous l'influence de tout autre agent, pourrait lire sans le secours des yeux, cette commission, dis-je, s'est constituée ; elle attend les personnes qui voudront bien opérer devant elle.

» On a déjà répondu à l'appel, tant de quelques parties de la France que de l'étranger ; mais les uns ignorent les conditions que j'avais mises au concours ; les autres veulent envoyer des certificats ; d'autres, et M. Pigeaire est de ce nombre, désirent quelques modifications ; ils ne consentiront à concourir que dans le cas où j'accéderais à de nouvelles conditions. J'ai donc dû vous demander la permission de répondre en peu de mots.

» Lorsque j'ai institué le prix, j'avais mis comme conditions que les concurrents devraient lire sans le concours des yeux, de la lumière ou du toucher.

» Je ferai ces concessions dans des limites larges et scientifiques.

» La somnambule de M. Pigeaire est une fille de onze ans ; elle prononce d'une manière affirmative, dans un cas douteux pour deux médecins, qu'une dame Bonnard n'est pas enceinte ; elle distingue les personnes qui sonnent à la porte de son appartement ; elle voit quels sont les objets renfermés dans une boîte ; le tout est constaté, verbalisé par des hommes du plus grand mérite ; toutefois, pour concourir devant vos commissaires, cette jeune somnambule aura besoin de lumière ; car, pour elle, pour son magnétiseur, la condition première, fondamentale, dans l'acte de la vision, c'est que les objets soient éclairés ; mais, quant à l'organe même de la vision, quant à l'appareil anatomique, ce n'est pas une condition indispensable, et à la rigueur on pourrait s'en passer.

» Messieurs, comme c'est pour moi la condition *sine quâ non* ; comme mon intention, en exigeant que les objets fussent dans l'obscurité, n'était pas de les rendre invisibles en eux-mêmes, mais bien d'empêcher qu'ils ne fussent vus par les yeux de la somnambule, j'accorde ce premier point : les objets seront éclairés. Mais comme, de son côté, la somnambule de **M.** Pigeaire dit : Rendez-moi momentanément aveugle ; assurez-vous que la moindre clarté ne puisse arriver à mes yeux, on me permettra de mettre les yeux de cette somnambule dans des conditions telles que la lumière concédée par moi aux objets ne pourra pénétrer dans les organes de la vision. Dès lors nos intentions réciproques seront remplies.

» Mais ce n'est pas tout : M. Pigeaire exige que sa somnambule ait la faculté de promener ses doigts sur une lame de verre placée au-dessus des caractères à déchiffrer.

» Messieurs, lorsque j'ai interdit l'exercice du toucher aux concurrents, j'avais entendu qu'on ne pourrait user de ce sens, en tant qu'il pourrait devenir subsidiaire, supplémentaire du sens de la vue en tant que les caractères en saillie pourraient donner des indices sur la lecture à faire ; mais, puisque mademoiselle Pigeaire se bornera à promener la pulpe de ses doigts sur des surfaces planes et lisses, ce point sera encore concédé, pourvu que les livres qui devront servir aux expériences soient fournis par vos commissaires.

» Enfin, messieurs, resterait une dernière question à déterminer : de quelles précautions devra-t-on user pour réduire l'appareil anatomique de la jeune somnambule à un état complet d'impuissance, de nullité, pour faire que des objets, d'ailleurs bien éclairés, et sous ce point visibles par eux-mêmes, ne puissent être vus, ce qui s'appelle vus, par les propres yeux de la somnambule ?

» Pour les mêmes détails, messieurs, je m'en rapporte entièrement à la sagacité de vos commissaires, et je me bornerai à vous demander que cette pièce leur soit renvoyée.

> » Paris, le 20 mars 1838.

> « *Signé* BURDIN. »

D'après cela, M. le docteur Pigeaire se rendit à Paris avec sa famille, et afin de s'assurer de nouveau de la lucidité de sa fille (qu'un voyage long et pénible eût pu déranger), il fit chez lui quelques expériences·préparatoires. Plusieurs savants et un assez grand nombre de personnages de distinction eurent la faveur d'assister à ces séances, dans lesquelles mademoiselle Pigeaire lisait admirablement dans le premier ouvrage venu, ayant la vue recouverte d'un bandeau de velours noir, collé à la peau par son bord inférieur, de manière que la lumière ne pouvait aucunement arriver aux yeux. La plupart des personnes qui ont vu le fait l'ont certifié par écrit. MM. Orfila, Bousquet, Ribes, Reveillé-Parise et plusieurs autres médecins distingués ont signé les procès-verbaux qui attestent le fait de lecture malgré l'occlusion des yeux et sans le secours du toucher.

Au moment où M. Pigeaire se disposait à présenter sa somnambule à la commission académique, les renards trouvèrent le moyen de l'embarrasser tellement qu'il dut renoncer à faire des expériences devant eux. Le bandeau de M. Pigeaire, qu'ils n'avaient jamais vu appliquer, n'était pas, dirent-ils, suffisant pour empêcher d'y voir; donc M. Pigeaire ne devait pas s'en servir, mais il devait consentir à encaisser la tête de son enfant dans une sorte de masque confectionné exprès par MM. les commissaires.

Ceux qui ont quelque connaissance du magnétisme et de ses effets doivent comprendre toute la portée de cette conduite. Aussi M. Pigeaire se retira-t-il, sans vouloir même essayer l'application de l'appareil qui lui était offert.

Il est à remarquer qu'aucun des commissaires n'a jamais vu mademoiselle Pigeaire. Eh bien! le croira-t-on? MM. nos adversaires trouvèrent le moyen de faire annoncer par les feuilles publiques la non-réussite en leur présence des expériences de mademoiselle Pigeaire, ce qui impliquait nécessairement la tentative de ces expériences. Qu'on juge à présent de la loyauté de ces hommes si éminents, dont la morgue en impose si puissamment au vulgaire imbécile.

M. le docteur Pigeaire, rendu à sa tranquillité, a publié un livre, dans lequel il donne exactement tous les détails qui se rattachent à son histoire (1).

M. le docteur Frappart, de son côté, a lancé dans le monde des lettres fort spirituellement écrites, dans lesquelles il traite grands et petits selon leurs mérites (2).

Depuis l'affaire de M. Pigeaire, les magnétiseurs continuent leurs études somnambuliques, quelques uns font de la propagande, d'autres travaillent pour la presse. Dieu veuille qu'ils ne soient plus tentés d'aller se brûler à la flamme infernale des corps savants !

---

(1) PIGEAIRE. *Puissance de l'électricité animale* ou *du Magnétisme vital*, *dans ses rapports avec la physique, la physiologie et la médecine*, 1 vol. in-8°, 1839.

(2) FRAPPART. *Lettres sur le Magnétisme et le Somnambulisme à l'occasion de mademoiselle Pigeaire*, adressées à MM. Arago, Broussais, Bouillaud, Donné, Bazille. 1839, in-8°.

DEUXIÈME PARTIE.

—•••—

LEÇONS

THÉORIQUES ET PRATIQUES

DU

MAGNÉTISME ANIMAL.

> C'est un devoir pour moi d'exposer les
> vérités dont j'ai la certitude, sans m'in-
> quiéter du jugement des incrédules.
>
> DELEUZE.

J'ai publié en février 1839 un résumé de mes leçons sur le magnétisme, dont celles-ci sont le développement et le complément. Je tiens à établir cette date d'une manière exacte, afin de pouvoir revendiquer la priorité de certaines pensées et de certaines observations qui m'appartiennent en propre, et dont quelques unes ont été publiées postérieurement par des écrivains qui probablement ignoraient jusqu'au titre de ma brochure, mais qu'un malencontreux hasard a conduits à répéter précisément ce que j'avais dit.

PREMIÈRE LEÇON.

DU MAGNÉTISME.

> Ce principe *impalpable*, *impondérable*, dont la nature nous est inconnue, quoiqu'il paraisse avoir quelque rapport avec l'électricité, est tellement subtil, qu'il semble être mis en mouvement ou en action et transmis d'un individu à un autre par le seul acte de la volonté.
>
> DESBOIS DE ROCHEFORT.

> Quoique ce principe ait peut-être plus de subtilité que la lumière, il paraît être d'une subtilité corporelle capable de s'accumuler et même de passer d'un corps dans un autre.
>
> VIREY.

Le magnétisme animal est la manifestation de la faculté que possèdent naturellement tous les êtres d'agir les uns sur les autres, et chacun sur sa propre organisation, mais plus ou moins puissamment en raison de leurs forces respectives.

L'action magnétique se manifeste plus ou moins promptement, en raison des sympathies, des antipathies, des tempéraments, des idiosyncrasies des individus.

Cette action est plus ou moins forte, en raison de la volonté émissive.

C'est cette volonté qui met en jeu la machine agissante; c'est elle-même qui est le moteur de l'action.

Chaque individu possède une certaine quantité de

fluide nerveux; le réservoir de ce fluide est le cerveau, d'où il coule plus ou moins promptement, en plus ou moins grande quantité, en raison des forces animales.

Le fluide nerveux, comme tous les fluides impondérables, est invisible à nos yeux. Les somnambules prétendent le voir, et l'un d'eux l'a ainsi défini : *flamme coulante qui entretient la vie et qui parcourt le trajet des nerfs.*

Dans mon opinion, le fluide nerveux, le fluide magnétique, l'électricité, la lumière, sont des fluides de la même nature que le calorique; je dis plus, c'est le calorique même, diversement modifié, suivant les milieux qu'il a traversés, et produisant des effets différents, en raison des modifications qu'il a reçues, et encore selon les nouveaux milieux qu'il traverse ou la direction des courants qu'il rencontre sur son chemin.

Ce fluide parcourt l'espace avec autant de rapidité, peut-être, que la lumière; du moins l'expérience a prouvé qu'il se communique presque instantanément à des distances incommensurables. Il n'est point, comme les rayons lumineux, arrêté par l'opposition des corps opaques, il les pénètre comme le fait le calorique.

Il est à remarquer que, dans le plus grand nombre de cas, les corps à travers lesquels passe le fluide magnétique n'en demeurent imprégnés que lorsqu'on agit exprès, en coupant pour ainsi dire le courant du rayon qui tend constamment à s'accumuler sur l'objet lointain vers lequel on l'a primitivement dirigé, et en fixant attentivement la volonté sur ce nouveau but.

Le fluide magnétique peut être réfléchi par certains corps, et attiré, absorbé par d'autres ; même par ceux dont toutes les qualités sont apparemment identiques à celles des premiers, mais dont le fluide intime est autrement modifié. Il est réfléchi principalement par les glaces et les métaux polis, et de plus par certains corps vivants, même par des hommes. Il m'est arrivé bien souvent, en magnétisant un individu placé directement devant moi, de voir s'endormir et entrer en somnambulisme des personnes qui se trouvaient hors de ma portée, et qui n'avaient jamais été magnétisées.

On peut dire qu'il y a un magnétisme *latent*, un magnétisme *apparent* et un magnétisme *rayonnant*.

Ce fluide, qui peut se communiquer d'un individu à un autre à de grandes distances, à travers les corps opaques, présente certaines analogies avec le calorique, l'électricité et l'aimant ; il a en outre des qualités particulières qui lui sont propres.

Les effets que produisent les poissons électriques prouvent positivement ce que je viens de dire ; et la remarque la plus avantageuse qu'on ait faite, c'est que la force électrique ou magnétique, ou mieux électro-magnétique de la torpille, par exemple, est plus grande vers la tête qu'à l'extrémité opposée :

c'est donc dans le cerveau qu'est accumulé le fluide.

Dans notre espèce, en général, les effets sont moins frappants; mais ils n'en sont pas moins positifs. Je ne citerai pas ici l'enfant phénoménal qui produisit sur l'accoucheur qui le reçut une commotion semblable à celle que procure le contact d'une batterie de Leyde fortement chargée; mais je donnerai pour exemple de la puissance magnétique de l'homme, l'influence bien surprenante, sans doute, et cependant bien réelle, qu'exerce sur les animaux les plus féroces le prodigieux Martin. Qui ne connaît la crainte qu'inspire cet hercule moderne aux tigres, aux lions, à la hyène elle-même, dont la voracité et la sauvagerie respectent en tremblant le maître qui, d'un simple regard, gouverne leur naturel féroce? Oui, Martin est bien, quoiqu'il l'ignore probablement, le plus fort magnétiseur que je connaisse! Voyez-le présentant à sa hyène un lambeau de chair qu'elle a hâte d'engouffrer dans sa gueule épouvantable; voyez-le excitant les appétits gloutons du terrible animal, et offrant hardiment aux énormes crocs de la bête sa main audacieuse! C'est dans ce moment surtout que l'âme de Martin se porte, par ses yeux, sur le monstre, qui frémit et qui semble frappé d'une paralysie spontanée, par les terribles regards qui le pénètrent de rayons engourdissants.

Et parmi les animaux différant de notre espèce, ne voit-on pas, chaque jour, les effets les plus patents des influences? Qui ne sait que le serpent magnétise l'oiseau? Qui ignore la force attractive qu'exerce le crapaud sur la belette? Qui n'a vu le chien d'arrêt paralyser la caille ou la perdrix?...

Il me semble qu'il est impossible de révoquer en doute toutes ces choses, et que l'on ne saurait donner une explication raisonnable de ces prodigieux effets, que par ce qu'on appelle le *magnétisme animal*.

Je sais bien que quelques esprits qui aiment à jouer sur les mots, peuvent dire que le mot *magnétisme* dérivant du grec μάγνης, qui signifie aimant, ce mot ne saurait donner une juste idée de l'action ou des phénomènes dits magnétiques; à cela je répondrai d'avance que nul autre mot connu ne pouvant remplir cette condition, je conserverai la dénomination adoptée par mes devanciers, jusqu'à ce qu'un néologue plus instruit que moi ait enrichi d'un nom plus convenable la science que je cultive.

Partant, je poserai en principe que le fluide qui entretient l'action de nos nerfs est la véritable cause du magnétisme animal;

Que ce fluide se dégage par la volonté de celui qui agit et va imprégner les corps vers lesquels on le dirige, en tant qu'il n'y a pas de la part de ceux-ci une répulsion capable d'annihiler la force émissive;

Que ce fluide produit, indépendamment des phénomènes analogues à quelques uns de ceux qu'on obtient par l'aimant, par l'électricité ou par le calorique, un état particulier, identique au sommeil, dans lequel naissent assez souvent les phénomènes du somnambulisme, de la catalepsie, de l'extase, analogues à ces états naturels;

Que ce fluide, principe de la vie, est éminemment bienfaisant aux malades;

Que, comme il appartient au magnétiseur dont la force et les moyens sont puissants, d'en imprégner ou d'en dégager plus ou moins son sujet, soit généralement, soit partiellement, il est évident que cet agent est un excellent moyen curatif.

Les opinions différentes des médecins de tous les temps sur les causes des maladies, ont donné naissance à divers systèmes plus ou moins bons qu'il ne m'appartient point de critiquer. Depuis les *solidistes* et les *humoristes*, et d'après les découvertes de l'illustre *Bichat*, on a, il est vrai, distingué les maladies en nerveuses, vasculaires, lymphatiques, muqueuses, séreuses, cellulaires, cutanées, musculaires, fibreuses, osseuses, etc.; cependant, quelque raisonnables que paraissent ces distinctions, certains médecins pensent encore aujourd'hui que toutes les affections viennent des nerfs; d'autres prétendent qu'elles dépendent du sang; d'autres enfin du manque d'équilibre entre les divers systèmes.

Moi qui pense que si le système nerveux n'est pas le seul acteur, il joue du moins le rôle principal dans la machine animée, puisqu'il entretient le mouvement, je soutiens que, soit que la maladie vienne par trop de faiblesse, soit qu'elle vienne par trop de

force des nerfs relativement au reste de l'économie,
le magnétisme peut guérir immédiatement les affections nerveuses et médiatement les autres, pourvu
toutefois qu'il soit administré opportunément et convenablement.

C'est à tort que quelques personnes prétendent
que le magnétisme n'est qu'un surexcitant des nerfs ;
j'ai souvent démontré par des faits, beaucoup plus
concluants que tous les raisonnements, que l'agent
magnétique peut agir comme sédatif, débilitant ou
tonique, suivant l'intention et le discernement du
magnétiseur.

J'ai reconnu que les procédés qu'on peut employer
pour déterminer tels ou tels effets ne sont point indifférents ; car bien que la volonté soit le principal
moteur de l'action magnétique, il n'en est pas moins
vrai que les accessoires nécessaires ne sauraient être
neutralisés ou mal combinés, sans nuire à la production ou au développement des phénomènes.

Je ne suis point encore fixé positivement sur le
point de savoir s'il existe des individus insensibles
au magnétisme. Je pense que cela doit être, quoique,
d'après ma propre expérience, je me sois convaincu
que tel individu qui n'avait ressenti aucun effet de
l'action de certains magnétiseurs, éprouvait des sensations bien marquées, et quelquefois spontanément,
de l'action de certains autres ; que la volonté, aidée
de tels ou tels procédés, agit d'une manière puissante, tandis qu'accompagnée de procédés différents,

elle ne produit, bien souvent, rien d'apparent, ou détermine même des effets contraires à ceux que l'on désire obtenir ; que chacun a certaines parties du corps plus sensibles à l'action du magnétisme que certaines autres parties. Je me suis convaincu aussi de l'influence bien positive des climats, des températures locales, des températures atmosphériques, des corps vivants ou inertes qui nous environnent, et des dispositions physiques et morales du magnétiseur et du sujet.

Des hommes instruits, sans doute, mais qui n'ont pas voulu prendre soin d'examiner le magnétisme et les phénomènes qu'il fait naître, ont prétendu que les effets magnétiques ne sont dus qu'à la chaleur animale, ou à l'imagination, ou à l'éréthisme de la peau, ou, enfin, à la fascination. La fausseté de leur jugement est facile à démontrer ; en effet, lorsque l'on agit à de grandes distances sur un individu isolé qui, ignorant complétement que cette action doit avoir lieu, éprouve des effets aussi réels, aussi marqués que ceux qui naissent de l'application directe de la main sur le corps, n'est-il pas bien positif que les assertions des antagonistes du magnétisme sont dénuées de fondement ?

Une expérience que j'ai fréquemment répétée dans le but de convaincre les pyrrhoniens, et qui a été faite à Angoulême en 1836, est celle-ci : je venais de terminer une leçon pratique ; j'avais à mon cours, ce jour-là, une douzaine d'élèves ; l'un de mes somnambules, le nommé *Chaumet*, surnommé *Libourne*, peintre, âgé de vingt ans, nous avait présenté des phénomènes très remarquables et très concluants. La séance terminée, il sort de chez moi, et mes élèves m'adressent quelques questions relatives au magnétisme ; celles-ci discutées, la conversation revient sur le sujet de nos dernières expériences. M. Tardat me demande s'il me serait possible d'endormir mon somnambule là où il peut se trouver dans ce moment. Je réponds que oui ; que j'avais plusieurs fois fait cette expérience sur lui ; mais que, comme j'ignorais où il était, je craindrais de commettre une imprudence. Si vous le voulez, me dit M. Tardat, j'irai voir où est *Libourne*. J'y consentis. Peu après ce monsieur revint, et, nous ayant dit que le somnambule était occupé à lire le journal au café des *Colonnes*, on m'engagea à le magnétiser.

Toutes les personnes qui m'ont fait l'honneur de suivre mes cours savent que j'ai toujours été très défiant des sujets et très scrupuleux dans les expériences. C'est pour cela que je proposai à ces messieurs de désigner, pour magnétiser Libourne, l'un d'eux et non pas moi, parce que le somnambule ayant pu voir au café M. Tardat, pouvait peut-être se douter que je voulais le magnétiser à distance. Les élèves nommèrent donc, pour tenter cette magnétisation, M. Davesne, négociant, dont l'incrédulité n'était encore qu'ébranlée. Au bout de quelques minutes de concentration et d'attention de la part de M. Davesne,

je dis aux élèves que le sujet devait être endormi,
et que, afin de rendre l'expérience encore plus concluante pour eux, ils feraient bien d'aller tous ensemble vérifier le fait, et de laisser faire Libourne
pour voir s'il reconnaîtrait de lui-même son magnétiseur. Déférant à mon invitation, ils sortirent pour
se rendre au café des Colonnes ; mais ils rencontrè-
rent le magnétisé se dirigeant en plein somnambulisme vers le lieu d'où il avait été endormi, et, avant
que personne eût eu le temps de lui adresser la parole, il dit : *Monsieur Davesne, éveillez-moi donc ; ce
n'est pas bien de m'endormir ainsi sans me prévenir.*
Alors M. Davesne s'empara complétement et directement du sujet, et l'amena dans la salle ordinaire des
séances où il l'éveilla.

Certes, il n'en fallut pas davantage pour détruire
entièrement les doutes de l'expérimentateur ; et le
bruit de cette expérience valut au magnétisme plusieurs nouveaux prosélytes.

Dans les premiers temps de mon séjour à Angoulême, j'eus à lutter contre la mauvaise foi la plus insigne, non seulement des médecins, mais encore du
public. Ce n'était pas du doute, de l'incroyance à défaut de preuves évidentes ; c'était une ligue infernale
qui avait juré mort au magnétisme, haine au magnétiseur, honte à ses partisans. Croyant atteindre plus
facilement leur triple but, nos adversaires, je pourrais dire mes ennemis d'alors, dépêchaient chaque
jour près de moi quelque bretteur de bonne mine

qui, avec des formes assez polies en apparence, me
lançait des sarcasmes provocateurs dont, je l'avoue,
j'avais peine à endurer les atteintes. Or, un jour, à
l'heure ordinaire de mes séances, un fashionable ré-
puté duelliste se présenta chez moi, fut introduit au
salon, et m'aborda en ces termes : « Monsieur, vous
» êtes professeur de magnétisme ?..... Je crois que
» votre prétendue science n'est qu'une pure charla-
» tanerie ; néanmoins, si vous pouvez me convaincre
» que je suis dans l'erreur, je me rangerai de votre
» parti, et je vous jure que vous aurez en moi un chaud
» défenseur. » Cette brusque allocution m'étonna d'autant plus que je n'avais jamais vu l'individu qui me
l'adressait. Certes, si le magnétisme eût pu gagner
quelque chose par la violence, et que je n'eusse
écouté que mon premier mouvement d'indignation,
le beau jeune homme eût couru grand risque de
sauter par la fenêtre ; mais je fus maître de moi, et
je m'en félicite. Cependant j'avais cru démêler en
mon antagoniste plus de curiosité que de volonté,
plus de licence que d'esprit, plus de fanfaronnade
que de fermeté. Aussi, après l'avoir regardé sévè-
rement et en face pendant quelques secondes, lui répondis-je d'un ton non moins sec que celui qu'il avait
pris avec moi était impertinent : « Monsieur, je suis
» prêt à vous prouver, comme vous voudrez, quand
» vous voudrez, où vous voudrez, que la cause que
» je défends est la cause de la vérité et dè la justice.
» Il m'en coûterait, pour cela, de commettre un ho-

» micide ; mais s'il le faut, si vous l'exigez, je vous » tuerai. » Ces mots, nettement et fortement articulés, produisirent l'effet que j'en attendais ; M.' *** se radoucit, me témoigna les regrets qu'il éprouvait de son imprudence, et me pria alors de le magnétiser. Je ne demandais pas mieux, je sentais mon sang bouillonner, j'étais dans un état d'exaltation extrême, et je crois que je n'ai de ma vie été plus capable de terrasser par le magnétisme. M. *** s'assit, je me tins debout, à deux pas devant lui ; je fixai ses yeux de ce regard qu'un journaliste de Toulouse a appelé mon regard de marbre ; je m'inclinai vers lui, j'étendis la main devant sa poitrine, et au bout d'une minute, cet homme jeune et vigoureux, qui résistait mentalement à mon action de toutes les forces dont il pouvait disposer, éprouva une contraction subite et générale de tous les muscles ; le corps et les membres présentèrent une rigidité extrême, la face s'injecta de sang, devint d'un rouge noir, le front dégoutta d'une sueur visqueuse, le cou se tendit et se gonfla, la poitrine devint haletante, les yeux se convulsèrent horriblement, et je ne sais, mais on peut le prévoir, ce qui serait advenu si je ne me fusse empressé de changer de manière d'agir. Je cessai mon action première, je dégageai peu à peu M. *** du fluide dont je l'avais imprégné si rapidement, et je dissipai, non sans fatigue, tous les accidents qui s'étaient manifestés. Depuis cette scène M. *** est devenu enthousiaste du magnétisme.

Je ne nie point toutefois que, dans certains cas et chez quelques individus, il ne puisse résulter des causes citées par nos adversaires comme nécessairement déterminantes des phénomènes magnétiques, des effets fort singuliers qui peuvent avoir plus ou moins de ressemblance apparente avec ceux dus réellement à la magnétisation. Ainsi, je me rappellerai toute ma vie que, ayant entendu dire, lorsque j'étais étudiant en médecine, qu'on avait fait vomir des individus en leur donnant à boire de l'eau pure prétendue émétisée, et ayant voulu faire cette expérience moi-même, je dis à un malade que j'allais lui donner un vomitif puissant. Je lui donnai un simple verre d'eau, dans lequel je feignis de remuer quelque chose qui était censé avoir été versé d'un morceau de papier que je secouais au-dessus du verre, et qui ressemblait, à la manière dont je l'avais plié préalablement, à un petit paquet d'émétique. A peine mon malade se fut-il ingurgité l'horrible boisson qui l'épouvantait d'avance, qu'il vomit abondamment des glaires et la bile dont il était encombré. Voilà un fait qu'on peut hardiment, je crois, attribuer à l'imagination, mais qui n'a rien de commun avec les *crises* magnétiques.

J'ai vu très fréquemment des individus placés dans une chaîne de sujets s'endormir apparemment comme les véritables somnambules ; mais comme ce sommeil était dû à toute autre cause que le magnétisme, ils étaient spontanément réveillés par la moindre piqûre à la peau. Là, on pourrait dire que le sommeil est dû à l'imitation.

Plusieurs personnes éprouvent, quand on les touche, des spasmes, des mouvements tétaniques qui augmentent de force et de durée à mesure que les attouchements se prolongent : ces effets peuvent être attribués à l'éréthisme ; mais ils ont un caractère particulier, indéfinissable, cependant appréciable pour l'œil exercé. J'ai connu un brave militaire, officier de la Légion-d'Honneur, qui se trouvait mal quand on lui posait la main sur le genou.

Lorsque le sujet s'oppose mentalement à l'action magnétique, et que ses forces morales sont inférieures à celles du magnétiseur, il succombe ; mais il est fort rare qu'il n'éprouve pas, par suite de sa résistance, des convulsions qu'il n'est pas toujours facile de calmer promptement.

L'incrédulité d'un malade est presque toujours un obstacle ; il ne suffit pas qu'il souffre pour qu'il soit sensible à l'action. J'aurais cent exemples à citer à l'appui de ma proposition : un homme auprès duquel certaines personnes avaient fait bien des démarches pour l'engager à se laisser magnétiser, afin de combattre chez lui une affection qui avait résisté à toutes les applications allopathiques, se refusait opiniâtrément à cela, parce que, disait-il, le magnétisme était une folie. Un de ses parents, magnétiseur habile et puissant, essaya d'opérer sur lui durant le sommeil naturel, durant l'état de veille à l'insu du malade, tout cela sans effet apparent. Une dame de ses amies imagina, pour le convaincre du magnétisme, de lui faire voir une somnambule lucide qui fit devant lui et presque sous sa direction des choses admirables, considérées comme impossibles, et qui déterminèrent la foi de cet homme. Alors il demanda lui-même à être magnétisé ; et son parent, dont l'action avait été nulle en apparence quelques jours avant, l'endormit sans peine, le mit en somnambulisme et parvint à le guérir. Il est prouvé d'ailleurs bien positivement que l'homme qui a une confiance religieuse et aveugle au magnétisme sera guéri très promptement (le cas étant possible), tandis que l'incrédule, toutes choses égales d'ailleurs, n'éprouvera que peu ou point d'effets. Il y a à cette règle des exceptions ; voilà tout.

Il n'est pas favorable que la personne qui se soumet au magnétisme désire vivement être mise en somnambulisme ; car la préoccupation d'esprit qui naît de ce désir empêche bien souvent le sommeil magnétique de s'établir.

Les meilleures dispositions qu'on puisse présenter sont l'abandon, la confiance en celui qui doit opérer, l'ignorance des effets qui peuvent être produits, et un religieux recueillement.

DEUXIÈME LEÇON.

DES PHÉNOMÈNES MAGNÉTIQUES.

—

> Il est dans l'esprit de l'homme une cer-
> taine vertu de changer, d'attirer, d'empê-
> cher et de lier les hommes et les choses à
> ce qu'il désire, car tout lui obéit lorsqu'il
> est porté à un grand excès de passion ou
> de vertu, mais en tant qu'il surpasse ceux
> qu'il entend lier.
>
> PIERRE POMPONACE.

Les phénomènes que présentent les personnes soumises à l'action magnétique sont très variés et très
nombreux. Ceux qui se présentent le plus ordinairement sont de fréquents clignotements, une pâleur
spontanée ou une rougeur subite, un sentiment de
chaleur ou de froid à la tête, à l'épigastre ou aux
extrémités ; un picotement général ou partiel très
prononcé, surtout aux appendices des membres, un
léger fourmillement dans les intestins, des contractions musculaires, des spasmes, une accélération ou
un ralentissement de la circulation du sang, des palpitations violentes, des borborygmes, des pandiculations, le réveil d'anciennes douleurs. Le sujet
éprouve parfois un état de calme et de bien-être in-
dicibles ; ou bien au contraire un sentiment de malaise et de brisement général ; une somnolence plus

ou moins longue, assez analogue au coma, s'empare du magnétisé ; le sommeil l'asservit ; il est plus ou moins isolé du bruit extérieur, plus ou moins insensible ; il dort plus ou moins profondément.

Comme je l'ai dit, ces effets ne s'obtiennent point également sur toutes les personnes ; il en est qui se sont soumises, durant des heures entières, à l'action de magnétiseurs très puissants, et qui n'ont éprouvé autre chose qu'une modification dans les pulsations ; quelquefois même rien d'appréciable. Ainsi certains individus ressentent des effets tout différents de ceux qui se manifestent sur certains autres. Quelques uns sont doués d'une sensibilité étonnante, d'autres sont fort peu impressionnables. Cependant on peut se convaincre aisément que les mêmes personnes qui, dans l'état de parfaite santé, n'auraient rien éprouvé de l'action du magnétisme, peuvent être mises en crise très aisément lorsqu'elles sont atteintes de quelque maladie.

Il y a quelques années, après m'être entretenu du magnétisme avec un de mes anciens condisciples, il me proposa d'essayer de l'endormir. Je lui fis observer que, comme il me paraissait en état de santé parfaite, ce serait probablement peine perdue. Néanmoins, il me pria si gracieusement de satisfaire à son désir, que je cédai, et me mis en état d'opérer.

Je le magnétisai avec soin pendant près d'une heure, et, malgré la bonne volonté que nous mettions l'un et l'autre à la réussite de l'opération, cet essai fut inutile ; il ne se manifesta aucun symptôme appréciable de magnétisation. Pendant trois jours nous recommençâmes l'expérience sans plus de succès. A quelque temps de là, ce jeune homme se trouvant assez gravement indisposé, me dit qu'il était malade et me pria de faire en sorte de le guérir. Alors je le magnétisai de nouveau, et cette fois j'eus un plein succès : en peu de minutes il fut endormi complétement ; je le laissai reposer près de deux heures sans lui adresser la moindre question, et le somnambulisme se déclara sans être autrement provoqué. Le sujet rêva d'abord, articula assez difficilement des mots dont je ne compris pas le sens ; reprit un instant son calme premier, puis se leva, fit deux fois le tour du salon, vint se rasseoir et me demanda de le réveiller ; ce que je fis. Le lendemain il entra en plein somnambulisme, une demi-heure après le commencement de l'action ; il vit parfaitement sa maladie, quelle en était la cause, et ce qu'il lui fallait faire pour guérir. Lorsque sa santé fut rétablie, il cessa d'être somnambule.

Les gens robustes et se portant réellement bien qui se soumettent à l'action magnétique sont, en général, d'autant moins disposés à en éprouver les effets, que l'harmonie organique serait troublée en eux, par cela seul qu'il y aurait surcroît de vie du système nerveux ; et la nature s'oppose à cette perturbation.

Les faits de ma propre expérience viennent appuyer ce que je dis ; en effet, j'ai observé que les personnes les plus impressionnables à l'action magnétique, sont celles dont la santé est au moins chancelante. Je ne crains pas d'avancer que tout individu qui éprouve facilement de grands effets magnétiques ne jouit point d'une santé parfaite (tout le monde sait que beaucoup de malades s'abusent sur leur position, et qu'il en est même qui ne soupçonnent nullement leur état réel) ; et si ces personnes éprouvent des effets très développés, c'est que la nature a besoin d'être secondée pour rétablir ou régulariser le mouvement ; ou, si l'on veut, c'est que le magnétisme est nécessaire à ces individus pour renforcer chez eux la vitalité qui s'échappe.

J'ai eu un somnambule dont l'affectibilité magnétique m'avait semblé d'autant plus surprenante, que cet homme annonçait une santé florissante. Il était fortement constitué, d'un tempérament sanguin ; et à en juger par les roses de son teint, par sa démarche franche, par l'aisance avec laquelle il maniait de lourds fardeaux, on eût dit qu'aucune maladie ne pouvait l'atteindre. J'étais surpris de la facilité avec laquelle j'avais magnétisé ce colosse. Je lui demandai, pendant son sommeil magnétique, s'il était aussi bien portant qu'il le paraissait. Sa réponse fut négative. Je suis, me dit-il, sur le point d'être gravement malade. Je me vois déjà le teint jaune, j'éprouve des avant-coureurs de fièvre, mon foie est déjà affecté. Il eût été impossible au praticien le plus éclairé de découvrir chez ce sujet le moindre symptôme d'une hépatite. Je résolus de laisser faire quelques jours sans parler au somnambule de rien qui eût rapport à ce qu'il m'avait annoncé. Je l'éveillai donc sans autre question. Le lendemain, cet homme étant en somnambulisme, me dit encore qu'il allait être bien malade. Je le détournai de cet objet en lui parlant d'autre chose, dans la crainte qu'il ne voulût me tromper. Je voulais voir. A quatre jours de là la maladie se déclara manifestement; alors j'en crus mes yeux. En très peu de jours je débarrassai ce sujet de l'affection qui s'était emparée de lui. Les avis qu'il me donna pendant son somnambulisme ne me furent point inutiles.

Il est à remarquer que parmi les gens les plus forts en apparence, il s'en rencontre beaucoup qui portent en eux le germe de quelque maladie; il ne faut donc pas juger d'après le seul extérieur pour se convaincre du plus ou du moins de sensibilité d'un individu : il faut le soumettre à l'action. Quant à moi, je puis affirmer que j'ai rencontré beaucoup d'hommes jeunes, ardents, impétueux, doués d'une force musculaire vraiment herculéenne, annonçant la santé la plus florissante, et qui, malgré tout cela, étaient magnétisés en peu d'instants. Mais que l'on suive quelque temps ces personnes, qu'on les examine scrupuleusement, et l'on ne tardera pas à s'apercevoir qu'elles sont affectées plus ou moins de quelque maladie.

Je ne dis pas que cette règle soit sans exception aucune; mais je suis convaincu qu'il y en a bien peu.

J'étais un jour avec M. le comte de Beaumont dans une maison de Bordeaux, où se trouvait M. César Moncorgé, que je ne connaissais pas alors. La conversation ayant tombé sur le magnétisme, il nous demanda de le magnétiser. M. de Beaumont, pensant que l'état de santé et la force extraordinaire de ce monsieur seraient un obstacle, ne voulut point tenter l'expérience; je m'y refusai aussi d'abord; mais M. Moncorgé nous provoquant en termes fort piquants, je me décidai à faire un essai. Nous passâmes dans un salon séparé de la salle où nous nous trouvions; je me mis à l'œuvre, et, en moins de cinq minutes, cet homme si robuste, si vigoureux, fut en plein somnambulisme. Comme il avait résisté de toutes ses forces à l'influence magnétique, il eut des convulsions violentes, au milieu desquelles il s'écria, furieux : « S.... n.. de D...! est-ce un boulet de canon que vous m'avez f.... dans la poitrine? » et en même temps il cherchait à me saisir entre ses bras. Je voulus le rendre calme; il s'y refusa. Alors je lui paralysai les membres et le réveillai dans cet état. Rendu à lui-même, il eut encore des convulsions que je calmai aisément. Je le rendormis afin de le remettre plus facilement à son état normal; dans ce second sommeil, il nous déclara qu'il était sujet à des convulsions et qu'il en avait souvent pendant la nuit. Il se prescrivit un régime qui, d'après lui, devait suffire pour le guérir. J'ignore s'il s'y est conformé, n'ayant pas eu occasion de le voir depuis cette scène.

Ce magnétisme animal, si rudement attaqué de toutes parts, si impitoyablement poursuivi, si impudemment dénié, si vigoureusement controversé en France depuis soixante ans, produit aussi quelquefois, sans amener le sujet à la crise que nous appelons *sommeil*, des effets bien bizarres, bien surprenants !

Un fait qui s'est passé à Rochefort, en mars 1836 (1), mérite, ce me semble, d'être rapporté, car je n'en connaissais point de semblable ; et d'ailleurs ce n'est qu'en établissant les faits d'abord qu'on peut dans la suite les classer, les coordonner, et ce mode de direction est, selon moi, le plus propre au progrès.

M. Ricard jeune, mon frère, fut prié de se rendre auprès d'une pauvre malade qui réclamait les secours du magnétisme; il s'y rendit, commença par examiner cette femme, et ayant reconnu qu'elle était dans le marasme, il se plaça à un pas environ du pied du lit où elle gisait, se recueillit un moment, et leva doucement la main vers la malade; à peine le mouvement d'ascension était-il terminé, que la patiente

----

(1) J'avais alors à Rochefort un cours pratique, suivi ardemment par soixante-cinq personnes des plus notables, parmi lesquelles figuraient médecins, chirurgiens, pharmaciens et étudiants en médecine.

éprouva une commotion très violente, et eut une atta-que de catalepsie générale, que le magnétiseur **ne** put faire cesser qu'après plus d'une heure de soins. Cette crise passée, la malade put parler et dire aux personnes qui l'entouraient : « Je me trouve mieux actuellement ; mais je sens bien que je ne me réta-blirai jamais. » Ses parents n'ayant pas voulu qu'on la magnétisât de nouveau, mon frère se retira, peiné de ne pouvoir arracher à la mort une proie qu'elle saisissait déjà, et que peu de jours après elle avait dévorée.

Il se trouve des personnes qui, rayonnantes de santé en apparence, sont cependant d'une extrême sensibilité. J'ai rencontré une dame tellement im-pressionnable à l'action magnétique, que, sans me connaître, ignorant complétement l'existence du ma-gnétisme, n'ayant conséquemment aucune appréhen-sion de cet agent, elle se trouva comme foudroyée, lorsque pour la première fois je lançai sur ses yeux un regard magnétique. Quand ensuite je la regardai sans intention d'agir, elle n'éprouva rien, absolu-ment rien. J'ai répété depuis sur cette dame, et sans la prévenir, la même expérience, et j'ai constamment produit le même effet. Ce qui m'a le plus étonné en elle, c'est qu'elle n'éprouvait aucun besoin de dormir lorsque j'avais agi ainsi ; pourtant il me fallait assez de soins pour la rétablir à l'état normal.

Dans le mois de janvier 1838, M. Fortuné Chateaunet conduisit chez moi un jeune homme de vingt à vingt-deux ans, qui, ne pouvant ajouter foi à ce qu'on lui avait raconté des phénomènes magnétiques, désirait se soumettre à l'action d'un magnétiseur, pour juger par lui-même de quelques effets. M. Victor n'était certes pas favorablement disposé; mais comme je remarquai que ses yeux étaient brillants et bien ouverts, je lui proposai d'essayer sur lui quelques passes. Il me répondit que, d'après ce qu'on lui avait rapporté, il ne serait pas étonnant qu'on parvînt à le fatiguer, à l'ennuyer même, par la répétition de gestes plus ou moins ridicules (c'est l'expression dont il se servit), mais qu'il ne croyait à rien de plus. Alors je lui promis de ne lui faire aucune passe; je le priai de s'asseoir convenablement et l'invitai à se tenir tranquille; il y consentit. Je me plaçai devant lui, à quatre pieds environ; je regardai fixement ses yeux, et, en moins de deux minutes, il fut arrivé au sommeil magnétique. M. Fortuné Chateaunet l'appela très haut, fit un très grand bruit près de lui; il n'entendit rien, et il ne s'éveilla que lorsque je le voulus.

Un phénomène que je n'ai presque jamais manqué de produire, quelles qu'aient été les dispositions physiques et morales des individus soumis à mon action, c'est la différence des pulsations. J'engage les magnétiseurs qui pensent ne rien produire quelquefois sur certaines personnes, à bien constater l'état du pouls avant l'action et à le vérifier après. Il est même bien de toucher les deux radiales à la fois, afin de mieux distinguer toutes les modifications ; car l'on obtient souvent un très grand développement de l'artère à un bras, tandis que l'artère du bras opposé est tout-à-fait concentrée et presque insensible.

Des auteurs fort estimables sans doute, que nous devons tous révérer comme nos maîtres, parce qu'ils nous ont frayé la route dans laquelle nous marchons, ont commis quelques erreurs que le temps et l'expérience seulement devaient faire connaître. Toutefois, ces erreurs ne sauraient autoriser qui que ce soit à rejeter les ouvrages qui les contiennent, car toute science qui se forme ne peut arriver à son apogée de perfection que par la hardiesse de ceux qui recherchent ses vérités ; et lorsqu'un homme poursuit les causes cachées des effets qu'il ne comprend même pas bien, il peut aisément s'égarer dans le vaste champ des conjectures, sans pour cela être inutile au progrès. Le magnétisme est tellement abstrait, les anomalies qu'il nous montre à chaque instant sont si en dehors des lois généralement connues, que ceux qui en poursuivent l'étude le plus ardemment ne sauraient être, encore aujourd'hui, à l'abri des bévues que commettent les novateurs eux-mêmes.

Cependant, presque tous les savants qui ont traité la question qui nous occupe sont demeurés d'accord sur les points capitaux de la doctrine magnétique ; presque tous ont pensé, comme M. de Puységur, que pour opérer des choses belles, grandes et utiles, le magnétiseur devait savoir vouloir.

Lorsque je traiterai des différents systèmes de magnétisation, je résumerai aussi bien qu'il me sera possible les idées de ces écrivains. Quant à présent, je dis seulement que, depuis les vingt-sept propositions et le baquet de Mesmer, les procédés ont été singulièrement modifiés, et les principes diversement aperçus. Selon les uns, le célèbre docteur a émis des propositions fausses ; selon d'autres, ces mêmes propositions sont justes (1). La belle et savante théorie des courants publiée par M. de Lausanne tend à faire reconnaître le fond des paraboles du rénovateur du magnétisme animal.

J'ai parlé au commencement de cette leçon des phénomènes physiologiques qui naissent le plus communément de l'application du magnétisme ; je dois dire aussi quels sont ceux qui se présentent le moins fréquemment, et qui ont été observés, sans doute, par bien peu de magnétiseurs ; car les sujets qui offrent ces phénomènes se rencontrent rarement.

J'ai mis souvent en catalepsie apparente les membres de certains somnambules, un instant avant d'opérer leur réveil ; je ne les prévenais en aucune façon de mes intentions à leur égard, et malgré cela, lorsqu'il me plaisait de les rendre à l'état de veille et de

---

(1) Selon moi, les propositions de Mesmer cachent un sens difficile à pénétrer, et méritent une étude particulière de la part des savants.

faire persister la catalepsie malgré la transition d'un état à l'autre, cela se réalisait admirablement. Ce qui est frappant dans cette expérience, c'est l'inquiétude et l'étonnement du patient. Certes, si les savants étaient de bonne foi, un seul fait de cet ordre produit sur un individu présenté par eux, leur prouverait évidemment que le magnétisme n'est point une chimère.

J'ai rapporté le fait d'une crise de catalepsie générale observée sur une malade agonisante; voici ce qui a eu lieu sur un jeune homme soi-disant très valide qui n'avait jamais été soumis à l'action magnétique.

M. Godineau, mon élève, étudiant en médecine à Rochefort, était encore peu persuadé de l'existence du magnétisme, lorsqu'il pria M. Ricard jeune de le magnétiser. Ce dernier, après avoir fait placer commodément M. Godineau, le magnétisa une demi-heure environ, sans rien produire d'apparent; cependant comme M. Godineau fermait les yeux et feignait assez bien le sommeil, le magnétiseur, pensant que cet état pouvait être réel, souleva le bras droit du sujet, le tendit horizontalement et fit sur ce membre cinq à six passes, dans l'intention d'établir la catalepsie. Lorsqu'il se fut assuré que cette crise existait, il crut bien que M. Godineau était endormi; et il lui adressa cette question : « Comment vous trouvez-vous? —Très bien, » répond le sujet en ouvrant les yeux; tel que j'étais » lorsque je me suis placé sur ce siége; je n'ai rien

» éprouvé, rien, je vous l'assure. » Comme il achevait sa phrase, il s'aperçut que son bras était roide et n'obéissait plus à sa volonté. Alors il changea de ton et pria le magnétiseur de lui rendre l'usage de son bras. Mon frère, pensant que c'était une plaisanterie que voulait faire M. Godineau, fit la sourde oreille, et ne céda aux sollicitations du patient qu'au bout de trois quarts d'heure, et après avoir fait vérifier ce phénomène par toutes les personnes présentes à la séance. La même expérience a été répétée plusieurs fois sur M. Godineau, et toujours avec le même résultat.

J'ai depuis lors obtenu ce phénomène chez presque tous les sujets que j'ai mis postérieurement en somnambulisme; je l'ai produit également sur des individus qui me paraissaient peu propres à devenir somnambules, et qui de fait n'ont jamais pu être complétement endormis.

Tous les magnétiseurs savent sans doute que la catalepsie artificielle est très facile à produire sur certains individus qui ont déjà dormi du sommeil magnétique; mais bien peu certes ont été à même d'observer cette crise sur des personnes qui se sont trouvées dans les mêmes conditions que celles où M. Godineau était placé.

Ce qui se rencontre moins rarement sur des sujets nouveaux, c'est la paralysie momentanée. J'ai moi-même produit cette crise sur deux personnes; et je l'ai observée encore récemment chez une demoi-

selle que magnétisait M. le comte de Beaumont Brivazac.

Nous étions plusieurs magnétiseurs ensemble chez
madame de Comet, place Saint-André à Bordeaux.
M. de Beaumont proposa à mademoiselle *** de la magnétiser ; cette jeune personne y consentit. Après dix
minutes environ d'une action incessante de la part
du magnétiseur, nous remarquâmes que les yeux du
sujet étaient fixes, le pouls rare, les mains très
froides, tout le corps complétement immobile. Nous
pensâmes un moment que cette demoiselle était arrivée au somnambulisme magnétique ; car nous avions
tous connu des somnambules qui, malgré la transposition des sens, particulièrement de celui de la vue,
restaient les yeux ouverts et fixes aussi durant leur
crise somnambulique ; cependant cette demoiselle ne
nous avait point présenté les symptômes premiers
qui apparaissent d'ordinaire chez les somnambules
magnétiques dormant les yeux ouverts ; aussi propo-
sâmes-nous à l'expérimentateur le doute dans lequel
nous étions sur l'état de son sujet. Alors M. de
Beaumont adressa la parole à mademoiselle ***, qui
lui répondit d'une voix faible et entrecoupée. Nous
apprîmes d'elle qu'elle ne dormait point ; qu'elle distinguait les objets qu'on lui montrait et qu'elle voyait
par les yeux, mais qu'elle ne pouvait les mouvoir ;
qu'elle éprouvait beaucoup de peine à remuer la langue, qu'elle ressentait une très grande gêne dans le
larynx et qu'elle ne pouvait nullement faire obéir ses

membres à sa volonté : nous nous assurâmes (autant qu'il est possible de s'assurer d'un état que l'on peut feindre jusqu'à un certain point) de cette crise de paralysie accidentelle que M. de Beaumont détruisit en peu d'instants.

TROISIÈME LEÇON.

DU SOMNAMBULISME NATUREL ET DU SOMNAMBULISME ARTIFICIEL COMPARÉS.

> Et de fait, l'âme a double vie, l'une conjointe avec le corps, et l'autre séparable de toute corporéité.
>
> JAMBLIQUE.

> Les hommes pendant qu'ils veillent n'ont qu'un monde, lequel est commun à tous ; mais en dormant chacun a le sien à part.
>
> PLUTARQUE.

Le somnambulisme est sans contredit la crise la plus avantageuse pour le malade et la plus instructive pour le magnétiseur, mais elle n'est pas la plus commune.

M. le marquis de Puységur, à qui nous devons la connaissance de ce précieux phénomène, l'a trouvé bien par hasard. Cependant nous savons tous que Mesmer connaissait cet état, mais qu'il avait jugé ne pas devoir en parler à ses disciples.

Après la publication de ses Mémoires, M. de Puységur reconnut lui-même que cet état avait dù se manifester dans des temps antérieurs, et toutes les personnes qui se sont occupées de recherches sur le magnétisme se sont convaincues que les anciens connaissaient mieux que nous, sans doute, les admirables facultés des somnambules lucides.

Aujourd'hui , quoique le somnambulisme ne s'obtienne pas aussi fréquemment que l'état de demi-crise magnétique , il est néanmoins assez facile à produire pour que les preuves de son existence puissent être données aux incrédules les plus obstinés.

Les facultés qui se développent chez les somnambules magnétiques sont tout-à-fait identiques à celles que présentent les somnambules naturels , les hystériques et les cataleptiques. Si l'on voulait citer les nombreux exemples de la lucidité surprenante de ces derniers , il faudrait consacrer des volumes aux citations que l'on pourrait puiser dans la bibliothèque de médecine et dans les autres ouvrages qui ont trait à cette science. Il est fort étonnant que ce soient les médecins, en général, qui s'obstinent le plus à nier l'existence des phénomènes du somnambulisme artificiel, eux qui trouvent dans leurs annales tant de faits analogues.

Voici une communication qui m'a été donnée par le frère même de la personne qui en est l'objet :

« En 1836 , ma sœur, âgée de dix-huit ans , fut atteinte d'une maladie hystérique. Dans le courant des accès, et après les spasmes nerveux , elle tombait dans un état de somnambulisme naturel , et elle désignait , la vue bandée et sans chandelle , la couleur des vêtements de chacune des personnes qui se trouvaient près d'elle , et disait si elle les connaissait ou non.

» Un soir, son attaque s'était prolongée très avant

dans la nuit, et le docteur Martial, chirurgien-major de l'hôpital militaire de Belle-Isle-en-Mer, lieu où se passait la scène, ayant jugé que sa présence auprès de la malade était inutile, s'était retiré.

» La malade nous dit : *Vous croyez que le docteur est allé se coucher et qu'il dort? hé bien! il n'en est rien. Il consulte ses auteurs sur ma position, et elle ne sera améliorée que lorsque le remède qu'il craint de m'administrer me sera appliqué.*

» Ce fait ayant été vérifié s'est trouvé parfaitement exact.

» Bordeaux, le 20 septembre 1837.

» *Signé :* F. GODINET fils,

» Capitaine au long-cours. »

Cette jeune crisiaque a donc présenté réellement le phénomène tant contesté de vision à distance, et celui non moins remarquable d'une juste présensation.

Comment nos philosophes expliqueront-ils de semblables facultés ?...

Le *Journal de Paris*, du 19 janvier 1838, contient l'article ci-après :

« M. Verdel, médecin dans le département de la Meuse, a recueilli et communiqué à l'Académie des sciences, les faits de somnambulisme suivants :

» Une jeune femme de Vaucouleurs, âgée de vingt-un ans, fit acte de somnambulisme dès sa quinzième année, elle était alors en pension et apprenait la musique ; malgré tous ses efforts elle n'avait pu retenir une certaine romance ni son accompagnement. Quel fut son étonnement un matin de savoir et la romance et la musique ! Dans la nuit qui avait précédé, elle avait été vue par ses compagnes se levant, s'habillant, et elle avait passé deux heures à étudier et à répéter sa romance.

» Cette somnambule se levait chaque nuit régulièrement entre minuit et une heure du matin ; elle sortait de sa chambre, allait, venait, parlait.

» Une fois elle se revêtit, pendant la nuit, d'une toilette de fête, et, parfaitement parée et endormie, elle sortit de chez elle à deux heures du matin, traversa une partie de la ville, fut jusqu'aux dernières maisons, et s'en revint se coucher comme s'il n'eût été que neuf heures du soir.

» Son mari crut obvier à ces sorties nocturnes en l'empêchant de sortir de sa chambre ; il ferma la porte à clef. Qu'arriva-t-il ? la somnambule ouvrit la croisée et sauta d'une hauteur de quinze pieds dans la rue. Heureusement elle en fut quitte pour une commotion. Ces actes de somnambulisme se renouvelèrent pendant six ans. Voici le dernier :

» Au mois de septembre 1837, elle était chez son oncle l'abbé T..... Cet ecclésiastique devait le lendemain, à l'occasion de la bénédiction d'un autel de son église, donner un grand repas au clergé et au curé de Stenay, son doyen. Il avait exprimé le désir qu'on mît le couvert la veille, pour qu'on ne fût pas si pressé le lendemain ; cela n'avait point été fait.

» La jeune somnambule se leva au milieu de la nuit, et quoiqu'elle ignorât où la plupart des objets fussent placés dans les armoires de son oncle, elle arrangea la table de la manière la plus parfaite ; elle n'oublia même pas de placer devant chaque convive un verre à vin ordinaire et un verre à vin de Bordeaux. Elle coupa aussi le pain et en mit un morceau sous chaque serviette. Tout cela se fit sans bruit, sans encombrement et sans rien casser ; puis, l'arrangement terminé, elle alla se coucher. »

N'avons-nous pas là encore une preuve positive du développement immense des facultés intellectuelles et de la transposition des sens, ou du moins de la mnifesatation du sens de la vue sans le secours des yeux ?...

Au surplus, je n'aurais pas besoin de chercher des preuves de cet état ailleurs que chez moi-même : ma famille, mes amis savent et m'ont dit que je suis somnambule naturel ; et quoique depuis plusieurs années je sois moins sujet à ces crises, il m'arrive néanmoins quelquefois de tomber en somnambulisme. Un des actes récents qui m'a le plus frappé mérite, ce me semble, d'être rapporté ici, à cause de son originalité :

J'étais à Bordeaux ; le nouvel archevêque de cette ville allait y faire son entrée, lorsqu'on me donna à lire une pièce de prétendus vers français, intitulée :

Poëme sur l'arrivée de monseigneur l'archevéque Ferdinand Donnet, nommé à l'archiépiscopat de Bordeaux; par..... (les nom, prénoms et qualités de l'auteur sont imprimés en toutes lettres). Ce papier noirci était vendu à raison d'un sou l'exemplaire par les crieurs des carrefours, qui mettaient en émoi toute la ville.

Je trouvai dans cela tant de mots en *ique*, que je fus surpris de la verve du poète; son éternelle *Basilique*, incessamment répétée, me frappa surtout, et comme j'étais d'assez belle humeur dans ce moment, il me passa par la tête qu'il serait assez plaisant de trouver un certain nombre de rimes en *ique*

> Pour tracer à peu près le beau panégyrique

du chantre louangeur. Cependant il me survint quelque affaire, et, de la journée, je ne pensai plus ni au poète, ni à son œuvre ; quand, le soir, vint l'heure de mon coucher, je me mis au lit, entièrement libre de toute préoccupation.

Quel ne fut pas mon étonnement le lendemain, à mon réveil, en voyant sur ma table de nuit, mon agenda que j'étais certain d'avoir laissé dans la poche de mon habit, et dont les feuilles, qui la veille étaient entièrement blanches, portaient, écrit au crayon, ce précieux phébus :

> « CAPRICE.
>
> » O toi, qui sais chanter sur ton luth poétique
> La gloire du prélat et la vertu civique,

Permets, fils d'Apollon, que ma muse pudique
Se revête pour toi de sa blanche tunique;
Permets-lui de s'asseoir près de ta basilique,
De venir s'abriter sous ton vaste portique,
D'entonner avec toi le pur et saint cantique,
De mêler ses accents à ta voix prophétique,
Et de brûler aussi le parfum arabique,
Pour, ici, célébrer, par un chant héroïque,
Du vertueux Donnet la candeur angélique,
Sa bonté, sa douceur, sa savante tactique
A poser l'argument, à serrer la logique
Tendant à ramener au giron catholique
Le mécréant honteux, le triste fanatique.
Certes, tu l'as prédit, sa foi philosophique
Répandra parmi nous la flamme évangélique;
Il saura nous parler d'un coup d'œil magnétique;
Il nous imposera d'un geste dramatique;
Et, lançant de sa voix la puissance magique,
Il subjuguera tout, tout, jusqu'au frénétique!

» Mais toi, savant auteur, digne de ta pratique,
Toi, qu'anime toujours une fureur lyrique,
Qui vends aux Bordelais, pour un prix si modique,
Tes beaux et ronflants vers, tes fleurs de rhétorique,
Sais-tu bien que tu peux, par ton cerveau mystique,
D'où j'aillit sans effort l'étincelle électrique,
Frapper tout l'univers d'un effet galvanique.

» Si, doué comme toi d'une force plastique,
Il m'eût été donné d'attaquer le distique,
Ou de faire en un jour tout un poëme épique,
J'oserais défier tout parleur satirique,
Et j'anéantirais le profane critique
Qui, tonnant contre moi d'une voix despotique,
Voudrait me mordre au cœur de sa dent satanique.

» Te préserve le ciel d'une frayeur panique,

Qu'il te préserve aussi d'attaque épileptique,
Qu'il te préserve encor de crise névralgique,
Qu'il te préserve enfin du mal dysentérique,
Comme il t'a préservé du club académique!

» Ton nom doit être un jour un grand nom historique:
Mais si, d'un coup fatal, le destin tyrannique,
T'enlevant d'ici-bas par une mort tragique,
A la postérité venait faire la nique,
Nous garderions ton cœur dans l'urne asiatique,
Nous passerions ton corps à l'acide acétique,
Et le conserverions suivant l'usage antique.
Chacun, de tes cheveux prendrait une relique;
Nous en ferions passer en Asie, en Afrique,
Et nous en enverrions dans toute l'Amérique!

» Adieu! charmant auteur; je retourne en physique,
Étudier l'aimant, l'air et le calorique.

» Et quant à toi, crois-moi, reste dans ta boutique;
Conserve-nous encor ta verve volcanique,
Pour chanter les palais et le chaume rustique.
Parcours, sans nous quitter, les cités de l'Attique;
Fais voler tes pensers de l'Euphrate au Mexique;
Visite l'Hellespont, la mer Adriatique,
Le Caucase orgueilleux, les bords de l'Atlantique,
Le sommet de l'Etna, le fond de la Baltique;
Peins-nous en traits de feu, de ta plume athlétique,
Le courage gaulois, les hauts-faits de Belgique;
Parle-nous, si tu veux, du peuple britannique,
Ou bien du Hollandais à l'humeur flegmatique,
Qui chante, fume et boit sur son sol aquatique;
Va prendre aux Allemands quelque vieille chronique,
Puis viens nous la conter en style romantique.
Alors nous prirons Dieu, dans le temple gothique,
De garantir tes flancs de l'affreuse colique
Et des cruels effets de l'acide prussique!!!

» Je pourrais bien encore ajouter plus d'un *ique;*
Mais j'en ai dit assez pour un moment comique,
Je craindrais à la fin de devenir caustique,
Ique, ique, ique, ique; ique, oh ! ique, ique, ique, ique, ique, ique !!! »

Le lecteur comprendra, sans doute, que je suis loin de lui offrir ce galimatias comme un chef-d'œuvre de goût. Je le donne tout simplement pour ce qu'il est : le produit d'une crise somnambulique naturelle. A présent : « *Honni soit qui mal y pense!* »

On le voit, la nature produit d'elle-même des choses dont notre faible raison ne peut connaître le principe d'une manière positive; et tout ce que l'on peut dire à cet égard ne repose que sur des hypothèses.

En effet, j'admets que dans le sommeil il y a absorption du physique, et, en général, repos des facultés morales; puis, par exception, je pense que, comme l'a dit Hippocrate dans son *Traité des songes*, l'âme se dégage en quelque sorte de ses liens, pour aller, venir, veiller autour du corps et pourvoir à la conservation de celui-ci; qu'elle sait le passé et l'avenir comme le présent, et qu'elle peut exercer toutes ses facultés sans le secours apparent des sens; c'est-à-dire qu'elle voit, touche, goûte, sent et entend d'autant mieux qu'elle est plus libre.

Je pense aussi que l'âme n'abandonne point entièrement son domicile, tant que celui-ci peut lui offrir un asile assuré, et qu'alors même qu'elle visite les lieux les plus éloignés, elle tient encore à la matière; car, dans le cas d'abandon total, la désunion s'opère et le corps meurt. Sans rechercher plus long-temps les causes peut-être insaisissables de ces effets surprenants, je suis convaincu de leur existence et cela doit me suffire.

Je dis donc que le somnambulisme existe réellement ; que, dans cet état, le développement extrême des facultés est une conséquence de l'exaltation du système nerveux ou de surexcitation de ce système ; crise dans laquelle tombent souvent certains individus, et qui devient même, pour ainsi dire, permanente chez quelques uns.

D'après cela, il me semble tout simple et tout naturel que l'acte magnétique, chez quelqu'un prédisposé convenablement, donne lieu à des modifications qui déterminent des effets analogues à ceux résultant de l'exaltation nerveuse naturelle, arrivée à un moyen degré.

Ainsi, chez la plupart des individus, l'on obtient le somnambulisme magnétique en imprégnant le système nerveux d'une quantité de fluide suffisante pour déterminer une surexcitation moyenne ; chez d'autres, au contraire, ceux chez qui la surexcitation générale est trop forte, l'on fait naître le somnambulisme en les dégageant de façon qu'il ne reste que la quantité nécessaire de fluide, pour que l'état de surexcitation soit convenable au développement de la crise.

Il n'entre point dans mon plan de discuter sur le siége de l'âme ; cette grande question fera long-temps encore, sans doute, la désolation de la philosophie.

L'âme étant immatérielle, le grand problème de son siége est considéré par moi comme insoluble.

Néanmoins, je suis porté à penser que l'âme est étendue, sans être divisée, dans tout le système cérébro-nerveux et que sa présence dans chaque corps, plexus, ganglion, rameau, filet, etc., est (à l'état normal) en raison directe des masses nerveuses; c'est un *éther* qui circule généralement, et qui se retire souvent d'un point pour se porter, par compensation avec plus de force, sur le reste du système qu'il est destiné à entretenir physiquement viable; sauf les cas d'ambulance au dehors; et alors il y a état anormal.

Je reviens au magnétisme et je soutiens que, puisqu'il existe des somnambules naturels, il ne saurait plus être mis en doute qu'il se trouve des somnambules magnétiques.

J'ai dit que le somnambulisme artificiel est aujourd'hui assez commun et assez facile à produire; cela vient probablement de ce que les procédés qu'emploient, en général, les magnétiseurs actuels sont beaucoup plus propres à procurer le sommeil magnétique que ne l'étaient ceux enseignés par Mesmer. On sait, en effet, que les phénomènes les plus ordinaires qui résultaient du magnétisme par le baquet que l'on pourrait appeler *Magnétisme hydrominér-animal*, étaient des spasmes, des convulsions qui amenaient, à la vérité, des révolutions majeures, souvent salutaires, dans tout l'organisme; mais qui permettaient rarement aux sens externes de se fermer à leurs excitants ordinaires et de tomber dans l'état d'absorption profonde nécessaire pour l'établissement du *sommeil*.

Les procédés plus naturels et tout à la fois plus simples qu'on emploie généralement aujourd'hui, ne procurent guère que des crises favorables; d'ailleurs la facilité qu'on a de calmer les personnes les plus irritables, fait qu'on obtient le sommeil assez aisément, pour pouvoir provoquer le somnambulisme.

En France, il y a généralement sur cent malades au moins vingt-cinq somnambules. A Lille, à Valenciennes, etc., je les ai trouvés dans cette proportion-là; dans le Midi, je les ai eus dans la proportion de soixante à soixante-dix sur cent; à Paris où je n'ai magnétisé guère que des jeunes gens pris au hasard, sans aucune condition de santé, sur cinquante environ que j'ai magnétisés, j'en ai mis au moins vingt en somnambulisme. A Bordeaux et dans quelques villes de l'ouest, j'ai trouvé un si grand nombre de somnambules que j'aurais pu croire tous les indigènes de ces pays-là susceptibles d'être mis facilement dans cet état. Les femmes surtout sont magnétisées avec une facilité incroyable. Dans une maison de Bordeaux, où se trouvaient réunies pour la soirée plusieurs jeunes personnes croyant au magnétisme sans en connaître les effets, un de mes amis et moi nous mîmes en somnambulisme, en moins de deux heures, quinze de ces personnes. Les autres ne voulurent pas se laisser magnétiser. Je crois que nous en eussions endormi deux cents, si elles se fussent trouvées là, et soumises à notre action.

Sur vingt-cinq somnambules, il y en a au moins vingt-deux qui présentent des phénomènes extraordinaires, et au moins dix qui peuvent arriver à une grande lucidité.

Je crois pouvoir parler aussi pertinemment que qui que ce soit de ces choses-là, ayant formé moi-même un nombre considérable de somnambules.

QUATRIÈME LEÇON.

DU SOMNAMBULISME MAGNÉTIQUE.

—

> Pendant le sommeil, l'âme remplit toutes les
> fonctions tant celles qui lui sont propres que
> celles du corps. Si donc quelqu'un pouvait saisir,
> avec un jugement sain, cet état de l'âme dans le
> sommeil, celui-là pourrait se flatter d'avoir fait
> un grand pas dans la science de la sagesse.
>
> HIPPOCRATE.

> Le somnambule a les yeux fermés; il ne voit
> pas par les yeux, il n'entend pas par les oreilles,
> mais il voit et entend mieux que l'homme éveillé;
> il est soumis à la volonté de son magnétiseur,
> pour tout ce qui ne peut lui nuire et pour tout ce
> qui ne contrarie point en lui les idées de justice
> et de vérité.
>
> HUSSON.

Les somnambules magnétiques diffèrent des somnambules naturels, en ce que, chez les premiers, la crise somnambulique résulte d'une action combinée ; tandis que, chez les derniers, cette crise vient d'une cause indépendante de la volonté.

Quant aux facultés surprenantes que l'on attribue aux uns et aux autres, elles présentent, certes, comme je l'ai dit, une grande analogie ; cependant les somnambules artificiels étant aidés, soutenus, dirigés par une volonté puissante qui, sans annihiler leur libre arbitre, les tient en soumission ; ils doivent avoir plus de jugement, plus de raison, plus de prévoyance, etc., que les somnambules naturels. Chez ceux-ci, en effet, l'imagination seule semble dominer les autres facultés morales, et de plus les facultés physiques ; chez ceux-là au contraire, le développement immense de toutes les facultés se trouve constamment soutenu, excité même, par le rapport intime qui s'est établi entre deux appareils nerveux, que la volonté a liés ensemble.

Voici en général ce que présente le somnambule magnétique :

Il peut parler et agir comme dans l'état de veille, il entend son magnétiseur et les personnes qui ont été mises en rapport avec lui; il reste sourd pour les autres, et n'entend aucun bruit extérieur. Il se réveille en lui un sens appelé *sens intérieur*, qui est quelquefois le centre de toutes les impressions et sensations diverses. Sa mémoire est prodigieuse ; son jugement plus droit, sa raison plus forte, ses appréciations plus justes, son esprit plus subtil que dans l'état de veille. Il est assez soumis à la volonté de son magnétiseur lorsque celui-ci agit dans un but d'utilité réelle ; mais il se révolte souvent lorsqu'on le contrarie pour des riens, lorsqu'on cherche à le fatiguer pour satisfaire la curiosité, et surtout lorsqu'on cherche à lui arracher ses secrets ou à abuser de son état. Il connaît les maladies dont il est affecté, voit les organes souffrants, prévoit l'époque de ses crises, de sa guérison ou de sa mort ; il prescrit les remèdes qui lui sont nécessaires ou le traitement dont il a besoin. Il sait et indique d'où vient et de quand date sa maladie. Il exerce souvent les mêmes facultés à l'égard des personnes avec qui il est en rapport magnétique, soit immédiatement, soit médiatement.

Il peut voir les objets sur lesquels son attention est dirigée ou se dirige, quand même ces objets sont placés de manière à ne pouvoir être vus par les yeux de l'homme éveillé. Il reconnaît admirablement les choses qui ont été imprégnées du fluide de son magnétiseur. Le maître peut opérer sur lui l'interversion des sensations et lui faire trouver acide ce qui est insipide, fade ce qui est salé, etc., suivant l'intention qu'il a eue en magnétisant la chose.

Il parcourt en peu d'instants une série d'idées qui, dans son état de veille, demanderaient plusieurs heures ; il sait le passé, voit le présent, et peut prédire des choses à venir ; il est orgueilleux, jaloux, vindicatif ; il s'égare aisément lorsqu'il est mal dirigé ou abandonné à lui-même. Les expériences qu'il a mille fois répétées ne sont point une garantie pour l'avenir. Sa lucidité, extrême aujourd'hui, peut être tout-à-fait nulle demain. Il peut savoir ce qui se passe à de grandes distances du lieu où il se trouve, reconnaître des personnes qu'il n'a jamais vues que par les organes de ceux qui sont en rapport avec lui, ou desquelles seulement on lui a procuré un objet. Il peut se représenter des individus qui ont cessé de vivre ; et, d'après les probabilités, avoir des rapports avec les âmes des morts. Ainsi les apparitions, les transfigurations même peuvent s'opérer relativement au somnambule. Il s'exalte très aisément, et lorsque son magnétiseur s'obstine à lui faire faire quelque chose contre son gré, il peut tomber spontanément dans des convulsions effrayantes, et, par suite, demeurer plusieurs heures dans un état de mort apparente, effectivement très voisin de la mort réelle. Le magnétiseur peut le frapper de paralysie ou de catalepsie, soit généralement soit partiellement, et *ad libitum*; il a encore ce pouvoir, même quand il l'a rendu à son état de veille. Il comprend son magnétiseur, et les personnes avec qui il est en rapport, sans qu'il soit besoin de lui parler. Il a plus de hardiesse, plus de franchise, plus de précision dans ses actes que durant la veille. Il a souvent des préoccupations qui l'empêchent d'être attentif aux questions qu'on lui adresse; alors il répond au hasard et sans prendre la peine de les examiner. Il en est de même lorsqu'on lui soumet l'inspection d'un objet.

Le somnambule partage ordinairement les idées de son magnétiseur habituel : ainsi, pour connaître la manière de voir propre du magnétisé, il est important que celui qui le dirige abandonne momentanément ses pensées sur le sujet qu'il propose à traiter.

Beaucoup de somnambules prétendent que lorsqu'ils sont vêtus de soie ou qu'ils en ont sur eux, leur lucidité s'affaiblit. J'en ai vu avoir des convulsions violentes pour avoir omis d'ôter leur cravate ou leur fichu. D'autres au contraire (à la vérité c'est le plus petit nombre) n'atteignent le *summum* de leur clairvoyance que quand ils sont chargés en quelque sorte de tissus de cette matière. Il en est qui n'y prennent nullement garde.

Les somnambules sont à l'égard des métaux comme à l'égard de la soie.

Le somnambule magnétique est plus ou moins parfait, comme les hommes, dans leur état normal, sont plus ou moins habiles ; mais une chose qui paraît bizarre, c'est que ce ne sont pas les personnes qui, durant la veille, ont le plus de connaissances et d'esprit que l'on amène le plus souvent à une lucidité somnambulique parfaite ; l'expérience a prouvé, au contraire, que ce sont en général les individus les plus ignorants et les plus grossiers qui arrivent le plus communément à ce développement extrême des facultés et qui atteignent le plus vite la perfection.

Lorsque le somnambule est identifié avec son magnétiseur, qu'il est complétement isolé, et qu'il n'a point l'idée de s'affranchir, il arrive qu'il n'est plus qu'une machine, pour ainsi dire automatique, et que, quand le veut celui qui agit sur lui, il répète ses gestes, ses paroles, ses mouvements, ressent les mêmes douleurs, les mêmes jouissances, les mêmes modifications sensibles que lui ; le magnétiseur peut agir d'une façon, penser d'une autre, et alors c'est la pensée que comprend et exécute le sujet. Ainsi, par exemple, si on lui pose une question, il pourra la répéter ou y répondre, selon l'ordre mental du magnétiseur. Si celui-ci lève un bras, avec la volonté que son sujet, lui, lève une jambe, la volonté sera exécutée, et non point le geste copié. Je dois faire observer ici, cependant, que des expériences de ce genre dépendent plus des moyens du magnétiseur que des facultés du sujet.

Je ferai remarquer que les somnambules lucides à un degré même supérieur, n'étant pas toujours heureusement disposés, ou se trouvant influencés par quelque cause anti-magnétique, il peut leur arriver de faillir, et cela durant des séances entières ; mais il ne faut point en conclure que leur lucidité soit anéantie.

J'ai eu à Toulouse, pour somnambule, un jeune homme de dix-huit ans, nommé David, qui, dans l'état magnétique, acquérait la faculté de *voir* ou de *percevoir* les objets qu'on lui présentait à l'occiput, et cette sorte de vision paraissait se manifester tout le long de la colonne vertébrale, mais avec moins de perfection à mesure qu'on s'éloignait de la tête.

Il avait aussi la faculté de voir ou, pour me servir de son expression, de se *représenter* les personnes ou les choses dont il n'avait aucune connaissance antérieure, à quelque distance qu'elles fussent du lieu où il se trouvait, pourvu qu'il fût en rapport immédiat avec quelqu'un capable de le diriger dans ses explorations lointaines.

La plupart des personnes qui suivaient alors mes

leçons orales, et qui observaient journellement mes expériences, ont été à même de vérifier ce fait nombre de fois ; cependant quoique ce somnambule eût atteint une lucidité plus qu'ordinaire, il lui arrivait, comme il arrive à tout le monde, de commettre des erreurs, et même parfois de se fourvoyer complétement.

Néanmoins il est encore une faculté que réveillait en lui l'état magnétique, et qui paraissait être sa spécialité, à l'égard de laquelle il n'a jamais failli sous ma direction : c'est la sensation des maladies des personnes qu'on lui présentait. Un médecin de mes amis, bon observateur et peu enthousiaste, qui suivait avec un vif intérêt les consultations somnambuliques de David, s'est convaincu, ainsi que moi, que sur un grand nombre de malades qu'a explorés ce jeune homme, il ne s'est pas trompé une seule fois dans le diagnostic, même alors que les symptômes actuels pouvaient laisser encore des doutes au médecin ; qu'il a toujours pronostiqué avec un rare bonheur quand il y a eu lieu ; et qu'enfin il a su, dans les différents cas, indiquer des moyens de traitement que ne désavouerait pas le praticien le plus éclairé.

Voici comment le docteur Léopold Albert, dans la *France méridionale*, journal de Toulouse, rend compte d'une de nos séances :

UNE CONSULTATION MAGNÉTIQUE.

> « Décidément, je vais scandaliser certains
> » esprits forts. »
>> » Dr Astrié. *Les Trois Médecines.* »

« Monsieur, je crois devoir, dans l'intérêt de la science, de la vérité et de l'humanité, vous faire part d'un fait dont je viens d'être témoin; l'esprit d'équité qui préside à la rédaction de votre estimable journal me fait espérer que vous voudrez bien donner une place à ma lettre dans un de vos prochains numéros.

» Je ne sais si je me fais illusion, mais il me semble que ce fait extraordinaire doit vivement intéresser non seulement les hommes qui s'occupent sérieusement de philosophie et de psychologie physiologique, mais encore tout le monde, puisqu'il émane d'une doctrine nouvelle qui ne tendrait à rien moins qu'à guérir les maladies qui jusqu'à ce jour ont été regardées comme incurables par les plus célèbres médecins.

» Vous avez déjà compris, monsieur, que je voulais vous parler d'un *fait magnétique.*

» Je ne crois point devoir entrer ici dans des considérations scientifiques sur la validité de la doctrine de Mesmer, en laquelle je n'ai pas encore une foi bien robuste; je vais me contenter de dire simplement, et avec la plus fidèle exactitude, ce que *j'ai vu.*

» Voici le fait dont je vous garantis l'authenticité :

» Je fus appelé en consultation, le dimanche 27 janvier, auprès d'un malade qui était atteint depuis longtemps de violentes coliques pendant lesquelles le ventre se tuméfiait considérablement. A ces coliques se joignaient instantanément une forte oppression de la poitrine, une grande difficulté de respirer, et des spasmes, des crampes d'estomac qui lui faisaient éprouver des douleurs intolérables.

» Ces symptômes avaient paru suffisants aux nombreux médecins que M. X... avait consultés antérieurement pour pronostiquer une affection nerveuse de l'estomac et des intestins, et ils l'avaient traité en conséquence, c'est-à-dire par les anti-spasmodiques.

» Et la maladie allait toujours en empirant.

» Dégoûté d'un traitement allopathique impuissant contre ses douleurs, M. X... voulut recourir au magnétisme, et je l'accompagnai chez M. Ricard, professeur de cette science, dont les immenses et prodigieux effets ont pu frapper mon esprit et dissiper mes doutes, sans créer en moi cependant une entière conviction.

» M. X... fut *mis en rapport* avec le somnambule, et voici ce qui se passa. (J'écrivais, à mesure qu'ils les faisaient, les demandes de M. Ricard et les réponses du somnambule).

» D. — Voyez-vous la personne qui est près de vous ?

» R. — Oui, je la vois. (Le somnambule a eu les

yeux constamment fermés pendant tout le temps qu'a duré la séance.)

» D. — Cette personne est-elle en état parfait de santé ?

» A cette question, le jeune somnambule porta ses deux mains sur sa tête, la palpa en tous sens, comme eût fait un phrénologiste cherchant une *bosse caractéristique*, et de là les descendit lentement jusqu'aux pieds, s'arrêtant à chaque organe qu'il rencontrait sur son passage. Cette opération dura environ de dix à douze minutes.

» M. Ricard, pensant sans doute que le somnambule *n'y voyait pas assez*, lui demanda s'il voulait être *mis en extase.*

» R. — Non, c'est inutile, j'y vois assez à l'*état somnambulique*; laissez-moi tranquille, je trouverai ce que vous me demandez.

» Il continua son exploration, en remontant ses mains tout le long de son corps, et il s'arrêta longtemps à la région du cœur. Alors les muscles de la face se contractèrent horriblement, sa bouche fit une affreuse grimace, et sa respiration devint pénible et haletante.

» — Oh! s'écria-t-il, le cœur de **M. X...** est bien malade.

» Cette réponse, faite après un quart d'heure d'attente et de silence religieux, — cette réponse, faite d'un ton qui avait à la fois quelque chose de solennel, de naïf et de douloureux, impressionna profondément le malade, qui, se retournant vers moi, me dit :

» — Docteur, c'est la vérité… ; je souffre très souvent au point qu'il désigne…. Oh! c'est bien étonnant… je me sens tout ému.

» Alors le professeur continua ses questions :

» D. — Que voyez-vous de particulier au cœur?

» Et sans hésiter, le jeune somnambule répondit :

» — Les gros vaisseaux sont pleins d'un sang épais et noirâtre qui ne peut pas bien circuler… On dirait même que ce sang *est pris*…

» Et aussitôt il porta vivement sa main à la région du foie, exécutant les mêmes contorsions et donnant les mêmes signes de douleur que précédemment.

» D. — Voyez-vous quelque chose de particulier au foie ?

R. — Le foie ne remplit pas bien ses fonctions…. j'y vois une surabondance de bile…. *le fiel est trop plein*… il ne peut plus recevoir *de bile*…

» Je crois utile de faire observer que mon rôle de narrateur impartial ne me permettant pas de rien changer aux réponses du somnambule, je n'entends nullement accepter la responsabilité de ses expressions. En médecine, le mot *fiel* est synonyme de *bile*; il se dit spécialement de la bile des animaux quoiqu'on dise néanmoins : *vésicule de fiel*, chez l'homme. C'est sans doute de la vésicule que le somnambule voulait parler en disant que le *fiel* était trop plein.

» M. X... pria alors M. Ricard de demander si son estomac était malade.

» Nouvelles contorsions et grimaces du somnambule qui, portant sa main sur la région épigastrique, répondit :

» — L'estomac souffre parfois ; mais ce n'est qu'une affection sympathique et tout accidentelle.

» D. — Le ventre est-il malade ?

» R. — Oui, il est souvent malade ; et alors il est tendu et ballonné.

» Et à chaque réponse du somnambule, M. X.... disait : C'est vrai... c'est juste... oh! c'est bien étonnant !...

» D. — Pourriez-vous nous dire la cause de cette douleur et de ce ballonnement?

» R. — La circulation du sang ne se faisant pas bien, le ventre souffre et se boursoufle.

» M. X... dit alors à M. Ricard que toutes les réponses du somnambule, relatives aux symptômes de sa maladie, étaient parfaitement exactes ; mais qu'il serait bien aise de savoir si les nerfs étaient pour quelque chose dans l'affection qui le tourmentait, ainsi que le lui avaient assuré les divers médecins qu'il avait consultés.

» — Non, monsieur, répondit le somnambule, vous n'êtes atteint d'aucune affection nerveuse.

» D. — Pourriez-vous nous dire d'où provient la maladie de monsieur ?

» R. — Monsieur prend habituellement des liqueurs

trop spiritueuses, des vins vieux et étrangers qui sont trop alcoolisés ; — il garde trop long-temps le lit et ne fait pas assez d'exercice.

» Et M. X... s'écriait toujours : C'est vrai !.. c'est très juste !.. oh ! c'est bien fort !..

» D. — Monsieur pourra-t-il guérir aisément de sa maladie ?

» R. — Oui.

» D. — Quels sont les moyens thérapeutiques qu'il devra employer ?

» Le somnambule indiqua alors et sans la moindre hésitation : — des magnétisations à grands courants, afin, dit-il, de liquéfier le sang, — des bains généraux domestiques pendant l'hiver, les eaux de Barège en bains et en boissons à la belle saison, — une application prompte de sangsues à la région épigastrique, des lavements émollients, — quelques laxatifs doux et une infusion de feuilles de pervenche en boisson.

» Après avoir terminé ces indications, il lâcha brusquement la main de M. X... en disant :

» — Voilà... c'est fini... maintenant éveillez-moi.

» Telle est, monsieur, l'étrange scène à laquelle j'ai assisté. Je désirerais bien vivement sans doute pouvoir vous donner l'explication de ce que j'ai vu ; mais je préfère avouer mon ignorance de la doctrine de Mesmer. Je craindrais trop d'ailleurs de tomber dans quelque hérésie scientifique, et de soulever contre moi un *tolle* général.

» Mais, si j'avoue mon ignorance, je rougirais de taire la vérité. Je ne suis pas de ces hommes qui reculent devant la crainte du ridicule et des préjugés ; ce que je crois, je le proclame hautement ; ce que j'ai vu, je l'affirme, quoi qu'il en puisse résulter pour moi.

» Cependant, je ne dirai pas à ceux qui sont encore étrangers à la doctrine magnétique : croyez, parce que je crois : croyez, parce que *j'ai vu.* Non, mais je leur dirai : venez voir, venez observer des phénomènes qui dépassent le cercle de notre intelligence, qui tendent à renverser les croyances et à détruire les idées que nous avons reçues peut-être sans examen ; venez voir, et jugez par vous-mêmes. Je ferai un appel à tous les médecins de Toulouse, à tous mes confrères du Midi, et je leur dirai aussi : venez, associons-nous ; observons attentivement et sans idée préconçue les effets du magnétisme ; *mettons en rapport* nos malades avec les somnambules de M. Ricard; et si nos observations et nos expériences nous prouvent la fausseté et l'impuissance de la doctrine de Mesmer, si nous acquérons la conviction que cette science n'est qu'une perfide et adroite jonglerie, que ses apôtres ne sont que des dupes ou des charlatans, eh bien ! oh ! nous pousserons alors un cri puissant et solennel, qui aura du retentissement et qui ébranlera les parois du monde scientifique.

» Mais si, au contraire, la réalité du fluide magnétique nous est démontrée ; si nous arrivons, par l'expérience, à la certitude que cet agent mystérieux peut déterminer des effets salutaires et être d'un puissant secours à l'art de guérir , ne nous laissons point arrêter par une crainte stupide et indigne d'un homme d'honneur. Levons hardiment la tête, sachons braver les sarcasmes des sots et des ignorants, rallions-nous tous en un faisceau que rien ne pourra rompre, et travaillons ensemble au grand œuvre, à l'émancipation intellectuelle et sociale de l'humanité , à laquelle le magnétisme veut aussi concourir.

» Léopold Albert, D. M. M. »

Il est à remarquer que David ne sait pas lire, et qu'il ne se rendait près de moi que lorsqu'il devait être magnétisé.

Les expériences qui ont été faites publiquement sur ce jeune homme le 22 janvier 1839, nous ont donné des preuves irréfragables de son affectibilité magnétique. Voici quelques uns des phénomènes qui furent produits :

1° Un coup de pistolet fut tiré par un des spectateurs, à l'orifice du conduit auditif du somnambule, qui demeura d'une impassibilité absolue ;

2° Les variations de son pouls ont été fort remarquables ;

3° Un flacon d'ammoniaque concentré lui fut tenu sous le nez pendant un certain temps sans qu'il en parût inquiété ;

4° On lui pinça la peau de manière à l'ecchimoser, sans apercevoir sur ses traits le moindre signe de douleur;

5° M. le docteur ***, homme profondément sensé et judicieux, me manifesta le désir que, sur un signal donné par une tierce personne, moi étant placé derrière le somnambule, je fisse lever et tenir horizontalement les bras de celui-ci, par mon ordre mental, jusqu'à ce que, par un autre signal, il plût à la même personne de m'indiquer que les bras du sujet devaient être abaissés par le même moyen, ma volonté. Un officier de la Légion-d'Honneur dont j'ignore le nom, se plaça ainsi que moi, derrière le magnétisé, et me fit comprendre, sans l'exprimer verbalement, que lorsqu'il me présenterait l'index de la main gauche, ce serait l'ordre d'élever les bras ; et que lorsqu'il tournerait ce doigt vers la terre, ce serait le signal pour les abaisser. Cette double expérience fut faite avec toutes les précautions qu'exige un tel sujet, et elle réussit parfaitement ;

6° Quelques uns des médecins présents me demandèrent si, mon somnambule étant rendu à l'état ordinaire de veille, je pourrais le replonger dans le sommeil magnétique, d'une pièce à l'autre, par le seul acte de ma volonté, et à heure fixe. Je répondis que j'avais fait cette expérience sur plusieurs sujets, mais que je ne l'avais jamais tentée sur David. Néanmoins, dis-je à ces messieurs, je vais essayer ce que vous désirez. Alors je réveillai David, et, le laissant assis sur un fauteuil, au milieu de la foule pressée des spectateurs, je passai de la salle dans ma chambre à coucher, où m'accompagnèrent un négociant fort incrédule, de son aveu même, et un jeune docteur qui voyait pour la première fois des effets du magnétisme, et dont la défiance était grande. Ainsi observé, séparé de mon somnambule par une épaisse cloison et un double rang de personnes, on me demanda, de manière certes que David ne pût rien entendre ou supposer, de produire le sommeil magnétique complet, à telle minute. Ces messieurs et moi nous confrontâmes nos montres afin d'éviter toute équivoque ; et à la minute indiquée le sujet annonça par un long soupir qu'il rentrait en somnambulisme ;

7° Je produisis sur ses membres la catalepsie magnétique ;

8° A un signe de ma volonté, bien qu'il eût les yeux parfaitement clos, il se leva et marcha vers moi ;

9° Il exécuta les ordres que je lui donnai mentalement ;

10° Il a signalé les personnes qui se sont placées successivement derrière lui ;

11° J'opérai sur un de ses bras, avec ma main droite, l'attraction et la répulsion ;

12° Enfin, je le réveillai, le rendormis de nouveau et le réveillai encore par ma seule volonté.

Peu de sujets réunissent en eux les diverses fa-

cultés somnambuliques ; la plupart paraissent avoir
une prédilection marquée, pour telle ou telle spécialité ; ainsi certains individus ne veulent faire
usage de leur clairvoyance magnétique que dans
le but de guérir ; certains autres ne s'appliquent
qu'à voir des objets sans le secours des yeux, ou
à travers les corps opaques, etc., etc. La plupart
ne veulent pas qu'on les soumette à des expériences
inutiles qui ne tendraient qu'à opérer la conversion des incrédules. Il s'en trouve qui ne veulent
s'occuper que d'eux-mêmes ou de certaines personnes.

CINQUIÈME LEÇON.

DES DIFFÉRENTES FORMES DU SOMNAMBULISME, ET DES DANGERS QUI PEUVENT SE PRÉSENTER.

—

> Quelquefois, lorsque l'action du magnétiseur dépasse les forces du somnambule, ou par une prédisposition des organes de celui-ci, il tombe dans une léthargie parfaite voisine de la mort.
>
> Baron MASSIAS.
>
> L'état somnambulique exige les plus grandes précautions.
>
> Marquis DE PUYSÉGUR.

J'ai dit, dans ma dernière leçon, quelles sont les facultés des somnambules magnétiques en général ; voici à présent les remarques et observations que j'ai faites pendant le cours de mes expériences.

Certains somnambules ne peuvent point parler durant leur état magnétique ; l'appareil locomoteur refuse aussi d'obéir à la volonté du magnétiseur, lors même qu'elle est secondée de celle du sujet. Il existe, en effet, chez quelques individus une très grande irritabilité nerveuse ; c'est ordinairement chez ceux-ci qu'une sorte de catalepsie permanente s'établit ; c'est à l'expérimentateur habile qu'il appartient de modifier d'abord cette crise et de l'annihiler ensuite totalement. Je ferai connaître dans mes leçons pratiques les moyens que j'emploie pour rendre au sujet l'usage de ses facultés physiques ; *je dis de ses facultés physiques*, car les facultés intellectuelles ne sont nullement paralysées.

Tous les magnétiseurs qui ont rencontré cette forme ont pu se convaincre de la vérité de ce que j'établis. Je ferai remarquer, cependant, que si l'appareil vocal et l'appareil locomoteur sont réduits à l'état d'inertie, il n'en est point ainsi de l'appareil respiratoire, de l'appareil digestif, etc. , dans lesquels, toutefois, on peut apercevoir des modifications aussi bizarres que variées.

Certains somnambules sont en rapport avec le bruit extérieur et peuvent entendre les personnes étrangères, tout aussi bien qu'ils entendent leur magnétiseur ; c'est à celui-ci d'employer les moyens nécessaires pour isoler complétement le sujet ; car les magnétisés qui se trouvent dans ce cas de rapport extérieur sont rarement lucides. D'autres somnambules sont isolés pour toutes les personnes et pour tous les bruits ; mais ils entendent une voix amie et y répondent ; d'autres encore n'entendent point la voix ordinaire ni les sons monotones et sont vivement affectés de tout son musical, soit vocal, soit instrumental. Je n'ai vu qu'un seul de ces derniers, je vais en tracer brièvement le tableau.

Il y a quelques années, M. Serres, l'un des plus habiles magnétiseurs de Bordeaux, me parla d'un jeune homme qu'il magnétisait depuis peu de jours, et qui lui avait présenté des phénomènes aussi rares qu'admirables. Il m'invita, ainsi que quelques uns de nos confrères, à assister, chez lui, à la magnétisation de ce somnambule. Nous nous rendîmes à la séance où nous attendaient M. Serres et son sujet. M. Serres se mit en devoir de magnétiser, et une minute lui suffit pour obtenir le somnambulisme. Alors, nous criâmes séparément, puis collectivement aux oreilles du magnétisé, nous employâmes tous les moyens possibles pour obtenir quelque signe d'audition : ce fut vainement ; il était ce que nous appelons *isolé*. M. Serres nous dit : « Chantez vos paroles. » M. Meillier chanta quelques mots qu'il adressait au sujet, et soudain celui-ci répondit. Nous renouvelâmes plusieurs fois l'expérience, et force nous fut de reconnaître positivement que ce somnambule était sourd à tout ce qui n'est pas *musique*, bonne ou mauvaise.

J'ai vu plusieurs fois le célèbre Paganini, dont l'affectibilité nerveuse était si étonnante ; mais ce violoniste était vraiment loin d'avoir la fibre sensible aussi délicate que le jeune sujet de M. Serres. Un verre ayant été heurté pendant que le somnambule agissait magnétiquement sur une personne de la société, il éprouva une sensation si forte et si pénible à la fois, qu'il tomba comme en syncope sur le siége qui était derrière lui.

Ce jeune homme, qui est musicien très ordinaire dans l'état normal de veille, devient d'une force surprenante sous l'influence du magnétisme. M. Serres m'a dit (et je l'en crois) lui avoir fait exécuter *à livre ouvert,* dans l'obscurité la plus profonde, les morceaux de musique les plus difficiles.

Il se rencontre des somnambules qui, en passant de l'état magnétique simple au somnambulisme, ouvrent les yeux et s'en servent comme dans l'état de veille ; cependant l'appareil anatomique jouit, chez eux, d'une étonnante perfection, car il n'est pas rare que de tels sujets lisent un écrit enfermé dans une boîte, et placé dans des conditions telles que l'homme en état normal ne pourrait nullement l'apercevoir. Il en est aussi (et cela se rencontre quelquefois chez le même individu) dont tous les sens proprement dits exercent les mêmes fonctions que durant la veille ; mais ces facultés sont éminemment perfectibles.

J'ai magnétisé une femme de chambre qui, dans son somnambulisme, conservant les yeux ouverts, me dit qu'elle voyait très bien avec ses yeux, et qu'elle voyait mieux que d'ordinaire : les murailles, le carton, le bois, n'étaient point un obstacle pour elle. J'ai pu me convaincre cent fois que les corps opaques interposés entre ses yeux et les objets sur lesquels on dirigeait son attention, ne l'empêchaient nullement de les voir.

Quelques sujets, bien rares à la vérité, sont loin de se perfectionner dans l'état magnétique. J'en ai rencontré chez qui il m'a été impossible d'obtenir une somme de facultés égale à celle qu'ils présentaient durant la veille. Ainsi, il n'y avait plus de mémoire, plus de jugement, plus de raisonnement, plus rien, qu'une passivité physique absolue.

Pendant mon séjour à Niort, on présenta à mon cours un enfant d'une quinzaine d'années nommé Savin ; ce petit garçon paraissait fort intelligent. Dès les premières passes il éprouva des effets magnétiques, et au bout de dix minutes il fut somnambule. Je lui adressai des questions auxquelles il ne put répondre raisonnablement ; son esprit s'était singulièrement obscurci. Je voulus le faire marcher, il se leva après quelques efforts et me suivit quelques pas. Alors, un élève plaça devant lui une chaise ordinaire ; il ne sut point l'éviter, il se heurta même lourdement contre elle. J'ai magnétisé ce sujet plusieurs fois, dans l'espoir et avec l'intention de développer une clairvoyance dont je le croyais capable ; mais tous mes efforts furent vains. Il devenait de plus en plus stupide dans l'état magnétique.

On rencontre quelquefois des sujets insoumis, c'est-à-dire des sujets qui opposent une résistance incroyable à celui-là même qui les a plongés dans l'état magnétique ; alors si le magnétiseur s'obstine à faire obéir le rebelle, il peut résulter de cette action contrariée, non seulement les convulsions les plus horribles, mais encore un état de crise vraiment effroyable. Voici ce qui m'est arrivé à Angoulême en 1836.

Je magnétisais un de mes somnambules ordinaires ;

après lui avoir fait faire quelques expériences par mon commandement oral , je voulus le faire obéir à mon ordre mental. Il était assis, dans un état de calme parfait. Je m'éloignai de lui de trois pas environ , et lui ordonnai mentalement de se lever et de venir à moi. Il fit d'abord un signe négatif; mais, entraîné par une force attractive plus puissante que son opposition, il se leva, fit un pas, et comme ma volonté faiblit dans ce moment, il se tint là, et me dit très sèchement : « Non, je ne veux pas. » Cette résistance me piqua; je pris spontanément une volonté si impérieuse que le somnambule ne pouvant plus résister, fut saisi tout-à-coup d'un mouvement convulsif indicible , et, comme s'il eût été frappé d'un *tétanos*, son corps fit le cerceau en arrière , un craquement horrible de toutes les articulations se fit entendre, et le malheureux alla tomber en faisant un quart de conversion à plus de trois pas de là. La chute fut si violente, que tous les élèves présents à cette scène pensèrent que la partie occipitale du crâne était fracturée. Alors le sujet resta sans mouvement, la respiration cessa et tous les symptômes de la mort se manifestèrent. Un des médecins présents se hâta de porter la main à la région précordiale du sujet et de toucher successivement plusieurs artères; il ne trouva aucun signe de circulation. Cependant, je n'avais point perdu la tête ; comme j'avais déjà rencontré cet état chez deux des épileptiques que j'ai guéris, je conservai mon calme ordinaire, et j'invitai les personnes qui m'entouraient à observer le plus religieux silence. Je m'assurai d'abord que le crâne n'était point endommagé. Il n'y avait aucun stigmate de la chute. Je fis ensuite quelques frictions douces sur la poitrine et sur la région épigastrique, et comme je tenais à convaincre mes élèves des dangers du magnétisme dans certains cas, je priai un médecin de vérifier de nouveau l'état cadavéreux du somnambule. A cet effet, une glace fut placée devant la bouche et le nez ; au bout de trois minutes elle n'était nullement ternie ; on employa divers autres moyens, et l'on conclut que la mort était réelle. C'est alors que commença pour moi un travail long et pénible. Mes premiers soins furent de rétablir la respiration et la circulation en faisant des frictions sur la poitrine, des insufflations dans les cavités nasales, puis dans la bouche, et de longues passes dégageantes de la tête aux pieds, ce qui dura plus d'un quart d'heure ; après cela, il me fallut rendre au corps et aux membres leur vie ordinaire, et enfin, réparer les désordres du cerveau et du système nerveux ; car, revenu au sentiment, mon somnambule extravaguait, ses idées étaient tout-à-fait décousues ; en un mot, il était en *démence*. Cette dernière opération fut longue ; elle dura plus de cinq heures. Quand mon sujet fut revenu à l'état de somnambulisme simple et que l'ordre fut rétabli, il me rendit compte de tout ce qu'il avait éprouvé. Il me dit, entre autres choses, que si j'eusse cessé un seul instant de penser à lui durant sa crise, il serait passé de la mort apparente à la mort réelle.

Les jours suivants, je le magnétisai avec beaucoup de soin et de douceur, et au bout d'une huitaine, je pus juger qu'il n'avait rien perdu de sa lucidité ; ce qui n'est pas moins étonnant que la grande crise elle-même.

Il est des somnambules qui, lorsqu'ils ont acquis un certain degré de lucidité, ne doutent plus de rien et ont des prétentions exorbitantes. Je me défie beaucoup de tels sujets. S'il arrive que leur magnétiseur manque d'expérience ou de savoir, ce n'est bientôt plus celui-ci qui gouverne ; il est, au contraire, promptement soumis à leurs caprices et à leur vanité.

Qu'il prenne bien garde, l'expérimentateur imprudent qui s'abandonne au gré du somnambule : sa joie et ses succès ne seront pas de longue durée ! il commettra sans s'en douter des abus qu'il ne lui sera plus permis de réparer, lorsqu'il les aura reconnus. Le premier devoir d'un magnétiseur, c'est de prévoir les effets de son action. Il pourra néanmoins se fourvoyer quelquefois, mais il aura su tenir en réserve les moyens réparateurs indispensables au salut du sujet.

Une faculté qui se présente bien rarement et dont je n'ai vu que très peu d'exemples, c'est la juste prédiction que peuvent faire certains somnambules privilégiés, relativement à des effets futurs dont les causes n'existent pas encore. Pour moi, j'avoue ici mon scepticisme à cet égard. J'ai eu vraiment un somnambule qui m'a fait des choses surprenantes dans ce genre d'expériences ; mais il n'a pu me convaincre de la sûreté de ses prévisions qui, s'étant trouvées fausses le plus souvent, m'ont porté à attribuer au hasard la réalisation de quelques faits annoncés. Mes confrères blâmeront-ils ma défiance ?... Je leur répondrai que, naturellement peu enthousiaste, j'attends ma conviction de l'expérience et du temps. Pour croire, je veux voir ; mais quand j'ai bien vu, ma foi est inébranlable.

J'ai extrait de la *Gazette de Haneau* du 16 mars 1838, un fait qui mérite, ce me semble, d'être rapporté et qui m'a suggéré bien des réflexions :

« La comtesse de H..., âgée de vingt-huit ans et
» atteinte de somnambulisme, occupe singulière-
» ment notre Faculté de médecine. Par suite d'une
» extrême faiblesse du système nerveux, elle est su-
» jette depuis environ un an à un sommeil sembla-
» ble à celui des somnambules, sans avoir été ma-
» gnétisée. Elle a prédit, durant son sommeil, que
» dans quelques mois un jeune homme qui lui est
» allié par des relations purement intellectuelles,
» doit la visiter et lui rendre la force vitale qui lui
» manque, en soufflant sur la cavité du cœur. Ce
» jeune homme, dont elle avait exactement décrit la
» personne, arriva chez elle à point nommé comme
» elle l'avait prédit. Si cet homme, qui lui était tout-
» à-fait inconnu, la quitte un moment, elle s'endort

» à l'instant, et ne peut être réveillée que par la ré-
» pétition de l'insufflation sur la cavité du cœur. Ce
» qu'il y a de plus singulier, c'est qu'elle est fiancée
» à une autre personne à laquelle ses relations avec
» cet inconnu ne peuvent être agréables. On ignore
» encore et à quelle occasion il est arrivé dans cette
» ville et combien de temps il compte y résider en-
» core. »

Les magnétiseurs spiritualistes ne trouveront-ils pas dans leurs méditations l'explication de ces singuliers effets?.. Pour moi, qui ai quelque peu étudié et expérimenté ce genre de phénomènes, je ne vois dans cette relation rien de merveilleux.

On rencontre assez fréquemment des somnambules qui, une fois tirés de l'état magnétique, se rappellent d'eux-mêmes tout ce qu'ils ont fait, dit et éprouvé durant leur crise somnambulique; mais c'est un défaut que le magnétiseur doit s'attacher à détruire.

Le nommé Chaumet, surnommé Libourne, déjà cité dans ma première leçon, se rappelait après ses premiers sommeils magnétiques tout ce qu'il avait fait, tout ce qu'il avait dit, tout ce qui s'était passé autour de lui pendant l'accès de la mensambulance. Ce ne fut qu'au bout de cinq à six séances que je parvins à détruire en lui cette faculté nuisible à la lucidité.

J'ai possédé plusieurs somnambules qui, rendus à la veille ordinaire, se rappelaient précisément et seulement celle des circonstances de leur somnambulisme dont je leur ordonnais mentalement d'avoir le souvenir. J'en ai eu quelques uns qui, dans l'état apparent de veille, jouissaient des mêmes facultés que dans l'état somnambulique; mais là, il y avait encore, suivant moi, influence magnétique positive et puissante.

Quelques sujets non mémoratifs d'eux-mêmes de ce qui s'est passé à leur', égard durant l'accès s'imaginent qu'ils se rappellent réellement les circonstances qu'on leur a racontées au moment de leur réveil ou peu de temps après leur sortie de crise ; c'est encore un défaut qui a souvent de graves inconvénients, dont le moindre est l'incapacité dans laquelle se peut trouver désormais le sujet d'être mis en somnambulisme. Aussi est-ce avec raison que tous les magnétiseurs de quelque mérite ont recommandé et recommandent instamment de ne jamais dire aux somnambules une fois éveillés , ce qui s'est passé relativement à eux durant leur état magnétique. L'exemple suivant prouvera combien cette recommandation est fondée.

Le 16 janvier 1838, M. Ricard jeune magnétise M. Sintex , étudiant en médecine, qui se trouve pour la première fois dans la salle des séances, et qui révoque en doute tout ce que lui disent même ses amis des phénomènes surprenants du magnétisme. Au bout de cinq minutes de magnétisation, M. Sintex éprouve des contractions musculaires tellement fortes, des palpitations si violentes, que le magnétiseur est obligé d'arrêter son action et de le dégager.

Une heure après, M. Sintex se soumet pour la seconde fois de la soirée à l'action magnétique de M. Ricard jeune ; il est endormi complétement en moins de dix minutes. Le somnambulisme survient presque immédiatement dans toute la beauté de son imperfection. C'est, à bien dire, un rêve somnambulique. M. Sintex raconte plusieurs de ses actions de la journée : puis, tout-à-coup s'égarant, il parle de choses incohérentes, vagues, chimériques peut-être, et revient à son objet premier. Il a des réminiscences du passé et fait preuve d'une mémoire prodigieuse ! Rendu à l'état de veille, il déclare ne se souvenir d'aucune circonstance de son sommeil et soutient qu'il n'a pas été magnétisé. Il ajoute qu'il ne croit point encore à la possibilité du somnambulisme magnétique qui, selon lui, n'est qu'affaire de compérage.

Le 23 janvier, M. Ricard jeune met en somnambulisme M. Sintex, sur lequel il expérimente depuis peu de jours. Il lui présente à deux pieds de distance environ une pièce de 5 francs que le sujet reconnaît parfaitement. Il lui présente ensuite, à la fois, trois anneaux, l'un en argent, l'autre en or, et le troisième en platine. Le somnambule les distingue très bien sans les toucher. Une feuille imprimée ayant été présentée au magnétiseur par un des témoins, le sujet, après l'avoir appliquée sur sa poitrine, a nommé successivement et dans l'ordre toutes les lettres du mot qu'on lui avait indiqué du doigt. Une clef lui ayant été approchée de la main, il en a éprouvé une vive sensation.

Le 3o janvier, M. Sintex, qui a déjà été magnétisé par M. Ricard jeune, dans les séances des 16 et 23 de ce mois, et dans quelques séances du cours de M. J.-J.-A. Ricard, se présente de nouveau à l'action du magnétiseur ; mais auparavant il a tiré celui-ci à l'écart, pour le prévenir qu'il ne parviendrait pas à l'endormir, attendu qu'il n'avait point dormi dans les séances précédentes, se souvenant parfaitement tout ce qu'il avait fait dans son sommeil apparent.

M. Ricard jeune étant bien convaincu que, dans le nombre des expériences auxquelles M. Sintex a été soumis, il en est qui n'ont pu réussir que parce que celui sur qui elles étaient tentées était réellement somnambule, et même somnambule assez lucide ; telles, par exemple, que celles consignées dans le procès-verbal de la séance du 23, a pensé que ce jeune homme pouvait être du nombre des somnambules qui, se rappelant, une fois réveillés, ce qu'ils ont fait pendant leur sommeil, se persuadent n'avoir point dormi, ou bien, qu'il croyait devoir à sa mémoire ce qu'il ne savait que par ses amis. Ayant prévenu son frère de ce que venait de lui dire M. Sintex, il s'est mis à magnétiser ce dernier. Mais, soit que le sujet ait résisté mentalement, soit que le magnétiseur fût involontairement préoccupé de ce qui venait de lui être dit, il est de fait que M. Sintex n'est point arrivé au sommeil. Les spectateurs se sont même à peine aperçus qu'il ait eu les nerfs agités ; et cependant M. Sintex convient qu'il a éprouvé quelques mouvements convulsifs intérieurs.

M. Ricard aîné essaie ensuite de produire une crise plus prononcée ; mais il n'obtient pas plus de résultats que son frère, quoiqu'il ait actionné avec assez de force pour penser que des effets nerveux pourraient se manifester plus tard.

Les assertions de M. Sintex, qui prétend n'avoir jamais dormi et avoir feint le somnambulisme pour s'assurer qu'il était possible de le feindre, ce qui le porte à penser que tous ceux qui se disent ou qu'on dit être somnambules, peuvent en faire autant, deviennent alors l'objet d'une discussion générale.

M. Sintex reconnaît que, dans le magnétisme animal, il y a quelque chose de positif. Il déclare que les contractions musculaires, les convulsions qu'il a éprouvées dans les séances précédentes étaient réellement dues à cet agent ; mais il conteste l'existence du sommeil et du somnambulisme, parce que, étant persuadé que, sans dormir, il est parvenu à faire croire qu'il dormait, il pense que tous les autres soidisant somnambules font comme lui.

MM. les magnétiseurs présents à la séance qui ont vu M. Sintex désigner, sans se tromper, le métal de chacun des trois anneaux qui lui furent présentés à distance, pendant son sommeil magnétique, dans la séance du 23 ; ceux qui ont vu tout ce qu'il fit dans la même séance, et particulièrement l'effet que produisit sur lui l'approche d'une clef ; ceux qui l'ont vu, dans une des séances du cours de M. Ricard, obéissant à l'ordre mental de son magnétiseur, aller prendre un flambeau et le lui porter ; ceux qui ont vu, enfin, son œil fixe et la pupille de cet œil se dilater extrêmement au lieu de se contracter lorsqu'on en approchait une bougie allumée, cherchent à le faire revenir de son erreur, en lui certifiant que tout cela n'aurait pas eu lieu, s'il eût seulement, comme il le dit, fait semblant de dormir.

M. Sintex n'en persiste pas moins à soutenir qu'il n'a jamais dormi ; et, se croyant sûr de refaire quand il le voudra les expériences qu'il a déjà faites, il se place sur le fauteuil, ferme les yeux aux trois quarts, comme il s'imagine l'avoir fait précédemment : M. Ricard jeune essaie alors l'expérience des anneaux qui manque complétement ; il approche ensuite de la main du faux dormeur, comme il le fit le 23, la même clef qui lui avait fait éprouver une vive sensation ; mais non seulement l'approche de cette clef ne fait rien éprouver à M. Sintex, mais encore il en souffre le contact et la prend dans la main, sans rien simuler ; croyant, sans doute, avoir fait la même chose dans la précédente séance, tandis qu'il avait fait tout le contraire.

Ces expériences parfaitement réussies le 23 et totalement manquées aujourd'hui, prouvent aux spectateurs que M. Sintex était réellement en état de somnambulisme le 23, et qu'il n'a pas même gardé le souvenir de tout ce qu'il fit alors pendant son sommeil, ou qu'on ne lui a pas tout rapporté, puisqu'au lieu de frémir à l'approche de la clef qui lui occasionne une secousse assez violente dans la séance du 23, il l'a, aujourd'hui, prise et gardée dans la main sans feindre le moindre mouvement.

La discussion continuant, un des témoins fait observer « qu'il est possible que M. Sintex ait eu effec- » tivement, comme il le dit, l'intention de feindre le » sommeil et le somnambulisme, et que, bien qu'il » ait réellement dormi, il peut positivement se fi- » gurer ne l'avoir point fait, s'il se rappelle ou s'il » croit se rappeler, parce qu'il le sait, ce qui s'est » passé pendant qu'il dormait ; mais qu'en supposant » que M. Sintex ait cru pouvoir se permettre de tenter » d'abuser ainsi de la bonne foi des personnes qui » s'étaient réunies dans le but d'étudier une science » et de rechercher la vérité par l'observation, il n'en » résulte pas qu'on doive considérer tous les som- » nambules comme agissant de même ; que, d'ail- » leurs, il est évident que M. Sintex se fait illusion » en pensant n'avoir jamais dormi, puisque tout con- » court à prouver que le somnambulisme s'est positi- » vement manifesté chez lui, et que ses dénégations » tardives ne peuvent diminuer en rien la conviction » des personnes qui l'ont vu dans cet état. »

Il est positif que M. Sintex dormait et était en état de somnambulisme magnétique toutes les fois que cet état a été constaté chez lui. Cependant, M. Sintex affirmant qu'il se rappelle ce qui s'est passé durant son sommeil, on peut le croire de bonne foi sur ce point, et chercher dans ce phénomène des enseignements pour la science ; car le souvenir et l'oubli sont également des phénomènes en magnétisme animal.

Si M. Sintex eût dit, dans les séances précédentes, se rappeler les circonstances de son sommeil, de suite après son réveil, son magnétiseur eût vu là, tout simplement, un somnambule mémoratif, et il eût travaillé à détruire cette faculté qui, comme je l'ai déjà dit, est un défaut chez les somnambules magnétiques. Mais toutes les fois que M. Sintex a été magnétisé, il a déclaré, après son réveil, ne se rien rappeler. Quel motif avait donc M. Sintex pour mettre autant d'acharnement à vouloir tromper ? Je n'en connais aucun. Il est certain, je le répète, que M. Sintex a dormi du sommeil magnétique et qu'il a été mis en état de somnambulisme. Il est certain que M. Ricard jeune, dont l'expérience et le talent en magnétisme sont connus, n'a pu se laisser tromper si souvent et d'une manière si grossière. Ce magnétiseur a déjà rencontré bien des gens qui ont voulu l'abuser, et il ne s'est point laissé prendre à leurs feintes. D'ailleurs sa manière d'expérimenter est, comme la mienne, très sévère, très défiante et très minutieuse. Enfin, il a formé plus de six cents somnambules qui, certes, n'étaient pas tous de bonne foi, et a... lesquels il a appris au moins à se défier. Au surplus quarante magnétiseurs habiles et bons observateurs ont pu juger de l'état magnétique de M. Sintex, et tous ces messieurs sont pleinement convaincus que ce jeune homme a été mis en crise complète de somnambulisme.

M. Sintex, ai-je dit, peut être de bonne foi, sur le point de persuasion qu'il dit avoir d'être demeuré constamment dans l'état de veille durant les magnétisations de M. Ricard jeune; mais n'est-il pas plus probable que le souvenir qu'il dénonce de tous les actes de son somnambulisme (d'après lui, *supposé*), n'est qu'une erreur de sa mémoire ? Si l'on rapproche toutes les circonstances qui ont précédé ou suivi les diverses magnétisations de ce jeune homme, on sera, en effet, porté à penser que ce qu'il croit être un souvenir réel de ce qu'il a fait, n'est que le souvenir de ce qu'on lui a dit.

Je suis dans l'usage de permettre aux personnes qui se font magnétiser d'être accompagnées ; M. Sintex, d'après cela, a eu constamment avec lui, dans les séances de mon cours, comme dans celles qui avaient lieu chaque semaine pour MM. les abonnés au journal, un et quelquefois deux de ses amis. Ceux-ci, j'en ai acquis la preuve certaine, lui ont raconté, au sortir de la séance, à peu près tout ce qu'il avait fait et dit pendant son sommeil magnétique. On conçoit déjà qu'il est facile à lui de raconter les circonstances de ce sommeil, comme s'il s'en souvenait *propriâ facultate*, quoiqu'il ne se les rappelle pas réellement. L'expérience de la clef me confirme dans cette opinion.

M. Sintex a toujours témoigné de l'incrédulité au somnambulisme magnétique, même immédiatement après ses crises ; il allait jusqu'à nier la possibilité des phénomènes que ses amis lui disaient avoir observés sur lui. Les manifestations de M. Sintex devaient augmenter la défiance de son magnétiseur, qui, pour se convaincre plus parfaitement encore de la réalité du somnambulisme de son sujet, fit, dans une des séances de mon cours, l'expérience suivante :

M. Sintex avait présenté plusieurs phénomènes fort remarquables ; rendu à l'état ordinaire, il déclare ne se rien rappeler de ce qu'il a fait et dit pendant son sommeil. Son magnétiseur prend à l'écart une des personnes présentes au cours, et la prie de lui désigner une des circonstances du sommeil de M. Sintex à qui il se proposait de la rappeler par son ordre mental. Cette désignation ayant été faite à voix très basse, M. Ricard jeune revint à M. Sintex, et lui demanda de nouveau s'il ne se souvenait de rien. M. Sintex répondit d'abord négativement ; mais son magnétiseur ayant agi sur lui, il dit : « Ah ! je me rappelle une telle chose. » C'était celle désignée par la tierce personne.

Cette expérience était belle, et prouvait d'une manière incontestable la sensibilité du sujet à l'action magnétique, car M. Sintex pouvait tout aussi bien accuser une des vingt autres circonstances de sa crise que celle désignée à son insu.

Du reste, M. Sintex n'est pas le premier sujet magnétique qui ait prétendu ne pas dormir ; j'ai eu une somnambule qui, après avoir fait des expériences admirables pendant plus de trois ans, se persuada un jour qu'elle n'avait jamais dormi, parce qu'elle se rappelait quelques unes des circonstances de son sommeil ; deux jours plus tard elle revint de son erreur.

Le somnambulisme artificiel n'est que temporaire. Il y a beaucoup de personnes qui cessent d'être somnambules dès que leur santé est rétablie ; chez quelques unes, cette crise ne peut être produite qu'une seule fois ; chez d'autres cet état se soutient sans interruption pendant plusieurs années consécutives, ou reparaît après un certain temps de cessation.

SIXIÈME LEÇON.

DES SOMNAMBULES SPIRITUALISTES. — ADÈLE LEFREY. — MARIE LAINÉ.

—

> L'homme voit les anges et les esprits, quand
> il plaît à Dieu de dépouiller en lui le grossier de
> l'humanité, d'ouvrir les yeux de son esprit pour
> lui faire voir l'ange dans l'homme. . . . .
> . . . . C'est pourquoi on donnait ancien-
> nement aux prophètes le nom de *voyants*.
>
> SWÉDEMBORG.

Les somnambules les plus intéressants à étudier, selon moi, et ceux à l'examen desquels on s'est le moins attaché généralement jusqu'ici, peut-être à cause de ce reste de scepticisme que la plupart des magnétiseurs actuels ne peuvent secouer entièrement (parce qu'il est des préjugés que grave profondément dans les esprits l'éducation de collége, et que la raison, l'expérience même ne sauraient toujours détruire jusque dans leurs radicules), ces somnambules, dis-je, sont les spiritualistes. Quelles leçons de morale pour le présent et pour l'avenir ne pourrait-on pas tirer des lumières surprenantes de ces êtres précieux qui, momentanément dégagés de tout ce qui attache l'homme au monde terrestre, planent en intelligence dans les célestes régions où les âmes s'épanouissent en présence de la Divinité!

Il y aurait sur ce sujet bien des volumes à écrire, et le philosophe qui mènerait à bien un tel travail mériterait, certes, pour le seul fait de son courage, une palme d'immortalité !

Déjà quelques écrits, la plupart ignorés du monde savant, ont été mis au jour comme avant-coureurs d'un traité spécial de cette question si difficile et si délicate. Un honnête médecin, religieux et modeste, le docteur Billot, a osé, dans un ouvrage estimable qu'il a publié récemment, l'aborder avec franchise. Néanmoins, malgré l'évidente bonne foi dont son livre est empreint, malgré les faits admirables qui y sont relatés, malgré les savantes digressions qui accompagnent le récit des expériences, l'œuvre de M. Billot n'a pu encore convaincre que bien peu de magnétiseurs de la justesse des conséquences qu'il déduit des actes, et de la réalité des causes qu'il attribue aux effets qu'il a examinés. Toutefois, je le dis avec conscience, bien que je ne partage pas toutes les opinions de M. Billot, cet auteur mérite la considération et la reconnaissance de la société, tant pour les soins qu'il a apportés à ses travaux que pour la bonté et le courage dont il a fait preuve en les publiant.

Pour moi, le sentiment de faiblesse que j'éprouve en présence d'un sujet si grave, ne me permet d'en donner qu'une grossière esquisse dont j'essaierai de rendre les traits supportables à l'aide des récits de faits qu'il importe, à mon avis, de signaler à la science.

La première personne qui m'offrit quelque chose de remarquable en ce genre, se nommait Adèle Lefrey ; elle avait dix-neuf ans, et était affectée d'hystérie. Je la mis en somnambulisme à la troisième séance magnétique. Dès lors elle s'occupa de son état, donna des preuves de grande lucidité par les descriptions anatomiques qu'elle fit de différentes parties de son corps, et indiqua des moyens de traitement dont l'application la guérit en peu de temps.

Elle touchait au terme de sa cure lorsque, au milieu de nouvelles indications thérapeutiques, elle me dit d'un ton fort singulier : Vous entendez bien qu'il me l'ordonne. — Qui, lui demandai-je, qui vous ordonne cela ? — Mais lui ; vous ne l'entendez pas ? — Non, je n'entends ni ne vois personne. — Ah ! c'est juste, reprit-elle, vous dormez, vous, tandis que moi je suis réveillée. — Comment ? Vous rêvez, ma chère enfant ; vous prétendez que je dors tandis que j'ai les yeux parfaitement ouverts, que je puis apprécier exactement tout ce qui se passe manifestement devant moi, que je sais que je vous tiens actuellement sous mon influence magnétique, et qu'il ne dépend que de ma volonté de vous ramener à l'état dans lequel vous étiez tout-à-l'heure ; vous vous croyez réveillée, parce que vous me parlez et que vous avez jusqu'à un certain point votre libre arbitre, tandis que vous ne pouvez pas desserrer vos paupières et qu'un seul geste de ma main peut vous plonger dans un sommeil aussi profond que possible. Vraiment, vous ne réfléchissez guère à ce que vous dites. — Vous ne me comprenez pas, monsieur, et cela n'a rien qui m'étonne; vous êtes endormi, je vous le répète ; moi, au contraire, je suis presque aussi complétement réveillée que nous le serons tous un jour à venir. Je vais m'expliquer plus clairement. Tout ce que vous pouvez voir à présent est grossier, matériel ; vous en distinguez les formes apparentes, mais les beautés réelles vous échappent. Comment en serait-il autrement ? votre esprit est resserré, obscurci par les impressions extérieures que lui apportent vos sens matériels ; il ne peut s'élancer que faiblement et par secousse au delà de sa portée ordinaire ; tandis que moi, dont les sensations corporelles sont actuellement anéanties, dont l'âme est presque dégagée de ses entraves ordinaires, je vois ce qui est invisible à vos yeux, j'entends ce que vos oreilles ne peuvent entendre, je comprends ce qui, pour vous, est incompréhensible. Par exemple, vous ne voyez pas ce qui sort de vous pour venir à moi lorsque vous me magnétisez. Eh bien, moi, je le vois très bien ; à chaque passe que vous dirigez vers moi, je vois comme de petites colonnes d'une poussière de feu qui part du bout de vos doigts et qui vient s'incorporer à moi ; puis, quand vous m'isolez, je suis environnée peu à peu d'une atmosphère de cette même poussière de feu, ce qui est souvent cause que les objets dont je cherche à distinguer les formes me paraissent prendre une teinte rougeâtre. J'entends, quand j'en ai le désir, le bruit qui se fait au loin, les

sons qui partent de cent lieues d'ici. En un mot, je
n'ai pas besoin que les choses viennent à moi, je puis
aller à elles où qu'elles soient, et en faire une appréciation bien plus juste que quiconque ne serait pas
dans un état analogue à celui où je me trouve. —Vous
raisonnez admirablement bien, mademoiselle, pour
une personne de votre âge et de votre sexe; si j'en
avais le loisir je voudrais écrire sous votre dictée
un cours de philosophie. — Ne plaisantez pas, monsieur, quoique l'instruction que j'ai reçue soit très
médiocre, je pourrais, si je le voulais bien, vous apprendre beaucoup de vérités; mais ce serait perdre
mon temps, car, tout magnétiseur que vous êtes,
vous manquez de foi, et votre scepticisme vous porterait à oublier promptement mes paroles.

Je crus m'apercevoir que ma somnambule commençait à éprouver de la fatigue ; je laissai tomber
là notre conversation, me promettant bien de la reprendre à la séance suivante.

Dès le lendemain, après m'être occupé un instant
de la santé de ma précieuse somnambule, je la ramenai à notre sujet : Entendez-vous encore celui qui,
hier, vous a donné des ordres ? — Certainement ; il
est là, près de moi ; il ne m'abandonne point, il est
heureux de veiller sur moi et de m'apporter les lumières dont j'ai besoin. — Le voyez-vous ? — Sans
doute. — Pourriez-vous m'en faire le tableau ?—Attendez, je vais lui demander si cela lui convient ;
car je ne dois ni ne veux lui déplaire. » (La somnam-

bule incline la tête à droite, murmure faiblement des mots que je n'entends pas, a l'air d'écouter avec attention et respect, semble adresser une réponse de remerciement, et reprend sa première attitude.) « Me voici prête à vous satisfaire, monsieur le curieux, tâchez de ne pas rire de ce que je vais vous dire ; car rien n'est plus sérieux, plus digne de votre respect. Celui qui me parle, qui m'éclaire de ses conseils, qui est là près de moi comme un gardien soigneux, c'est mon bon ange. Aucune figure humaine n'est aussi parfaitement belle que la sienne ; ses traits, où brillent la jeunesse et la santé, sont d'une noblesse qui inspire le plus saint respect ; son front est ceint d'une auréole de gloire dont j'ai peine à soutenir l'éclat ; son vêtement, formé d'une simple robe de laine blanche, est d'une richesse et d'une modestie qu'on ne saurait allier sur la terre.

Je dois avouer que dans mon incrédulité je pris cela pour une continuation de rêve somnambulique : cet ange dont la magnétisée prétendait voir les formes et le costume n'était, selon moi, qu'un tableau imaginaire ; cependant, j'étais dans une disposition d'esprit fort étrange, et je n'eusse osé rien nier positivement. Je brûlais du désir de continuer mes questions, mais je dus m'arrêter là.

J'attendais avec une sorte d'anxiété impatiente le moment d'une nouvelle séance, il arriva enfin. Dès que ma somnambule me parut être disposée convenablement, je la priai de se rappeler nos précédents entretiens et de me dire si elle voyait toujours son bon ange. — Toujours, me dit-elle, il est toujours là, à la même place, ne me quittant pas d'un seul instant. — Vous m'avez annoncé que votre ange était d'une rare beauté, vous m'avez dépeint sa physionomie et son costume, de façon qu'on peut se figurer un être humain doué de toutes les perfections; mais pourquoi si votre ange a un corps, ne puis-je pas le voir comme vous le voyez? — Vous n'avez donc pas compris mes paroles d'avant-hier?... Ce qui est visible pour moi ne l'est pas toujours pour vous, conséquemment je puis très bien distinguer des formes là où vous ne voyez absolument rien. — Je croyais que les anges étaient des esprits invisibles, des êtres purement spirituels?—Ils le sont effectivement quant à vous; mais ne comparez pas les facultés dont vous jouissez à celles que je possède actuellement; car plus vous chercheriez de rapports et plus vous vous écarteriez de la raison et de la vérité. — Eh bien, dites-moi, puisque vous voyez votre ange, vous pouvez voir sans doute toutes les choses célestes, Dieu lui-même, seriez-vous assez bonne pour me faire connaître ce que vous en savez? (elle se tourne vers la droite et semble encore écouter dans le plus saint recueillement.)—Je puis voir en effet bien des choses merveilleuses; mais je ne puis rien vous en dire; quant à Dieu, je ne puis distinguer sa forme parce qu'il est environné d'une lumière si éclatante que ma vue en est éblouie.

Je pensai que je n'avais rien de plus à obtenir de cette somnambule ; dans les séances suivantes, je ne m'occupai plus que de terminer sa guérison, et il se passa bien du temps avant que des scènes de ce genre vinssent se représenter à moi. Cependant je magnétisais beaucoup, je mettais dans certains jours jusqu'à vingt personnes en somnambulisme, je possédais plusieurs sujets très lucides ; mais comme je ne leur parlais nullement des choses d'en haut et que j'étais fort peu porté vers le mysticisme, je ne m'occupais plus que des phénomènes qui m'étaient familiers.

Marie Laîné, que je magnétisais dans l'intention de la guérir de tumeurs blanches qui l'inquiétaient vivement, vint me rappeler Adèle Lefrey. Dès sa seconde séance de somnambulisme, elle m'annonça que pourvu que je continuasse à la magnétiser chaque jour pendant un mois, elle était certaine de guérir. Comment, lui demandai-je, pouvez-vous avoir cette assurance ? — Oh ! j'en suis sûre ; *il me le dit.* — Qui vous le dit ? — Celui qui est là, près de moi, tenez, l'entendez-vous ? — Je n'entends rien, je vous l'assure, et qui plus est je ne vois personne près de vous. — Ah ! c'est juste, vous ne pouvez pas, mais cela ne fait rien, je guérirai. Laissez-moi dormir paisiblement pendant une heure, puis donnez-moi à boire un verre d'eau magnétisée, et réveillez-moi après en me pressant le bout du petit doigt de la main gauche.

Deuxième entretien. — Vous rappelez-vous ce que vous m'avez dit hier ? — Oui. — Y a-t-il encore quelqu'un près de vous ? — Oui. — Qui donc est ce personnage mystérieux ? — C'est mon ange gardien. — Pouvez-vous m'en faire le portrait ? — Oui ; c'est un enfant d'une grande beauté, sa chevelure blonde et bouclée flotte gracieusement sur ses épaules, sa voix est douce comme les sons d'une flûte, son vêtement est d'un bleu tendre rehaussé de broderies d'argent. Tenez, il cause maintenant avec le vôtre. — Comment ! avec le mien ! est-ce que mon ange est aussi près de vous ? — Oui, mais il est plus près de vous encore, et quoique vous ne le voyiez pas, vous êtes cependant éclairé de ses conseils ; c'est lui qui vous dirige vers le bien, et qui vous fait éviter beaucoup de fautes au moment où vous êtes sur le point de les commettre. — A-t-il la même figure et le même costume que le vôtre ? — Non : il est plus âgé, ses traits sont plus vigoureux, sa robe est d'un rose-violet fort joli ; sa ceinture, d'un blanc de neige, est ornée d'une longue frange d'or. — Entendez-vous la conversation de nos deux anges ? — Oui : ils s'occupent de moi. Le vôtre promet au mien que vous me magnétiserez le temps nécessaire pour me guérir. Ah ! mon Dieu, les voilà qui s'en vont ; réveillez-moi.

Troisième entretien. — Voyez-vous encore votre ange et le mien ? — Oui. — Comment se fait-il qu'ils s'en soient allés pendant que notre dernière conversation durait encore ? — C'est qu'ils savaient mieux

que moi la fatigue que j'éprouvais pour répondre à
vos questions, et qu'ils ont voulu, par leur éloignement, me faire comprendre qu'il était temps de cesser. — Il paraîtrait, d'après ce que vous dites, que
vous vous fatiguez vite ; car nous n'avons échangé que
quelques phrases ? — Cela est vrai ; mais vous pourrez apprécier toute la peine que je prends pour vous
satisfaire, quand vous saurez que je suis obligée de
soumettre les questions que vous m'adressez au jugement de mon bon ange, et que les réponses que je
vous fais me sont dictées par lui. Ainsi, il me faut
une attention extrême pour saisir exactement tout ce
que je dois transmettre à lui de vous, et à vous de
lui. —Pouvez-vous me dire s'il y a quelque chose à
changer dans votre traitement ? — Il n'y a aucun
changement à faire. —Êtes-vous toujours dans la
même persuasion que vous serez radicalement guérie à
l'époque fixée par vous ?— Toujours. — Si cependant
il survenait quelque accident à vous ou à moi, guéri-
riez-vous néanmoins ? — (La somnambule paraît réfléchir assez long-temps). Je n'ai pas pu prévoir cela.
Il y a des choses qu'il n'appartient qu'à Dieu seul de
connaître : certes, si en sortant de cette maison je
rencontrais un frénétique qui se jetât sur moi un
poignard à la main et qu'il vînt à me percer le cœur,
ou bien si quand vous marcherez le long des maisons
une pierre venait à se détacher du haut de l'une d'elles
et vous écrasait la tête, je ne guérirais pas. Encore,
dans le dernier cas, pourrais-je espérer qu'un autre

vous suppléât, mais alors ma cure serait plus longue. — Est-ce que les anges qui sont avec nous ne pourraient pas prévoir ces accidents et nous prévenir de les éviter? — Oui ; mais comme leurs avertissements sont rarement compris de l'homme en état ordinaire, il est probable que nous ne les entendrions pas; nous avons, une fois réveillés, trop de distractions, trop de préoccupations mondaines, trop peu de vraie religion enfin, pour prêter attention à un langage spirituel dont nous ne pourrions nous expliquer le véritable sens qu'après des méditations qui exigent une foi que nous n'avons point et dont très peu de gens sont capables. — Vous devez être fatiguée ; voulez-vous que je vous réveille? — Je le veux bien.

Depuis cette séance jusqu'à l'époque de la guérison de Marie Laîné, dont la prévision s'était réalisée, nos entretiens, quoique roulant toujours sur le même thème, n'eurent rien de très remarquable. A la fin de la magnétisation qui complétait sa cure, elle m'annonça qu'après huit jours de repos dont elle avait besoin, sa lucidité serait aussi grande relativement aux malades que je pourrais lui présenter, qu'elle l'avait été pour elle-même. Puis elle ajouta qu'elle verrait bien des belles choses dont elle me ferait confidence.

Je laissai s'écouler les huit jours qu'elle avait demandés ; et dès le neuvième je la remis en somnambulisme.

Quatrième entretien. — Etes-vous radicalement

guérie ?—Oui.— Qui vous en donne l'assurance ? — Mon bon ange. —Vous le voyez donc encore ? —Sans doute. — Voyez-vous aussi le mien ? — Oui.—Voyez-vous autre chose que nos anges ? — Pas à présent ; mais si vous me laissez tranquille durant un quart d'heure, je verrai la sainte Vierge, ma patronne, qui me protége aussi. — Comment savez-vous cela ? — C'est mon ange qui me le dit. — Votre patronne viendra donc vous visiter comme le fait votre ange ? — Non, c'est moi qui irai vers elle, et il me sera permis de la voir et de lui parler. (Après le quart d'heure de repos qu'a demandé la somnambule). Le quart d'heure est écoulé ; voulez-vous donc aller voir votre sainte patronne ? — Je le veux bien ; seulement je vous prie de me faire d'abord trois passes autour de la tête ; puis, d'attendre cinq minutes pour me parler. (J'obéis ; et quand l'aiguille de ma montre a marqué que les cinq minutes sont écoulées) : Eh bien, ma chère enfant, êtes-vous près de votre protectrice ? — Oui. Parlez plus bas. (Ici la figure de la somnambule prend une expression de noblesse et de candeur qu'il est impossible de décrire.) Pourquoi parler plus bas ? — Pourquoi ?... Ne sentez-vous donc pas tout le respect que vous devez aux êtres supérieurs ?... Sachez que s'il m'est permis de vous révéler toutes les choses sublimes qui me sont dévoilées, c'est qu'il entre dans les vues de Dieu de vous rendre meilleur que vous n'êtes. Vous avez peu de foi ; par cette raison vous faites peu de bien. Pensez-vous, par exemple, que vous pourriez mettre votre puissance curative en parallèle avec celle de certains hommes qui, n'obéissant qu'à un sentiment instinctif dont l'inspiration leur vient du Tout-Puissant, n'ont aucune prétention à la science? Oh ! que vous êtes loin de les égaler ! Vous faites du bien, sans doute ; mais que c'est peu relativement à ce dont vous serez capable un jour, si vous suivez les instructions que je vous donnerai !

Je ne sais ce qui se passa en moi pendant cette sévère remontrance ; j'éprouvai un frisson général ; une sueur froide coula de mon front ; les mouvements de mon cœur devinrent convulsifs et d'une fréquence extrême ; je me remis à peine au bout d'un certain temps. Cette somnambule me semblait illuminée ; et le ton dogmatique qu'elle avait pris avec moi m'imposa singulièrement !

Je vous saurai gré, lui dis-je, de prendre soin de m'éclairer, et je remercierai Dieu des grâces qu'il voudra bien m'accorder. Maintenant, revenons à votre patronne : êtes-vous près d'elle ? — Oui. — Voulez-vous m'en faire le portrait ? — Figurez-vous tout ce qu'une femme peut présenter de plus parfait sous le rapport des formes et de la figure, et tout ce qu'un être éminemment vertueux peut offrir de plus pur ; alors vous aurez une idée de sa beauté. —Votre ange est-il avec vous ? — Oui. — Le mien y est-il aussi?—Oui, parce que vous êtes avec moi.—Voyez-vous le Christ ? — Non ; mais je le verrai demain. — Pourquoi pas aujourd'hui ? — Je ne suis pas assez pure pour soutenir l'éclat de la gloire qui l'environne. — Si vous n'êtes pas assez pure aujourd'hui, comment le serez-vous demain ? — Je me purifie près de ma bienheureuse protectrice ; et mon ange, qui ne me quitte pas, m'inspirera des sentiments si élevés que, même pendant mon état de veille, j'aurai une profonde horreur du vice.

Je dois faire remarquer ici que Marie Laîné avait fort peu de religion (du moins en apparence) avant de s'être fait magnétiser ; que sa conduite n'avait pas toujours été digne d'exemple ; mais qu'elle devenait de jour en jour plus sérieuse, plus portée à la bienfaisance, plus respectueuse envers les ecclésiastiques et les cérémonies religieuses.

Cinquième entretien. — Voyez-vous votre patronne ? — Non, pas encore. Laissez-moi reposer cinq minutes ; puis j'irai la voir. (Après les cinq minutes) : Etes-vous près de votre sainte protectrice ? — Oui. Qu'elle est bonne ! Elle m'accorde le pouvoir de guérir les autres comme je me suis guérie moi-même ! — Comment vous y prendrez-vous pour cela ? — Quand un malade viendra à moi, je le toucherai, je connaîtrai justement sa maladie, et mon ange me dira les remèdes nécessaires pour le guérir. J'agirai ainsi pendant un temps plus ou moins long, suivant que je persévèrerai plus ou moins dans la bonne voie. Plus tard, avec l'aide de ma bienheureuse patronne, je ferai des choses auxquelles fort peu de gens voudront ajouter foi. — Que ferez-vous donc ? — Je ne puis vous le dire à présent. — Vous m'avez annoncé hier qu'aujourd'hui même vous pourriez voir le Christ ; le pouvez-vous ? — Pas encore, mais bientôt. Laissez-moi tranquille encore dix minutes ; pendant ce temps faites-moi, le plus lentement possible, trois fois trois passes autour de la tête ; à la onzième minute interrogez-moi. (Je me conforme au vœu de la somnambule). La onzième minute est arrivée : Marie, voyez-vous le Christ ? — Oui. Je suis près de lui, dans un lieu très élevé où l'on respire un air si doux et si pur que c'est le comble de la félicité ! Le Seigneur m'a permis de le voir, je puis même lui parler et il me fera la grâce de me répondre. Il est si bon, si grand, si miséricordieux ! Il ne repousse pas les faibles créatures qui, après avoir péché, veulent rentrer franchement dans le chemin de la vertu ! — Pensez-vous que le Christ soit aussi puissant que Dieu ? — Comment en serait-il autrement ? Le Christ est Dieu, Dieu est le Christ et le Saint-Esprit tout ensemble : c'est le créateur, le rédempteur et le juge ; à qui tout est possible parce qu'il est tout-puissant ! — Marie, malgré tout le désir que j'ai de m'instruire, une pensée vient en ce moment me traverser l'esprit : n'est-ce point une hérésie que je commets en vous adressant de pareilles questions ?... Ne serait-ce point tenter Dieu ? — Si cela était, j'eusse cessé de vous répondre ; soyez sans crainte, le Tout-Puissant connaît vos intentions et il permet que vous trouviez la lumière. — Pourrez-vous bientôt me donner quelques éclaircissements sur les peines et les récompenses qui attendent l'homme après son séjour sur la terre ? — Rien ne m'est plus facile ; car à présent je vois tout cela : l'enfer est un lieu hideux et infect où se trouvent réunies toutes les monstruosités imaginables, les malheureux qui y gémissent éprouvent un tourment incessant qui sera éternel ; toutes les fourberies, toutes les turpitudes, tous les crimes sont mis en évidence ; il n'est pas possible à ces tristes êtres de cacher aux autres l'infamie qui fait leur honte. Ils peuvent apercevoir ceux qui, en récompense de leur vertu, jouissent du parfait bonheur, et comme ils savent que, pour eux, il n'est aucun espoir d'y atteindre jamais, ils se livrent à la douleur la plus horrible, et le remords de leurs mauvaises actions renouvelle sans cesse leurs cruelles angoisses. Oh ! quel affreux tableau ! quittons ce lieu. — Où voulez-vous aller ? — Dans le lieu d'attente appelé purgatoire. — Y êtes-vous ? — Oui. — Que se passe-t-il là ? — Il y a encore dans cet endroit des êtres souffrants ; mais ils ont pour eux l'espérance de voir cesser leurs tourments : deux routes sont ouvertes devant eux, l'une rocailleuse et pénible qui conduit au bienheureux séjour, l'autre unie et facile au bout de laquelle sont toutes les douleurs ! Chacun expie plus ou moins longuement les fautes qu'il a commises, ou se précipite à jamais dans le gouffre épouvantable du malheur ! — Voulez-vous être réveillée ? — Non, je désire reprendre des idées moins tristes ; laissez-moi voir l'heureux séjour des justes. Tenez, j'y suis. (La figure de la somnambule qui n'avait cessé d'exprimer la tristesse et la douleur depuis le commencement de notre conversation sur l'enfer, prend une expression de joie et de bonheur qu'il est impossible de rendre.) Comme l'air est bon ici! quels parfums on respire! comme tout y est beau! Tenez, pour vous imaginer ce que c'est que le paradis, figurez-vous la joie pure et sans mélange, la satisfaction intime et constante, l'amour céleste et divin! — Me diriez-vous si les êtres qui se trouvent là peuvent avoir quelque relation avec les choses de la terre? — Demain, vous m'adresserez de nouveau cette question et j'y répondrai; mais à présent je dois me retirer. Réveillez-moi.

Sixième entretien. — Marie, hier je vous ai demandé si les bienheureux peuvent avoir des relations avec nous, sur la terre? — Oui; mais leur simple approche nous fait éprouver un sentiment secret qui nous jette subitement dans un état extraordinaire. — Nous est-il possible de distinguer leurs traits? — Nous pouvons les voir, mais non les toucher; ne me demandez pas pourquoi. — Votre ange est-il toujours avec vous? — Toujours. — Y a-t-il de mauvais anges comme il y en a de bons? — Oui. — Les voyez-vous? —Pas à présent; mais je les ai vus dans les premiers jours que vous me magnétisiez. Alors, j'en avais un à ma gauche qui cherchait à m'entraîner à ma perte; mais j'ai eu le bonheur de repousser ses tentations. — Voyez-vous la Vierge? —Non; mais dans un in-

stant je la verrai. — Etes-vous près d'elle à présent?
— Oui : elle me demande pourquoi je n'ai touché encore aucun malade. Elle m'ordonne d'être bonne pour ceux qui souffrent, de compatir à leurs maux et de leur donner mes soins sans exiger de récompense.— Puisqu'il en est ainsi, voulez-vous que dès demain je vous présente un malade ? — Je ne demande pas mieux.

Septième entretien. — Marie, il y a dans mon cabinet un pauvre homme qui souffre beaucoup. Voulez-vous le toucher ? — Oui, faites-le venir ici. (Le malade est introduit ; la somnambule lui prend la main, réfléchit un instant, et me prie de noter ce qu'elle va dire.) Cet homme éprouve des douleurs atroces dans le ventre ; ses intestins sont dans un état d'inflammation épouvantable. Oh ! le pauvre malheureux! il souffre bien. (Elle réfléchit encore.) Il faut lui faire donner six demi-lavements d'eau de son avec addition d'une cuillerée d'huile d'amandes douces pour chacun ; cela tous les jours pendant quatre jours. Il ne mangera rien absolument. Il boira, par jour, quatre litres de bouillon de poulet très léger ; on ajoutera demi-once de gomme par chaque litre. On lui appliquera sur tout le ventre un cataplasme de farine de riz qu'on aura soin de renouveler de deux heures en deux heures et de laisser refroidir avant de le poser. Une magnétisation chaque soir lui fera grand bien. Dans cinq jours il sera guéri.
— Sera-t-il besoin que vous le touchiez de nouveau

d'ici le temps que vous fixez pour sa guérison? — Ni avant, ni après; il sera guéri. (Le ton d'assurance avec lequel la somnambule me dit cela me persuada qu'elle ne serait pas trompée dans sa prévision; en effet, cinq jours après cette séance, le pauvre malade ne souffrait plus, et quelques jours de convalescence lui ont suffi pour reprendre ses travaux.) «Pourriez-vous toucher plusieurs malades dans la même séance sans trop vous fatiguer? — Deux à trois; pourvu qu'on me laissât reposer dix minutes après chaque examen. Au surplus, dans quelques jours je ne les traiterai plus de cette manière. — Comment les traiterez-vous donc? — Je vous le dirai au commencement de notre prochaine séance. — Est-ce que vous ne pouvez pas me le dire à présent? — Non; je ne le sais pas encore moi-même. Mon ange m'annonce bien que j'aurai un autre moyen de guérir, mais il ne me dit pas lequel; d'ailleurs c'est ma sainte patronne qui me l'enseignera. — Dois-je vous présenter de nouveaux malades à la séance de demain? — Non; il vaut mieux les faire attendre un ou deux jours de plus, à moins qu'il n'y en ait quelqu'un en danger de mort. — Faudra-t-il que je vous interroge dès que vous serez endormie? — Non, vous me laisserez tranquille pendant cinq minutes, puis vous me parlerez.

Huitième entretien. — Dites-moi, Marie, quel est le moyen que vous emploierez désormais pour guérir les malades? — La simple imposition de mes mains

sur les parties affectées. — Cela sera-t-il suffisant ?
— Oui. — N'aurez-vous point à ajouter quelque mé-
dicamentation ? — Non ; pas même des tisanes. —
Combien de fois vous faudra-t-il imposer les mains
sur chacun de vos malades, avant d'opérer la guérison ? — Plus ou moins, selon la nature et la gravité
de l'affection. Mon ange m'indiquera quand il me
faudra commencer et le moment où je devrai cesser.
— Est-ce votre ange qui vous accorde ce pouvoir ? —
Non, c'est la bienheureuse ma patronne, comme je
vous l'ai dit hier. — Vous venez de me dire que votre
ange vous guiderait pour le temps où vous devrez
commencer et cesser vos opérations curatives ? —
Oui. — Savez-vous combien il vous faudra employer
de séances pour chacun de vos malades ? — Oui. J'en
guérirai beaucoup en une seule séance pour chacun ;
souvent même j'en pourrai guérir deux et jusqu'à
trois à la fois ; mais je n'emploierai jamais plus de
trois séances pour une cure complète. — Guérirez-
vous tous les malades ? — Je guérirai tous ceux qui
seront guérissables d'après mon ange, et qui viendront à moi avec confiance ; mais je n'aurai jamais
le pouvoir de ressusciter les morts. — Quel jour com-
mencerez-vous vos opérations ? — Après-demain. —
Que ferez-vous demain ? — Vous me laisserez tranquille pendant tout le temps de mon somnambulisme
qui devra durer une heure ; puis vous me réveillerez
sans me dire un mot. — Je pourrai donc, après-demain, vous présenter un malade ? — Oui. — J'ai de-

puis quelque temps un paralytique qui me désespère, voudrez-vous commencer par lui ? — Cela m'est indifférent. — Vous serai-je utile à quelque chose dans votre opération ? — Non ; mais dès que j'aurai fait retirer le malade, vous me soufflerez sur le front, de toutes vos forces, avec l'intention de chasser le mal qui pourrait me rester. — Avez-vous quelque autre instruction à me donner pour cette séance prochaine ? — Non. — Etes-vous fatiguée ? — Non. — Le moyen que vient de vous enseigner votre sainte patronne me paraît excellent ; mais savez-vous bien qu'il n'est pas nouveau ? — Je le sais. Bien des gens ont employé et emploient journellement ce moyen, et réussissent plus ou moins. Les magnétiseurs eux-mêmes le mettent en pratique et obtiennent chacun suivant sa foi. Néanmoins, la manière dont j'opèrerai aura quelque chose de particulier non indifférent. — Vous croyez donc que la volonté seule ne suffirait pas pour guérir ? — Je n'ai pas dit cela. Je suis convaincue que telle ou telle manière d'imposer les mains est plus avantageuse que telle ou telle autre, voilà tout. — Est-ce que je ne pourrais pas guérir aussi, moi, par le même moyen ? — Vous pourriez le faire ; mais vous ne réussiriez encore que faiblement comparativement à moi. Vous êtes trop du monde pour faire tout le bien dont vous seriez capable. Tenez, je ne voulais pas vous le dire, mais il le faut : vous n'arriverez à produire de grands effets curatifs que lorsque vous aurez renoncé aux plaisirs de la société, ou, pour mieux m'expliquer, lorsque vous vivrez dans la solitude, loin du chaos du monde dont vous aimez encore le bruyant tourbillon ; que vous n'aurez plus de ces pensées ambitieuses qui vous rongent le cœur ; que vous ne vous inquiéterez plus du jugement des savants qui ne savent rien, et des imbéciles qui croient tout savoir ; lorsque, enfin, vous aurez la foi robuste qui vous manque. — Vous êtes sévère, Marie ; vous me traitez sans égards ! — Quand il faut dire toute la vérité, l'on ne peut pas garder de ménagements. — Vous me reprochez d'avoir de l'ambition ; je ne pense pas mériter ce reproche. — Je ne prétends pas que vous soyez ambitieux de fortune ; je sais que vous tenez fort peu à l'argent ; mais l'ambition que vous avez n'en est pas moins blâmable ! Eh mon Dieu ! que devrait vous importer le monde et ses opinions ? Soyez réellement utile à ceux qui souffrent et que le malheur a frappés, guérissez et consolez ! C'est là la plus belle prérogative de l'homme.

La somnambule me parut trop fatiguée pour continuer ; je la rendis à l'état ordinaire de veille et lui demandai si elle conservait quelque souvenir de ce qui venait de se passer ; sur sa réponse négative, je pris la volonté qu'elle se remémorât ce qu'elle venait de me dire ; alors, elle rougit subitement, me regarda avec étonnement et crainte, et me dit très timidement : « Cela n'est pas possible ! oh ! je ne vous ai pas dit cela, n'est-ce pas ? » Comme elle paraissait éprouver de la peine, je changeai d'intention, je voulus que ce souvenir s'effaçât de sa mémoire, et à l'instant même Marie reprit un ton plus gai, me demanda si elle avait dormi long-temps, et me dit en me quittant : Je viendrai demain, à la même heure qu'aujourd'hui. Elle vint' en effet, je la magnétisai conformément au vœu qu'elle avait exprimé.

Neuvième entretien, guérison d'un paralytique.— Marie, vous rappelez-vous ce que vous m'avez dit avant-hier?— Oui. — Voulez-vous que je fasse entrer de suite le malade dont je vous ai parlé?— Je le veux bien. —(Je conduis le malade près de la somnambule. C'est un homme de quarante-sept ans, d'une constitution robuste, hémiplégique du côté droit.) Voici le pauvre homme qui implore de vous sa guérison, voulez-vous le toucher?—Oui; et s'il a confiance en moi, il peut brûler ses béquilles, il n'en aura plus besoin; car, je vous l'affirme, je puis le guérir sur-le-champ. (Elle touche le malade un instant à l'occiput, au sinciput, aux tempes, le long de la colonne vertébrale, au creux de l'estomac, puis reprend à la tête, suit tout le côté affecté en faisant quelques pressions sur les grandes articulations, et lui dit : Vous avez eu foi en moi, soyez-en récompensé : marchez, et que votre maladie ne reparaisse plus! Au même instant cet homme, encore tout ébahi, marche avec facilité, exécute divers mouvements, et part en bénissant la main qui venait de lui rendre le plus précieux des biens.) Tenez, voyez-vous, ce malade vous eût fatigué pendant six mois peut-être avant d'être guéri ; eh bien ! quelques minutes me suffisent pour lui rendre l'usage de ses membres et le rappeler à la santé. — Ce que vous venez d'obtenir est très beau , sans doute ; mais je dois encore vous faire une objection à laquelle je vous prie de répondre. — Je vous écoute. — Il y a à peu près dix-huit mois , un homme se trouvant dans le même cas que celui que vous venez de voir, se présenta à moi en me priant de le guérir. Je le magnétisai une demi-heure tout au plus , et il s'en alla guéri. Ne pourrait-on pas conclure de là que les malades éprouvent des effets salutaires plus ou moins sensibles , plus ou moins prompts , suivant qu'il se rencontre plus ou moins de rapports sympathiques entre eux et les personnes auxquelles ils se soumettent ? — Cette conséquence est fort juste ; mais il faut reconnaître que plus un individu est porté au bien, plus il rencontre de sympathies chez l'homme malheureux, car il souffre de ses douleurs, il est affecté de sa peine , son âme s'harmonise avec celle de l'infortuné , et alors sa volonté bienfaisante opère sans efforts des guérisons inespérées. Vous avez guéri, en une séance, un malade dont l'état était semblable à celui de l'homme qui vient de nous quitter ; vous pourriez en guérir ainsi plusieurs ; mais ce ne serait assurément pas le plus grand nombre ; tandis que moi, dans l'état où je suis , je réussirais dans la proportion de quatre-vingt-quinze sur cent.

J'ai magnétisé Marie Lainé pendant deux mois environ après cette séance. Toutes les fois que je lui ai présenté des malades elle les a guéris ou au moins soulagés merveilleusement en quelques minutes. Quant à ceux qu'elle ne jugeait pas être curables, elle les touchait un instant, les renvoyait avec douceur et politesse, les exhortait à la résignation, ne leur faisait aucune promesse, et leur disait : Je ne suis pas assez habile pour vous guérir promptement ; voyez un médecin. J'ai eu avec cette somnambule des conversations fréquentes sur les choses spirituelles, elle ne s'est pas trouvée une seule fois en contradiction ; ses raisonnements étaient si bien appuyés, elle avait tellement le don de persuader, que je n'ai pu me refuser à croire aux révélations qu'elle m'a faites. Si je suis à présent dans l'erreur, cela ne me sera pas nuisible, si je suis dans le vrai, il est impossible d'apprécier le service que m'a rendu Marie !

Je ne saurais trop recommander ici aux personnes qui, dans leur pratique, rencontreront des êtres disposés comme l'était Marie, à agir prudemment et sérieusement. Une imprudence pourrait compromettre gravement la santé du sujet ; une légèreté anéantirait probablement ses facultés somnambuliques. Une simple négligence, une distraction d'un instant, un rien peut même donner lieu à des accidents fâcheux ; en voici un exemple : dans une séance où j'avais présenté à Marie Lainé une jeune personne atteinte de folie, un jeune médecin, mon élève, me pria de demander à la somnambule si elle savait le nom de la malade qu'elle touchait. Je voulus le satisfaire, et sur ma question Marie répondit négativement. — Il serait bien beau qu'elle pût nous le dire néanmoins, reprit le jeune homme, ayez donc la complaisance de lui demander si elle le pourrait faire. Dès que la magnétisée eut quitté la main de sa malade, je m'empressai de lui demander s'il lui serait possible de me dire le nom de la personne qu'elle venait d'avoir entre les mains ? — Oui. Laissez-moi réfléchir un instant : elle s'appelle : Julie Mélan. Nous sûmes plus tard que c'était juste. La préoccupation d'esprit où cela m'avait mis me fit oublier de souffler sur la tête de Marie, comme je le faisais habituellement à chaque fois qu'elle quittait un malade ; je la réveillai ainsi. A peine les yeux furent-ils ouverts que la somnambule se prit à gesticuler singulièrement, nous parla d'une façon fort étrange ; et nous ne tardâmes pas à nous apercevoir qu'elle était folle ! Je m'empressai de la rendormir ; quand elle fut remise en somnambulisme, elle recouvra sa raison et me dit que c'était mon oubli qui avait causé son accident ; mais, ajouta-t-elle, cela ne sera rien. Laissez-moi dormir trois heures sans me parler ; puis soufflez-moi sur la tête le plus fortement possible et réveillez-moi vivement, pour me rendormir encore pendant une heure ; et cela sera fini. Vous avez bien fait de me magnétiser de suite, plus vous eussiez tardé, plus il eût été difficile et long de me guérir.

Il y a deux ans, me trouvant au château de Saussens, chez madame la comtesse de Salimbeni, je fus prié par cette aimable et vertueuse dame de magnétiser une jeune femme de chambre affectée d'une chlorose; au bout de cinq minutes de magnétisation, cette jeune personne tomba en somnambulisme, elle m'apprit qu'elle était orpheline; resta un instant dans une sorte de contemplation extatique; puis tout-à-coup versa des larmes abondantes, sanglotta amèrement et nous dit : Pauvre père! il souffre bien! Oh! mon Dieu, quand finiront donc ses tourments? Madame la comtesse désira être mise en rapport avec la somnambule, et voici la conversation qui eut lieu entre elles : Où voyez-vous votre père?—Dans le lieu de pénitence. — Pourquoi est-il là? — Parce qu'il a été méchant. — Y restera-t-il long-temps? — J'espère que non; car il se repent sincèrement. — Voyez-vous votre mère? — Non, elle n'est pas en cet endroit. — Pourriez-vous la voir? — Oui; mais il faut que je la cherche. Laissez-moi tranquille un instant.... Ah! que ce lieu-ci est beau! quelle douce harmonie se fait entendre! ce sont les chants des anges! Comme l'air est bon ici! Oh! mon Dieu, quel bonheur! Voici ma bonne mère. Qu'elle est heureuse! Quelqu'un entra dans ce moment, ce dialogue intéressant cessa, et je réveillai la somnambule.

Deux des jeunes gens que j'ai magnétisés dans mes séances publiques à Paris, le jeune Adolphe Didier et un aide maçon, natif de Pise, ont prétendu aussi voir les anges, communiquer avec eux et en recevoir d'utiles instructions.

Lorsqu'on a été témoin de faits semblables, qu'on a toujours été en garde contre l'illusion et la fourberie des sujets ; que l'on a vu les individus les moins religieux avoir, dans l'état magnétique, des opinions tout-à-fait différentes et souvent opposées à leurs opinions de l'état ordinaire ; qu'on a observé que la plupart de ces individus réformaient leur conduite habituelle et gagnaient en moralité, à mesure que le nombre de leurs magnétisations s'augmentait ; qu'on a vu opérer des guérisons en quelque sorte miraculeuses sur des malades dont on avait constaté l'état d'une manière positive, serait-il raisonnable de révoquer en doute des révélations tout-à-fait conformes à ce que nous apprennent les saintes Ecritures?.. Je laisse cette question à résoudre.

Je ne terminerai pas cette leçon sans inviter les magnétiseurs de fraîche date à ne jamais pousser eux-mêmes les facultés de leurs somnambules vers ce point épineux. Il est important, sans doute, comme je l'ai dit en abordant ce sujet, d'étudier consciencieusement cet ordre de phénomènes ; mais il ne faut point que cette étude soit forcée ; il y aurait du danger à la provoquer. Que l'on profite, pour s'éclairer, de la lucidité des sujets magnétiques, que l'on favorise le développement de cette lucidité vers le but de prédilection des somnambules, rien de mieux ; mais

tenter de contraindre les personnes qui se sont con-
fiées à nos soins, à appliquer leur clairvoyance à une
chose si délicate, serait marcher en opposition avec
les principes de justice et de raison qui doivent ca-
ractériser le philosophe véritable.

Il ne m'est jamais arrivé rien de fâcheux à l'égard
des somnambules spiritualistes ; parce que, comme on
a pu le remarquer dans ce qui précède, j'ai toujours
agi avec prudence. Cependant, il n'est pas sans exemple que des accidents graves, irréparables aient été
causés par l'enthousiasme et l'impéritie de quelques soi-
disant magnétiseurs. L'honorable et savant M. Char-
del, à qui nous devons deux excellents livres : *Esquisse de la nature humaine* et *Essai de psychologie
physiologique*, rapporte à la page 3o2 de ce dernier
ouvrage une anecdote qui prouvera combien les magnétiseurs doivent être circonspects dans leurs expériences : «Trois magnétiseurs se réunirent une nuit
» près d'une somnambule lucide ; ils prétendaient,
» avec son secours, s'éclairer sur les mystères de
» l'autre monde, et la pressèrent de chercher à voir
» ce qui se passait dans l'enfer. La somnambule,
» après un premier refus, céda à leur instance ; mais
» à peine eut-elle commencé ses explorations qu'elle
» fut prise de convulsions telles qu'elle mourut avant
» qu'on pût parvenir à les calmer. » Voilà où peut
conduire le désir immodéré de satisfaire une curiosité
exaltée !

SEPTIÈME LEÇON.

DE L'EXTASE MAGNÉTIQUE.

—

> L'esprit, dans l'extase, s'élance, va au-devant
> des causes et des effets, en saisit l'ensemble avec
> la plus grande vitesse, et le confie à l'imagina-
> tion pour en tirer le résultat futur.
>
> ARISTOTE.

Les somnambules magnétiques peuvent être portés
à un état supérieur que nous appelons *extase*. Cette
crise, qui d'ordinaire est produite par l'action du
magnétiseur, se manifeste quelquefois d'elle-même,
c'est-à-dire par les seules dispositions du magnétisé.

Je distingue deux modes d'extase : *l'exaltation* et
la *contemplation*.

L'extase contemplative est une crise dans laquelle
la lucidité du sujet est beaucoup plus grande encore
que dans l'état de somnambulisme ; les facultés de
l'âme sont alors d'autant plus exquises que l'absorption du physique est plus profonde. Je pense que dans
cette crise le lien vital est bien faible, ou du moins
bien bizarrement modifié ; car l'insensibilité corpo-
relle est générale, tandis que le travail spirituel est
prodigieux. On pourrait dire, en matérialisant ce qui
ne tombe pas sous nos sens, que la partie animante

qui est destinée à remplir le jeu des organes ne remplit que très imparfaitement les fonctions du mouvement, tandis que la partie pensante développe au plus haut point les facultés de l'esprit.

C'est dans cet état d'*extase* que le magnétisé jouit de la plus haute perfection de lucidité ; là il examine avec le plus grand soin les opérations qu'il a faites pendant son somnambulisme, il contrôle ses actes propre ; là, ses combinaisons sont plus sages, sa prévoyance plus sûre, sa mémoire plus grande ; enfin toutes ses facultés morales acquièrent un surcroît de développement et de perfection qu'il ne nous est pas donné d'exprimer.

J'ai eu une somnambule fort remarquable, que je n'avais pu magnétiser complétement qu'à la douzième séance. J'expérimentai avec elle plusieurs fois, en présence de la Société du magnétisme et d'un grand nombre de personnes étrangères à cette Société. Voici quelques uns des faits produits sur cette dame, tels qu'ils sont rapportés par *le Révélateur*, journal du magnétisme, que je dirigeais alors à Bordeaux.

Séance du 30 *janvier* 1838. — M. Ricard ayant mis en somnambulisme madame Naude, dont la sensibilité au contact, même à la simple approche des métaux (l'or compris), est extrême, fait une expérience dont le résultat est aussi curieux que rare. Le magnétiseur s'éloigne de sa somnambule de dix pieds environ, et lui tournant le dos, il touche de la main et du doigt qui lui sont désignés par l'un des spectateurs, un fer aimanté suspendu au mur. A l'instant même la catalepsie s'établit au doigt correspondant de madame Naude, et gagne successivement la main et tout l'avant-bras.

» *Séance du* 6 *février.* — M. Ricard met en somnambulisme madame Naude, qui annonce qu'elle se trouve beaucoup mieux depuis qu'elle se fait magnétiser. — Il y a quatre ans, dit-elle, que les médecins me traitent ; je me suis confiée aux soins de gens très habiles et qui jouissent d'une haute considération, et cependant ils ont épuisé sur moi toutes les ressources de l'art sans pouvoir me procurer le moindre soulagement, sans empêcher même la maladie de s'aggraver. J'ai chez moi plus de trois cents prescriptions et je ne sais combien de médicaments ; j'ai suivi tous les traitements qui m'ont été ordonnés et je n'ai pu guérir ; mais, j'en ai actuellement la certitude, dans peu de temps je devrai aux soins de mon magnétiseur la santé la plus parfaite.

» Madame Naude demande ensuite à M. Ricard de l'endormir (cette somnambule appelle *sommeil* l'état extatique dans lequel son magnétiseur la met depuis quelques jours, d'après son ordre à elle, et elle nomme *veille magnétique* son état de somnambulisme) ; le magnétiseur se rend au désir de son sujet qui, au bout d'une minute, est dans une extase parfaite. Alors l'insensibilité est absolue, l'isolement complet ; elle n'entend plus son magnétiseur et est d'une immobilité totale. Après cinq minutes environ elle revient à l'état de somnambulisme. Là a lieu entre elle et son magnétiseur le dialogue ci-après :

« — Avez-vous vu, dans l'état d'où vous sortez, quelque chose qui puisse favoriser votre guérison ?

» — Non, rien.... que le magnétisme.

» — Pouvez-vous nous dire quel est cet état ?

» — Oui, c'est un état de béatitude !

» — Avez-vous pensé dans cet état ?

» — Oui, sans doute.

» — Quelles sont les pensées que vous avez eues ?

» — Je ne puis vous les exprimer ; d'ailleurs, si ma bouche pouvait les rendre, vous ne les comprendriez pas.

» — Mais, encore, dites-moi à peu près ce qui s'est passé en vous, ce que vous avez éprouvé.

» — Je vous l'ai dit : j'étais parfaitement heureuse. Après cela, je vous répète que s'il m'était donné de trouver des expressions qui pussent rendre mes pensées, vous ne pourriez point me comprendre ; il vous manque un sens ; *les sourds-muets de naissance ne peuvent pas juger de la différence des sons.*

» — Pourquoi ne m'avez-vous pas répondu quand je vous ai appelée ?

» — Est-ce que vous m'avez parlé ? Je n'ai rien entendu.

» — D'où vient cela ?

» — Comment, c'est vous qui m'adressez cette question, vous, magnétiseur ? Vraiment, je ne puis croire que vous ayez besoin de ma réponse pour être fixé.

» — Je sais que penser de l'état où vous étiez tout-à-l'heure ; néanmoins je vous prie de me dire pourquoi vous ne m'avez pas entendu.

» — Ah ! *c'est que la maison était bien ici, mais le locataire était déménagé.* C'est absolument comme si je plaçais mes vêtements sur le fauteuil et que j'allasse me promener. »

» Là finit ce colloque. Et M. Ricard, après avoir laissé reposer son sujet quelques minutes, le rend à l'état de veille ordinaire.

» *Séance du 6 mars.* — Madame Naude est magnétisée par M. Ricard, qui, sans la prévenir, produit la catalepsie sur la main droite de cette dame, par le seul fait de l'approche d'un métal. Elle demande à son magnétiseur de l'endormir. Elle reste quelques minutes dans l'extase, pendant laquelle elle explore l'intérieur de son corps ; elle demande ensuite à écrire ce qu'il convient lui faire pour sa santé ; elle prend un crayon et le papier qu'on lui présente, et s'apercevant qu'elle peut être vue des personnes qui sont assises près d'elle, elle relève son manteau, qu'elle croise par-dessus son papier ; alors, dans une position qui semble difficile, et s'ôtant elle-même toute possibilité d'y voir par le sens matériel, elle écrit une prescription de quatre lignes dont les mots sont parfaitement lisibles et corrects. Un des médecins présents ayant prié le magnétiseur d'obtenir de la somnambule qu'il puisse voir la prescription,

M. Ricard demande à madame Naude si elle ne serait pas contrariée de ce que M. *** lût ce qu'elle venait d'écrire. — Non, répondit-elle ; mais ne laissez pas voir cela aux personnes étrangères à la médecine. Le docteur ayant vu l'ordonnance, a déclaré qu'elle était très lisiblement écrite, et en outre tout-à-fait conforme à la raison.

» *Séance du* 13 *mars.* — M. Ricard met en somnambulisme madame Naude, dont les sensations deviennent de plus en plus exquises, et qui présente chaque jour des phénomènes de plus en plus remarquables.

» Un instant après le développement de la crise magnétique, cette dame, qui s'intéresse vivement aux malades qui l'ont consultée, demande des nouvelles de mademoiselle Escovedo, à qui elle a prescrit un traitement il y a quelques jours. « Faites approcher le frère de cette demoiselle, dit-elle à son magnétiseur, je désire savoir comment se trouve la malade. » M. Escovedo est alors mis en rapport avec la somnambule, qui lui demande des nouvelles de sa sœur. Il répond que la jeune malade se trouve déjà beaucoup mieux depuis qu'elle suit la prescription de madame Naude, et celle-ci paraît d'une joie extrême d'avoir pu soulager mademoiselle Escovedo.

» Après cela, M. Ricard produit sur la somnambule plusieurs phénomènes, parmi lesquels on remarque particulièrement le suivant, que le magnétiseur dit avoir rencontré pour la première fois.

» Madame Naude ayant demandé à son magnétiseur de lui donner une secousse *électrique*, par la volonté seule, M. Ricard fait retirer les lumières qui éclairaient la salle, et prie les personnes qui l'environnent, de bien observer la somnambule ; alors il occasionne à madame Naude la secousse qu'elle a demandée, et après laquelle elle reste quelques instants les yeux fixes et immobiles, les deux bras élevés, et tout le haut du corps en catalepsie. La même expérience est répétée deux fois, à la demande de la somnambule, qui prétend que ces sortes de commotions sont très favorables à sa santé, qui, du reste, est bien améliorée.

» On observe que dans l'état cataleptique qui résulte de la secousse dite électrique, les yeux de la somnambule sont d'un brillant très vif, semblable à un émail. Ramenée à l'état de somnambulisme, cette dame déclare n'avoir point été démagnétisée par la secousse ; mais avoir vu très distinctement M. Ricard, et nullement les autres personnes. Alors quelqu'un propose de faire cette question au sujet : « Avez-vous vu par les yeux ? » Le magnétiseur l'ayant adressée à la somnambule, celle-ci répond : « Oui, par les yeux... de l'esprit. »

» *Séance du* 20 *mars*. — Pour terminer les études de cette soirée, M. Ricard magnétise madame Naude dont les facultés somnambuliques se développent de plus en plus.

» C'est sur ce sujet étonnant que les personnes le

plus adonnées aux sciences et à la philosophie viennent observer des phénomènes d'autant plus concluants, qu'il est moins possible de les feindre, et
qu'ils se rencontrent plus rarement.

» Après avoir vérifié des modifications surprenantes, dans les pulsations, la catalepsie produite
par l'approche d'un anneau d'or, vers une partie du
corps de la dormeuse, on propose à M. Ricard, après
avoir pris les précautions nécessaires pour que l'expérience soit convaincante, de passer, lui magnétiseur, dans le cabinet voisin de la salle, et, de là, de
produire, par sa seule volonté, sur madame Naude,
la secousse électrique qu'éprouve cette dame lorsque, placé devant elle, il agit exprès.

» La réussite de cette expérience aussi belle que
rare, vient ajouter encore à l'intérêt qu'a déjà inspiré
la dormeuse, et pénètre d'une touchante admiration
tous les spectateurs.

» Madame Naude paraît avoir besoin de repos, et
manifeste le désir d'être *endormie* (c'est le mot qu'elle
emploie pour dire son extase) : le magnétiseur la
plonge donc dans cet état d'insensibilité profonde
qui offre un contraste frappant avec l'état somnambulique, auquel revient le sujet au bout de quelques
minutes. Interrogée sur ce qui s'est passé en elle,
la magnétisée répond : « J'ai vu que, pour ma santé,
j'aurais besoin d'être magnétisée de nouveau à minuit
un quart ; ainsi obligez-moi de penser à moi à cette
heure-là, et de me démagnétiser demain matin à huit

heures (1) ». Quelques instants après madame Naude est rendue à l'état ordinaire de veille, et déclare ne se rappeler aucune circonstance de son sommeil.

» *Séance du 3 avril.* — Madame Naude, mise en somnambulisme par son magnétiseur ordinaire, reconnaît précisément la maladie d'une personne qui a voulu se soumettre à son exploration.

» Une boîte ayant été présentée à cette somnambule par une personne incrédule, la dormeuse désigne l'objet y renfermé.

» *Séance du 15 mai.* — Madame Naude se soumet à l'action magnétique de M. Ricard, et entre en somnambulisme après une minute environ. Dans cet état, elle répète plusieurs expériences qu'elle a déjà faites. Son magnétiseur lui ayant demandé si elle voulait être rendue à son état ordinaire : « Non, dit-elle, je désire auparavant que vous me donniez une bonne secousse. » M. Ricard, profitant de cette disposition, passe dans un cabinet voisin, et là, placé de manière à ne pouvoir être vu du sujet, en supposant qu'il fît feinte d'être magnétisé et de tenir les yeux fermés, il procure à madame Naude la commotion électrique qu'elle avait demandée.

» La manière dont s'y prend M. Ricard, pour opérer cette secousse, est assez singulière : il commence par

____

(1) Madame Naude s'est endormie à minuit 20 minutes et réveillée à 8 heures 5 minutes. Dans l'état magnétique où je l'ai remise le 21 au soir, elle m'a dit qu'elle n'avait commencé à ressentir des effets magnétiques que 2 minutes après le commencement de mon action et cela à cause de la distance qui nous séparait.

poser ses deux mains sur ses yeux, afin, dit-il, de se concentrer plus fortement ; et, quand il sent que sa volonté est devenue assez puissante, il sépare tout-à-coup ses mains de son visage. Nous avons remarqué plusieurs fois que la somnambule éprouve la commotion, au moment même où le geste du magnétiseur est exécuté ; et malgré toute l'attention que nous avons apportée à l'examen de cette belle expérience, il nous a été impossible d'apprécier si le geste est fait avant la commotion ressentie, ou si la commotion s'opère avant le geste. »

J'ai eu plusieurs sujets qui, n'ayant pas pu juger sûrement, dans leur état de simple somnambulisme, de l'état pathologique des personnes que je soumettais à leur exploration, m'ont demandé de les mettre en extase, pour, disaient-ils, acquérir la faculté de mieux voir les parties malades, et d'apprécier les traitements à employer.

Le sujet qui a été porté ou qui est monté de lui-même (une fois le somnambulisme produit) à la contemplation extatique parfaite, n'entend plus quoi que ce soit, pas même la voix de son magnétiseur. Il y a cependant des moyens pour se faire entendre du sujet et communiquer avec lui ; je les indiquerai dans la suite de mes leçons.

J'ai rencontré quelques sujets qui passaient à l'état extatique contre ma volonté, et au moment où je voulais produire le réveil, ou si l'on veut, rétablir l'état normal.

Quelques sujets sortent d'eux-mêmes de cette crise et redescendent au simple somnambulisme ; d'autres, au contraire, ont besoin que le magnétiseur les retire de cet état, dont la trop grande durée leur deviendrait infailliblement nuisible.

L'extase d'exaltation diffère de l'extase contemplative, en ce que le sujet est d'une extrême sensibilité physique, au lieu d'être d'une insensibilité absolue. La plupart de ces extatiques sont ordinairement en rapport avec tout l'extérieur. Leur affectibilité est telle que ce qui serait indifférent pour eux dans l'état normal, ce qu'ils laisseraient passer sans y prendre garde le moins du monde, les irrite, les rend colère, les exaspère même.

L'exaltation extatique, plus dangereuse peut-être que l'extase contemplative, n'est pas moins digne d'étude et d'observations.

Je pense que le temps n'est pas encore arrivé de dire tout ce que l'on a appris par la pratique du magnétisme ; mais un jour viendra, et ce jour est probablement peu éloigné, où les hommes qui ont étudié sérieusement la science que nous cultivons, montreront au monde savant des choses qui confondront les principes arrêtés, qui abîmeront les systèmes reçus ; et pourtant nous commençons à peine l'exploitation de ce champ immense et fertile dont nos antagonistes voulaient à tout prix nous défendre l'entrée, dont ils s'efforcent à présent de nous déposséder, mais que nous conserverons en dépit de leur rage impuissante : avant la fin de ce siècle, la France entière connaîtra l'histoire du magnétisme, le magnétisme lui-même et alors justice sera rendue !

Je ne veux épouvanter personne; mais ma conscience m'oblige de citer un exemple des dangers de l'extase. Voici ce qui est arrivé en 1835 à l'un de mes élèves qui, contrairement à mes instructions et aux observations que je lui fis alors, au sujet d'une jeune fille qu'il plongeait fréquemment dans l'extase la plus profonde, voulut expérimenter au gré de sa curiosité.

M. ***, dès son premier essai magnétique, réussit à plonger dans le somnambulisme une jeune fille qui avait désiré se soumettre à la magnétisation. En très peu de séances cette somnambule devint d'une lucidité remarquable. L'expérimentateur, enthousiasmé de ses succès, poussé par une curiosité imprudente, voulut voir jusqu'où il porterait les facultés magnétiques de sa dormeuse, et toutes les expériences qu'il m'avait vu faire sur divers sujets, il les tenta et elles réussirent sur son sujet unique; mais, au lieu de se borner à un travail de peu de durée, il tenait sa somnambule en activité durant des cinq à six heures par jour. Pendant une couple de mois, la lucidité du sujet alla toujours croissant : déplacement des sens, vue à distance, exquises sensations, guérisons miraculeuses, prévisions, présensations, tout cela s'était admirablement rencontré chez la somnambule.

Mon élève commençait déjà à se rire de mes re-

commandations de prudence et de ménagement,
lorsqu'un jour, après avoir conduit son sujet à l'état
extatique et l'y avoir laissé plus de trois heures, il
fit de vains efforts pour le ramener à l'état normal
de veille. Il parvint à peine à lui ouvrir les yeux;
mais des convulsions violentes se manifestèrent, et il
lui fallut la replonger dans l'état magnétique, pour
calmer les contractions musculaires qui étaient la
conséquence de la surexcitation nerveuse déterminée,
sans doute, par la trop grande contention cérébrale.
Alors, nouvelles tentatives pour rétablir l'habitude
de la jeune fille; nouvel échec à cet égard. Enfin, à
force de volonté les yeux sont ouverts, bien ouverts;
toute l'économie semble être rentrée dans l'ordre ordinaire; cependant les fonctions spirituelles sont tout-
à-fait déréglées, la quasi-permanence de l'état extatique dans lequel est resté le sujet, en fait un être
particulier que l'on peut ranger dans la classe des
maniaques.

Ce qu'il y a de bien remarquable, c'est que cette
fille tout en paraissant parfaitement éveillée, voit ce
qui se passe à de très grandes distances; ainsi, toutes
les fois qu'elle veut savoir ce que font telles ou
telles personnes, elle entre soudainement et d'elle-
même dans une sorte d'extase qui ne laisse voir à
l'observateur aucune modification du physique de la
crisiaque.

J'ignore si cette pauvre fille est toujours dans la
même situation; mais je l'ai revue en 1837, vers la

fin de l'été, et son état était encore tel que je viens de le peindre. J'ai conseillé dans ce temps-là à son magnétiseur d'employer un moyen que je me suis créé pour réparer quelques erreurs que j'avais commises aussi, moi ; moyen que je lui ai fait connaître, et de l'application duquel j'ai toujours obtenu plein succès (1). Voici qui pourra donner une idée de la permanence extatique de cette fille :

Je m'étais rendu chez son magnétiseur ordinaire, que je désirais voir et dans la maison duquel elle demeure. Je fus reçu par cette fille, à qui je demandai où était M. *** ; elle me répondit d'abord : « Je n'en sais rien ; il est sorti. — Vous ne savez donc pas, lui dis-je, où je pourrais le rencontrer ? — Il est sorti sans me dire où il allait, répliqua-t-elle; mais si vous voulez absolument le voir, vous le trouverez chez M. É. ; il est actuellement au salon, il cause avec mesdames E..., G... et F... — Comment savez-vous qu'il est là ? — Comment ?.. c'est que je le vois. Tenez, il est assis près de la porte, il parle en ce moment à madame G.... Ils s'entretiennent de mademoiselle J..., mais si vous voulez attendre, il ne tardera pas à rentrer, car il me dit qu'il va venir. » En effet,

---

(1) Il faut tout simplement, en pareil cas, magnétiser complétement et fortement la personne malade; tâcher de la ramener peu à peu, dans l'état somnambulique, à reconnaître sa position de l'état de veille, et lui demander, pour les employer immédiatement, les moyens de détruire cette fâcheuse affection. Si l'on ne pouvait arriver à son but par cette marche prudente, il faudrait alors magnétiser avec la volonté de surexciter encore le cerveau, et l'on finirait par obtenir la guérison.

peu après M. *** entra. Je lui demandai s'il venait de la maison que m'avait désignée l'extatique, il me dit que oui ; enfin, tout ce qu'elle m'avait annoncé était de la plus grande exactitude. Dans la soirée nous allâmes ensemble, M. *** et moi, faire quelques visites ; je le conduisis chez une personne qu'il ne connaissait point, je ne l'avais nullement prévenu de mon intention ; M. *** ne me quitta pas d'un seul instant et nous revînmes chez lui. Quel ne fut pas mon étonnement lorsque la crisiaque me dit : « Je sais bien d'où vous venez. » Et elle nous précisa tout ce que nous avions fait dans la soirée.

Voilà donc cette faculté si étonnante que possédaient les Swedemborg, les Cazotte, etc., et à laquelle on refuse de croire.

A propos de Cazotte, voici la relation d'une prédiction remarquable que je trouve dans les œuvres posthumes de La Harpe :

« Il me semble que c'était hier, et c'était cependant au commencement de 1788. Nous étions à table chez un de nos confrères à l'Académie, grand seigneur et homme d'esprit. La compagnie était nombreuse et de tout état, gens de cour, gens de robe, gens de lettres, académiciens, etc. On avait fait grande chère comme de coutume. Au dessert, les vins de Malvoisie et de Constance ajoutaient à la gaieté de bonne compagnie cette sorte de liberté qui n'en gardait pas toujours le ton ; on en était alors venu dans le monde au point où tout est permis pour faire rire. Champfort nous avait lu de ses contes impies et libertins, et les grandes dames avaient écouté, sans avoir même recours à l'éventail. De là un déluge de plaisanteries sur la religion : l'un citait une tirade de la Pucelle ; l'autre rappelait ces vers *philosophiques* de Diderot,

> Et des boyaux du dernier prêtre
> Serrer le cou du dernier roi ;

et d'applaudir. Un troisième se lève, et tenant son verre plein : *Oui, messieurs* (s'écrie-t-il), *je suis aussi sûr qu'il n'y a pas de Dieu, que je suis sûr qu'Homère est un sot* ; et en effet, il était sûr de l'un comme de l'autre ; et l'on avait parlé d'Homère et de Dieu, et il y avait là des convives qui avaient dit du bien de l'un comme de l'autre. La conversation devint plus sérieuse ; on se répand en admiration sur *la révolution* qu'avait faite Voltaire, et l'on convient que c'est là le premier titre de sa gloire. « Il a donné le ton à son siècle, et s'est fait lire dans l'antichambre comme dans le salon. » Un des convives nous raconta en pouffant de rire que son coiffeur lui avait dit, tout en le poudrant : *Voyez-vous, monsieur, quoique je ne sois qu'un misérable carabin, je n'ai pas plus de religion qu'un autre.* On conclut que *la révolution* ne tardera pas à se consommer ; qu'il faut absolument *que la superstition et le fanatisme fassent place à la philosophie,* et l'on en est à calculer la probabilité de l'époque, et quels seront ceux de la société qui verront le *règne de la raison*. Les plus vieux se plaignaient de ne pouvoir s'en flatter ; les jeunes se réjouissaient d'en avoir une espérance très vraisemblable ; et l'on félicitait surtout l'Académie d'avoir *préparé le grand œuvre*, et d'avoir été le chef-lieu, le centre, le mobile *de la liberté de penser*.

» Un seul des convives n'avait point pris de part à toute la joie de cette conversation, et avait même laissé tomber tout doucement quelques plaisanteries sur notre enthousiasme. C'était Cazotte, homme aimable et original, mais malheureusement infatué des rêveries des illuminés. Il prend la parole et du ton le plus sérieux : « Messieurs (dit-il), soyez satisfaits, vous verrez tous cette *grande et sublime révolution* que vous désirez tant. Vous savez que je suis un peu prophète ; je vous le répète, vous la verrez. » On lui répond par le refrain connu, *faut pas être grand sorcier pour ça*. « Soit ; mais peut-être faut-il l'être un peu plus pour ce qui me reste à vous dire. Savez-vous ce qui arrivera de cette *révolution*, ce qui en arrivera pour vous, tous tant que vous êtes ici, et ce qui en sera la suite immédiate, l'effet bien prouvé, la conséquence bien reconnue ? — Ah ! voyons (dit Condorcet avec son air et son rire sournois et niais), *un philosophe* n'est pas fâché de rencontrer un prophète : —Vous, monsieur de Condorcet, vous expirerez étendu sur le pavé d'un cachot, vous mourrez du poison que vous aurez pris pour vous dérober au bourreau, du poison que *le bonheur* de ce temps-là vous forcera de porter toujours sur vous. »

» Grand étonnement d'abord ; mais on se rappelle que le bon Cazotte est sujet à rêver tout éveillé, et l'on rit de plus belle. —Monsieur Cazotte, le conte que vous nous faites ici n'est pas si plaisant que votre *Diable amoureux* (1). Mais quel diable vous a mis dans la tête ce *cachot*, et ce *poison*, et ces *bourreaux?* Qu'est-ce que tout cela peut avoir de commun avec *la philosophie* et le *règne de la raison?*—C'est précisément ce que je vous dis ; c'est au nom de la philosophie, de l'humanité, de la liberté, c'est sous le règne de la raison qu'il vous arrivera de finir ainsi, et ce sera bien le *règne de la raison*; car alors elle aura des *temples*, et même il n'y aura plus dans toute la France, en ce temps-là, que des *temples de la raison.* —Par ma foi (dit Champfort avec le rire du sarcasme), vous ne serez pas un des prêtres de ces *temples-là.*— Je l'espère ; mais vous, monsieur de Champfort, qui en serez un, et très digne de l'être, vous vous couperez les veines de vingt-deux coups de rasoir, et pourtant vous n'en mourrez que quelques mois après. On se regarde et on rit encore. — Vous, monsieur Vicq-d'Azir, vous ne vous ouvrirez pas les veines vous-même, mais vous vous les ferez ouvrir six fois dans un jour au milieu d'un accès de goutte, pour être plus sûr de votre fait, et vous

---

(1) « Joli petit roman de Cazotte. »

mourrez dans la nuit. Vous, monsieur de Nicolaï, vous mourrez sur l'échafaud; vous, monsieur Bailly, sur l'échafaud; vous, monsieur de Malesherbes, sur l'échafaud... — Ah! Dieu soit béni (dit Boucher), il paraît que monsieur n'en veut qu'à l'Académie; il vient d'en faire une terrible exécution; et moi, grâce au ciel... — Vous! vous mourrez aussi sur l'échafaud. — Oh! c'est une gageure (s'écrie-t-on de toute part), il a juré de tout exterminer.—Non, ce n'est pas moi qui l'ai juré. — Mais nous serons donc subjugués par les Turcs et les Tartares? Encore...—Point du tout; je vous l'ai dit : vous serez alors gouvernés par la seule philosophie, par la seule *raison.* Ceux qui vous traiteront ainsi seront tous des *philosophes,* auront à tout moment dans la bouche toutes les mêmes phrases que vous débitez depuis une heure, répèteront toutes vos maximes, citeront tout comme vous les vers de Diderot et de la Pucelle... On se disait à l'oreille : Vous voyez bien qu'il est fou; car il gardait toujours le plus grand sérieux.—Est-ce que vous ne voyez pas qu'il plaisante? et vous savez qu'il entre toujours du merveilleux dans ses plaisanteries. — Oui (répondit Champfort), mais son merveilleux n'est pas gai; il est trop patibulaire. Et quand tout cela arrivera-t-il ? — Six ans ne se passeront pas que tout ce que je vous dis ne soit accompli.

— «Voilà bien des miracles (et cette fois c'était moi-même qui parlais), et vous ne m'y mettez pour rien. — Vous y serez pour un miracle tout au moins aussi extraordinaire. Vous serez alors chrétien.

» Grandes exclamations.—Ah! (reprit Champfort), je suis rassuré; si nous ne devons périr que quand La Harpe sera chrétien, nous serons immortels.

» —Pour ça (dit alors madame la duchesse de Grammont), nous sommes bien heureuses, nous autres femmes de n'être pour rien dans les *révolutions*. Quand je dis pour rien, ce n'est pas que nous ne nous en mêlions toujours un peu; mais il est reçu qu'on ne s'en prend pas à nous, à notre sexe.... — Votre sexe, mesdames, ne vous en défendra pas cette fois, et vous aurez beau ne vous mêler de rien, vous serez traitées tout comme les hommes, sans aucune différence quelconque. — Mais qu'est-ce que vous dites donc là, monsieur Cazotte? C'est la fin du monde que vous nous prêchez. — Je n'en sais rien; mais ce que je sais, c'est que vous, madame la duchesse, vous serez conduite à l'échafaud vous et beaucoup d'autres dames avec vous, dans la charrette du bourreau et les mains liées derrière le dos. — Ah! j'espère que dans ce cas-là j'aurai du moins un carrosse drapé de noir. — Non, madame; de plus grandes dames que vous iront comme vous en charrette, et les mains liées comme vous. — De plus grandes dames! quoi! les princesses du sang?—De plus grandes dames encore...» Ici un mouvement très sensible dans toute la compagnie, et la figure du maître se rembrunit : on commençait à trouver que la plaisanterie était forte, Madame de Grammont, pour dissiper le nuage, n'insista pas sur cette dernière réponse et se contenta de dire du ton le plus léger : « *Vous verrez qu'il ne me laissera seulement pas un confesseur.* — Non, madame, vous n'en aurez pas, ni vous, ni personne. Le dernier supplicié qui en aura un par grâce, sera....

» Il s'arrêta un moment. — Eh bien ! quel est donc l'heureux mortel qui aura cette prérogative ? — C'est la seule qui lui restera, et ce sera le roi de France.

» Le maître de la maison se leva brusquement et tout le monde avec lui. Il alla vers M. Cazotte et lui dit avec un ton pénétré : Mon cher monsieur Cazotte, c'est assez faire durer cette facétie lugubre. Vous la poussez trop loin, et jusqu'à compromettre la société où vous êtes et vous-même. Cazotte ne répondit rien et se disposait à se retirer, quand madame de Grammont, qui voulait toujours éviter le sérieux et ramener la gaieté, s'avança vers lui : — Monsieur le prophète qui nous dites à tous notre bonne aventure, vous ne nous dites rien de la vôtre. Il fut quelque temps en silence et les yeux baissés. — Madame, avez-vous lu le siége de Jérusalem dans Josephe ? — Oh ! sans doute, qu'est-ce qui n'a pas lu ça ? Mais faites comme si je ne l'avais pas lu. — Eh bien ! madame, pendant ce siége, un homme fit sept jours de suite le tour des remparts, à la vue des assiégeants et des assiégés, criant incessamment d'une voix sinistre et tonnante : *Malheur à Jérusalem* ; et le septième jour il cria : *Malheur à Jérusalem, malheur à moi-même !* et dans le moment une pierre énorme lancée par les machines ennemies l'atteignit et le mit en pièces.

» Et après cette réponse, M. Cazotte fit sa révérence, et sortit. »

Je suis persuadé que si l'on pouvait recueillir tous les faits de cet ordre, ils fourniraient, quoique rares, matière à bien des volumes ; mais malheureusement, la plupart des individus qui jouissent de semblables priviléges vivent ignorés ou méconnus, et peu de gens d'ailleurs auraient la possibilité ou le vouloir d'entreprendre un pareil travail.

HUITIÈME LEÇON.

DES FACULTÉS EXCEPTIONNELLES DES SOMNAMBULES. — PHÉNOMÈNES SUPÉRIEURS.

—

> En supposant qu'une sorcière opère des maléfices, ce n'est point par l'opération du diable, qui ne saurait lui communiquer une puissance qu'il n'a pas ; c'est par une faculté propre à l'homme, inhérente à la nature humaine, et dont nous pouvons faire un bon ou un mauvais usage, comme de toutes les autres facultés.
>
> VANHELMONT.

> L'homme réunit en lui toutes les puissances de la nature ; il communique par ses sens avec les objets les plus éloignés ; son individu est un centre où tout se rapporte, un point où tout l'univers entier se réfléchit, un monde en raccourci.
>
> BUFFON.

J'ai examiné successivement les différents effets que peut produire l'action magnétique d'un individu sur un autre, et, d'après ce que j'ai exposé, il résulte qu'il n'y a, suivant moi, dans le magnétisme que trois degrés bien tranchés : le *sommeil*, ou plutôt l'*état magnétique simple*, le *somnambulisme*, et l'*extase*.

Ces trois degrés peuvent être ensuite divisés et subdivisés suivant les vues de chaque théoricien ; mais je ne vois aucune utilité à détailler plus minutieusement une classification qui se présente tout naturellement et d'elle-même.

Il est une faculté de laquelle usent quelques individus, et que tous les somnambules magnétiques me semblent aptes à acquérir. Cette faculté n'a point été indiquée par moi lorsque j'ai traité des phénomènes du somnambulisme en général, parce qu'elle n'est point le résultat de l'action d'une personne sur une autre, mais bien celui de l'action d'un individu sur sa propre organisation. La faculté dont je veux parler est celle qu'ont certains êtres de se magnétiser et de se porter par leur propre volonté aux divers degrés du magnétisme. C'est d'abord, selon moi, l'âme qui agit sur la matière, puis qui, s'exaltant d'elle-même par la force de sa volonté et le caprice de son imagination, s'affranchit en quelque sorte des liens corporels, ainsi qu'elle le désire.

J'ai vu plusieurs somnambules qui, d'eux-mêmes, ayant conçu l'idée de se magnétiser, y ont réussi; cependant il est positif que leur lucidité somnambulique, ainsi développée, est bien inférieure à celle qu'ils acquièrent lorsque l'action magnétique vient d'une autre personne.

Il résulte souvent de cette sorte de magnétisation une très grande perturbation physique et morale, qui n'est certes pas sans danger pour le sujet. Il s'ensuit bien souvent que le somnambule a des convulsions violentes, dit des choses incohérentes, folles, et s'éloigne autant de la vérité, qu'il peut en approcher lorsqu'il est dirigé et soutenu par une tête habile et raisonnable. J'ai vu beaucoup de ces somnambules qui, après être restés un certain temps dans cet état d'exaltation, essayaient vainement, pendant plusieurs heures, de recouvrer leur état normal ; leurs yeux ne pouvaient même être ouverts que par une main étrangère ou au bout d'un assez long temps.

Quelques uns de mes confrères ont été à même d'étudier chez moi et avec moi l'espèce de magnétisation dont je parle, et tous ceux qui ont bien observé cette crise ainsi produite, ont pu se convaincre que je n'exagère rien. J'ai la même opinion des individus qui se magnétisent au moyen de bagues, de sachets, etc., etc.; il n'est rien de plus fâcheux en magnétisme que ces prétendus somnambules-médecins s'endormant ou feignant de s'endormir au moyen d'objets magnétisés ou non.

Dans un temps où je faisais beaucoup plus d'expériences qu'à présent, j'ai souvent produit le somnambulisme chez des sujets non prévenus, en les faisant asseoir sur un siége magnétisé par moi à leur insu ; en leur donnant pour dîner une cuiller ou un couteau magnétisé ; en leur faisant boire de l'eau, du vin ou du café magnétisé ; en leur faisant sentir une fleur magnétisée, etc., etc. ; mais j'ai toujours et constamment vu que les somnambules, ordinairement de la plus grande lucidité, n'étaient presque plus clairvoyants quand ils étaient mis en crise par de semblables procédés.

Il n'en est pas ainsi de la magnétisation faite à distance. J'ai souvent endormi des individus qui se trouvaient à plusieurs lieues de moi, et j'ai pu obtenir le développement de leur lucidité à tel point que, sur mon ordre mental, ils se rendaient près de moi, apportant avec eux l'objet qu'il m'avait plu leur indiquer, mentalement aussi, parmi une vingtaine.

J'ai plusieurs fois obtenu la même chose de la part de mes somnambules en les laissant en état de veille.

Un phénomène que je n'ai encore obtenu que sur deux sujets, c'est l'aimantation du fer en le promenant sur le centre nerveux le plus affectible. J'ai magnétisé à Bayonne un jeune homme de vingt-deux ans, nommé Michel, qui dès la deuxième séance m'a permis d'aimanter, en le lui promenant sur le creux de l'estomac pendant quatre à cinq minutes, un morceau de fer doux, taillé en biseau et présenté par un bout. Ce barreau aimanté offrait les deux pôles positif et négatif. J'ai voulu obtenir ce même phénomène pendant l'état de veille du sujet, je n'ai pu y parvenir.

J'ai rencontré quelques somnambules (et je crois qu'il y en a un très grand nombre) sur lesquels, après avoir produit la contraction musculaire cataleptiforme des membres, j'ai détruit cette contraction en approchant du membre sur lequel je voulais agir un charbon ardent, un corps en ignition ou simplement très chaud. — Je l'ai vu cependant résister à la vapeur d'eau bouillante, mais non pas constamment. J'ai obtenu la même chose sur des sujets éveillés. J'ai presque toujours réussi à glacer ou à réchauffer extrêmement, à ma volonté, telle ou telle partie du corps de mes somnambules. Ce phénomène persistait même après le réveil, si je le voulais, malgré la transition d'un état à l'autre.

Une faculté dont je n'ai pas parlé encore, qui est pourtant commune à tous les somnambules, mais dont plusieurs ne veulent jamais user, c'est celle de procéder en mal à l'égard de certaines personnes, à l'insu ou contre la volonté de leur magnétiseur. Il y a plus, quelques uns poussent la méchanceté jusqu'à tenter de nuire à leur magnétiseur même, alors que celui-ci n'a rien fait pour s'attirer leur haine.

J'ai rencontré de ces méchants somnambules, mais je les ai toujours contraints d'arrêter leur mauvaise action, et je les ai souvent fait repentir de leurs desseins perfides, en les foudroyant, pour ainsi dire, lorsqu'ils s'obstinaient à me résister, et en leur laissant à eux-mêmes toutes les souffrances qu'ils destinaient à autrui. J'avoue que, dans des cas semblables, je n'ai jamais craint de sévir contre un sujet, quelque fâcheux que cela pût être pour lui dans la suite, aimant mieux lui faire subir la peine de sa faute, que souffrir le développement et l'usage de facultés nuisibles.

Ce que je dis ici des sujets qu'anime le désir du mal me conduit à faire connaître les mauvaises influences que peuvent exercer et qu'exercent effectivement, par malheur, certaines gens que la classe ignorante désigne encore sous l'épithète de *sorciers*. Ces gens, qui exercent une action magnétique réelle, sans se douter seulement qu'il y a un mot *magnétisme*, ont la plupart une puissance terrible (1).

---

(1) C'est probablement cette action malfaisante, exercée par des êtres aussi criminels que méprisables, qui a inspiré les craintes qu'ont manifestées, relativement aux applications magnétiques, certaines personnes revêtues d'un caractère que nous respectons. C'est un malheur sans doute que l'homme puisse user ainsi en mal de la puissance qu'il a reçue de la nature, et ce malheur je le déplore tout le premier; mais cependant quelle ne doit pas être notre admiration pour la sagesse infinie de l'Être suprême, lorsque nous voyons que dans sa toute-prévoyance il a placé constamment le remède à côté du mal! Ainsi, la THÉOMANTEIA (maladie par laquelle on se croit ensorcelé) est aisément guérissable par le magnétisme, de même que les effets du poison peuvent être neutralisés par l'antidote convenable.

Et parce que certaines substances peuvent être excessivement nuisibles, doit-on en interdire l'usage en médecine? parce que l'aconit, la morphine, etc., peuvent frapper de mort, doit-on les répudier dans tous les cas?....

Et parce que quelques individus auront traîné dans la fange la robe honorable qui couvre leurs vices et leurs criminels desseins, devra-t-on mépriser et repousser de la société le corps auquel ils appartiennent?... Parce que quelques *bonnets*, dans la fougue d'une passion coupable, auront abusé de la confiance qu'on leur a accordée, qu'ils se seront portés même à des excès de barbarie pour assouvir leur brutalité sauvage, devra-t-on crier *anathème* à leurs confrères vertueux?

En toute chose il y a du bon et du mauvais, car Dieu l'a voulu ainsi; et ce qui est mauvais peut devenir bon, comme ce qui est bon peut devenir mauvais.

Il faut donc reconnaître que s'il y a des abus dans la pratique du magnétisme, c'est qu'il peut y en avoir également dans toutes les pratiques possibles; et que, conséquemment, les inconvénients que présente l'exercice de cette science ne doivent nullement nuire à sa propagation. Seulement c'est aux personnes qui ont besoin de recourir aux applications de

Cette puissance est d'autant plus grande, qu'ils ne doutent nullement de la faculté qui leur est propre d'opérer des effets extraordinaires. Ces misérables, si nous pouvions leur accorder rang parmi les magnétiseurs, seraient placés, sans doute, dans la classe des magnétiseurs spiritualistes, mais ils formeraient une section à part, qui serait la contre-partie des autres, puisque tous les magnétiseurs spiritualistes, aussi bien les exégétistes que les spiritualistes de Lyon, agissent uniquement dans le but de faire le bien, et qu'ils pensent que s'ils agissaient dans une intention contraire, leur pouvoir serait annihilé.

Les gens ignorants et grossiers, particulièrement ceux des campagnes, ne sont donc pas aussi loin de la vérité qu'on le croit dans la société éclairée, lorsqu'ils pensent que des individus peuvent exercer sur eux, et principalement sur leurs enfants, des in-

---

l'agent vital que rien ne saurait remplacer, de faire choix d'un magnétiseur convenable.

Quelques ignorants ont prétendu que le magnétisme est l'œuvre de Satan ; que les magnétistes sont des hommes immoraux, irréligieux, qui cherchent à insinuer que les miracles de Jésus-Christ n'ont eu rien de supérieur à ce qu'ils opèrent eux-mêmes, etc.

Je ne puis vraiment concevoir par quoi, à notre époque, on peut être poussé à un tel excès de déraison, si ce n'est par un fanatisme stupide, renouvelé du moyen-âge, qui s'épouvante de tout ce qui sort du cercle des connaissances vulgaires, et qui attribue follement au Diable tout ce qui étonne l'homme dépourvu de lumières et de sens commun.

De tous les magnétiseurs que je connais, je ne sache pas qu'il y en ait un seul dont les actes et les discours soient contraires à la morale, ou à la foi, ou à la charité ; je ne sache pas non plus qu'un seul ait jamais prétendu marcher sur les eaux, ni ressusciter les morts.

fluences funestes ; c'est ce qu'ils appellent *jeter un sort*. De là sont venues une foule de coutumes parmi eux, telles que de conduire le malade ou *ensorcelé* au devin, au curé de telle ou telle paroisse, de faire des neuvaines pour sa délivrance, etc. ; toutes choses regardées par les hommes plus haut placés sur l'échelle sociale, comme ridicules et absurdes. Cependant, au fond, ces pauvres gens ne sont pas aussi dépourvus de bon sens qu'on veut bien le croire ; et si nous leur refusons ce sens délicat et exquis qui vient de l'habitude de comparer pour juger, nous ne pouvons pas, du moins, leur refuser une certaine vertu instinctive qui les porte à chercher le moyen de contrebalancer une puissance dont ils ne peuvent se rendre compte ; mais dont l'existence leur est prouvée par les faits ; et il est bien certain que, puisqu'un magnétiseur peut paralyser l'action d'un autre dont la volonté ne serait pas supérieure à la sienne, puisque dans le cas même où il aurait moins de force magnétique, il peut, avec le temps et la persévérance nécessaires, parvenir à dégager totalement un sujet du fluide dont celui-ci aurait été imprégné par un homme éminemment puissant ; l'individu considéré comme *devin*, guérisseur ou *sorcier*, bien intentionné, le prêtre qui priera en faveur du patient, les gens qui, s'intéressant à la guérison, exerceront quelque pratique religieuse, le malade lui-même qui s'exaltera par la prière ou tout autre moyen, ne manqueront pas d'obtenir l'expulsion du fluide nuisible que, dans des temps antérieurs, on appelait le *démon*.

Au mois de juin 1837, je me trouvais à Cognac, petite ville du département de la Charente ; le docteur Gaudin, mon ami, qui venait d'être consulté sur l'état d'une grosse et belle paysanne âgée de vingt ans, atteinte depuis près de deux mois d'aliénation mentale, me pria d'essayer du magnétisme envers cette malade que sa famille prétendait avoir été *ensorcelée*, et que ses voisins disaient être possédée du démon. Dès la première séance, malgré les difficultés que fit cette jeune fille pour se laisser approcher par moi, j'obtins le somnambulisme et nous apprîmes de la bouche du sujet même, la cause de son affection : le *sorcier* ou *démon* qui lui avait tourné la tête, était un jeune homme aussi peu favorisé de la fortune qu'il était bien doté de la nature.—Si je pouvais l'oublier, me dit la dormeuse, je serais guérie. —Que faut-il faire pour cela? lui demandai-je alors. —M'appuyer fortement vos deux mains sur la tête et m'ordonner de ne plus penser à lui. —Cela sera-t-il suffisant ? — Oui, pour aujourd'hui, car dès que vous me réveillerez je serai momentanément guérie ; mais comme ma maladie reviendrait si vous ne me remettiez pas dans l'état où je suis, il faudra me faire encore trois fois en trois jours la même chose qu'à présent. Avec cela, qu'on évite de me laisser voir ce jeune homme, et dans peu de temps je serai tout-à-fait guérie et hors de danger. — Je me conformai aux instructions de la somnambule, j'engageai ses parents à faire en sorte qu'elle ne rencontrât plus celui qui avait causé son dérangement; et la réalisation de l'annonce que nous avait faite cette malade nous prouva qu'elle ne s'était point trompée.

Je ne prétends pas cependant qu'il n'y ait point eu de véritables possessions, obsessions, maléfices et autres œuvres sataniques.

J'ai dit que l'homme peut agir magnétiquement sur son semblable, sur les animaux et sur sa propre organisation; ainsi il lui est donné d'émettre, de transporter, d'échanger, d'absorber, de diriger les fluides nerveux de bonne ou de mauvaise qualité, d'agir en bien ou en mal, suivant ses intentions, de réparer ses propres forces aux dépens d'une personne bien portante ou de certains animaux, etc.; mais là ne se borne point sa puissance. Les végétaux comme les animaux peuvent éprouver, de la part du magnétisme de l'homme, des influences funestes ou salutaires, selon l'intention de la volonté agissante. Je n'ai pas été à même de faire sur les végétaux autant d'expériences que j'en ai fait sur les animaux; néanmoins j'ai magnétisé plusieurs arbustes, dans le but de changer leurs dispositions, et j'y ai réussi complétement. C'est au point qu'un arbuste chétif, en état de dépérissement extrême, magnétisé chaque jour, matin et soir, est devenu d'une beauté et d'une force remarquables en moins d'un mois, tandis qu'au contraire un autre arbuste de la même famille, d'une admirable végétation, placé dans les mêmes conditions que le premier, sous le rapport du terrain, des soins de culture, etc., et magnétisé le même laps de temps avec des intentions contraires, se dépouilla petit à petit de ses feuilles, perdit sa verdure, et devint tout-à-fait exténué. J'ai répété ces expériences assez souvent pour apprécier la bonne et la mauvaise influence qu'on peut exercer, par le magnétisme, sur les végétaux.

Certes, quand le magnétiseur cherche à se rendre un compte exact de sa puissance, il est tenté de n'y pas croire, ou d'admettre qu'elle ne saurait avoir des bornes. Cependant nous sommes bien tous forcés de reconnaître, d'une part, la réalité des effets que nous produisons nous-mêmes, et d'admettre, d'autre part, que chaque chose a son terme comme elle a son but ; mais qui osera poser les bornes du magnétisme ? Il faudrait pour cela savoir où s'arrête le possible.

Les personnes étrangères à la science du magné--tisme auront, je le pense bien, beaucoup de peine à admettre la réalité des phénomènes dont je viens de parler ; toutefois, les gens de raison et de bonne foi pourront désormais vérifier si aisément ces sortes d'effets, que la conviction arrivera bientôt dans leur esprit.

Si j'osais croire à tout ce que j'ai vu s'opérer dans les moments mêmes où je tentais de hautes expériences, je pourrais avancer qu'il est des phénomènes dont personne, que je sache, n'a parlé jusqu'ici, et qui peuvent être produits par la volonté. Mais comment se persuader que Dieu a permis à sa créature d'exercer un pouvoir si surprenant qu'il passerait encore pour miraculeux, quand même il serait bien reconnu, bien démontré ? Je dirai donc simplement que le hasard ou la Providence a secondé bien heureusement mes désirs toutes les fois que j'ai voulu, pour ma satisfaction personnelle, essayer d'agir sur l'état de l'atmosphère. Je dois dire comment j'ai été porté à des idées si singulières avant de raconter ce qui est arrivé dans la suite : un jour que j'étais accablé de fatigue, je me jetai sur mon fauteuil où je m'endormis à demi ; dans cet état, mitoyen de la veille et du sommeil, mon imagination apportait à mon esprit des fantasmagories, des chimères que ma raison rejetait aussitôt. Au milieu de ces rêveries, je me demandai si puisque, selon moi, le magnétisme animal et le magnétisme minéral sont des modifications du calorique, conséquemment d'une analogie saisissante, je me demandai, dis-je, s'il ne serait pas possible qu'un magnétiseur doué d'une grande force et d'une énergie supérieure pût, jusqu'à un certain point, dans des conditions convenables, modifier, changer les dispositions atmosphériques. Les expériences de l'immortel Franklin me revenaient incessamment dans la mémoire, les conséquences que je tirais en faveur de mes idées des résultats obtenus par ce grand homme, me portaient à considérer comme probable l'influence de notre magnétisme sur la foudre même. Toutefois, je posais des restrictions ; je pensais bien qu'il ne nous est pas donné de faire constamment, quand nous le désirons, comme l'on dit vulgairement, *la pluie et le beau temps* ; mais je me répétais toujours que, dans plusieurs circonstances, nous devions pouvoir attirer ou repousser, écarter ou réunir, abaisser ou élever, dissiper ou accumuler les nuages qui nous avoisinent, et leur imprimer une direction, une marche qu'il est plus ou moins facile de déterminer, de régler, de maîtriser.

Dans presque tous les pays il se trouve, dit-on, des pasteurs, des religieux, des particuliers que les campagnards reconnaissent capables de détourner les orages et de garantir les fruits de la terre de leur contrée des fléaux du ciel.

Il est encore d'usage, dans beaucoup de provinces, que, lorsqu'une cité paraît menacée d'un terrible ouragan, les cloches des églises sonnent le signal de la prière, afin, prétend-on, qu'un grand nombre d'individus, unis d'intention pour le même objet, renforcent la puissance de celui ou de ceux qui dirigent l'action. Ce qui est tout-à-fait conforme aux [principes d'application des magnétiseurs, qui reconnaissent aussi que leur puissance est augmentée par l'adjonction volontaire de ceux qui les entourent.

L'aimantation du fer que j'avais obtenue sur Michel venait augmenter toutes mes conjectures.

J'eus beau m'efforcer de repousser ces idées, ce fut vainement. Je commençai donc à expérimenter dans le but de savoir à quoi m'en tenir sur tout cela ;

22

mais, je l'avoue, je n'ai pu encore acquérir une conviction profonde à cet égard.

Voici la série d'expériences auxquelles je me livrai :

Première expérience.

J'avais une somnambule très mobile, très affectible, que le contact des métaux ne contrariait nullement, au contraire, elle semblait prendre plaisir à les toucher. Je lui demandai, dans son état magnétique, si elle pensait qu'en promenant pendant un certain temps un morceau de fer doux, devant le plexus solaire, où, disait-elle, se réunissaient toutes ses facultés sensitives, je pourrais parvenir à aimanter ce morceau de fer. A l'encontre de presque tous les somnambules cette jeune personne était d'une modestie admirable. Elle me répondit qu'elle voulait bien me laisser essayer, mais qu'elle ne pouvait rien m'affirmer quant à ce. Dès le lendemain, je fis préparer un morceau de fer doux, long de deux pouces, large de trois lignes, épais d'une ligne et demie, taillé en biseau à un bout et arrondi à l'autre ; je magnétisai ma somnambule et, après l'avoir convenablement préparée, je promenai, durant cinq minutes environ, la pointe du fer sur le creux de l'estomac du sujet ; nous eûmes tous les deux la volonté d'obtenir ce que je désirais, et au bout de ce court espace de temps, le fer avait acquis assez de force magnétique pour enlever une légère aiguille à coudre. Je fis alors la contre-épreuve, je promenai de nouveau, pendant encore cinq minutes, le bout arrondi de mon fer, sur la même partie du corps de la dormeuse, nous prîmes tous les deux la volonté de détruire la vertu magnétique qu'il avait reçue, et cette seconde expérience réussit comme la première. Je conclus de là que chez certains êtres la force attractive et la force répulsive sont incalculables, et je résolus de pousser plus loin mes essais.

Deuxième expérience.

Un matin que je me promenais seul sur la belle promenade *Le Pérou*, à Montpellier, quelques faibles nuages vinrent obscurcir la pureté du ciel naguère si serein ; une pluie douce répandait sur les beaux arbres de ce lieu délicieux les bienfaits d'une fraîcheur modérée. J'essayai de donner aux nuées qui se trouvaient au-dessus de ma tête une impulsion assez vive, dans le sens du courant qu'elles suivaient. Le hasard voulut qu'au bout de quelques minutes il cessât de pleuvoir à la place où je me trouvais, tandis que l'eau du ciel continuait de tomber sur tous les autres points de la promenade. Ce hasard n'est-il pas singulier ?...

Troisième expérience.

Me trouvant à Toulouse chez M. Edouard de Puy-cousin, en compagnie de littérateurs, de médecins et d'artistes, la conversation tomba sur le magnétisme. On me demanda ce que je pourrais faire pour démontrer l'action du fluide magnétique, en admettant son existence ; car, me dit-on, « vos somnambules ne » prouvent rien, et tout le monde prétend que vous » guérissez vos malades en droguant l'eau que vous » leur faites boire. » Le temps était nébuleux, l'atmosphère tiède ; il commençait à pleuvoir. Je proposai d'essayer une expérience semblable à celle que je viens de rapporter. Nous descendîmes tous ensemble, munis de grandes feuilles de papier, dans le jardin de M. de Puycousin ; la pluie avait humidé généralement la terre et continuait de tomber. Je me plaçai à un bout de l'allée principale, je priai un de ces messieurs de prendre sous son habit une feuille de papier, et de se rendre à l'autre bout, j'engageai une autre personne à se tenir près de moi, avec une feuille de papier mise aussi à l'abri, et il fut convenu que quand je frapperais la terre du pied, on étendrait le papier pour l'exposer. Je me mis à magnétiser : au bout de quelques minutes, je donnai le signal, le papier fut étendu en même temps par chacun de mes deux aides, et il demeura évident que la pluie continuant au bout de l'allée opposé à celui où je me tenais, avait cessé complétement là où j'étais.

Ne voilà-t-il pas encore un bien surprenant effet du hasard ?...

NEUVIÈME LEÇON.

PRATIQUES ENSEIGNÉES PAR L'AUTEUR.

—

> Le magnétisme ou l'action de magnétiser se
> compose de trois choses : 1° la volonté d'agir ;
> 2° un signe qui soit l'expression de cette vo-
> lonté ; 3° la confiance au moyen qu'on emploie.
>
> DELEUZE.

J'aurais encore beaucoup à dire, si je voulais entrer dans des détails minutieux ; mais comme il est des choses qui ne peuvent être appréciées que par les personnes qui ont d'abord expérimenté, je crois convenable de donner à présent mes moyens d'action, afin que celles qui se livreront à la pratique puissent acquérir ou perfectionner les facultés les plus importantes, dans les traitements magnétiques principalement ; facultés qui naissent ordinairement de l'observation, de l'habitude et de l'expérience.

Pour obtenir les effets que j'ai signalés dans mes précédentes leçons, il y a divers moyens. Je ferai connaître ceux qu'emploient les magnétiseurs des différentes écoles, quand j'aurai enseigné les procédés que je suis moi-même.

Je commence par faire placer le sujet de manière qu'il soit à l'aise et dans la position qui lui serait convenable s'il voulait goûter les douceurs du sommeil naturel. Le plus ordinairement je le fais mettre dans un fauteuil. Je me tiens devant lui, debout ou assis, comme je le trouve le plus commode.

Après m'être recueilli un instant, je fixe mes yeux sur lui, avec la volonté ferme et bien déterminée d'obtenir ce que je désire. Au bout d'une couple de minutes, je dirige la pointe de mes doigts vers l'épigastre du sujet; puis je commence l'exercice des gestes, connus par les magnétiseurs sous le nom de *passes*.

Mes premières passes se font en élevant la main mollement, les doigts baissés, jusqu'à la hauteur du col du sujet; là, j'opère, par un mouvement de bascule, un changement de direction des doigts, de manière que leurs pointes se trouvent plus élevées que la paume de la main, d'un demi-pouce environ, et dirigées vers le haut de la poitrine. Je baisse ensuite le bras, en maintenant la main et les doigts dans la même position, jusqu'à ce que les pointes soient descendues un peu au-dessous de l'appendice xyphoïde, c'est-à-dire vis-à-vis le creux de l'estomac, en suivant la ligne perpendiculaire. Je répète ces premières passes jusqu'à ce que le sujet éprouve quelques symptômes de magnétisation, soit de l'oppression, des clignotements fréquents, ou tout autre phénomène physiologique. Alors je monte la main jusqu'au sommet du front, et, réglant mes passes comme primitivement, je les descends toujours au même point. Ces gestes ne diffèrent des premiers qu'en ce qu'ils partent de plus haut. Je fais aussi assez souvent un petit mouvement semi-circulaire de la main sur le front et les yeux que j'imprègne fortement de fluide, en cas de clignotements soutenus ; à cette fin, j'y présente les pointes de mes doigts, assez long-temps, et je projette le fluide en ouvrant vivement les mains, que j'ai fermées préalablement.

Dès que le sujet paraît être accablé, et que ses paupières sont à peu près closes, je fais des passes autour de la tête, en les étendant jusqu'aux cuisses, devant la poitrine et sur les côtés. Si la respiration devient gênée, je dégage la poitrine en allongeant mes passes jusqu'aux jambes. Si quelques spasmes se manifestent dans telle ou telle partie, je passe la main sur cette partie, en entraînant le fluide vers l'extrémité la plus voisine ; souvent même j'en dégage une partie au dehors, afin de calmer le sujet et que les convulsions ne l'empêchent pas d'arriver à l'état magnétique complet, dit *sommeil magnétique.*

Lorsqu'il me semble en crise complète (ce dont on ne peut s'assurer rigoureusement que dans le cas de sensibilité à l'attraction, à la répulsion, aux im- pressions mentalement voulues ou à quelque acte de lucidité), j'étends le fluide également sur tout le corps, par des passes à grands courants, afin d'em- pêcher les secousses nerveuses.

Il arrive très souvent, comme je l'ai dit dans mes leçons théoriques, que le sujet n'est porté qu'à un état de demi-crise magnétique ; dans ce cas, il est abasourdi ; ses paupières supérieures sont abaissées et comme frappées de paralysie ; les membres se meuvent peu ou point du tout. Les lèvres, la langue, les mâchoires sont, ou fortement contractées, ou dans un relâchement extrême. On dirait que le sommeil magnétique est parfait ; cependant le sujet entend le bruit extérieur, il en est désagréablement affecté, et, au sortir de cet état, il se rappelle les circonstances qui l'ont frappé durant sa somnolence. Dans une telle situation, je le laisse reposer tranquillement, en ayant soin de maintenir le calme, et de prévenir les mouvements spasmodiques. Je charge fortement ses oreilles de fluide, avec la volonté de paralyser momentanément les nerfs auditifs ; et il arrive assez fréquemment qu'il passe au bout d'une à deux heures (quelquefois plus promptement), à l'état magnétique complet.

Avant de provoquer le somnambulisme, je m'attache à isoler le magnétisé de tout bruit extérieur. Je fais en sorte de produire aussi la catalepsie et l'insensibilité. Néanmoins j'ai eu des sujets que je n'ai pu parvenir à isoler complétement qu'après un assez grand nombre de séances, quoiqu'ils fussent arrivés au somnambulisme, et qu'ils eussent donné des preuves de lucidité ; toutefois, je ne perds jamais de vue l'isolement, attendu que l'expérience m'a appris qu'un somnambule n'est parfait que lorsqu'il est parvenu à ce point.

Quand le sujet est complétement magnétisé et isolé

et que le somnambulisme ne s'est point déclaré, je le provoque si je le crois nécessaire, en faisant avec cette intention quelques passes croisées sur la région épigastrique. Ces passes partent, les unes de l'épaule droite à la hanche gauche, les autres de l'épaule gauche à la hanche droite.

Pour savoir si j'ai obtenu le somnambulisme, j'adresse au magnétisé quelques questions relatives à ce qui l'intéresse. Si je vois qu'il essaie de parler et qu'il ne puisse y parvenir, je dégage la bouche et le larynx, qui sont très souvent paralysés par une trop forte dose de fluide. J'ai eu plusieurs excellents somnambules avec qui j'étais obligé d'user de ce moyen pour obtenir la parole.

J'agis de la même manière en cas de contractions musculaires.

Lorsque je veux établir la catalepsie sur quelque partie du corps du sujet, je charge fortement cette partie en forçant les muscles à se contracter. Ainsi, par exemple, si je veux frapper de catalepsie le bras et la main, j'opère d'abord une assez forte tension et je magnétise exprès dans cette situation.

Je dois faire remarquer que, bien que la roideur existe relativement à toutes les personnes, la catalepsie magnétique n'existe que pour le magnétiseur et pour ceux qui sont en rapport parfait avec le sujet.

Je ferai observer en même temps, que ce phénomène trop long-temps maintenu ou trop souvent répété, pouvant devenir très nuisible à celui qui en est l'objet, il est du devoir du magnétiseur d'être réservé à l'égard de cette expérience.

Pour produire la paralysie ou l'insensibilité, je magnétise simplement avec la volonté d'obtenir suivant mon désir.

On rencontre beaucoup d'individus qui arrivent à l'insensibilité la plus absolue, à la catalepsie, à la paralysie, sans que le magnétiseur ait agi exprès.

Ce qu'on va lire prouvera tout à la fois que ces phénomènes peuvent se manifester indépendamment de la volonté du magnétiseur, et combien il est imprudent de se livrer à l'expérimentation du magnétisme, quand on n'a encore pris aucune notion sur cette science dont la saine pratique présente plus de difficultés qu'on ne le pense généralement.

Un de mes anciens camarades, M. Hubert, actuellement pharmacien à La Rochelle, m'a adressé le 17 mars 1838, une lettre dont voici un extrait :

« .... J'ai maintenant à t'entretenir d'un fait magnétique assez singulier et qui m'inquiète :

» Le lundi 12 de ce mois, il se trouvait chez M. Reinier un individu qui n'avait aucune notion du magnétisme et qui n'y croyait point ; il s'amusa à actionner du regard, en la tenant par la main droite, une jeune fille âgée de quinze à seize ans, nièce de M. Reinier, et qui est assez sensible au magnétisme. En peu d'instants cette demoiselle fut arrivée au sommeil. L'incrédule continua d'agir et chargea tellement son sujet, que lorsqu'il voulut l'éveiller il n'en put venir à bout. M. Reinier arriva sur ces entrefaites et après s'être mis en rapport avec sa nièce, il tenta par des passes habituelles de la dégager. Après bien de la peine, il parvint à l'éveiller ; mais il ne put jamais détruire la catalepsie du bras droit, par lequel l'avait tenue son imprudent magnétiseur.

» M. Reinier, fort embarrassé, m'amena l'enfant ; j'essayai à mon tour de lui enlever cet amas de fluide, en soufflant à froid et en lui faisant des passes dégageantes, mais point de succès ; enfin croyant mieux réussir, j'endormis complétement la jeune personne et fis de nouveaux efforts pour lui rendre l'usage de son bras ; vain espoir ! la catalepsie était tellement bien établie qu'elle y est encore.

» Je me rendis près de la patiente le même soir encore, accompagné du docteur B..., médecin en chef de l'hôpital militaire, et il put constater le fait. J'endormis de nouveau la jeune fille, afin de savoir d'elle-même quand on pourrait faire cesser sa crise. Elle me répondit que je ne le pourrais que le mercredi au soir ; mais que le lendemain matin, son doigt indicateur se relèverait. En effet, le lendemain le doigt s'est relevé, mais il s'est refermé à midi, pour ne plus se relever. Le mercredi, on a essayé de nouveau sans succès.

» J'ai, en définitive, magnétisé ma somnambule ordinaire pour lui demander quelques renseignements : elle m'a dit que nous ne parviendrions point à détruire cette catalepsie ; qu'elle-même le pourrait bien, mais que comme elle en resterait frappée pendant huit jours, cela ne lui convenait nullement. Puis, elle m'a dit que mercredi elle pourrait enlever un peu du fluide dont était chargé le bras cataleptique, fluide dont il me faudrait la dégager ; enfin qu'en s'y prenant à plusieurs fois, on pourrait *peut-être* réussir.

» Comme ce *peut-être* ne me paraît pas très rassurant, je te prie de me dire, courrier par courrier, s'il n'y aurait pas moyen d'obvier à cela.

» Signé : HUBERT. »

Extrait d'une deuxième lettre.

« La Rochelle, 11 juin 1838.

..... « Je t'avais donné, dans ma dernière lettre, quelques détails relatifs à la petite somnambule qui avait été si bien mise en catalepsie par un butor ; elle n'a cessé, jusqu'à présent, de nous offrir les phénomènes les plus singuliers.

» Peu de temps après la lettre que je t'écrivis, on vint en toute hâte me chercher. La petite avait une très forte crise d'épilepsie ; quelques passes la calmèrent ; mais sa main resta, comme précédemment, en catalepsie. A quelques jours de là, pendant qu'elle dînait, elle eut une espèce de prévision ; elle se leva vivement, en disant à son magnétiseur ordinaire qu'il fallait qu'il la magnétisât sur-le-champ. Il hésita à le faire, mais elle le supplia tant qu'il y consentit. Une fois endormie, elle lui dit que sa main allait s'ouvrir, mais que, pour cela, il fallait lui faire un cataplasme qu'elle composa elle-même de substances le plus bizarrement unies, et qu'elle choisit dans la pharmacie de son oncle, qui, comme tu le sais, est médecin vétérinaire. Au nombre de ces substances, l'ammoniaque, le sulfate de cuivre, l'éther, du foin, du crottin de cheval, du vin, etc. Une heure après sa main était ouverte et elle s'en servait. Elle resta ainsi une heure, comme elle l'avait annoncé ; puis elle se referma.

» Quelques jours après, nous eûmes une nouvelle alerte. On vint me chercher pour voir le bras de la jeune fille ; il était complétement en catalepsie. J'essayai quelques passes pour détruire cette crise ; mais sans succès, et je m'arrêtai de guerre lasse. Quelques minutes après la catalepsie du bras cessa, et il ne resta que celle ordinaire du poignet et de la main. Dans ce temps-là, le sommeil de la jeune fille était tellement agité qu'elle parlait fort long-temps chaque nuit. L'on craignait même qu'elle ne fût atteinte d'une maladie cérébrale. Nous fûmes témoins, le docteur Broussais, plusieurs autres personnes et moi, d'un de ses monologues. Son bavardage nous plaisait beaucoup ; il y avait tant de vérité dans les inflexions de sa voix que c'était fort remarquable. De temps en temps elle eut quelques petites crises nerveuses.

» Une autre prévision lui arriva comme la première pendant le dîner ; il fallut tout quitter pour la magnétiser ; alors elle déclara que les médicaments de la pharmacie de son oncle ne suffisaient plus, et qu'il fallait la conduire chez moi. On l'y amena tout endormie, et là, elle fut elle-même chercher les flacons qu'elle voulait, les uns après les autres, et, sans indiquer de poids, elle nous fit verser jusqu'à ce qu'elle nous dit : *assez.*

» Elle choisit chez moi la crème de tartre, le jalap, le santal rouge, l'éther acétique et l'huile de thym ; elle y ajouta chez elle l'eau-de-vie camphrée, l'ammoniaque et les autres ingrédients de son premier cataplasme ; une heure après l'application de ce singulier mélange, la main était ouverte ; elle resta ainsi toute la soirée, et se referma dans la nuit. Depuis ce temps elle s'ouvrit et se ferma alternativement plusieurs fois ; enfin, un jour la paralysie se porta sur la langue. Elle fut quelques jours sans pouvoir articuler une seule parole. On craignit un instant qu'elle restât muette ; mais quelques jours après, l'usage de la parole lui revint. Cependant la catalepsie durait toujours. Elle a eu, peu de temps après, une crise d'idiotisme, dans laquelle elle ne reconnaissait plus les personnes qui l'approchaient, ni même ses parents ; et elle les désignait par des noms de choses, au lieu de dire leurs noms propres. Ce phénomène disparut, sa main s'ouvrit, et elle fut tout-à-fait bien pendant quelque temps, se livrant à ses occupations ordinaires. Un jour elle voulut coudre des chemises, sa catalepsie la reprit. Son magnétiseur l'endormit, et lui demanda la cause de cet accident nouveau ; elle répondit que la chemise qu'elle venait de toucher était pleine du fluide de l'individu qui avait causé sa maladie. (C'était effectivement la chemise qu'elle tenait lors de son premier accident). Elle prétendit voir le fluide dont le linge était imprégné ; elle recommanda de ne plus lui laisser toucher cette chemise qui produirait toujours le même effet sur elle, en cas de contact ; du reste, dit-elle, soyez tranquille, cette crise actuelle ne durera pas long-temps ; mais quand elle sera passée, personne ne pourra plus me magnétiser.

» Ce fait a eu lieu ces jours derniers, et la catalepsie dure encore.

» Dis-moi, donc, si tout cela n'est pas singulier.

» Signé : HUBERT. »

Ces phénomènes de catalepsie, de paralysie, etc., peuvent être aussi obtenus de même que l'état magnétique, par le seul acte de la volonté, sans contact et sans passes.

La chose la plus difficile, selon moi, et qui est en même temps la plus importante, c'est l'éducation des somnambules. Voici comment je me comporte avec les nouveaux.

J'évite de laisser toucher le sujet et les objets avec lesquels il est en rapport, je m'abstiens de lui faire des questions insignifiantes ou indiscrètes ; je le dirige toujours vers un but utile, en le soutenant dans son travail ; je ne le presse point, je ne le contrarie point ; mais s'il s'écarte de la vérité, je le redresse avec douceur et fermeté, je magnétise tout ce que je veux lui présenter à toucher.

Lorsqu'il me paraît fatigué, je le laisse reposer ; et j'ai soin de le dégager des fluides morbifiques dont il aurait pu se charger. Je développe sa lucidité de plus en plus, à mesure que j'avance ; mais je n'exige point de lui des choses au-dessus de ses forces. Quand je veux développer la vue à distance, je le conduis par la pensée pas à pas pour ainsi dire, jusqu'au lieu que je veux lui faire explorer, et je ne le force point à embrasser à la fois plusieurs objets ; car je sais qu'il ne peut les voir que successivement. De même, quand je le consulte pour un malade, je n'exige point qu'il trouve tout d'un coup les différents symptômes en cas de complication. Je le laisse examiner une à une et de point en point toutes les parties du corps, en l'aidant toujours par ma volonté et en redressant, autant que je le peux, ses erreurs, s'il lui arrive d'en commettre.

Je ne partage point l'opinion des magnétiseurs qui s'en rapportent aveuglément à la clairvoyance plus ou moins contestable de leurs somnambules, et qui prétendent qu'il ne faut jamais leur demander compte de leurs appréciations. J'ai rencontré tant de ces dormeurs-médecins qui, même après avoir indiqué avec assez de justesse les affections des malades, prescrivaient néanmoins des traitements évidemment nuisibles, et pensaient devoir obtenir de l'application de leurs médicaments des effets tout-à-fait contraires à ceux qu'ils obtenaient ; j'ai eu si fréquemment l'occasion de me convaincre que le somnambule *qui ne raisonne pas ses prescriptions* commet le plus souvent des erreurs graves, auxquelles il n'est pas toujours possible de remédier, que rien ne saurait désormais me faire adopter une conduite différente de celle que je tiens à l'égard des somnambules consultants.

J'invite d'ordinaire, mon somnambule une fois éveillé, à ne point se laisser magnétiser, pour servir à des expériences de pure curiosité ; et si mon invitation ne suffit pas pour l'y déterminer, ou bien si par une disposition particulière il ne peut résister aux actes magnétiques de certaines gens, je lui ordonne lorsqu'il est dans l'état somnambulique de ne se laisser influencer par qui que ce soit, ce qui suffit presque toujours pour que la puissance de tous les autres magnétiseurs soit nulle par rapport à lui ; je lui fais aussi quelques passes sur le cerveau et je lui en fais garder le souvenir dans l'état de veille.

La raison qui me fait souhaiter, exiger même qu'un sujet ne soit point magnétisé par différentes personnes, est ou devrait être reconnue par tous les praticiens comme une précaution de la plus haute importance, soit pour conserver la santé du magnétisé, soit pour ne pas lui faire perdre de sa lucidité somnambulique.

23

Pour produire l'extase (ce que je ne fais qu'en cas de nécessité), je surcharge de fluide le cerveau et la région épigastrique du somnambule, en l'enveloppant d'une atmosphère de fluide. Lorsque dans cette crise il y a contemplation et que je veux me faire entendre du sujet, je me mets en contact avec lui, comme je le fais à l'égard d'autrui, dans l'état de somnambulisme.

Lorsque je veux ramener mon sujet, de l'extase au simple somnambulisme, je dégage les parties que j'ai surchargées de fluide. J'agis de la même manière à l'égard des magnétisés qui se sont élevés d'eux-mêmes à la crise extatique.

Pour rendre le somnambule à l'état normal de veille, je soutire le fluide magnétique dont je l'ai imprégné; j'entraîne ce fluide par les extrémités inférieures, jusqu'au dehors; et je lui ouvre les yeux en faisant devant le visage quelques passes transversales avec la volonté de chasser le fluide. Si les paupières sont trop appesanties j'y porte les doigts et j'en écarte le fluide, en frottant très légèrement. Je ne l'abandonne que lorsqu'il est complétement rendu à la vie ordinaire.

On rencontre assez fréquemment, surtout chez les sujets nouveaux, des individus qui ne peuvent être réveillés aussi promptement qu'on le voudrait. Cette ténacité de sommeil ne doit nullement inquiéter les jeunes magnétiseurs; qu'ils se persuadent bien que tout ce qui résulte de l'acte magnétique peut être dé-

truit par le magnétisme. Au surplus, comme mon but
en publiant ces leçons est de prévenir et de lever
toutes difficultés pratiques, je vais rapporter deux
faits dont la communication ne sera pas sans utilité.

Il y avait peu de jours que j'avais ouvert un cours
dans la ville de Rochefort, lorsqu'un de mes élèves,
M. Arennes, négociant, me demanda s'il n'y aurait
aucun inconvénient à ce qu'il commençât à magnétiser.
Je l'engageai à suivre encore quelques séances avant
d'expérimenter, ajoutant que, puisqu'il avait un si
vif désir de pratiquer, je le ferais exercer sous mes
yeux dès le lendemain, ainsi que plusieurs autres
personnes qui paraissaient être dans les mêmes dispositions que lui. Il me promit d'attendre et s'en alla.
Dans la soirée, il lui prit une telle démangeaison de
magnétiser, qu'il obtint de son commis et de sa ser-
vante de faire avec eux ses premiers essais. Il les endormit successivement en très peu de temps. Enchanté de ses succès, M. Arennes voulait magnétiser
son épouse, ses enfants, toute sa maison, il eût tenté
d'endormir toute la ville; mais heureusement, personne plus ne céda à sa folie. Au bout d'un certain
temps et après quelques expériences de somnambulisme, le nouveau magnétiseur voulut réveiller ses
sujets; mais point. Il leur procura des convulsions
affreuses qui durèrent toute la nuit; et ce ne fut que
le lendemain, M. Arennes ayant eu recours à moi,
que ses deux victimes rentrèrent dans la vie habituelle.

M. Hiverneau, avocat, avait essayé sans succès de magnétiser madame Martin, de Toulouse. Il me la présenta et je la mis en somnambulisme très facilement. A quelques jours de là, M. Hiverneau magnétisa cette dame, en présence du docteur Léopold Albert, de M. de Puycousin et autres. Quand il eut obtenu les effets somnambuliques qu'il avait désiré produire, il voulut réveiller son sujet. Il ne put même pas parvenir à lui ouvrir les yeux; enfin on employa divers moyens pour la rendre à l'état ordinaire, tout fut inutile. A une heure de la nuit, on vint me chercher, je me rendis près de la patiente: je la trouvai en proie à d'horribles convulsions qui duraient, me dit-on, depuis plus d'une heure, malgré les antispasmodiques qui lui avaient été administrés; je m'emparai d'elle et la réveillai aisément dans le calme le plus parfait.

Quelques personnes se rendorment d'elles-mêmes après avoir été réveillées.

Il y en a qui n'éprouvent les effets du magnétisme qu'assez long-temps après la cessation de l'action.

Le réveil magnétique, ainsi que les autres effets dont je viens de parler, peuvent aussi être produits par la seule volonté.

DIXIÈME LEÇON.

PRATIQUES DE MESMER, DE PUYSÉGUR, DE DELEUZE, DE L'ABBÉ FARIA, DE DELAUZANNE, DE M. LE DOCTEUR ROSTAN, DE M. DE BRIVAZAC.

> Les procédés ne sont rien s'ils ne sont unis à une intention déterminée ; on peut même dire qu'ils ne sont point la cause de l'action magnétique ; mais il est incontestable qu'ils sont nécessaires pour la concentrer et la diriger, et qu'ils doivent être variés selon le but qu'on se propose.
>
> DELEUZE.

Le docteur Mesmer magnétisait de diverses manières ; voici les procédés qu'il a enseignés à ses disciples :

« On a vu par la doctrine que tout se touche dans l'univers, au moyen d'un fluide universel dans lequel tous les corps sont plongés.

» Il se fait une circulation continuelle qui établit la nécessité des courants rentrants et sortants.

» Pour les établir et les fortifier sur l'homme, il est plusieurs moyens. Le plus sûr est de se mettre en opposition avec la personne que l'on veut toucher, c'est-à-dire en face, de manière que l'on présente le côté gauche au droit du malade. Pour se mettre en harmonie avec lui, il faut d'abord mettre les mains sur les épaules, suivre tout le long du bras jusqu'à l'extrémité des doigts, en tenant le pouce du malade pendant un moment ; recommencer deux ou trois fois, après quoi vous établissez des courants depuis la tête jusqu'aux pieds ; vous cherchez encore la cause de la maladie et de la douleur ; le malade vous indique celui de la douleur et souvent sa cause : mais plus ordinairement c'est par le toucher et le raisonnement que vous vous assurez du siége et de la cause de la maladie et de la douleur qui, dans la plus grande partie des maladies, réside dans le côté opposé à la douleur, surtout dans les paralysies, rhumatismes et autres de cette espèce.

» Vous étant bien assuré de ce préliminaire, vous touchez constamment la cause de la maladie, vous entretenez les douleurs symptomatiques, jusqu'à ce que vous les ayez rendues critiques, par là vous secondez l'effort de la nature contre la cause de la maladie, et vous l'amenez à une crise salutaire, seul moyen de guérir radicalement. Vous calmez les douleurs que l'on appelle symptômes symptomatiques, et qui cèdent au toucher, sans que cela agisse sur la cause de la maladie, ce qui distingue cette sorte de douleurs de celles que nous nommons symptomatiques, et qui s'irritent d'abord par le toucher, pour se terminer par une crise, après laquelle le malade se trouve soulagé, et la cause de la maladie diminuée.

» Le siége de presque toutes les maladies est ordinairement dans les viscères du bas-ventre ; l'estomac, la rate, le foie, l'épiploon, le mésentère, les reins, etc., et chez les femmes dans la matrice et ses dépendances. La cause de toutes les maladies ou l'aberration est un engorgement, une obstruction, une gêne ou suppression de circulation dans une partie qui, comprimant les vaisseaux sanguins ou lymphatiques, et surtout les rameaux de nerfs plus ou moins considérables, occasionnent un spasme ou une tension dans les parties où ils aboutissent, et surtout dans celles dont les fibres ont moins d'é-lasticité naturelle, comme dans le cerveau, le pou-mon, etc., ou dans celles où circule un fluide avec lenteur et épaississement, comme la synovie, destinée à faciliter le mouvement des articulations. Si ces en-gorgements compriment un tronc de nerfs ou un ra-meau considérable, le mouvement et la sensibilité des parties auxquelles il correspond, est entière-ment supprimé comme dans l'apoplexie, la para-lysie, etc.

» Outre cette raison de toucher d'abord les vis-cères pour découvrir la cause de la maladie, il en est une autre plus déterminante ; les nerfs sont les meilleurs conducteurs du magnétisme qui existent dans le corps ; ils sont en si grand nombre dans ces parties, que plusieurs physiciens y ont placé le siége de l'âme : les plus abondants et les plus sensibles sont le centre nerveux du diaphragme, les plexus stomachique, ombilical, etc. Cet amas d'une infinité de nerfs correspond avec toutes les parties du corps.

» On touche dans la position ci-devant indiquée, avec le pouce et l'indicateur, ou avec la paume de la main, ou avec un doigt seulement renforcé par l'autre, en décrivant une ligne sur la partie que l'on veut toucher, et en suivant, le plus qu'il est possible, la direction des nerfs, ou enfin avec les cinq doigts ouverts et recourbés. Le toucher à une petite distance de la partie est plus fort, parce qu'il existe un courant entre la main ou le conducteur et le malade.

» On touche médiatement avec avantage en se servant d'un conducteur étranger. On se sert le plus communément d'une petite baguette, longue de dix à quinze pouces, de forme conique, et terminée par une pointe tronquée ; la base est de trois, cinq ou six lignes, et la pointe d'une à deux. Après le verre, qui est le meilleur conducteur, on emploie le fer, l'acier, l'or, l'argent, etc., en préférant le corps le plus dense, parce que les filières étant plus rétrécies et plus multipliées, donnent une action proportionnée à la moindre largeur des interstices. Si la baguette est aimantée, elle a plus d'action, mais il faut observer qu'il est des circonstances, comme dans l'inflammation des yeux, le trop grand érétisme, etc., où elle peut nuire. Il est donc prudent d'en avoir deux. L'on magnétise avec une canne ou tel autre conducteur, en faisant attention que si c'est avec un corps étranger, le pôle est changé, et qu'il faut toucher différemment, c'est-à-dire de droite à droite et de gauche à gauche.

» Il est bon aussi d'opposer un pôle à l'autre, c'est-
à-dire que si on touche la tête, la poitrine, le ventre, etc., avec la main droite, il faut opposer la gauche
dans la partie postérieure, surtout dans la ligne qui
partage le corps en deux parties, c'est-à-dire depuis
le milieu du front jusqu'au pubis, parce que le corps
représentant un aimant, si vous avez établi le nord
à droite, la gauche devient sud, et le milieu équateur, qui est sans action prédominante, vous y établissez des pôles, en opposant une main à l'autre.

» On renforce l'action du magnétisme en multipliant les courants sur les malades. Il y a beaucoup
plus d'avantage à toucher en face que de toute autre
manière, parce que vos courants émanant de vos
viscères et de toute l'étendue des corps, établissent
une circulation avec le malade ; la même raison
prouve l'utilité des arbres, des cordes, des fers et
des chaînes, etc.

» Un bassin se magnétise de la même manière
qu'un bain, en plongeant la canne ou tel autre conducteur dans l'eau, pour y établir un courant ; en
l'agitant en ligne droite, la personne qui sera vis-à-vis
en ressentira l'effet. Si le bassin est grand, on éta-
blira quatre points qui seront les quatre points car-
dinaux, l'on tracera une ligne dans l'eau, en suivant
le bord du bassin de l'est au nord, et de l'ouest au
même point ; on répètera la même chose pour le sud ;
plusieurs personnes pourront être placées autour de ce
bassin, et y éprouver des effets magnétiques ; si elles

sont en grand nombre, on tracera plusieurs rayons aboutissant à chacune d'elles, après avoir agité la masse d'eau autant qu'il sera possible.

» Un baquet est une espèce de cuve ronde, carrée ou ovale, d'un diamètre proportionné au nombre des malades que l'on veut traiter. Des douves épaisses, assemblées, peintes, et jointes de manière à pouvoir contenir de l'eau, profondes d'environ un pied, la partie supérieure plus large que le fond d'un ou deux pouces, recouvertes d'un couvercle en deux pièces, dont l'assemblage est enchâssé dans la cuve, et le bord appuyé immédiatement sur celui de la cuve auquel il est assujetti par de gros clous à vis ; dans l'intérieur vous rangez des bouteilles en rayons convergents de la circonférence au centre, vous en placez d'autres couchés dans tout le tour, le cul appuyé contre la cuve, une seule de hauteur, en laissant entre elles l'espace nécessaire à recevoir le goulot d'une autre ; cette première disposition faite, vous posez dans le milieu du vase une bouteille droite ou couchée, d'où partent tous les rayons que vous formez d'abord avec des demi-bouteilles, ensuite avec des grandes, quand la divergence le permet ; le cul de la première est au centre, son col entre dans le cul de la suivante, de manière que le goulot de la dernière aboutisse à la circonférence. Ces bouteilles doivent être remplies d'eau, bouchées et magnétisées de la même manière ; il serait à désirer que ce fût par la même personne. Pour donner plus d'activité au ba-

quet, on met un second et un troisième lit de bouteilles sur le premier, mais communément on en fait
un second qui, partant du centre recouvre le tiers,
la moitié ou les trois quarts du premier. On remplit
ensuite la cuve d'eau à une certaine hauteur, mais
toujours assez pour couvrir toutes les bouteilles ; l'on
peut y ajouter de la limaille de fer, du verre pilé et
autres corps semblables, sur lesquels j'ai différents
sentiments.

» On fait aussi des baquets sans eau, en remplissant l'intervalle des bouteilles avec du verre, de la
limaille, du mache-fer et du sable. Avant de mettre
l'eau ou les autres corps, on marque sur le couvercle
les endroits où doivent être faits les trous destinés à
recevoir les fers qui doivent aboutir entre les culs
des premières bouteilles, à quatre ou cinq pouces de
la parois du baquet. Les fers sont des espèces de
tringles faites d'un fer assoupli, qui entrent en droite
ligne presque jusqu'au fond du baquet et sont re-
pliées à leur sortie, de façon qu'elles puissent aboutir
en une pointe obtuse, à la partie que l'on veut toucher, comme le front, l'oreille, l'œil, l'estomac, etc.

» De l'intérieur ou de l'extérieur du baquet, part,
attachée à un fer, une corde très ample, que les malades appliquent sur la partie dont ils souffrent; ils
forment des chaînes en tenant cette corde et appuyant
le pouce gauche sur le droit, ou le droit sur le gauche de son voisin, de manière que l'intérieur d'un
pouce touche l'autre. Ils s'approchent le plus qu'ils

peuvent, pour se toucher par les cuisses, les genoux, les pieds, et ne forment pour ainsi dire qu'un corps continu, dans lequel le fluide magnétique circule continuellement et est renforcé par tous les différents points de contact, auxquels ajoute encore la position des malades, qui sont en face les uns des autres. On a aussi des fers assez longs pour aboutir à ceux du second rang par l'intervalle de ceux du premier.

» On fait des petits baquets particuliers, nommés boîtes magiques ou magnétiques, à l'usage des malades qui ne peuvent point aller au traitement, ou qui, par la nature de leur maladie, ont besoin d'un traitement continuel. Ces boîtes sont plus ou moins composées ; les plus simples ne contiennent qu'une bouteille couchée et remplie d'eau ou de verre pilé, renfermée dans une boîte, d'où part une verge ou une corde. Une simple bouteille isolée et que l'on applique sur la partie, vaut encore mieux. On peut en placer plusieurs sous un lit, droites et contenant des fers luttés dans le goulot, qui produiront un effet très sensible. Les boîtes les plus ordinaires sont des coffrets en carré long, hauts et longs en proportion de ce qu'ils doivent contenir. La hauteur ne doit pas excéder ordinairement celle des couchettes, qui est de dix à douze pouces. On y place quatre ou un plus grand nombre de bouteilles à volonté, préparées et rangées comme celles du baquet. Si la boîte est destinée à être mise sous un lit, on prend des demi-bouteilles remplies une moitié d'eau, et l'autre de verre. Celles remplies d'eau sont bouchées, celles qui le sont de verre sont armées d'un petit conducteur en fer, partant de la bouteille dans le col de laquelle il est scellé, et excédant d'un pouce le couvercle de la boîte qu'il traverse ; l'intervalle des bouteilles se remplit de verre pilé, sec ou humecté ; une corde entortillée autour du goulot de chaque bouteille, les fait communiquer ensemble et sort de la boîte par un trou fait aux parois. Le couvercle est à coulisse et fermé par une vis. On place cette boîte sous le lit et les cordes qui en sortent de droite et de gauche, sont amenées sur le lit ou entre les draps, ou sur les couvertures, jusqu'au malade.

» Les boîtes qui doivent servir dans le jour se font avec des bouteilles remplies d'eau ou de verre, préparées et couchées comme dans les grands baquets ; l'on y peut mettre une corde et des fers et en faire un baquet de famille.

» Plus la matière qui remplit ces bouteilles est dense, plus elle est active. Si l'on pouvait les remplir avec du mercure, elles jouiraient de beaucoup plus d'action.

» Il est plusieurs moyens d'augmenter le nombre et l'activité des courants. Si vous voulez toucher un malade avec force, réunissez dans son appartement le plus de personnes possible, établissez une chaîne qui parte du malade et aboutisse au magnétisant ; une personne adossée à lui ou la main sur l'épaule augmente son action. Il est une infinité d'autres moyens impossibles à détailler, comme le son, la musique, la vue, les glaces, etc.

» Le courant magnétique conserve encore quelque temps son effet après être sorti du corps, à peu près comme le son d'une flûte qui diminue en s'éloignant. Le magnétisme à une certaine distance produit plus d'effet que lorsqu'il est appliqué immédiatement.

» Après l'homme, les animaux, ce sont les végétaux et surtout les arbres qui sont le plus susceptibles du magnétisme animal. Pour magnétiser un arbre sous lequel vous voulez établir un traitement, vous en choisissez un jeune, vigoureux, branchu, sans nœuds autant qu'il est possible et à fibres droites. Quoique toute espèce d'arbustes puisse servir, les plus denses, comme le chêne, l'orme, le charme sont à préférer. Votre choix fait, vous vous mettez à une certaine distance du côté du sud, vous établissez un côté droit et un côté gauche qui forment les deux pôles, et la ligne de démarcation du milieu, l'équateur. Avec le doigt, le fer ou la canne, vous suivez depuis les feuilles, les ramifications et les branches; après avoir amené plusieurs de ces lignes à une branche principale, vous conduisez les courants au tronc jusqu'aux racines. Vous recommencez jusqu'à ce que vous ayez magnétisé tout le côté, ensuite vous magnétisez l'autre de la même manière et avec la même main, parce que les rayons sortant du conducteur en divergence, se convergent à une certaine distance, et ne sont pas sujets à la répulsion; le nord se magnétise par les mêmes procédés. Cette opération faite, vous vous rapprochez de l'arbre, et après avoir magnétisé les racines, s'il en existe de visibles, vous l'embrassez et lui présentez tous vos pôles successivement. L'arbre jouit alors de toutes les vertus du magnétisme. Les personnes saines en restant quelque temps auprès, ou en le touchant, pourront en ressentir l'effet : et les malades, ceux surtout déjà magnétisés, le ressentiront violemment et éprouveront des crises. Pour y établir un traitement, vous attachez des cordes à une certaine hauteur, au tronc et aux principales branches, plus ou moins nombreuses et plus ou moins longues, à proportion des personnes qui doivent s'y rassembler, et qui, la face tournée à l'arbre, et placées circulairement, soit sur des siéges, soit sur de la paille, les mettront autour des parties souffrantes, comme au baquet, y feront des chaînes le plus fréquemment possible, et y éprouveront des crises comme au baquet, mais bien plus douces ; l'effet curatif en est bien plus prompt et plus actif, en proportion du nombre des malades qui en augmentent l'énergie, en multipliant les courants, les forces et contacts. Le vent agitant les branches de l'arbre ajoute à son action. Il en est de même d'un ruisseau ou d'une cascade, si l'on est assez heureux pour en rencontrer dans l'endroit que l'on aura choisi. Si plusieurs arbres s'avoisinent, on les magnétisera et on les fera communiquer par des cordes qui iront de l'un à l'autre. Les malades trouvent aux arbres une odeur qu'ils ne peuvent définir, qui leur est très désagréable, qu'ils conservent quelque temps après les avoir quittés, et qu'ils ressentent en y revenant. On ne peut pas assurer combien de temps un arbre conserve le magnétisme. On croit que cela peut aller jusqu'à plusieurs mois ; le plus sûr est de le renouveler de temps en temps.

» Pour magnétiser une bouteille, vous la prenez par les deux extrémités, que vous frottez avec les doigts, en ramenant le mouvement au bord. Vous écartez la main successivement de ces deux extrémités en comprimant pour ainsi dire le fluide ; vous prenez un verre ou un vase quelconque de la même manière, et vous magnétisez ainsi le fluide qu'il contient, en observant de le présenter à celui qui doit le boire en le tenant entre le pouce et le petit doigt ; et faisant boire dans cette direction, le malade y trouve un goût qui n'existerait pas s'il buvait dans le sens opposé.

» Une fleur, un corps quelconque, est magnétisé par l'attouchement fait avec principes et intention.

» En frottant les deux extrémités d'une baignoire avec les doigts, la baguette ou la canne, les descendant jusqu'à l'eau, dans laquelle on décrit une ligne dans la même direction et répétant plusieurs fois, on magnétise un bain. On peut encore agiter l'eau en différents sens, en insistant toujours sur la ligne décrite, dont le grand courant réunit les petits qui l'avoisinent et en est renforcé. Si le malade étant dans le bain trouve l'eau trop froide, on y plonge une canne et on y dirige un courant par le frottement ; cette action fait éprouver au malade un sentiment de chaleur qu'il attribue à celle de l'eau. Dans les endroits où il y a un baquet ou des arbres, on amène une corde qui supplée à toutes les autres préparations. Si on ne peut magnétiser par soi-même, je pense que plusieurs bouteilles remplies d'eau magnétisée, et mises dans le bain suivant la direction du corps, pourront produire le même effet : un peu de sel marin jeté dans le bain en augmente la *tonicité*.

» Dans le centre du baquet on pourrait placer un vase de terre cylindrique ou d'une autre forme, qui présenterait une ouverture dans le dessus, propre à recevoir un conducteur qui viendrait ou du dehors de l'appartement ou de l'intérieur ; une tringle en fer, longue à proportion, de la hauteur du plancher, dont l'extrémité inférieure se terminerait en entonnoir ou en *digitation*, aboutirait par un trou fait à l'ouverture du baquet, où elle serait scellée à celle du vase de verre, dont le pourtour serait percé de plusieurs trous latéraux qui communiqueraient avec les rayons des bouteilles ; le conducteur pourrait aussi être de verre. »

M. le marquis de Puységur, dont la devise magnétique était : « *Croyez et veuillez,* » publia, pour les Sociétés qui s'occupaient sous sa direction de répandre le magnétisme animal, une Instruction pratique, dont voici un extrait :

« Considérez-vous, disait-il, comme un aimant dont vos bras, et surtout vos mains, sont les deux pôles ; touchez ensuite un malade, en lui posant une main sur le dos et l'autre en opposition sur l'estomac ; figurez-vous ensuite qu'un fluide magnétique tend à circuler d'une main à l'autre en traversant le corps du malade.

» Vous pouvez varier cette position, en portant une main sur la tête et l'autre sur l'estomac, continuant toujours à avoir la même intention, la même volonté de faire du bien. La circulation d'une main à l'autre continuera ; la tête et l'estomac étant les parties du corps où il y a le plus de nerfs, ce sont les deux endroits où il faut porter le plus d'action.

» Le frottement n'est nullement nécessaire, il suffit de toucher avec attention, en cherchant à reconnaître une impression de chaleur dans le creux des mains, etc.

» Tous les effets magnétiques sont également salutaires ; un des plus satisfaisants est le somnambulisme ; mais il n'est pas le plus fréquent, et les malades, sans entrer dans cet état, peuvent également guérir.

» On ne doit pas toujours avoir la volonté de produire le somnambulisme, car le désir de produire un effet quelconque est presque toujours une raison pour n'en produire aucun (1). Un magnétiseur doit aveuglément s'en reposer sur la nature du soin de régler et de diriger les effets de son action magnétique.

» Vous reconnaîtrez que votre malade est dans l'état magnétique, lorsque vous le verrez sensible de loin à votre action, en présentant le pouce devant l'estomac.

» Un malade en crise ne doit répondre qu'à son magnétiseur, et ne doit pas souffrir qu'un autre le touche.

» L'état somnambulique exige les plus grandes précautions ; il faut considérer l'homme en état magnétique comme l'être le plus intéressant qui existe par rapport à son magnétiseur ; c'est la confiance qu'il a en vous qui l'a mis dans le cas de vous en rendre maître ; ce n'est que pour son bien seul, que vous pouvez jouir de votre pouvoir, le tromper dans cet état, vouloir abuser de sa confiance, c'est faire une action malhonnête, c'est enfin agir en sens con-

---

(1) *Note de l'auteur.* — M. de Puységur eût dû dire : le trop grand désir ; car si le simple désir de produire un effet quelconque était, comme il le prétend, une raison pour ne rien produire, il s'ensuivrait que les magnétiseurs pourraient avoir indifféremment la volonté de nuire ou de faire du bien, d'aggraver l'état du malade ou de le guérir, de le tenir éveillé ou de lui procurer le sommeil ; tandis qu'il est bien reconnu aujourdhui que s'il y a sympathie dans les rapports du magnétiseur avec le sujet, si ce dernier s'abandonne avec confiance à l'action du premier, si celui-ci, de son côté, a un désir modéré qui lui permette de magnétiser sans effort, sans roideur, d'émettre constamment, par une volonté douce et soutenue, le fluide dont il peut disposer ; il est reconnu, dis-je, que les effets souhaités seront obtenus dans la proportion de quatre-vingt-dix-neuf sur cent.

traire à celui de son bien ; d'où doit s'ensuivre par conséquent un effet contraire à celui que l'on a produit sur lui.

» Il ne faut pas l'accabler de questions ; il faut lui laisser prendre connaissance de son état.

» C'est par un acte de votre volonté que vous l'avez endormi, c'est par un acte de votre volonté que vous le réveillerez.

» Il peut arriver quelquefois qu'un malade prenne des tremblements ou de légers mouvements convulsifs ; dans ce cas , il faut de suite cesser sa première action, pour ne plus s'occuper que de calmer ses souffrances , etc. »

M. de Puységur dit plus loin : « Vous ne devez pas contrarier votre somnambule ; il faut le consulter sur les heures où il veut être magnétisé, sur le temps qu'il veut rester en crise, sur les médicaments dont il a besoin, et suivre à la lettre ses indications, sans y manquer d'une minute.

» Quelque éloignée que soit l'ordonnance d'un somnambule des idées que l'on peut avoir prises en médecine , sa sensation est plus sûre que toutes les données résultantes de l'observation. La nature s'exprime pour ainsi dire par sa bouche, c'est un instinct lucide qui lui dicte ses demandes ; n'y point obéir à la lettre serait manquer le but qu'on se propose, qui est de le guérir. »

L'abbé Faria employa des procédés différents : il faisait placer le malade assis devant lui ; l'engageait à fermer les yeux et à se recueillir. Alors il se concentrait un instant , et quand son imagination était fortement montée , il prononçait d'une voix haute et impérative le mot : *Dormez*. Si l'épreuve ne réussissait pas , il la répétait une ou deux fois ; et s'il y avait nullité d'action , il déclarait le malade incapable d'être endormi.

M. Deleuze , dont les ouvrages si justement estimés ont tant fait pour le magnétisme , enseigne dans son *Instruction pratique*, ce qui suit :

« Les procédés dont nous allons parler ne sont point également employés par tous les magnétiseurs. Plusieurs d'entre eux en ont qui leur sont particuliers , et quelque méthode qu'ils suivent , les résultats sont à peu près les mêmes. D'ailleurs, les procédés doivent être diversifiés selon les circonstances : on est souvent déterminé dans le choix, non seulement par le genre de maladie, mais par la commodité , par les convenances, et même par le soin d'éviter ce qui pourrait sembler extraordinaire. Ce que je vais dire est donc inutile aux personnes qui ont acquis l'habitude de magnétiser; qu'elles continuent de suivre la méthode qui leur a constamment réussi à soulager ou guérir des malades. J'écris pour ceux qui, ne sachant encore rien, seraient embarrassés pour exercer une faculté dont l'existence n'est pas un doute pour eux, et je vais leur enseigner la manière de magnétiser que j'ai adoptée, d'après les instructions que j'ai reçues, et d'après les observations que j'ai recueillies ou que j'ai faites moi-même pendant trente-cinq ans.

» Lorsqu'un malade désire que vous essayiez de le guérir par le magnétisme, et que sa famille et son médecin n'y mettent aucune opposition ; lorsque vous sentez le désir de seconder ses vœux, et que vous êtes bien résolu de continuer le traitement autant qu'il sera nécessaire, fixez avec lui l'heure des séances ; faites-lui promettre d'être exact, de ne pas se borner à un essai de quelques jours, de se conformer à vos conseils pour son régime, de ne parler du parti qu'il a pris qu'aux personnes qui doivent naturellement en être informées.

» Une fois que vous serez ainsi d'accord et convenus de traiter gravement la chose, éloignez du malade toutes les personnes qui pourraient vous gêner ; ne gardez auprès de vous que les témoins nécessaires (un seul s'il peut) ; demandez-leur de ne s'occuper nullement des procédés que vous employez et des effets qui en sont la suite, mais de s'unir d'intention avec vous pour faire du bien au malade ; arrangez-vous de manière à n'avoir ni trop chaud, ni trop froid, à ce que rien ne gêne la liberté de vos mouvements, et prenez des précautions pour n'être pas interrompu pendant la séance.

» Faites ensuite asseoir votre malade le plus commodément possible et placez vous vis-à-vis de lui, sur un siége un peu plus élevé et de manière que ses genoux soient entre les vôtres et que vos pieds soient à côté des siens. Demandez-lui d'abord de s'abandonner, de ne penser à rien, de ne pas se distraire pour examiner les effets qu'il éprouvera, d'écarter toute crainte, de se livrer à l'espérance, et de ne pas s'inquiéter ou se décourager si l'action du magnétisme produit chez lui des douleurs momentanées.

» Après vous être recueilli, prenez ses pouces entre vos doigts, de manière que l'intérieur de vos pouces touche l'intérieur des siens et fixez vos yeux sur lui. Vous resterez de deux à cinq minutes dans cette situation, ou jusqu'à ce que vous sentiez qu'il s'est établi une chaleur égale entre ses pouces et les vôtres ; cela fait, vous retirerez vos mains, en les écartant à droite et à gauche, les tournant de manière que leur surface intérieure soit en dehors, et vous les élèverez jusqu'à la hauteur de la tête ; alors vous les poserez sur les deux épaules, vous les y laisserez environ une minute, et vous les ramènerez le long des bras jusqu'à l'extrémité des doigts en touchant légèrement. Vous recommencerez cette passe cinq ou six fois, toujours en détournant vos mains et en les éloignant un peu du corps pour remonter ; vous placerez ensuite vos mains au-dessus de la tête, vous les y tiendrez un moment, et vous les descendrez en passant devant le visage, à la distance d'un ou deux pouces, jusqu'au creux de l'estomac ; là, vous vous arrêterez encore environ deux minutes, en posant les pouces sur le creux de l'estomac et les autres doigts au-dessous des côtes ; puis vous descendrez lentement le long du corps, jusqu'aux genoux, ou mieux, et si vous le pouvez sans vous déranger, jusqu'au bout des pieds. Vous répèterez les mêmes procédés pendant la plus grande partie de la séance. Vous vous rapprocherez aussi quelquefois du malade de manière à poser vos mains derrière ses épaules pour les descendre lentement le long de l'épine du dos, et de là sur les hanches et le long des cuisses jusqu'aux genoux ou jusqu'aux pieds. Après les premières passes, vous pouvez vous dispenser de poser les mains sur la tête, et faire les passes suivantes sur les bras en commençant aux épaules et sur le corps en commençant à l'estomac.

» Lorsque vous voudrez terminer la séance, vous aurez soin d'attirer vers l'extrémité des mains et vers l'extrémité des pieds, en prolongeant vos passes au-delà de ces extrémités, et secouant vos doigts à chaque fois. Enfin, vous ferez devant le visage, et même devant la poitrine, quelques passes en travers, à la distance de trois ou quatre pouces. Ces passes se font en présentant les deux mains rapprochées et en les écartant brusquement l'une de l'autre, comme pour enlever la surabondance de fluide dont le malade pourrait être chargé. Vous voyez qu'il est essentiel de magnétiser toujours en descendant de la tête aux extrémités, et jamais en remontant des extrémités à la tête. Les passes qu'on fait en descendant sont magnétiques, c'est-à-dire qu'elles sont accompagnées de l'intention de magnétiser. Les mouvements que l'on fait en remontant ne le sont pas. Plusieurs magnétiseurs secouent légèrement leurs doigts après chaque passe. Ce procédé, qui n'est jamais nuisible, est avantageux dans certains cas, et, par cette raison, il est bon d'en prendre l'habitude.

» Quoique vers la fin de la séance on ait eu soin d'étendre le fluide sur toute la surface du corps, il est à propos de faire en finissant quelques passes sur les jambes, depuis les genoux jusqu'au bout des pieds. Ces passes dégagent la tête. Pour les faire plus commodément, on se place à genoux devant la personne qu'on magnétise.

» Je crois devoir distinguer les passes qu'on fait sans toucher, de celles qu'on fait en touchant, non seulement avec le bout des doigts, mais avec toute l'étendue de la main, et en employant une légère pression. Je donne à ces dernières le nom de *frictions magnétiques* ; on en fait souvent usage pour mieux agir sur les bras, sur les jambes, et derrière le dos tout le long de la colonne vertébrale.

» Cette manière de magnétiser par des passes longitudinales, en dirigeant le fluide de la tête aux extrémités, sans se fixer sur aucune partie de préférence aux autres, se nomme *magnétiser à grands courants*. Elle convient plus ou moins dans tous les cas, et il faut l'employer dans les premières séances, lorsqu'on n'a pas de raison d'en choisir une autre. Le fluide est ainsi distribué dans tous les organes, et il s'accumule de lui-même dans ceux qui en ont besoin. Aux passes faites à une petite distance, on en joint, avant de finir, quelques unes à la distance de deux à trois pieds. Elles produisent ordinairement du calme, de la fraîcheur et un bien-être sensible.

» Il est enfin un procédé par lequel il est très avantageux de terminer la séance. Il consiste à se placer à côté du malade qui se tient debout, et à faire, à un pied de distance, avec les deux mains, dont l'une est devant le corps et l'autre est derrière le dos, sept ou huit passes en commençant au-dessus de la tête, et en descendant jusqu'au plancher, le long duquel on écarte les mains. Ce procédé dégage la tête, rétablit l'équilibre et donne des forces.

» Pour faire des passes, il ne faut jamais employer aucune force musculaire autre que celle qui est indispensable pour soutenir la main et l'empêcher de tomber. On doit mettre de l'aisance dans ses mouvements, et ne pas les faire trop rapides. Une passe de la tête aux pieds peut durer environ une demi-minute. Les doigts de la main doivent être un peu écartés les uns des autres, et légèrement courbés, de manière que le bout des doigts soit dirigé vers celui qu'on magnétise, etc., etc. »

Procédés indiqués par M. Delauzanne.

» 1. Le *magnétisme animal* est l'action de l'intelligence sur les forces conservatrices de la vie.

» 2. Les résultats de cette action sont d'augmenter, de diminuer et de régulariser l'intensité de ces forces.

» 3. Cette action est éminemment curative, en ce qu'elle rétablit l'équilibre de ces forces, quelle que soit la cause qui ait pu la déranger.

» 4. Cette action peut s'exercer de deux manières : 1° d'un homme sur lui-même ; 2° d'un homme sur un autre.

» 5. La *pensée* étant nécessairement modifiée par l'aberration des forces organiques, l'action d'un homme sur lui-même est toujours incomplète lorsque cette aberration est considérable. Ce n'est que dans l'influence d'un individu sur un autre que réside proprement le magnétisme animal.

» 6. L'intensité de l'action d'un individu sur un autre dépend, en grande partie, des rapports qui existent dans l'organisation physique de ces individus, et particulièrement dans l'énergie de la pensée de celui qui veut agir.

» 7. Tous les individus ne sont point également propres à l'exercice du magnétisme ; c'est une faculté qui, semblable à toutes les facultés, est plus ou moins développée chez certaines personnes.

» 8. *Magnétiser*, c'est porter sa *pensée* sur une personne malade avec la volonté constante de la soulager. Il s'opère alors chez le magnétiseur une concentration de l'action vitale dans le système viscéral, dont le principal centre est le plexus de l'estomac.

Cette concentration augmentant l'action des nerfs de ce système, elle détermine, chez la personne magnétisée, une action correspondante dont l'effet est de régulariser les forces vitales, et de concourir, par ce moyen, à rétablir l'équilibre de ces forces.

» 9. Il est essentiel que le magnétiseur soit lui-même dans un état de parfaite santé.

» 10. Les procédés communément en usage sont les suivants :

» 11. Le magnétiseur se place en face du malade, lui pose les mains sur les épaules, et après une ou deux minutes, les descend le long des bras pour lui prendre les pouces, qu'il garde de même une ou deux minutes. Il recommence ainsi cinq ou six fois. Le malade doit rester entièrement passif, et tâcher de ne point distraire son attention par des pensées étrangères à l'action qu'on veut opérer sur lui. Le magnétiseur ne doit avoir qu'une seule pensée, celle du bien qu'il veut produire.

» 12. Ce procédé n'est que pour se mettre en *rapport*, c'est-à-dire pour établir de l'harmonie dans les mouvements internes réciproques. On voit facilement qu'il est imité de celui qu'on emploie pour communiquer à l'acier la vertu de l'aimant.

» 13. Le magnétiseur porte ensuite ses deux mains sur l'estomac du malade, les descend après jusqu'aux genoux ; les reporte sur la tête, et les ramène ensuite sur les genoux, et même jusqu'aux pieds, en ayant la précaution de détourner les mains chaque fois qu'il revient à la tête, afin de ne point troubler le *mouvement* qu'il veut imprimer de haut en bas.

» 14. Il n'est point nécessaire de toucher pour exécuter ces mouvements ; on peut également les faire à quelque distance du malade ; il est même essentiel, chez plusieurs personnes d'une complexion nerveuse, d'éviter toute espèce d'attouchements.

» Il faut mettre de la lenteur dans ces *passes*, et les continuer au moins une demi-heure, ou jusqu'à ce que l'on soit fatigué.

» 15. La volonté d'agir doit être calme et soutenue. Il est important d'éviter toute secousse, et d'accoutumer doucement le malade à obéir à l'impulsion qu'on veut lui donner, car il ne s'agit pas d'obtenir des effets prompts, mais salutaires.

» 16. Il faut avoir soin de magnétiser à des époques fixes, tous les jours, tous les deux jours, comme cela sera possible, mais toujours à la même heure, et à peu près le même temps.

» 17. On commence toujours la séance par l'application des procédés généraux décrits ci-dessus, et ensuite on concentre particulièrement l'action sur la partie malade et son opposée, soit en y appliquant les mains, soit en les tenant à une petite distance, et imprimant ensuite par des *passes*, de haut en bas, un mouvement vers les parties inférieures, comme si on voulait entraîner le mal.

» 18. Si le malade est couché, on s'assied à côté du

lit, de la manière la plus commode ; on peut alors ne se servir que d'une main.

» 19. Il existe plusieurs moyens, soit d'augmenter, soit de transmettre l'action magnétique ; les plus remarquables sont : 1° les *baquets* ; 2° les arbres magnétisés ; 3° les objets magnétisés appelés très improprement talismans magnétiques.

» 20. On appelle *baquet*, un vase rempli d'eau, de sable, de limaille de fer, de plantes aromatiques, de morceaux de verre, dans lequel plonge perpendiculairement un conducteur d'acier, duquel partent des cordons de laine d'environ trois lignes de diamètre. Les malades se placent autour du baquet, prennent les cordons de laine en entourant les parties malades. Le magnétiseur porte alors toute sa pensée sur le vase qui transmet son action aux malades.

» On croit que cet appareil augmente beaucoup l'action magnétique. Il donne au moins la facilité de magnétiser un grand nombre de malades à la fois.

« 26. Le principe de la construction de cet appareil repose sur ce qu'il a été reconnu que les corps non organisés avaient la propriété de servir de conducteur à l'action magnétique et de modifier cette action.

» 22. *L'arbre magnétisé* est proprement une espèce de baquet. On magnétise un arbre comme on magnétise une personne, en portant sur lui sa pensée et sa volonté, et en faisant autour du tronc des passes de haut en bas. Les malades viennent ensuite s'asseoir autour, en communiquant avec lui, comme avec le baquet, par des cordons de laine qu'on y attache.

» Plusieurs expériences constatent qu'on peut tirer un grand parti de l'usage des arbres magnétisés. Il existe même à ma connaissance quelques faits de ce genre vraiment miraculeux.

» 23. Tous les corps ont plus ou moins la propriété de transmettre l'action magnétique ; ainsi on magnétise encore, soit de l'eau pour l'usage journalier du malade, soit des plaques de verre, des anneaux, des mouchoirs, etc., etc., que le malade place sur la partie souffrante dans l'intervalle des séances.

» Pour magnétiser ces objets on les tient simplement entre les mains, et on porte sur eux sa pensée avec une ferme volonté de leur faire produire l'effet qu'on désire.

» 24. On a vu produire à l'eau magnétisée seule des cures extraordinaires ; aussi il est utile, dès que l'on commence un traitement, de mettre le malade à l'usage de cette eau.

» 25. Il est une infinité de procédés particuliers que le magnétiseur attentif peut deviner selon les circonstances, et qui lui sont souvent indiqués par les sensations qu'éprouve le malade ; ils ne peuvent être soumis à aucune classification.

» 26. Le plus énergique des procédés magnétiques est l'emploi du souffle ; on s'en sert particulièrement pour résoudre les engorgements, les obstructions et les glandes au sein ; on pose sa bouche sur un mouchoir plié en double, appliqué sur la partie malade, et on fait passer son haleine à travers : cela produit une vive chaleur.

» 27. Le même moyen est encore employé avec succès dans les maux d'estomac produits par atonie.

» 28. La musique est un puissant auxiliaire pour le magnétisme ; on en a obtenu de très bons effets dans les maladies nerveuses.

» 29. Il est important de remarquer que tous les procédés dont nous venons de donner l'exposition sont entièrement arbitraires dans leur *forme*, et qu'ils ne reposent que sur l'analogie qu'on a cru remarquer entre les phénomènes du magnétisme et ceux de l'aimant. Ce qu'il y a d'important et de fondamental, c'est *la pensée* et *la volonté*, sans lesquelles il n'existe pas de magnétisme animal. »

M. Rostan, professeur à la Faculté de médecine de Paris, a écrit :

« Pour obtenir des effets magnétiques, certaines conditions de la part de la personne active et de la personne passive sont indispensables. On a objecté que puisque tous les sujets n'étaient pas également propres à produire ou à recevoir les effets magnétiques, on ne devait pas admettre l'existence d'un agent particulier ; que l'électricité produisait toujours les mêmes effets, et que dans quelque condition qu'on se trouvât, on ressentait toujours la commotion électrique ; que dès lors on ne pouvait pas se refuser à admettre l'existence d'un agent électrique ; qu'il ne saurait en être de même du magnétisme animal, puisqu'une foule de circonstances pouvaient en empêcher l'effet. Mais cette objection n'est pas même spécieuse, et l'on a lieu de s'étonner qu'elle ait été faite par un médecin. Il est peu de phénomènes naturels qui pour être produits ne demandent un concours particulier de circonstances hors desquelles ils n'ont pas lieu. Ne sait-on pas, par exemple, pour ne pas sortir du domaine de la médecine, ne sait-on pas qu'une maladie, pour se développer chez un individu, doit rencontrer chez lui une prédisposition, et que sans cette prédisposition la cause aura beau agir, elle ne produira aucun résultat ? Ne sait-on pas que dans les maladies épidémiques et même dans les maladies contagieuses, tous les individus soumis à la même cause ne sont pas frappés par elle, et que ceux qui le sont ne le sont pas au même degré, de la même manière ? Sera-ce une raison pour nier l'existence de la cause épidémique ou contagieuse ?

» Il est donc des conditions indispensables dans lesquelles doivent se trouver les magnétiseurs et les magnétisés.

» Le magnétisme est produit par la force de la volonté. Il faut donc de la part de celui qui magnétise une volonté ferme, un vif désir de produire des effets, et la conviction intime qu'il produira ces effets. On a fortement tourné en ridicule la nécessité de ces dispositions morales ; on les a assimilées à la foi, à l'espérance, à la charité, vertus théologales indispensables à notre salut. Rien n'est plus facile que de démontrer combien dans les sciences le désir de paraître plaisant peut faire commettre d'erreurs.

» Voici comment on pourrait se rendre raison de la condition qu'on exige : la volonté ferme, le vif désir, la conviction, sont des états particuliers du cerveau ; l'action magnétique n'est elle-même qu'un produit du système nerveux ; si les premières conditions n'existent pas, la seconde ne saurait exister. L'agent nerveux que fait mouvoir la volonté cause des phénomènes magnétiques ; sera-t-il mis en mouvement si la volonté n'existe pas ?

» Puis-je mouvoir mon bras, si je ne commande le mouvement ? et puis-je croire avoir cette volonté, si je ne crois pas que cela soit possible ? Cette volonté ne sera-t-elle pas d'autant plus forte que le désir de réussir sera plus fortement prononcé ? Cette volonté n'enverra-t-elle pas alors une somme plus grande d'agents nerveux ? Il ne faut pas oublier que cet agent nerveux est la cause productrice des phénomènes magnétiques, que cet agent nerveux est envoyé par la volonté comme elle le dirige vers les muscles pour opérer leur contraction ; donc la foi ou la conviction est nécessaire, parce que sans elle le magnétisme ne saurait vouloir ; le désir de réussir est nécessaire pour augmenter l'énergie de la volonté ; enfin celle-ci est indispensable parce que c'est elle qui envoie directement, immédiatement, le fluide qui produit les effets magnétiques.

» Il faut que le magnétiseur n'ait rien de repoussant, qu'il soit bien portant, dans la force de l'âge, ou d'un âge mûr; qu'il soit grave et même affectueux; qu'il soit supérieur, s'il est possible, à la personne magnétisée, soit par son rang, son âge, ses qualités intellectuelles et morales, soit de toute autre manière; en un mot, qu'il exerce sur cette personne un ascendant quelconque. Ces conditions, qui doivent beaucoup favoriser l'action magnétique, ont excité les clameurs des antagonistes du magnétisme animal. Ils n'ont vu là dedans qu'une influence morale, que ce qu'ils ont improprement appelé influence de l'*imagination*. On voit bien que le mot *imagination* est ici tout-à-fait détourné de son véritable sens. Ce n'est plus cette brillante faculté de l'intelligence qui retrace les objets absents avec de si vives couleurs qu'on croirait les avoir sous les yeux; cette faculté qui ne crée pas d'objets nouveaux, mais qui trouve des rapports inaperçus des combinaisons ingénieuses, etc. Ce qu'ils appellent *imagination* n'est autre chose qu'une indisposition particulière du cerveau qui le rend susceptible de toutes sortes d'impressions. Hé bien! même dans cette acception impropre nous croyons que ce n'est pas l'imagination, au moins seule, qui produit les phénomènes magnétiques, puisqu'on les fait naître sans que la personne magnétisée voie le magnétiseur; mais nous croyons cette disposition cérébrale très propre à favoriser l'action magnétique ; elle rend le sujet très apte à recevoir cette action. Ainsi que nous le verrons plus bas, *le magnétisme n'est qu'un état particulier du système nerveux*, état sur lequel nous appelons l'attention des physiologistes. Ainsi, tous les moyens qui peuvent agir sur ce système et qui sont capables de produire et de favoriser cet état, sont bons, peu nous importe. Ceux qui agissent sur les sens, sur le cerveau, sont très bons, il suffit pour nous que l'individu présente tous les phénomènes que nous venons de faire connaître. Que nous importe en effet que ce soit l'imagination ou toute autre cause ? Il nous suffit qu'il y ait des effets ; c'est tout ce que nous voulons prouver. Les commissaires assurément très savants et très respectables, nommés par le roi, pour l'examen du magnétisme, ne nièrent pas qu'il y eût des effets, seulement ils les attribuèrent aux attouchements, aux pressions, à l'imagination, à l'imitation, et non à un agent particulier. Ils prouvèrent bien qu'on produit des effets magnétiques par l'imagination seule sans magnétisme, qu'avec le magnétisme sans imagination on ne produirait rien, etc., etc. Ces expériences, très bien faites, sont nombreuses, ingénieuses, variées ; on le croira sans peine lorsqu'on saura qu'elles étaient faites par les Lavoisier, les Franklin, etc., etc. On conçoit que le moral doit être tout-puissant pour modifier le système nerveux. Et encore une fois, qu'importe le moyen si l'on obtient les résultats ? Qu'importe aussi que la pression y contribue, qu'importe que l'imitation les augmente ? Qu'importe que la vue soit nécessaire et que les sons soient utiles ? L'essentiel, c'est que le somnambulisme soit produit. Puisqu'il ne s'agit que de modifier le système nerveux, tous les modificateurs sont bons.

» *Il faut que le magnétiseur n'ait rien de repoussant;* on conçoit en effet que la répugnance ne peut pas disposer à recevoir l'agent magnétique. *Il faut qu'il soit bien portant*, parce que son action magnétique sera plus forte, son influence plus bienfaisante ; les magnétiseurs mal portants occasionnent des douleurs à leurs magnétisés. *Dans la force de l'âge ou dans l'âge mûr*, parce que l'énergie de la volonté est alors à son plus haut degré. *Qu'il soit grave, affectueux*, parce que ces qualités attirent la confiance et l'abandon ; et par les mêmes raisons, *supérieur au magnétisé*, si c'est possible, etc.

» De la part de celui-ci, il faut aussi qu'il veuille se soumettre, qu'il désire et qu'il croie, ce qui le rend très propre à recevoir l'influence magnétique. S'il est malade, affaibli, d'une constitution nerveuse, affecté de quelque maladie du système nerveux, il se trouvera dans les conditions favorables. Il est clair qu'il faut qu'il veuille se soumettre ; car sans cette volonté, sans ce désir, et sans la croyance qui les fait naître, la surface de son corps reste pour ainsi dire fermée à l'agent qu'on lui envoie. Il est à remarquer cependant qu'après quelques séances il n'est plus nécessaire que le magnétisé *veuille* être endormi, on l'endort malgré lui. Il m'est arrivé maintes fois d'endormir des personnes qui me suppliaient de n'en rien faire ; et la malade dont parle M. Dupotet, dans son rapport des séances magnétiques à l'Hôtel-Dieu, fut plusieurs fois endormie à son insu et malgré elle. Enfin quand ces conditions réciproques se trouvent remplies, on procède à la magnétisation, qui est la chose du monde la plus simple.

» On dit avec raison que la présence de gens incrédules et malveillants empêchait la production des effets magnétiques. Je ne sais pas comment s'exerce cette influence neutralisante, mais tous les magnétiseurs l'ont observée. Je ne hasarderai aucune conjecture à ce sujet.

» On a décrit de plusieurs manières les procédés de magnétisation. Chaque magnétiseur a la sienne propre ; il suffit aux uns d'imposer la main sur le front de la personne qu'on magnétise, immédiatement ou à une légère distance ; d'autres posent cette main sur l'épigastre ; quelques uns sur les épaules, ordinairement après quelques séances, il n'est plus nécessaire d'imposer les mains. Il suffit de dire à la personne magnétisée : *Endormez-vous; je veux que vous dormiez*, et aussitôt elle s'endort sans pouvoir se soustraire à cet ordre. Souvent même il suffit d'en avoir la volonté sans la manifester. Il m'est arrivé souvent de vouloir endormir quelqu'un ; aussitôt des tiraillements, des pandiculations et autres symptômes précurseurs du sommeil se manifestaient. *Que me faites-vous ? Je vous en prie, ne m'endormez pas ; vous m'endormez, je ne veux pas être endormie.* Mais on n'arrive que graduellement à une influence aussi grande. Dans les premières séances voici comment on doit procéder :

» On fait asseoir la personne qu'on veut magnétiser ; on se place vis-à-vis d'elle, de manière à la toucher par les genoux et par le bout des pieds ; alors, avec les mains, on lui prend les pouces jusqu'à ce qu'ils se soient mis en équilibre avec notre température. On place ensuite les mains sur les épaules et au bout de quelques minutes on descend les mains le long des bras, en ayant soin de diriger l'extrémité des doigts sur le trajet des nerfs qui s'y répandent. Recommencez à plusieurs reprises, après quoi appliquez pendant quelques instants les mains sur l'épigastre, et descendez ensuite vers les genoux et même jusqu'aux pieds ; reportez ensuite vos mains sur la tête du malade en ayant soin de les écarter de lui, et descendez encore le long des bras et même jusqu'aux pieds. Après avoir recommencé ces pratiques plusieurs fois, on aperçoit déjà quelques phénomènes magnétiques. Le patient éprouve des tiraillement dans les membres, de l'embarras dans la tête, de la pesanteur sur les paupières. Au bout de quelques séances le malade s'endort complétement.

» Il ne faut pas que le magnétiseur pense à autre chose pendant qu'il opère ; son attention doit être pleine et entière; toute distraction est funeste au succès de l'opération. Il doit témoigner de la bienveillance au magnétisé, l'encourager, le consoler, etc. Les pratiques magnétiques soulagent toujours les douleurs des malades.

» Il est certaines circonstances accessoires qui favorisent l'action magnétique; telles sont l'air pur de la campagne, la belle saison, la solitude, un temps sans nuages et peu électrique, etc. Le trop grand froid et la trop grande chaleur doivent être évités avec soin.

» Parmi les personnes qui exercent le magnétisme, celles qui sont vives, ardentes, enthousiastes, réussissent mieux. Elles paraissent aux magnétisés jeter des flammes; tels étaient Mesmer, le père Hervier, etc. L'expression du visage aide puissamment l'action magnétique. Les regards, l'air pénétré du magnétiseur sont de puissants auxiliaires.

» Lorsqu'on a obtenu le sommeil magnétique, il faut se garder de tourmenter la personne magnétisée par des questions indiscrètes; l'état où elle se trouve est un état tout nouveau et fort extraordinaire, elle se recueille, examine. Il faut attendre. Au bout de quelque temps elle parle d'elle-même, ou fait des gestes qui vous font connaître que vous pouvez l'interroger. Il faut le faire avec prudence. On lui fait ordinairement les questions suivantes : *Dormez-vous ?* Elle répond d'une voix particulière : *Oui. Combien de temps voulez-vous dormir ?* une demi-

heure ou trois quarts d'heure? Comment vous trou-vez-vous? Sentez-vous votre mal? Que voulez-vous? etc., etc. Il ne faut pas les fatiguer par des questions trop nombreuses et trop difficiles : il faut procéder graduellement. Il y a des expériences qui les fatiguent] prodigieusement et leur causent des douleurs intolérables dans la tête, à l'épigastre et ailleurs ; il faut en être très sobre. Ce sont ordinairement les plus intéressantes, comme de faire reconnaître les objets placés sur une région quelconque du corps, etc.

» C'est ainsi qu'on obtient le somnambulisme artificiel, sans doute un des états les plus intéressants qui puissent se présenter à l'observation du philosophe. »

Les magnétiseurs spiritualistes suivent encore des procédés différents, qui consistent en certains gestes faits à distance, pendant lesquels ils prient pour la guérison du malade. Ceux de la société exégétiste de Stockholm emploient certaines pratiques mystiques, en lesquelles ils ont une confiance sans bornes.

M. le comte de Beaumont-Brivazac magnétise en appuyant une main sur le front et l'autre sur l'estomac du sujet, et en faisant des passes assez rapides devant les yeux du malade.

ONZIÈME LEÇON.

DES APPLICATIONS DU MAGNÉTISME AU TRAITEMENT DES MALADIES.

—

> Le remède universel n'est autre chose que l'esprit vital renforcé dans un sujet convenable.
>
> MAXWELL.

> On peut, à l'aide de ce principe, guérir immédiatement les maladies nerveuses, et médiatement toutes les autres.
>
> MESMER.

Le plus important des résultats que l'on peut obtenir par l'application du magnétisme animal, et la seule chose à laquelle on devrait s'attacher si cette science était assez connue, c'est la guérison d'un grand nombre de maladies, particulièrement de celles que la médecine classique ne peut combattre avec succès. Mais pour bien diriger un traitement magnétique, il faut posséder au moins quelques connaissances en anatomie, en physiologie, en pathologie, en thérapeutique et en pharmacologie, afin de pouvoir agir avec discernement dans l'emploi de l'agent magnétique, et dans l'appréciation des consultations des somnambules, qui, comme je l'ai dit, ne sont pas infaillibles. Il est important que l'agent vital soit, comme tout autre agent, combiné et dosé, pour ainsi dire, de manière à être approprié au sujet sur lequel on opère.

Pour prévenir les abus que pourraient commettre les personnes peu expérimentées, je crois devoir donner ici quelques indications des maladies réputées curables par le magnétisme, et quelques instructions relatives aux divers modes d'application de ce fluide, qui, je le rappelle, s'il produit des effets salutaires lorsqu'il est administré à propos et d'une manière convenable, peut être fort nuisible accompagné de circonstances différentes.

Cependant, comme il n'entre point dans mes projets d'écrire actuellement un cours de *médecine magnétique*, je me bornerai à quelques enseignements pour les gens du monde.

Les migraines, les maux de tête, les douleurs et les bourdonnements d'oreilles, les fluxions, les inflammations, une foule de douleurs, les foulures, les contusions, les engelures, les engorgements glanduleux, peuvent se guérir aisément par le magnétisme.

Voici comment je procède dans ces différents cas :

Lorsque les migraines sont accidentelles, de fortes passes sur la tête, attaquant directement le centre douloureux, des insufflations chaudes d'abord, pour augmenter la force de la douleur; puis changeant tout-à-coup de mode d'action, des insufflations froides en passant les mains sur la tête et absorbant pour le dégager le fluide nerveux superflu, enfin des frictions par pression sur le crâne; cela réussit presque constamment.

Si les migraines sont périodiques ou d'un genre qui indique qu'elles sont chroniques, il ne faut pas se contenter d'une seule séance, il faut faire un traitement suivi. L'application de bandeaux de flanelle magnétisés peut aussi aider beaucoup à la guérison.

Quand les migraines ont leur siége dans l'estomac, c'est sur cet organe qu'il faut agir directement. Alors je magnétise toute la région épigastrique, et je fais quelques frictions douces jusqu'aux cuisses. Les verres lenticulaires magnétisés et appliqués sur le creux de l'estomac, ont presque toujours réussi. On peut aussi faire prendre au malade quelques cuillerées d'eau magnétisée.

Pour combattre les maux de tête ordinaires, je magnétise par des passes à grands courants, en entraînant vers les pieds le sang, qui en est le plus souvent la cause unique. Des bains de pieds magnétisés, des chaussons de flanelle également magnétisés, et des insufflations froides depuis le sommet de la tête jusqu'au bas des jambes sont très favorables.

Pour les cas de bourdonnement et de douleurs d'oreilles, je place mes doigts réunis en pointe à l'orifice du conduit auditif, et après avoir émis une certaine quantité de fluide, j'en absorbe le plus possible, que j'ai soin de dégager ensuite; je me sers aussi avec succès au lieu de mes doigts, d'une baguette de verre. Les tampons de coton en poil, fortement magnétisés et placés dans l'oreille, sont encore d'un effet puissant.

Pour combattre les fluxions et les inflammations, je magnétise à grands courants sur la partie malade, et je cherche à absorber le plus possible de calorique, afin d'en dégager le patient et de rétablir par ce moyen la circulation harmonique des divers fluides. Des compresses imbibées d'eau froide magnétisée m'ont souvent aidé à guérir. J'ai aussi obtenu de très bons effets de l'application du coton cardé magnétisé.

Dans les cas de douleurs externes, de crampes et de contractions musculaires, etc., je magnétise par frictions, pressions et tractions de la peau.

Pour les foulures, je magnétise par imposition des mains et de légères pressions.

Pour les contusions, je magnétise par des passes, en imprégnant de fluide la partie meurtrie, puis en absorbant le calorique et en faisant des passes à grands courants. Les insufflations froides et courantes m'ont souvent donné d'heureux résultats.

Les engelures se guérissent aisément, lorsqu'elles ne sont pas ulcérées, en faisant des insufflations chaudes et des frictions bien douces assez long-temps répétées. S'il y a ulcération, il faut se dispenser des frictions, et employer l'eau magnétisée.

Pour les engorgements glanduleux, je magnétise d'abord par des passes, ensuite je fais des insufflations chaudes, à travers un linge plié en trois ou quatre doubles ; puis enfin des insufflations froides et courantes avec un tube de verre.

Il est essentiel, selon moi, que les objets qui auront été magnétisés spécialement pour un malade déterminé ne soient touchés que par ce malade même ou par son magnétiseur.

Dans toutes les maladies ci-après :

La catalepsie, l'hystérie, la folie, la manie, la frénésie, la mélancolie, l'hypochondrie, l'épilepsie, la danse de Saint-Guy, les paralysies, les syncopes, les spasmes, les coliques, les gastrites, les douleurs rhumatismales, les douleurs de goutte, l'asthme, l'atonie, les engourdissements, les convulsions, les névroses, les névralgies, les maladies scrofuleuses anciennes et invétérées, des hydropisies, des engorgements des viscères, les maladies chroniques, les maux d'estomac, les palpitations, les angines, les chloroses, les hématuries, les hémoptysies, les hémorroïdes, les hémorrhagies opiniâtres, les hémostasies, les hépatalgies, les hépatites, les phlegmasies cutanées, les affections dartreuses, les maladies des yeux, des surdités, des surdi-mutités, les rachitis sur des sujets jeunes, et une foule d'autres affections graves, le magnétisme peut produire les plus heureux effets ; mais il faut qu'il soit dirigé avec beaucoup d'habileté, de puissance et de sagesse. Les forts magnétiseurs manquent rarement d'obtenir les guérisons radicales de ces maladies, surtout lorsque les malades sont dans des conditions favorables au magnétisme.

Dans les maladies des femmes et dans celles des enfants, le magnétisme est souverain.

Voici quelques unes des guérisons que j'ai obtenues par le magnétisme ; elles encourageront, je l'espère, les philanthropes dans la pratique de la sublime science.

La jeune Adèle Ruffy, demeurant quartier Saint-Nicolas à Bordeaux, était atteinte du carreau, et l'on craignait avec raison pour ses jours, quand, en désespoir de cause et de l'avis de son médecin ordinaire, sa mère la conduisit près de moi. A la première séance j'obtins le sommeil incomplet, état dans lequel je la laissai en repos environ une heure et demie. Au sortir de la crise, je lui donnai à boire un verre d'eau magnétisée. Le second jour j'obtins le somnambulisme lucide. Quatorze jours après, sans autre médicament que l'eau ferrée magnétisée et le magnétisme direct, l'enfant déclara, dans son somnambulisme, être complétement guérie. De fait, tous les symptômes de la maladie avaient entièrement disparu.

Le nommé Pierre Gaubri fut conduit près de moi à La Rochelle, à l'époque où j'y faisais un cours de magnétisme. Cet homme, âgé de quarante-cinq ans environ et d'une constitution robuste, était depuis plus de deux ans frappé de paralysie de tout le côté droit. Il faisait une belle journée d'été ; je me promenais dans le jardin de la maison que j'habitais avec quelques uns de mes élèves les plus désireux de s'instruire. Je fis entrer le malade dans la salle du cours, et là, en moins d'une heure et demie, j'opérai la guérison de ce pauvre homme, qui, voyant qu'il pouvait marcher sans gêne et mouvoir aisément tous ses membres, demeurait ébahi chaque fois que je le regardais. Je n'ai jamais guéri de paralysie aussi promptement que celle-là.

Madame B...., du département de la Charente, veuve d'un officier dont les mœurs avaient été très relâchées, s'était soumise depuis quinze à seize ans à tous les traitements que ses divers médecins avaient jugé à propos de lui prescrire pour la délivrer d'une maladie affreuse que son mari lui avait communiquée. Elle avait souvent éprouvé du soulagement ; mais la guérison tant désirée et si souvent espérée n'arrivait point. Elle vint me confier sa position et me prier de la traiter à mon tour. J'eus le bonheur de la guérir radicalement, en deux mois, sans autre moyen que le magnétisme et l'eau magnétisée administrée en abondance soit en lotions, soit en bains, soit en irrigations, soit en lavements, soit en boisson. J'ai revu cette dame deux ans après avoir cessé toutes magnétisations : elle était d'une fraîcheur et d'un embonpoint extrêmes, et elle m'assura qu'elle n'avait plus rien aperçu de sa maladie depuis que je l'avais quittée. — Cette dame ne fut jamais somnambule.

Une pauvre femme appelée Marguerite Brun, frappée de cécité depuis deux ans, par suite d'une amaurose, me fut présentée par un de mes élèves. En moins de dix minutes je la mis en somnambulisme ;

dès sa première séance, elle vit très bien comment j'étais vêtu, mais cette vision-là n'était point due à une amélioration notable du sens de la vue, car une fois rendue à l'état de veille elle n'y voyait pas mieux qu'avant la séance. Un mois de traitement lui a rendu l'usage de l'organe dont elle était privée. L'eau magnétisée et le magnétisme direct furent les seuls moyens employés.

M. Bénèche, d'Angoulême, était affecté depuis dix ans d'une névralgie frontale, qui lui rendait l'existence insupportable. Fatigué, lassé par les remèdes de la médecine ordinaire, il vint me prier de le guérir. Quarante jours ont suffi pour le délivrer entièrement de sa maladie; sans autre secours que l'eau magnétisée et le magnétisme.

Mademoiselle ***, affectée d'une chlorose depuis plus de trois ans, ayant perdu l'espoir de guérir par les remèdes connus dont elle avait fait déjà un usage immodéré, me fut présentée par une personne amie du magnétisme. Dès la première séance, j'obtins le somnambulisme; la malade se prescrivit seulement de l'eau magnétisée pour boisson; des pédiluves d'eau magnétisée, et le magnétisme à grands courants. Un mois et demi m'a suffi pour lui rendre la santé et la fraîcheur.

M. Simoneau de la Rochefoucault, atteint d'un rhumatisme à l'épaule droite, contre lequel tous les moyens employés pendant dix-huit mois avaient complétement échoués, fut magnétisé par moi pendant quinze jours de suite. Les magnétisations et l'application constante d'un morceau de flanelle magnétisée chaque jour l'ont guéri radicalement.

M. le docteur C..., en proie aux souffrances d'une orchite chronique, me manda près de lui, à Bordeaux, et me pria d'essayer de le soulager. Il était au lit excessivement affaissé par la douleur. Après la première magnétisation que je dirigeai principalement vers l'épididyme, il put se lever et marcher ; au bout de huit jours, quoique non radicalement guéri, il put entreprendre, dans le courrier, le voyage de Bordeaux à Paris où des affaires d'une haute importance exigeaient sa présence.

M. Eugène Garrau, âgé de vingt-trois ans, frappé d'une hémoptysie qui désolait sa famille, désira être magnétisé par moi. Huit jours de traitement ont suffi pour le guérir.

Mademoiselle Berthet, âgée de vingt-six ans, atteinte d'une aménorrhée depuis plus de huit mois, voulut recourir au magnétisme. Je lui rendis la santé en trois séances.

Le 30 janvier 1839, M. Justin Cénac, âgé de vingt-six à vingt-huit ans, fils d'un haut magistrat du département du Gers, me fit appeler près de lui à l'hôtel Béchère, rue des Arts, à Toulouse, où il était descendu. Je le trouvai au lit, extrêmement frappé de l'état maladif dans lequel il était alors. Je l'examinai et reconnus qu'il était atteint d'une gastralgie ; la face du malade était profondément altérée, sa voix faible et chevrotante, il avait la fièvre. Je lui demandai s'il éprouvait de fréquents maux de tête ? Oui , me dit-il, surtout lorsque j'ai des palpitations ; de plus, quoique j'aie appétit , je digère si péniblement le peu d'aliments que je prends , que je n'ose presque rien manger. Il y a cinq ans que j'ai été atteint de tous les maux qui m'accablent, et je vais toujours souffrant de plus en plus ; cependant je n'ai rien négligé pour me guérir. Je me suis soumis aux médecins de mon pays, à quelques uns des plus réputés de Toulouse et à deux des premiers de Paris, aucun n'a pu me procurer même un soulagement appréciable.

Pendant que le malade parlait, je continuais tacitement mon examen ; et comme je m'assurai bien que le système nerveux était principalement affecté, je lui donnai l'espoir que je le guérirais , s'il se soumettait au magnétisme. Il accepta , et je commençai le traitement dès le lendemain.

Douze magnétisations ont suffi pour guérir ce malade ; et en voici la preuve :

A M. Ricard, professeur de magnétisme, à Toulouse.

« Monsieur , fidèle à la promesse que je vous ai
» faite avant de quitter Toulouse, je prends la plume
» aujourd'hui pour vous donner des nouvelles de ma
» santé et de mon voyage.

» Je suis en vérité bien redevable au magnétisme
» et à l'habileté avec laquelle vous l'avez dirigé, puis-

» que je jouis maintenant d'une santé parfaite, moi qui,
» il y a un mois et demi à peine, étais si souffrant, si
» accablé! Inquiété par des douleurs et des battements
» de cœur depuis plus de cinq ans; battements de
» cœur qui, à la vérité, me donnaient d'assez longs
» relâches, mais qui revenaient toujours avec une
» nouvelle intensité. Je ne sais pas en vérité ce que je
» serais devenu si je m'en étais tenu aux traitements
» des médecins que j'avais consultés. Les caractères
» nerveux que presque tous avaient reconnus à ma
» maladie, étaient pour eux un motif de ne rien
» m'ordonner pour la combattre; et s'ils essayaient
» parfois de quelque chose, c'était des antispasmo-
» diques impuissants ou des saignées nuisibles. Grâce
» au ciel, mon heureuse étoile m'a conduit vers vous,
» monsieur, et grâce à vos soins, à votre habileté,
» douze séances de magnétisme, dont plusieurs très
» légères, ont suffi pour rétablir en moi cet équilibre
» normal si fortement ébranlé et me rendre une
» santé parfaite. Depuis quinze jours que je suis en
» voyage pour exécuter votre dernière ordonnance,
» je cours, je grimpe des escaliers et des coteaux,
» sans éprouver la moindre oppression. Je mange
» bien, mes digestions ne me fatiguent plus; et il ne
» me reste à désirer que deux choses : continuation
» de santé pour moi, et confiance au magnétisme pour
» ceux qui restent encore incrédules !

 » Recevez, etc.

» Signé JUSTIN CÉNAC.

 » Toulon, le 11 mars 1839. »

Le 10 juin suivant, je reçus de M. Justin Cénac une lettre qui m'annonçait son mariage.

—

Le 26 mai 1839, comme je sortais de chez moi, un domestique me remit le billet ci-après :

« M. le docteur *** prie Monsieur Ricard de venir » au plus tôt chez madame la marquise de P***. Il » l'obligera. »

J'accourus chez cette dame, que je trouvai dans un état alarmant ; elle était prise de convulsions et se tordait dans les plus poignantes angoisses ; sa raison l'abandonnait par moments, il y avait délire. Je priai alors les personnes qui l'entouraient de s'éloigner de la malade, et d'observer un silence religieux. Je magnétisai pendant une heure ; et au bout de ce temps, madame la marquise fut calme, reprit l'usage de sa raison et de ses sens, et eut assez de force pour me remercier.

—

Madame G...., atteinte d'une pleurodynie, me fit appeler le 6 juillet 1839, pour me prier de la soulager d'une douleur de côté accompagnée de toux et de difficulté de respirer. Je magnétisai cette malade dix minutes environ, et elle se trouva parfaitement bien. Depuis, rien de semblable à ce qu'elle éprouvait alors ne s'est manifesté chez elle.

M. l'abbé Pérès du Pinin, prêtre habitué de l'église du Taur, à Toulouse, me fut présenté, le 4 mai 1839, sous les auspices de M. le docteur ***, qui avait jugé incurable la maladie dont était frappé cet ecclésiastique ; car il est de principe que l'épilepsie invétérée et habituelle ne peut se guérir. Or, M. l'abbé **Pérès** était atteint du mal caduc depuis quatorze ans et avait habituellement plusieurs attaques par jour. Il fallait donc, pour opérer sa guérison, l'emploi de moyens autres que ceux adoptés par la médecine ordinaire.

Je magnétisai M. l'abbé Pérès pour la première fois, le 5 mai, à une distance de quatre à cinq pieds ; à peine eus-je fait quelques passes qu'il entra dans une crise d'où je ne le retirai qu'une demi-heure après. Le lendemain et les jours suivants, j'agis de la même manière, et j'obtins constamment les mêmes résultats, à quelques légères modifications près. Le 11 mai, trois médecins distingués de cette ville se rendirent chez moi à l'heure où je magnétisais ordinairement M. l'abbé, et me témoignèrent le désir d'assister à cette séance. Ces messieurs se placèrent à un bout de la salle, et moi je me mis à l'autre bout en devoir d'opérer ; tous les effets que j'avais produits dans les séances précédentes, je les reproduisis successivement dans cette séance, et à ma volonté. Ces messieurs convinrent que la spontanéité avec laquelle je faisais passer d'un extrême à l'autre ce malade, qu'ils connaissaient avant moi et bien mieux que moi, ne leur laissait aucun doute sur ma puissance magnétique et sur ma bonne foi. Alors, pour renforcer encore leur conviction, et aussi dans l'intérêt du malade, je plongeai ce dernier dans une syncope profonde, d'où je le retirai à volonté et si subitement que ces messieurs furent saisis d'épouvante. J'avais lancé vers le patient une colonne de fluide magnétique qui lui avait occasionné une secousse électrique, à l'instant de laquelle il se leva et se prit à courir par la chambre comme un furieux, cherchant à battre et à mordre. Je l'arrêtai aussitôt par une forte passe faite à distance, qui le jeta contre terre sans mouvement. Cette séance, dont je ne puis donner tous les détails, dura près de cinq heures. Les médecins qui y assistaient affirmeraient au besoin que tout ce que je rapporte ici n'est que bien au-dessous de la réalité.

Je continuai à magnétiser chaque jour M. l'abbé Pérès, jusqu'au 23 du même mois de mai, époque à laquelle il se trouva radicalement guéri, mais en convalescence. Depuis ce jour, le malade a été de mieux en mieux, et n'a plus eu la moindre atteinte. Au surplus, je suis autorisé à publier les lettres qu'il m'a écrites, et que je conserve soigneusement :

PREMIÈRE LETTRE.

A M. Ricard, professeur de magnétisme, à Toulouse.

« Monsieur, vous ne devez pas être peu surpris de
» mon silence ; mais j'espère que vous le serez moins
» quand je vous aurai fait connaître le *pourquoi*. De-
» puis la mi-juin que je reçus votre lettre du 11 du
» même mois, en réponse à la mienne, j'aurais eu
» l'honneur de vous écrire, je vous aurais même
» adressé mes lentilles dépourvues depuis plus d'un
» mois de tout fluide magnétique bienfaisant ; mais
» je comptais, de semaine en semaine, faire le voyage
» de Toulouse, pour y accompagner une personne qui
» me l'avait demandé avec prières : voilà, monsieur,
» l'unique cause du retard que j'ai mis à vous donner
» signe de vie. Cependant je dois avouer que si mon
» état l'eût exigé vous auriez eu de mes nouvelles avant
» ce jour. Oui, monsieur, mon état est tout-à-fait
» changé : je souffrais continuellement, et je ne
» souffre plus ; j'avais tous les jours, et fort souvent
» plusieurs fois par jour, des accès d'atonie, accom-
» pagnés le plus souvent et toujours suivis de spasmes
» et de contractions musculaires, et je n'en ai plus
» éprouvé depuis que je me suis soumis à votre salu-
» taire traitement ; des crises nerveuses et de cata-
» lepsie, alors que je m'y attendais le moins, me
» traitaient comme leur proie, et elles n'ont plus

» d'empire sur moi ; ces diverses crises (et c'est ce qui
» me faisait le plus de peine en revenant à moi) étaient
» suivies d'accès d'idiotisme (je crois que c'est le mot
» propre), état dans lequel je parlais et j'agissais
» comme un imbécile ; et, n'éprouvant plus de crises,
» je ne passe plus, par conséquent, par un état aussi
» déplorable. Je n'ai plus ni suffocations, ni oppres-
» sions de poitrine, ni palpitations de cœur ; les fonc-
» tions digestives qui se faisaient fort mal se font bien.
» En un mot, et je serais injuste si je ne l'avouais pas,
» il y a de mon état présent à mon état passé une dif-
» férence aussi grande que celle qui existe entre une
» nuit obscure et un beau jour. Cependant, je ne
» puis encore m'appliquer au travail ; toutefois, je ne
» m'en étonne pas, après avoir tant et si long-temps
» souffert. Je ne souffre de rien, je puis manger et me
» promener, moi qui souffrais tant, qui ne pouvais
» presque rien manger, qui étais si incommodé du
» peu de nourriture que je prenais, et qui avais bien
» souvent de la peine à passer de ma chambre dans
» celle de ma mère.

» Dans le but d'abréger le temps de ma convales-
» cence, j'ai le projet d'aller passer quelques jours à
» Toulouse aussitôt que je le pourrai. Il me semble
» que quelques nouvelles séances, que votre bonté
» ne me refusera pas, me feront un très grand bien.

» Je tiens d'un de mes confrères, appartenant au
» diocèse d'Auch, que le magnétisme est connu parmi
» le haut clergé de cette dernière ville, depuis qu'un

» professeur du séminaire (M. A...) s'est fait magné-
» tiser à Paris, et que l'affection dont il était atteint a
» disparu par le moyen du magnétisme.

» Je voudrais vous entretenir un peu plus longue-
» ment ; mais je suis un peu fatigué et je termine ma
» lettre.

» J'aurai l'honneur de vous écrire sous peu de
» jours ; en attendant, je vous prie d'agréer l'expres-
» sion de ma vive reconnaissance, et des autres sen-
» timents avec lesquels j'ai l'honneur, etc., etc.

Signé : PÉRÈS DU PININ.

« Ce 5 août 1839. »

DEUXIÈME LETTRE.

A M. Ricard, professeur de magnétisme,
à Toulouse.

« Monsieur, ma santé se soutient, j'ai bon appétit,
» je dors bien, je me promène et je ne souffre de
» rien. Relativement à l'affaire malheureuse dont j'eus
» l'honneur de vous parler dernièrement, j'ai eu bien
» des tracasseries et du désagrément, et rien n'est en-
» core fini ; cependant, je n'ai pas eu un symptôme ni
» d'attaques de nerfs, ni de spasmes, tandis que ma
» mère en a eu de terribles.

» Voilà le magnétisme éprouvé, ou plutôt votre
» puissance magnétique. Il y a six mois, un simple
» souvenir me tuait, et aujourd'hui un grand désa-

» grément ne me fait rien. Quelle puissance que la
» vôtre, monsieur ! Vous m'avez enlevé un mal terri-
» ble et cruel ; vous avez été un ange pour moi, c'est-
» à-dire un envoyé du ciel ! Vous m'avez délivré d'une
» maladie autrement difficile à guérir que la cécité de
» Tobie ; vous avez été assez puissant pour détruire
» en moi la racine du mal !..., etc.

     » Je vous prie d'agréer, etc.

               » *Signé* : l'abbé PÉRÈS DU PININ.

» Le 5 septembre 1839. »

Mais, m'objectera-t-on peut-être, vous n'avez guéri
M. l'abbé Pérès que parce que vous avez frappé son
imagination, et tout le monde sait que les affections
nerveuses peuvent être guéries ainsi : eh bien, je consens, si l'on veut, à ce que cela soit. Je suppose que
ce soit en agissant sur l'esprit que j'aie guéri le corps,
et que tout autre eût pu le faire comme moi ; mais
alors, dirai-je à mon tour, pourquoi depuis quatorze
ans que M. l'abbé était atteint de cette maladie aucun
des médecins qui l'ont traité n'a-t-il essayé de ce
moyen ? Ou tous ces messieurs sont des êtres criminels et des barbares, puisque pouvant guérir ils ne
l'ont point voulu faire, ou tous manquaient des connaissances nécessaires pour le traiter convenablement :
dans le premier cas, il y aurait infamie, dans le second il y aurait ignorance profonde ! Voilà ce que je
pourrais dire. Cependant, il faut reconnaître, et j'aime

à le penser, que nul ne se trouve ainsi placé ; je crois sincèrement que les médecins ont mis toute la bonne volonté possible à guérir ; que tous auraient voulu opérer guérison ; mais que, malgré tout leur talent, toute leur science, ils n'ont pu parvenir à leur but, parce que les moyens que met à leur disposition la médecine ordinaire sont tout-à-fait impuissants pour combattre certaines affections. Et voilà pourquoi les médecins consciencieux, qui agissent sans prévention, se livrent aujourd'hui à la pratique du magnétisme, pour l'employer lorsque la médecine hippocratique est insuffisante ou de nul effet.

Au surplus, les faits sont et seront toujours des faits, que ni les sarcasmes de l'envie ni la mauvaise foi du scepticisme ne pourront détruire.

DOUZIÈME LEÇON.

DES PRÉCAUTIONS RÉFLÉCHIES A PRENDRE PAR LES MAGNÉTISEURS. — DANGERS DES NÉGLIGENCES. — DES SENSATIONS MAGNÉTIQUES NATURELLES A CERTAINS HOMMES. — DES FACULTÉS EXPLORATRICES QUE PEUVENT ACQUÉRIR OU PERFECTIONNER LES PRATICIENS. — DES DIFFÉRENTES QUALITÉS DU FLUIDE MAGNÉTIQUE.

—

> Cette doctrine mettra le médecin en état de bien juger du degré de santé de chaque individu, et de le préserver des maladies auxquelles il pourrait être exposé.
>
> MESMER.

> L'exploration doit être regardée comme la base de toutes les opérations magnétiques.
>
> DELAUZANNE.

> Quelques magnétiseurs guérissent seulement certaines maladies, d'autres soulagent ou guérissent indifféremment toutes celles qui sont curables.
>
> DELEUZE.

Il est important de prévenir les jeunes praticiens que, immédiatement après avoir magnétisé un malade ou même une personne dont on ignore l'état de santé, il est prudent de se dégager entièrement du fluide morbide qu'on a pu absorber pendant la magnétisation ; car cet agent, de morbide seulement qu'il est à présent, deviendra bientôt un principe morbifique si on lui laisse le temps de s'établir dans le corps. A cette fin, j'ai l'habitude de me passer les mains sur les épaules, les bras, le tronc et les jambes, avec la volonté de me dégager, en secouant mes mains deux ou trois fois ; puis de faire avec force des insufflations froides dans l'atmosphère qui m'environne, afin de chasser tous miasmes nuisibles ; enfin, de me laver les mains avec de l'eau acidulée.

En outre de ces précautions, il y a encore des moyens pour se dégager des fluides nuisibles qui commenceraient à inquiéter. Ce sont les crises réparatrices qu'on peut se procurer par sa volonté propre ; ces crises sont des plus salutaires lorsqu'on a de la prudence et de la force ; dans d'autres dispositions elles peuvent présenter des dangers auxquels il serait téméraire de s'exposer.

Les faits suivants feront probablement mieux comprendre que toutes les indications écrites qu'on pourrait donner les dangers auxquels s'expose celui qui agit sans précaution, et les moyens qu'on peut employer pour se délivrer d'une contagion redoutable.

Il y avait tout au plus une année que je pratiquais le magnétisme, quand une personne de ma connaissance, atteinte de douleurs rhumatismales qui lui arrachaient fréquemment des cris plaintifs, me pria de la magnétiser. J'avais alors bien peu de foi en ma puissance ; mais la peine que je ressentais de l'affection de cette personne me fit accéder à son désir sans hésitation. Dès le lendemain, je me mis à l'œuvre ; je magnétisai mon malade pendant une quinzaine de jours, sans prendre quant à moi la moindre précaution. J'avais eu le bonheur d'obtenir un soulagement extrême que le sujet appréciait très bien, et je me trouvais satisfait. Cependant, j'éprouvais moi-même de temps en temps quelques douleurs aiguës dont le passage, rapide comme l'éclair, ne fixait pas suffisamment mon attention pour que j'en recherchasse la cause ni pour m'engager à les combattre. Un soir, comme j'avais magnétisé une jeune personne dont j'avais déjà éprouvé la lucidité, je fus prévenu par elle du danger auquel je m'exposais en agissant ainsi. Au moment où j'essayais de développer la vue à distance chez cette somnambule, j'éprouvai un élancement très vif dans la partie supérieur du bras. La magnétisée en ressentit une douloureuse réaction, et me dit que cela venait de ce que je n'avais pas le soin de me dégager quand je magnétisais le malade dont j'ai parlé. Je compris d'autant plus aisément la justesse de cette appréciation, que je n'avais nullement parlé à ma somnambule des soins que je donnais à autrui; mais afin de me convaincre entièrement, je résolus de continuer mes magnétisations au malade de la même manière que précédemment. Je continuai donc encore une douzaine jours; alors force me fut de reconnaître l'exactitude de ce que m'avait dit la somnambule. Je souffrais presque autant que mon sujet avait souffert, et à mesure qu'il recouvrait la santé et que ses douleurs l'abandonnaient, je me sentais de plus en plus inquiété. Pour recouvrer mon état antérieur, j'eus recours, d'après les avis de ma somnambule, aux magnétisations simples qu'elle-même m'appliqua, durant son sommeil magnétique; et au bout de trois jours je fus complétement délivré. Désormais, me dit la jeune personne, rappelez-vous d'être plus soigneux de vous dégager; car vous ne seriez pas toujours quitte de votre négligence pour si peu de chose.

Un voyageur de commerce, amateur du magnétisme, que je rencontrai à Anvers, me dit avoir magnétisé et guéri une dame atteinte d'une gastrite, dans un temps depuis lequel il souffrait beaucoup de l'estomac. Je lui demandai si, lors de ses opérations, il avait eu la précaution de se dégager. Sa réponse négative me porta à penser que les douleurs dont il était frappé provenaient de sa négligence. Il m'affirma n'avoir jamais été affecté de cet organe. Alors, désirant faire une nouvelle expérience sur moi-même, je lui proposai de le magnétiser pour le guérir, il y consentit. Dès le soir même, nous eûmes une séance de quarante minutes, après laquelle il se trouva soulagé. Pour moi, qui à dessein avais négligé de me dégager après l'action, je n'éprouvai rien d'extraordinaire; le lendemain nous prîmes une seconde séance de trente-cinq minutes, à la fin de laquelle je crus m'apercevoir d'un resserrement à la région épigastrique, tandis que mon homme accusait un mieux extrême; le troisième jour, ses affaires l'appelant à Bruxelles, il s'y rendit et je voulus l'y suivre, afin de pousser plus loin l'expérience ; là, je le magnétisai encore pendant six jours, au bout desquels je demeurai convaincu, par ce que je ressentais, que les douleurs auxquelles ce monsieur avait été assujetti et dont il était à présent délivré complétement, avaient dû se transmettre de sa malade à lui, comme elles s'étaient transmises de lui à moi. Je ne m'occupais alors que de chercher, par tous les moyens que pouvait me suggérer mon esprit, des preuves de la réalité ou de la fausseté des idées que je m'étais faites de la plupart des phénomènes connus ou inouïs encore du magnétisme animal. Je lui proposai donc de me magnétiser à son tour, afin de savoir si la gastrite repasserait de moi à lui, comme je pensais que cela devait être ; deux séances suffirent pour justifier mes prévisions. Enfin, comme il fallait en finir, et nous débarrasser l'un et l'autre d'une compagne de voyage fort incommode, je le magnétisai de nouveau, ayant soin cette fois de me dégager complétement à la fin de chaque séance ; et dès que la seconde fut achevée, dame gastrite avait fui loin de nous, pour ne plus reparaître.

On peut voir, d'après cela, qu'il n'est pas douteux que le magnétiseur s'expose à contracter plus ou moins les affections des malades sur lesquels il opère. Certaines personnes d'une disposition privilégiée peuvent, il est vrai, magnétiser impunément qui que ce soit, sans se dégager en aucune façon ; mais comme il est impossible de savoir *à priori* si l'on jouit du même privilége, les précautions ne sauraient être de trop ; dans tous les cas, elles sont loin de pouvoir nuire.

Pendant mon séjour à Limoges, il y a quelques années, je magnétisai un jeune homme affecté d'une pleurésie récente qu'on traitait en famille par les tisanes sudorifiques sans pouvoir amener la transpiration. Dès ma première séance le malade éprouva des frissons généraux, puis une sueur abondante découla de son front et de la face palmaire des mains ; il sentit d'abord quelques tiraillements, puis une chaleur douce dans toute la poitrine antérieurement et postérieurement. Les pieds, qui étaient très froids avant la magnétisation, devinrent brûlants. Un effet si marqué me donna l'espoir de guérir très promptement ce malade. Je désirai, cependant, savoir si une affection de poitrine pouvait se communiquer magnétiquement, sans contact, et à quel point elle pouvait se développer. A cette fin, je m'abstins de me dégager après l'expérience. Le lendemain et le jour suivant je magnétisai encore mon sujet. Il eut dans ces deux dernières séances une transpiration si abondante que ses vêtements en furent traversés. Jusqu'à la fin de la troisième magnétisation je n'avais rien éprouvé d'anomal, et je commençais à penser que cette sorte de maladie n'était nullement contagieuse par le magnétisme à distance. Vers le soir, je changeai d'opinion, il se passait en moi quelque chose d'extraordinaire qui m'annonçait le développement prochain des symptômes de la pleurésie ; dans la nuit, je me sentis réellement malade. Néanmoins, comme je craignais de me laisser aller à une illusion ou d'attribuer à une communication magnétique ce qui eût pu n'être que l'effet de l'imagination, je voulus attendre que la maladie prît un caractère plus déterminé ou s'en allât d'elle-même. Je me condamnai ainsi à une souffrance volontaire pendant trois jours. Alors, instruit suffisamment de ce que j'avais voulu connaître, je me déterminai à me traiter magnétiquement moi-même. Voici comment je me guéris : je me mis au lit, sans me couvrir plus que de coutume, et je pris la volonté de transpirer. Au bout d'un quart d'heure de concentration, la moiteur de la peau se manifesta sensiblement, la sueur arriva peu à peu, s'établit avec force, et une heure après mon coucher, j'étais en crise complète. J'eus la ténacité de me maintenir en cet état près de deux heures ; alors mon lit était tellement mouillé, que je jugeai à propos d'en changer ; je changeai de linge après avoir eu soin de me faire essuyer avec un morceau de flanelle, j'ordonnai qu'on ne mît pas plus de couvertures sur le nouveau lit qu'il n'y en avait sur celui que je quittais, et dès que j'eus changé de couche, je me remis à transpirer ; enfin, je fis si bien qu'en moins de cinq heures je me trouvai complétement débarrassé de tous les symptômes de la pleurésie dont j'avais accepté l'héritage. Toutefois, j'éprouvais un mal de tête assez gênant, sans doute par suite de ma trop grande contention d'esprit ; mais le lendemain, après avoir goûté les charmes d'un sommeil naturel bienfaisant, je me vis parfaitement libre et bien portant.

Une remarque que j'ai faite bien souvent et qu'ont faite aussi sur moi, à ma prière, quelques amis intimes, c'est que je puis provoquer à ma volonté la transpiration de telle ou telle portion de mon corps, sans que les autres parties éprouvent le moindre changement ; ainsi, quand cela me plaît, je transpire des pieds, des jambes, des cuisses, du ventre, de la poitrine, des épaules, des bras, des mains, du col, de la tête, isolément ou ensemble.

Certains hommes paraissent avoir reçu du ciel le *don* de guérir telles ou telles maladies ; il s'en trouve qui peuvent les guérir toutes indifféremment. J'ai cherché le plus possible, dans mes voyages, l'occasion de voir de ces individus, pour la plupart ignorants, qu'on appelle guérisseurs. Je puis affirmer que j'ai été témoin de cures en quelque sorte miraculeuses, opérées par ces bonnes gens, sans aucune prétention et avec la plus grande simplicité. Tout ce que j'ai cru remarquer de plus régulier dans leur pratique, c'est qu'au moment où ils imposent les mains de telle ou telle manière sur les parties affectées de leurs malades, ils balbutient une sorte de prière en laquelle ils ont en général grande confiance. J'ai conduit moi-même chez un *toucheur* une jeune fille ayant à l'épaule droite une tumeur blanche du volume d'une grosse noix et deux glandes du cou excessivement en-

gorgées. Après que le pauvre homme, simple et généreux laboureur, eut posé ses deux mains alternativement d'abord, puis ensemble sur la tumeur et sur les
glandes successivement, et qu'il eut marmotté quelques paroles d'une manière inintelligible, avant et
après lesquelles il se signa, il dit à la malade, d'un
ton de conviction qui garantissait de sa bonne foi :
«Allez, ma fille, soyez guérie, et que rien ne vous
gêne plus dans trois jours. » J'avais observé que pendant l'attouchement la tumeur et les glandes sem-
blaient se dissoudre sous les mains de ce rustre docteur. L'opération étant terminée et le pronostic se
trouvant favorable, je voulus payer à la fois et le
traitement et la prédiction, je tirai ma bourse et demandai à cet homme combien il lui était dû pour la
peine qu'il avait prise : « Rien, me dit-il, rien ; si je
me faisais payer, Dieu me retirerait le pouvoir qu'il m'a
donné ; d'ailleurs je suis trop heureux quand je peux
rendre service à ceux qui souffrent ! » J'avoue que je
ne m'attendais pas à un tel désintéressement ; j'avais
aussi, moi, l'idée généralement reçue que ces sortes de
gens étaient plutôt des faiseurs de dupes que de véritables guérisseurs. Je portai le soupçon jusqu'à supposer que, malgré mon déguisement (car j'avais mis
des habits de villageois), malgré mon langage patois,
malgré mes manières grossières et mon air contristé,
ce paysan avait deviné que j'étais venu pour scruter
sa conduite, et, par cette raison, refusait l'argent
que je lui offrais. J'eus la méchante pensée de pren-

dre dans tout le voisinage, près de tous ceux que je rencontrai, des renseignements minutieux sur cet honnête homme ; et je dois le dire, je ne trouvai pas une seule voix qui ne m'en fît l'éloge le plus admirable. Ce vertueux personnage est la divinité de son canton et il est comblé chaque jour des bénédictions des malheureux qu'il rend à la santé ! Ma malade fut guérie au bout de trois jours ainsi qu'on nous l'avait prédit.

J'avais appris au milieu de toutes mes informations défiantes sur le compte de ce vénérable philanthrope, qu'il guérissait les fiévreux comme par enchantement. Quelques jours après ma première visite, je lui conduisis un ouvrier forgeron, victime depuis dix-huit mois d'une fièvre tierce contre laquelle tous les fébrifuges de nos contrées et des pays du Nouveau-Monde étaient venus échouer. Le bon paysan prit entre ses mains les poignets du malade, les quitta un instant, se signa, les reprit, murmura quelque chose, se signa de nouveau et lui dit : « Allez, mon » fils, soyez guéri, et que rien ne vous gêne plus » dans trois jours. » A dater de ce moment même, la fièvre ne reparut point.

A présent, j'en appelle au jugement de tout homme de bonne foi et de sens, peut-on attribuer au hasard des guérisons si extraordinaires ?.. Quelques beaux-esprits riront peut-être de me voir croire fermement au pouvoir surprenant d'un homme sans instruction ; mais ni eux ni d'autres n'auront le talent de me persuader que j'ai eu la berlue ou que j'ai fait un rêve. J'ai vu, j'ai bien vu, je ne rêvais point, et je crois. Il est vrai que je ne suis ni académicien, ni philosophe à la mode, et que par conséquent, je ne me fais pas scrupule de me rendre à l'évidence.

Plus tard, je fus assez heureux pour inspirer à cet excellent guérisseur une confiance pleine et entière ; alors, avant d'accepter les révélations qu'il me témoignait le désir de me faire, je crus devoir lui dire franchement ce que j'étais. Je ne lui cachai point que je m'occupais de magnétisme ; il ne connaissait pas ce mot, je lui donnai quelques explications qui parurent le satisfaire, tout se passa au mieux de mes souhaits et les confidences arrivèrent. Sur la foi de ma promesse de ne jamais divulguer les secrets du brave homme et de n'en user qu'à son exemple, je reçus de sa bouche l'aveu complet des moyens qu'il employait pour guérir. Peu de temps après la possession de ce trésor, je voulus essayer ma puissance : hélas ! hélas ! je reconnus bientôt que la chose essentielle manquait en moi. Cette *foi* absolue et aveugle, bien suprême, que rarement on acquiert, je ne l'avais pas ! Ainsi, je ne guérissais pas ! J'obtenais bien quelque amendement dans l'état des malades ; mais ce n'était rien comparativement aux effets pour ainsi dire miraculeux que produisait journellement un rustre sachant à peine lire. Pourtant, un jour que j'étais probablement mieux disposé que de coutume, j'opérai une guérison éclatante : un jeune homme de dix-sept ans, ayant un phlegmon déjà volumineux à la cuisse gauche, vint me prier de le guérir. Je le touchai d'après les principes de mon dernier maître, et à son imitation je dis au malade : « Allez, soyez »guéri, et que rien ne vous gêne plus dans trois jours.» Au bout des trois jours tout était rentré dans l'ordre.

Je m'appliquai pendant trois à quatre mois à guérir par le procédé auquel je venais d'être initié ; mais je dois l'avouer, je fus loin de réussir constamment, et je finis par reconnaître que la forme n'exerçait pas une influence extrême sur le fonds. Ce qui me confirma dans cette dernière pensée, c'est que, à quelque temps de là, ayant repris mes procédés magnétiques habituels, j'eus le bonheur de guérir, en trois séances, un fiévreux qui se trouvait à dix lieues de moi, que je n'avais jamais vu, et que je ne connaissais qu'au rapport de son frère avec qui je m'étais entretenu une demi-heure environ.

J'ai connu un très grand nombre de guérisseurs, hommes ou femmes, je n'ai jamais rien vu, rien appris que de très louable touchant leur conduite. Je n'ai pas su qu'un seul exigeât le moindre paiement de ses soins, tout au plus si quelques uns acceptent les présents qu'on veut bien leur offrir.

Il y a actuellement dans le village de Tournefeuille, près de Toulouse, un ancien domestique appelé Jean Casse, qui, d'après ce que m'a écrit un confrère digne de foi, guérit journellement quantité de gens réputés incurables. Cet homme, qui est dans une position de fortune moins que médiocre, n'exige non plus aucun paiement. Quand donc ceux des médecins qui sont déjà dans l'opulence auront-ils assez de vertu pour imiter le noble désintéressement de ces êtres généreux?...

Des facultés éminemment utiles naissent, se développent et se perfectionnent chez certains magnétiseurs. Je veux parler des sensations qu'ils éprouvent lorsqu'ils étudient avec soin le malade sur lequel ils opèrent.

Ces sensations sont diversifiées à l'infini, suivant les différentes qualités, on pourrait dire les différents tons des fluides. Il est de ces facultés magnétiques, comme des facultés somnambuliques, elles sont toujours relatives chez les individus. Quelques uns ressentent dans les parties correspondantes à celles qui sont affectées chez leur malade, les mêmes douleurs que celui-ci; d'autres éprouvent soit des picotements, soit des élancements ou toute autre sensation extraordinaire à l'extrémité des doigts, à la paume de la main, etc. D'autres enfin, et je suis de ce nombre, possèdent la faculté en double.

On doit comprendre aisément quel immense avantage un magnétiseur habile peut tirer de cette sorte d'affectibilité. Le magnétisme devient entre ses mains une véritable pierre de touche de la santé. Par elle, il reconnaît, sans somnambule et plus sûrement qu'un somnambule, l'organe ou le viscère affecté chez son malade; il peut même arriver à déterminer le genre d'affection, et distinguer les maladies consécutives des maladies principales.

J'ai eu souvent occasion d'étonner des personnes adonnées à l'étude du magnétisme, en opérant sur des gens qui m'étaient inconnus et auxquels je disais : « Vous éprouvez là telle douleur ; là, telle sensation, etc. » Dans certains moments, l'affectibilité dont m'a doué la nature est si grande, que j'en suis vivement incommodé. Il m'est arrivé souvent de cesser de magnétiser des malades, parce que les sensations douloureuses que j'éprouvais étaient si aiguës, que mon énergie se trouvait vaincue. Cela m'est arrivé notamment lorsque je magnétisai, il y a deux ans environ, un de mes amis, M. Édouard Meillier, de Bordeaux, qui était tombé gravement malade pour avoir lui-même magnétisé avec excès et sans précaution relativement à sa santé.

Il y a encore d'autres facultés supérieures que peuvent acquérir les hommes très énergiques, mais qui présentent trop de chances de danger pour que je croie devoir les exposer ici. Toutefois ce que je vais dire pourra les faire entrevoir.

M. Lafforgue, chef de bataillon retraité à Pau, vieux et excellent magnétiseur, ne se sert point de somnambules dans ses traitements. Le magnétisme simple et l'eau magnétisée, sont les seuls moyens qu'il emploie. Cet homme prodigieux, modèle de la vertu la plus sainte, fait annuellement, malgré son âge avancé, de deux à trois mille guérisons. Dès qu'un malade met le pied sur le seuil de sa porte, M. Lafforgue connaît son affection, l'indique et prévoit à peu près l'époque de la guérison, si elle est possible. Quand il tient un instant entre ses doigts les mains de la personne qui souffre, il sait si elle a bien ou mal reposé pendant la nuit précédente, si elle a digéré aisément ou laborieusement ce qu'elle a pris, si elle a eu quelque crise inattendue, etc. M. Lafforgue est sous ce rapport le plus fort des magnétiseurs connus.

Les fluides ne sont point tous indifférents ; les uns ont une propriété éminemment curative, mais peu somnifère ; d'autres sont narcotiques ; ceux-ci sont calmants, ceux-là sont excitants ; quelques uns ne s'appliquent avec succès que dans certaines maladies ; quelques autres sont anti-curatifs ; un très petit nombre réunissent en eux toutes les qualités diverses, et produisent admirablement les effets que désire la volonté agissante.

TROISIÈME PARTIE.

----•◆•----

FAITS,

OBSERVATIONS ET CONSIDÉRATIONS.

CALIXTE RENAUX.

Calixte Renaux (1) fut magnétisé, pour la première fois, dans un cours public, en présence de plus de quarante personnes considérables de la ville de Niort. L'opération fut un peu longue, en raison de la grande irritabilité du sujet, qui n'arriva au somnambulisme qu'une heure environ après le commencement des passes magnétiques dirigées vers lui, d'une distance de quatre à cinq pas.

Dès que le somnambulisme se fut manifesté, il fallut agir avec beaucoup de ménagements, car Calixte était tellement affectible que, lorsque le maître avait la moindre distraction, il était pris de convulsions violentes. Si quelqu'un des assistants passait, par inadvertance, près de lui, magnétisé, des spasmes arrivaient incontinent, puis une sorte de catalepsie s'établissait dans les membres, et il fallait beaucoup de soins pour détruire ces effets.

Une fois que le calme fut bien établi chez le somnambule, on chercha à éprouver sa lucidité, et à provoquer divers phénomènes. Il sembla, alors, que l'on n'avait qu'à souhaiter les effets les plus surprenants, pour que les facultés nouvelles du crisiaque se développassent soudainement au plus haut point,

---

(1) J'ai encore à ma disposition ce sujet remarquable. Il était enfant lorsque j'ai formé son éducation magnétique (car les somnambules gagnent ou perdent en lucidité selon qu'ils sont bien ou mal dirigés). Il est à présent âgé de vingt ans, et il a conservé admirablement ses rares facultés. On pourrait même dire qu'il a plutôt acquis que faibli. Ce jeune homme est vigoureux et robuste; il jouit d'une santé parfaite.

et chose rare, il offrit, dès cette première séance, ce que l'on ne rencontre d'ordinaire que chez les sujets anciens.

Je vais rapporter seulement quelques unes des plus intéressantes séances données, soit à Niort, soit à Angoulême, soit dans les autres villes où j'ai séjourné avec ce jeune homme.

I.

Calixte ayant été magnétisé, une carte lui fut appliquée sur la cavité du cœur, et il nomma, sans hésiter, l'as de trèfle. On lui tamponna les yeux que l'on recouvrit d'un épais bandeau, et il fit, avec des cartes neuves, contre les plus sceptiques, plusieurs parties d'*écarté*, sans commettre la moindre erreur. Si son adversaire annonçait, en jouant, une carte autre que celle qu'il lançait, le somnambule était contrarié, se plaignait de la mauvaise foi, et ajoutait ordinairement : — Pourquoi voulez-vous me tromper ? j'y vois mieux que vous; et, pour preuve, il vous reste en main, telle, telle et telle cartes.

Un des joueurs, défiant à l'extrême, ayant soulevé le bandeau du magnétisé pour se convaincre qu'aucun rayon lumineux ne pût arriver à l'organe de la vue, reçut de la part du somnambule une virulente apostrophe en termes fort peu ménagés, et dut à l'expérience suivante sa conversion au magnétisme.

— Vous croyez donc que j'y puis voir par les yeux ? lui dit le somnambule, vous êtes donc, vous, assez aveugle pour ne pas comprendre que mes paupières étant comprimées par des tampons et un bandeau qui me gênent horriblement, il m'est impossible de rien apercevoir par mon sens ordinaire ? Eh bien, passez dans la pièce voisine, collez contre la muraille, avec un pain à cacheter blanc, une carte de votre choix, et vous saurez bientôt si je la reconnaîtrai ou non. Cela fut fait, et Calixte nomma, sans long-temps chercher, le *roi de carreau;* ce qui était exact.

On alla chercher douze morceaux de rubans de diverses couleurs ou nuances, on les remit au sujet, qui les distingua de la manière la plus précise.

Une montre à savonnette, dont on avait préalablement dérangé les aiguilles, lui fut appliquée sur la cavité du cœur, et il indiqua justement l'heure que marquait cette montre.

II.

Un personnage de distinction fut mis en rapport avec Calixte, magnétisé; il y eut entre eux ce singulier dialogue provoqué par M.*** :

— Pourquoi mon épouse ne peut-elle devenir mère?

— Par la même raison que vous ne pouvez devenir père.

— Croyez-vous donc que si nous sommes privés d'enfants, c'est qu'il y a incapacité de part et d'autre?

— Je n'ai pas dit cela; j'ai dit qu'il y avait une cause opposante; mais je n'ai pas prétendu que vous fussiez essentiellement incapables.

— Que voulez-vous donc dire? je ne vous comprends pas bien.

— Je veux dire que vous et madame votre épouse vous vivez trop mollement l'un et l'autre, et que si vous meniez une vie moins en rapport avec votre fortune, vous ne seriez pas privés d'enfants.

— Pensez-vous que nous pourrions encore en espérer?

— Sans doute; pourquoi pas? Si vous voulez faire ce que je vais vous indiquer, je vous promets un beau garçon avant un an.

— Eh bien! nous suivrons vos indications; je vous le promets; parlez.

— Alors voici ce qu'il vous faut faire :

Pendant un mois, une promenade à pied, d'une lieue environ, chaque matin; prendre une nourriture grossière comme celle de vos fermiers, boire comme eux de la piquette au lieu de vos vins délicats; chaque soir, une promenade d'une demi-lieue au moins ; point de bals, point de spectacles, point de diners excellents ; coucher sur un lit composé simplement d'une paillasse et d'un matelas, et dépourvu de rideaux ; vous couvrir tout juste assez pour n'avoir pas froid ; enfin, vous faire magnétiser ensemble, trois fois, à neuf jours d'intervalle ; une heure avant de vous coucher. Voilà tout.

Dix mois environ après cette séance la chronique annonçait comme un événement remarquable la naissance d'un enfant du sexe masculin, que venait de mettre au jour Madame ***.

III.

Calixte, mis dans l'état extatique, se fait de vives et graves réprimandes sur la légèreté de sa conduite habituelle. Il se parle comme s'il s'adressait à un autre, et discourt avec un ton, une facilité dignes d'un moraliste de la Sorbonne.

Ramené au simple somnambulisme, Calixte obéit aux ordres que lui donne mentalement son magnétiseur. Celui-ci, entre autres choses bien convaincantes, lui commande, tacitement, d'après l'invitation que lui en a faite un tiers, d'aller prendre sur une table un verre plein d'eau, qui s'y trouve, et de le porter sur un briquet phosphorique, en forme d'étui, qu'on a déposé, ainsi que plusieurs autres objets, sur la cheminée. Alors, marchant au pas de course, le magnétisé va prendre le verre, le porte et le pose vivement sur le briquet, où il reste comme collé, au grand étonnement des témoins qui, ayant voulu, après, faire la même chose, ne purent jamais trouver l'équilibre parfait.

M. S..., avocat, voulut ensuite être mis en rapport avec le somnambule, et lui faire explorer sa maison.

— Voulez-vous voir ma maison, et me dire comment est disposé le rez-de-chaussée ?

— Je le veux bien. J'y suis. J'entre par une porte à deux battants dans un large corridor : je vois deux portes à droite, deux portes à gauche, un grand escalier, au fond, un peu à gauche, et près de l'escalier, à droite, une petite porte qui donne sur la cour.

— Eh bien ! montez au premier étage, et entrez dans la première chambre à gauche.

— J'y suis. C'est votre cabinet. J'y vois partout des livres et des papiers. — Je vais faire le tour de cette pièce, en partant par la droite, et vous indiquer ce qu'il y a. Allons, suivez-moi. Ici, près de la porte, votre bibliothèque, qui tient tout ce côté ; là, quatre chaises ; là, la cheminée, sur laquelle se trouve une pendule en bronze ; il y a aussi deux flambeaux, un livre ouvert, quelques papiers ; plus loin, une table à écrire ; là, en face de la bibliothèque, deux fenêtres ; il n'y a rien qu'un fauteuil entre elles deux. Les garnitures des fenêtres sont en soie bleue, et les rideaux en blanc avec des broderies ; là, en face de la cheminée, quatre fauteuils. Au milieu de la chambre, une grande table en forme de bureau, garnie d'un tapis en drap vert orné de franges jaunes ; il n'y a dessus que des papiers, une écritoire et... et une boîte dont le dessus est peint et représente un paysage.

— Tout ce que vous venez de dire est parfaitement exact, excepté un point ; c'est le dernier que vous avez annoncé. Il n'y a point de boîte sur ma table de travail.

— Il n'y a pas de boîte, dites-vous ; vous vous trompez ; je suis certain que la boîte est là ; je la vois bien encore. Tenez, regardez donc, à la place où vous écrivez, là. Vous ne la voyez pas ? C'est étonnant, elle est pourtant assez grande.

— Je vous assure, mon ami, que c'est vous qui êtes dans l'erreur, et non pas moi ; mais en voilà bien assez ; d'ailleurs je suis content de vous, je vous remercie !

Le somnambule paraissait fort contrarié relativement à la boîte ; et puis il était fatigué ; le magnétiseur l'éveilla et l'envoya respirer en plein air.

Alors plusieurs personnes demandèrent encore à M. S... s'il était bien assuré qu'il n'y eût pas de boîte sur sa table ; il affirma de nouveau qu'il n'y avait rien de pareil, et ajouta :

— J'ai bien une boîte conforme à la description qu'a donnée

le somnambule de celle qu'il a prétendu voir ; mais elle est dans un meuble de ma chambre à coucher , d'où elle ne sort jamais. Cet aveu que fit M. S... de la propriété d'une boite à peu près semblable à celle indiquée par Calixte , engagea le magnétiseur à prier M. S... de s'assurer, en rentrant chez lui , du fait en question. M. S... proposa alors à plusieurs personnes et au magnétiseur lui-même de l'accompagner chez lui , afin de vérifier l'erreur qu'avait commise, selon lui, le somnambule. La proposition fut acceptée , et en entrant dans le cabinet de M. S... chacun put reconnaître que la lucidité de Calixte n'avait point été en défaut , mais que la mémoire de M. S... lui avait été infidèle ; car la boîte était bien là, à la même place indiquée par le magnétisé. M. S... , tout stupéfait, se rappela que le matin il avait eu besoin d'ouvrir cette boîte , et que, distrait ou préoccupé, il l'avait apportée et laissée à cette place.

IV.

Calixte , en état de somnambulisme magnétique , est mis en rapport avec M. le docteur Assegond , de Niort. Il indique à cet habile médecin les différentes affections de trois malades proposés médiatement à son examen, et prescrit des moyens de traitement que le docteur reconnait devoir être convenables.

Le magnétiseur donna à tenir au sujet le bout d'un fil , qu'il déroula jusqu'à l'extrémité d'un long corridor ; et , après avoir fait écrire, par une personne encore incrédule, plusieurs questions à faire , il les adressa d'une distance d'environ vingt pas au somnambule qui y répondit parfaitement. Cependant deux observateurs , placés tout près du magnétiseur , ne purent distinguer aucune parole.

V.

Calixte était magnétisé, lorsque M. le docteur Clauzure, d'Angoulême , demanda à être mis en rapport avec lui. Cela fait, le docteur pria le somnambule de lui dire comment, lui, M. Clauzure, avait employé la matinée.

— Vous êtes sorti de chez vous à sept heures, lui dit Calixte, vous vous êtes rendu à la prison. Là, vous avez vu quatre hommes malades, deux fiévreux et deux galeux ; vous avez ordonné des médicaments aux premiers ; vous avez saigné les derniers. Vous vous êtes rendu près d'une vieille femme à qui vous n'avez prescrit qu'une tisane ; cette femme est usée, elle ne guérira jamais ; vous le pensez comme moi. Vous vous dirigez vers votre maison, vous rencontrez un homme qui vous conduit près d'un malade,... hors ville,... vous entrez dans une chambre, qui n'est ni parquetée, ni carrelée ; ... vous allez au lit, qui est près de la cheminée ; ... vous regardez un jeune homme de quinze à seize ans dont le corps fait le cerceau en arrière ; ... il souffre bien,.... il ne peut plus respirer,... il est perdu, ce malheureux!... Mais non, non, vous le sauvez, voyez-vous, les nerfs se calment, la rigidité du corps cesse peu à peu... C'est cela, bien ; ... continuez encore ; faites retourner le malade, magnétisez fortement la colonne vertébrale.... Bien, ... le jeune homme est sauvé! mais il faut y retourner ce soir et continuer pendant deux jours de le magnétiser, matin et soir.

— Vous croyez donc que je guérirai ce malade? reprit le docteur, étonné de la lucidité du somnambule.

— Sans doute vous êtes venu ici tout exprès pour en parler à M. Ricard ; vous avez été surpris des effets que vous avez produits ; eh bien! M. Ricard va vous dire comme moi que ce jeune homme peut être guéri par le Magnétisme.

— Connaissez-vous cette maladie? Pourriez-vous m'en dire le nom?

— Je n'ai jamais vu personne dans l'état où a été ce matin le jeune homme qui nous occupe ; vous savez que je n'ai jamais étudié la médecine ; ... mais vous... et M. Ricard, vous me dites tous les deux que cela s'appelle... té,... té,... ta,... téta... nos, ... tétanos, tétanos, oui, c'est bien cela ; je me rappellerai ce nom-là.

— Pensez-vous que je doive, indépendamment du Magnétisme, faire quelque autre chose? des saignées, par exemple?

— Cela ne nuirait point; mais c'est inutile à présent; car je vois que vous avez pratiqué une petite opération pour délivrer le malade d'un corps étranger qui avait piqué un nerf. Magnétisez-le seulement; et vous réussirez. — Je suis bien fatigué. C'est assez, assez. Monsieur Ricard, éveillez-moi.

VI.

Le somnambule Calixte, dans l'état magnétique complet, est mis en rapport avec M. le docteur Cowsewictz, qui lui présente une mèche de cheveux?

— Voulez-vous voir la personne qui m'a remis ces cheveux?

— C'est une dame,... elle a environ vingt-huit ans,... je ne la connais pas; ... elle est bien malade, cette pauvre dame!... Qu'est-ce qu'elle a donc! Ah! mon Dieu! elle est atteinte d'une maladie secrète;... je ne veux pas voir cela; tenez, reprenez ces cheveux, ... cela me fait mal...

— Je vous prie de vous assurer si cela est bien la maladie que vous indiquez. Cette dame est vertueuse, et n'a pu s'exposer?

— Allons, puisque vous le voulez!... voyons!... Ah! la pauvre dame! je vois à présent; c'est... c'est son mari qui lui a communiqué cela, et il y a déjà bien long-temps, car elle est veuve depuis près de cinq ans. Tenez, docteur, priez cette malade de se laisser examiner par vous, et vous verrez bien, comme je le vois actuellement, que c'est ce que je vous dis, vous aurez bien de la peine à la décider à cela; cependant, il le faut, c'est indispensable, si vous voulez la guérir.

Le lendemain le docteur Cowsewictz fut convaincu que le somnambule avait dit vrai.

VII.

M. le docteur Clauzure, désirant vérifier ce qu'il y avait de vrai dans la vision somnambulique à distance, et à travers les corps opaques, demande à M. Ricard de le mettre en rapport avec Calixte, magnétisé; cela fait, voulez-vous, dit-il au somnambule, m'accompagner chez moi?

— Je le veux bien, par où passons-nous?

— Par la place du Palais; nous allons jusqu'à l'Église St.-Pierre : y êtes-vous?

— J'y suis. Je vois votre maison. Il y a une grille en fer qui sépare la rue de votre jardin, où il faut passer pour entrer dans la maison.

— C'est bien. Allez à l'entrée de la maison.

— J'y suis : J'entre dans une espèce de vestibule. A ma droite se trouve l'escalier ; à gauche, une porte.

— C'est cela. Ouvrez cette porte et entrez. Quelle est la destination de cette pièce ?

— C'est un salon de compagnie. Je ne vois que des chaises, des fauteuils, des bergères, une table chargée de porcelaines et un meuble que je ne connais pas.

— Examinez ce meuble. Qu'est-ce que c'est.

— Attendez. J'y suis... C'est un piano.

— Très bien. Voyez-vous une cheminée dans ce salon?

— Oui, elle est là, à droite de la porte, en entrant.

— Que voyez-vous sur cette cheminée?

— Deux flambeaux; deux vases garnis de fleurs naturelles, et puis quelques autres petits objets.

— Ne voyez-vous pas une pendule sur la cheminée?

— Non, non, il n'y en a pas ; mais à la place que devrait occuper la pendule, il y a une carafe?

— Est-elle vide cette carafe?

— Non, il y a quelque chose dedans; mais je ne distingue pas bien ce que c'est.

— Allons, tâchez de le voir, dites-le nous?

— Je ne sais... cela me fatigue.... c'est... c'est... cela représente le tombeau de Napoléon.

— C'est exact. Je vous remercie ; en voilà assez.

VIII.

Calixte, en état de somnambulisme, est mis en rapport avec M. le docteur Roussel, de Vars, près Angoulême.

— Voulez-vous, dit le docteur au magnétisé, vous transporter chez moi.

— Je le veux bien. Quel chemin faut-il prendre?

— Allons au faubourg Saint-Cibard. Voyez-vous un pont?

— Oui, j'y suis.

— Arrivons à l'extrémité du faubourg. Y êtes-vous?

— M'y voilà.

— Prenez la route la plus large, et allez toujours sans vous détourner jusqu'à ce que vous rencontriez un autre pont. Y êtes-vous?

— J'y suis... Ah! c'est là votre pays. Je vois votre maison à présent; faut-il y entrer?

— Oui, entrez et allez au salon. Y êtes-vous?

— J'y suis. Il y a deux dames : l'une d'une quarantaine d'années, l'autre de seize à dix-huit ans tout au plus. Voulez-vous que je leur parle?

— Oui, demandez à la plus jeune de ces dames si elle est bien portante.

— Elle me dit qu'elle est malade. Vous le savez bien aussi, vous, puisque vous la traitez... Mais, attendez donc... c'est votre demoiselle, cette personne.

— C'est vrai. Pouvez-vous savoir quelle est sa maladie?

— Si elle veut me le dire, certainement. Elle me dit que c'est... je ne comprends pas cela... que c'est... son âge qui la rend malade... je n'y comprends rien...

— C'est bien. Je sais ce que cela veut dire. Pensez-vous que je puisse la guérir aisément, sans trop la fatiguer par des remèdes?

— Oui, vous le pouvez bien. Il faut pour cela la magnétiser tous les jours pendant... Mais elle vous dira elle-même le temps; elle entrera en somnambulisme dès la première séance, j'en suis certain.

— Je vous remercie. C'est tout ce que j'avais à vous demander.

Quelques jours après, M. Roussel nous dit que dès le soir de son arrivée chez lui il avait magnétisé sa fille ; qu'elle avait été endormie en quatre minutes, et en somnambulisme presque aussitôt ; il ajouta que son état s'était déjà bien amélioré et que la guérison paraissait devoir être prochaine. Plus tard, il nous manda que la santé de la jeune personne était parfaitement rétablie, bien qu'il n'eût employé autre chose que le magnétisme et l'eau magnétisée.

IX.

Madame Lacroix, sage-femme et professeur d'accouchechement à la Pointe-à-Pitre, se trouvant récemment à Toulouse, demande à être mise en rapport avec Calixte magnétisé.

— Voulez-vous, dit cette dame au sujet, que nous fassions ensemble un long voyage ?

— Je le veux bien ; où allons-nous ?

— A Bordeaux d'abord. Là, nous nous embarquerons et nous traverserons l'Océan, pour arriver à la Pointe-à-Pitre. Y êtes-vous ?

— Non, pas encore... c'est bien loin... nous approchons, car j'aperçois beaucoup de bâtiments ensemble... voilà... voilà la terre... nous sommes arrivés.

— Eh bien ! entrons dans la ville. Suivons cette grande rue, et allons ensemble au cimetière... (Mouvement pénible du somnambule.) Y êtes-vous ?

— Oui, j'y suis... ah !... j'y suis.

— Comment est faite la porte ?

— C'est une grille... une grille en bois.

— Entrez et suivez le chemin qui est devant vous. Que voyez-vous ?

— Je vois une maison, là-bas au bout.

— Vous vous trompez, il n'y a pas de maison.

— Je vois bien une maison, pourtant.

— Non, vous dis-je, c'est une église.

— C'est possible, mais à voir l'extérieur de ce côté on croirait une maison.

— C'est vrai, cela ressemble à une maison. Revenez au milieu du cimetière, je vous prie, et dites-moi ce que vous remarquez.

— Je vois un arbre.

— Un petit arbre, n'est-ce pas ?

— Au contraire, c'est un arbre très grand.

— C'est bien. Regardez à votre gauche, et voyez la troisième tombe. Là, y êtes-vous ?

— Je vois bien... c'est une tombe.

— Est-ce bien celle que je veux que vous voyiez ?

— Oui... c'est bien la même.

— Alors dites-moi, je vous prie, quelle est la couleur du marbre qui la recouvre ?

— Vous voulez me tromper, il n'y a pas de marbre... Monsieur Ricard, dégagez-moi.

Madame Lacroix nous dit que cela était exact.

Cette séance a eu lieu chez M. Toussaint, chef d'institution, rue du Taur, en présence de MM. Fournier, Toussaint, Romestens, et de plusieurs autres personnes.

———

Le journal la *France méridionale*, dans son numéro du 1er novembre 1839, rend compte d'une séance concernant Calixte, ainsi qu'il suit :

« Nous avons assisté, mardi dernier, à une séance d'expériences magnétiques, dont les résultats ont entièrement dissipé ce qu'il nous restait encore de doute dans l'esprit sur le fait tant contesté de *vision* sans le secours des yeux.

» M. Ricard, qui, depuis plus d'une année, s'efforce constamment de faire des prosélytes au magnétisme, soit en soumettant à l'examen des personnes compétentes les phénomènes

surprenants du somnambulisme et de l'extase, soit en guéris-
sant des malades réputés incurables, a donné, dans la séance
dont nous parlons, les preuves les plus évidentes de sa prodigieuse puissance morale et de l'admirable lucidité de son somnambule Calixte. Ce dernier, dont nous ne citerons aujour-
d'hui qu'un trait, après avoir été soumis à la magnétisation
du professeur, a joué aux cartes une partie de piquet et une
partie d'écarté, avec une précision et une rapidité effrayantes.
Cependant, il avait les yeux parfaitement clos, recouverts par
des tampons et un épais bandeau ; et les cartes avaient été
apportées par un médecin encore peu croyant, et vérifiées par
plusieurs personnes, notamment par un physicien qui se pique de connaître toutes les fraudes possibles en physique
amusante.

» Au surplus, chacun peut voir, comme nous l'avons vu,
ce phénomène extraordinaire, et se convaincre par soi-même
de la vérité que nous avançons. »

EXTRAIT DE LA GAZETTE DES HOPITAUX.

A M. Bazile, à Courquetaine.

« Paris, 8 juin 1840.

» Mon bon ami, dans ma dernière lettre, je vous ai dit que
M. Ricard m'avait promis d'amener prochainement chez moi
Calixte, son meilleur somnambule, de l'endormir devant les
personnes que j'inviterais, et lorsqu'il serait dans le sommeil
magnétique, de le faire jouer aux cartes, les yeux bandés ;
puis, s'il était bien disposé, de lui faire exécuter d'autres expériences tout aussi incompréhensibles, tout aussi merveilleuses.

» Hier donc, la séance promise par M. Ricard a eu lieu en

présence de soixante personnes, dont toutes, excepté le docteur Teste, étaient incrédules. Je vais vous raconter les faits qui se sont passés dans cette séance, et les discuter.

» Calixte une fois endormi, ou paraissant l'être, car je ne connais aucun signe irréfragable du sommeil, deux étrangers mettent sur chacun de ses yeux une poignée de coton, et par-dessus un grand foulard dont les extrémités sont ramenées vers le nez où on les noue. Ensuite, on vérifie que le bandeau est bien serré, bien mis, et qu'à son bord inférieur, précaution capitale, le coton forme un gros bourrelet qui sert d'obstacle infranchissable aux rayons lumineux. Aussitôt huit jeux d'écarté encore intacts sont offerts, on en prend un au hasard, on déchire son enveloppe et l'on commence. M. Ricard ne touche point son somnambule, ne lui parle pas, et se trouve dans l'impossibilité d'apercevoir le jeu de la personne qui va faire la partie. Les choses ainsi disposées, tout se passe comme entre deux joueurs habiles et parfaitement éveillés : ainsi le somnambule nomme les cartes qu'il tient et celles que joue son adversaire ; de plus, lorsqu'il doit battre les cartes, il retourne celles qui sont à l'envers ; enfin il indique assez fréquemment, du moins on croit le remarquer, des cartes que son adversaire n'a point encore jetées sur table.

» Tel est le fait. Il s'est renouvelé avec trois personnes dont chacune a joué deux parties, de sorte qu'une centaine de cartes ont passé devant Calixte, qui les a souvent nommées et toujours vues, puisqu'il jouait toujours ce qu'il fallait jouer.

» J'arrive à une autre série d'expériences, celle de l'obéissance à l'ordre mental. Comme il y a soixante personnes à convaincre, ou au moins à ébranler, j'ai préparé une centaine de petits cartons sur chacun desquels est écrit un ordre analogue aux suivants : Tourner la tête... à droite, à gauche ; la baisser, la renverser. Lever la jambe... droite, gauche,... une, deux, trois ou quatre fois. Marcher... de un à dix pas,... en avant, en arrière, obliquement. Se mettre sur le genou... droit, gauche ; sur un pied. Poser telle main à terre,... tel doigt. Mettre la main sur telle partie du magnétiseur,... sur la tête, la poitrine, le dos, etc. Aller prendre sur tel meuble le chapeau, les gants ou la montre du magnétiseur. Faire le tour d'une chaise, monter dessus, en descendre, s'en laisser tomber. Se pencher en avant, en arrière, sur tel côté. Se réveiller de loin sans que le magnétiseur fasse aucun mouvement ;... se rendormir de la même manière. Parmi quinze pièces de cuivre, d'argent ou d'or, distinguer celle qui a été magnétisée, etc., etc. Bref, sur ces cent cartons il y a peut-être plus de quatre cents mouvements indiqués.

» Voici maintenant ce qui a lieu :

» Messieurs, dit M. Ricard, nous allons essayer de faire exécuter à Calixte, sans aucune apparence de communication, les mouvements que vous me signalerez ; dès que la carte sur laquelle les mouvements à exécuter m'aura été remise, je ne lui parlerai plus et ne bougerai plus.—« Calixte, dit-il en se plaçant devant son somnambule qui est assis, je vais t'ordonner quelque chose, écoute-moi bien, et fais ce que je t'ordonnerai. » En ce moment, M. L... prend un des cartons et le remet à M. Ricard qui, après l'avoir lu, abaisse les bras, regarde Calixte et reste immobile. Au bout de quelques minutes d'attente, *je ne sais que faire,* » dit le somnambule, et la première expérience est manquée. Une seconde, une troisième manquent également.

» — Messieurs, dis-je alors, les faits négatifs, quelque nombreux qu'ils soient, ne peuvent infirmer les faits positifs ; ainsi, toutes les expériences que M. Ricard va tenter échoueraient-elles, la vision, malgré l'occlusion des yeux au moyen d'un épais bandeau, ne vous en resterait pas moins prouvée. Du reste, nous sommes peut-être trop nombreux, et je ne serais pas surpris que la clairvoyance du somnambule fût épuisée pour aujourd'hui ; cependant nous allons continuer. En conséquence, une quatrième expérience, puis une cinquième sont tentées ; elles réussissent, mais seulement en partie, car on est obligé d'aider un peu le somnambule. On arrive à une sixième que je vais tâcher de décrire, parce que son succès a été complet ; la voici :

» Calixte, les yeux bandés, s'asseoit la face tournée contre la muraille ; à dix pas derrière lui sont **M.** Ricard et **M.** Teste, et à vingt se trouve un orgue de Barbarie. On se tait, le bruit de l'orgue commence, et en même temps Calixte bat la mesure ; mais au bout de quelques minutes, immédiatement après un signe de la main que **M.** Teste fait à **M.** Ricard, le somnambule cesse de marquer la mesure, quoique le magnétiseur ne dise rien et que le bruit de l'orgue continue.

» Telle est la sixième expérience. Enfin , je vais vous raconter la dernière qui, elle aussi, a été couronnée d'un plein succès.

» Aussitôt que l'attention du somnambule est, pour ainsi dire, assujettie par le magnétiseur, **M.** L..... remet à celui-ci l'une des cent petites cartes dont j'ai parlé ; alors Calixte, toujours les yeux bandés , se lève, avance de quelques pas vers son magnétiseur, s'arrête un instant, repart, s'arrête de nouveau, monte sur une chaise, y piétine un peu, met définitivement les talons sur l'un des coins, applique les bras le long du corps, se roidit de partout, s'incline en arrière, et tombe tout d'une pièce dans les bras de **M.** Ricard qui était venu se placer à temps derrière lui.

» On nous livre le carton, il contient la phrase suivante : « Faire monter le somnambule sur une chaise, puis le faire tomber dans les bras de son magnétiseur en arrière. »

» Voilà, mon ami, notre séance ; la plus belle et la plus complète peut-être qui ait jamais eu lieu à Paris. J'en ai remercié **M.** Ricard, comme d'un service qu'il m'a rendu. Que pourrais-je sans des faits de cette sorte? et le temps me manque pour en produire !

» Actuellement je vais peser la valeur des expériences que je viens de décrire ; je les désignerai par : *celle des cartes, celle de la musique, celle de la chaise.*

» Et d'abord posons des principes : Quand on observe *de*

visu, pour la première fois, un fait nié par tous, et inaccessible à l'intelligence de tous, il faut se dire :

» Ce fait, qui me paraît incontestable, est le résultat, ou d'une jonglerie que je n'aperçois pas, ou d'un hasard que je ne comprends pas, ou d'une faculté que je ne connais pas. Puis, il faut examiner le fait sous ces trois points de vue successifs, et n'arriver au dernier que par l'exclusion des deux autres. Faisons passer nos expériences par cette filière.

» *Première expérience*, celle des cartes :

» 1° Cette expérience est-elle le résultat d'une jonglerie ?

» En toute chose on est rarement certain, archi-certain, de n'avoir pas été choisi pour dupe. Cependant, lorsque le fait est facile à vérifier, comme le nôtre, et qu'en outre on a pris toutes les précautions qu'inspire la méfiance la plus expérimentée, on peut croire s'être mis à l'abri de la fraude.

» Or, sommes-nous toujours restés sur nos gardes et avons-nous tout scruté, tout palpé, tout analysé ? Ainsi, par exemple, le bandeau avait-il quelque fissure imperceptible ? Non, car il était composé de deux poignées de coton en carde et d'un foulard que des incrédules fort experts ont appliqué.

» Le bandeau était-il appliqué de telle sorte que le somnambule pût voir par-dessous ? Non, car outre le coton placé sur les yeux avant le foulard, on en avait introduit par en bas sous le bandeau, de manière que le coton formait un bourrelet.

» Les cartes étaient-elles préparées ? Non, car toutes les enveloppes des jeux offraient encore le cachet de la régie.

» Le somnambule ne reconnaissait-il pas les cartes en les touchant ? Non, car il nommait celles de son adversaire sans les toucher.

» Le magnétiseur n'avait-il pas un moyen de communication avec son somnambule pour lui donner connaissance des cartes ? Non, car le magnétiseur ne parlait pas, ne bougeait pas, ne touchait pas Calixte, et ne regardait pas les cartes.

» Enfin quelqu'un ne pouvait-il pas, par quoi que ce soit, indiquer à Calixte son propre jeu et celui de son adversaire ?

Non, car chacun restait silencieux dans une attente qui n'était pas sans inquiétude, mais à laquelle succédait bientôt l'étonnement ou l'admiration.

» Donc, soit du côté du bandeau, soit du côté des cartes, soit du côté du somnambule, soit du côté du magnétiseur, soit du côté des assistants, soit du côté de l'adversaire lui-même, nous sommes aussi certains qu'on peut l'être de ne pas avoir été trompés.

2° Cette expérience est-elle le résultat du hasard ?

» Pour résoudre cette question il faut auparavant rechercher quelles conditions un fait doit remplir afin que l'intelligence ne puisse l'attribuer au hasard.

» Un fait doit ou peut être attribué au hasard quand il y a égalité entre les chances de son affirmation et de sa négation, comme entre pair et impair. Mais à mesure que cette égalité diminue, c'est-à-dire à mesure que l'affirmation se répète sans interruption, la part de ce qu'on nomme le hasard diminue également ; et à la fin il arrive une borne à laquelle l'esprit s'arrête pour dire : Non, le hasard ne va pas jusque-là.

» Ceci posé, je puis dire : Parmi les faits de la nature de ceux qui nous occupent, il y a tel fait qui ne prouve rien, et qui partant *est probablement* l'effet du hasard, parce que les chances de son affirmation et de sa négation sont égales. Il y a tel fait qui prouve beaucoup, et qui partant *n'est probablement pas* l'effet du hasard, parce que les chances de son affirmation et de sa négation sont très inégales. Enfin, il y a tel fait qui prouve infiniment, et qui partant *n'est certainement pas* l'effet du hasard, parce que les chances de son affirmation et de sa négation sont immensément inégales.

» Je vais développer ma pensée par trois suppositions.

» *Première espèce de faits.* — Si, par exemple, un somnambule prétendait pouvoir deviner le sexe d'un enfant contenu encore dans le sein de sa mère, pour croire que ce fait n'est pas le résultat du hasard, je voudrais le constater trente fois de suite ; car il n'y a ici, pour chaque expérience prise isolément, qu'un contre un à parier que le somnambule se trompera ; mais sur deux expériences il y a trois contre un ; sur trois, sept ; sur quatre, quinze ; ainsi de suite, de telle sorte que sur trente expériences il y a 1 billion 73 millions 741,825 à parier contre 1 que le somnambule se trompera au moins une fois ; 1 billion 73 millions 741,794 à parier contre 30 qu'il se trompera au moins deux fois ; 1 billion 73 millions 741,389 à parier contre 435 qu'il se trompera au moins trois fois. Enfin, et pour ne pas aller plus avant, 1 billion 73 millions 737,764 à parier contre 4,060 qu'il se trompera au moins quatre fois.

» *Seconde espèce de faits.* — Si, par exemple, un somnambule prétendait pouvoir lire par la nuque, et dans chaque séance une seule lettre de l'alphabet, pour me convaincre j'exigerais plusieurs séances, mais moins de trente ; car, si pour chaque expérience prise isolément il n'y a que 24 à parier contre 1 que le somnambule se trompera, sur deux expériences il y a 624 ; sur trois, 15,624 ; et sur sept, 4 billions 540 millions 115,624 à parier contre 1 que le somnambule se trompera au moins une fois.

» *Troisième espèce de faits.* — Enfin, si un somnambule prétendait pouvoir lire par la nuque, et dans chaque séance un seul mot, pour me convaincre, je ne demanderais que deux ou trois séances (ou deux ou trois mots dans une seule séance), car il y a ici pour chaque expérience prise isolément au mois 40,000 à parier contre 1 que le somnambule se trompera ; sur deux expériences, 1 billion 600 millions ; et sur trois, 64 trillions ! ce qui rend aux yeux du sens commun son rôle de devinateur absolument impossible ; ou il faudrait admettre qu'en jetant à la fois et pêle-mêle, du haut des tours Notre-Dame, toute l'imprimerie de Didot, il faudrait admettre qu'il fût possible qu'une fois arrivés en bas, les caractères de cette imprimerie composassent à volonté l'Iliade, l'Enéide ou la Bible.

» Après cette courte dissertation, si quelque stupide esprit-fort vient derechef me demander : L'expérience des cartes n'est-elle pas le résultat du hasard ? Je lui répondrai : Non, et je motiverai ma réponse en disant : C'est non, parce que si à la première carte qu'on lui a présentée le somnambule n'avait que trente et une chances contre lui sur trente-deux ; dès la quatrième il en avait des millions, à la dixième il trouvait l'impossible, et plus loin l'infini. Or, il a été jusqu'à cent, et plus peut-être! sans se tromper une fois. Jugez, monsieur, inclinez-vous et soumettez-vous. Le hasard n'est ici pour rien.... la Providence a passé par là.

» 3° Cette expérience est-elle le résultat d'une faculté ?

» Fidèle à la méthode d'exclusion que je me suis imposée en commençant, je répondrai : Oui, et je motiverai ma réponse en disant : C'est oui, parce qu'ainsi que je l'ai démontré, ce fait n'est le résultat ni d'une jonglerie ni du hasard, et que, puisqu'il est indubitable, il est nécessairement le résultat d'une faculté que nous constatons sans la comprendre ; en d'autres termes, d'une propriété inhérente à l'individu sur lequel le fait a été observé. C'est tout.

» Assurément je pourrais en dire bien d'autres à cette occasion ; mais ce serait mettre le pied sur un terrain vague, et courir le risque de parler jusqu'à extinction sans m'entendre ni me faire entendre. Or, passez-moi le mot, je n'aime point *patauger*.

» *Deuxième expérience,* celle de la musique. — Cette expérience est d'une nature autre que la précédente. Celle dont je viens de parler prouve la vision malgré l'occlusion mécanique des yeux, celle dont je vais parler prouve la transmission de la volonté sans aucun signe appréciable à l'observateur le plus attentif.

» Arrivés où nous sommes, je devrais également examiner si cette expérience est le résultat d'une jonglerie, d'un hasard ou d'une faculté ; par conséquent, je devrais reproduire tous les raisonnements énoncés ci-dessus. Mais ici ces trois questions me paraissent insolubles par les motifs que je vais déduire.

» Sous le rapport de la fraude ? A la rigueur, l'argutie ne peut-elle pas prétendre que M. Teste, qui a fait le signe d'arrêt à **M. Ricard**, s'entendait avec celui-ci sur le nombre des mesures à battre, et qu'à son tour **M. Ricard** s'entendait avec son somnambule? Certainement tout cela serait d'une conception bien ignoble et d'une exécution bien difficile ; mais il suffit que cela soit possible pour que je n'insiste pas sur la valeur de ce fait. L'expérience serait au contraire devenue beaucoup plus concluante si le hasard eût été choisi pour indiquer non seulement la personne qui, sur soixante, devait faire au magnétiseur le signe d'arrêter le somnambule marquant le rhythme, mais encore si le hasard eût aussi indiqué l'air à jouer et le nombre de mesures à battre.

» Sous le rapport du hasard? L'expérience de la musique, en la supposant faite loyalement, comme d'ailleurs elle l'a été, et avec toutes les précautions que je sors d'exposer, serait encore loin d'offrir le même degré d'évidence que l'expérience des cartes, parce que l'orgue n'ayant joué, je suppose, que cinq cents mesures, il n'y avait que 499 à parier contre 1 que Calyste se tromperait.

» Or, quoique la différence entre 499 et 1 paraisse considérable, pour mon compte, lorsqu'il s'agit d'un fait à défendre contre les Académies, je la veux plus considérable encore ; trois 9 de plus à droite ou à gauche ne me suffiraient même pas. Mais, je l'ai dit, cette différence incommensurable s'obtient aisément par la répétition binaire ou ternaire du fait à constater. Pour rendre l'expérience de la musique absolument irrécusable, il aurait donc fallu la répéter au moins une fois.

» *Troisième expérience,* celle de la chaise.

» Cette expérience est de même nature que celle de la musique, et conduit à la même conclusion : la transmission de la volonté sans le secours de signes, et conséquemment par ce qu'on nomme la pensée.

» Tout ce que j'ai dit du fait de la musique est applicable au fait de la chaise, et sous le rapport de la fraude, et sous celui du hasard. Ainsi, avais-je détruit toute possibilité de fraude? Non, et personne n'a le droit logique, notez bien que je dis logique, d'affirmer que M. L..., choisissant et donnant les petits cartons, ne s'entendait point avec M. Ricard ; puis, en repoussant toute connivence, n'avais-je laissé aucune porte ouverte au hasard ? non, puisqu'une seule expérience de ce genre sur 400 a complétement réussi, et que, comme je l'ai démontré, la différence entre ces deux nombres est trop petite pour être concluante. Il fallait répéter !

» Voilà, mon ami, l'appréciation que j'ai cru devoir faire des phénomènes magnétiques que M. Ricard a produits chez moi, dimanche dernier, en présence de soixante personnes qui toutes sont parties émerveillées.... sauf deux médecins qui n'ont rien trouvé à répondre à cette interpellation que je leur adressais en les quittant : — Eh bien ! messieurs, croyez-vous qu'avec de pareils faits on puisse avancer, ou qu'on doive reculer ? — Quant au docteur Teste, le nouvel apostat ! dans son fervent prosélytisme, il me disait : — Depuis cinquante ans les académies sont liguées contre nous, à notre tour de nous liguer contre elles, et de crier : *Vive la ligue !* »

» Du reste, mon ami, vous accuserez sans doute mon appréciation d'être sévère aux dépens du magnétisme ; mais au point de vue du rationnel et du juste où je suis placé je ne pouvais en agir autrement, parce que la logique est impitoyable, et que la justice veut la sévérité pour soi et les siens comme pour les autres.

» Adieu, mon ami.

» FRAPART, D.-M.-P. »

« *P. S.* Je pousse M. Ricard, qui d'ailleurs n'a pas besoin d'être poussé, à exiger de Calixte qu'il lise avec son bandeau ; puis plus tard, avec son bandeau et deux ou trois feuilles de papier blanc qu'on appliquerait sur le livre à déchiffrer.

» Nous avons la victoire, il nous faut leur déroute. »

EXPÉRIENCES DIVERSES.

—

(Extrait du *Journal du Magnétisme.*)

« Depuis que M. Ricard est à Paris, les abonnés au *Journal du magnétisme* ont pu être témoins, chaque lundi, des expériences les plus belles et les plus convaincantes ; la puissance extraordinaire dont la nature a doué M. Ricard lui permet d'élever ses somnambules à un degré supérieur et de produire sur des sujets nouveaux, avec une facilité aussi surprenante que rare, les phénomènes qu'il désire. Nous pouvons avouer que nous avons trouvé chez ce professeur toutes les preuves dont nous avions besoin pour nous faire sortir de notre scepticisme habituel et nous faire embrasser la foi des magnétiseurs.

» Nous allons citer quelques uns des phénomènes que nous avons observés, et qui ont été vus par plus de six cents personnes capables d'apprécier les choses.

I.

» Un enfant de dix ans, présenté pour la première fois à M. Ricard, a été mis en somnambulisme par ce magnétiseur en moins de trois minutes. Au bout d'un quart d'heure, l'insensibilité a été générale, et des preuves de lucidité ont été données ; mais comme le sujet est malade, il a été laissé en repos.

II.

» Quatre enfants, de douze à seize ans, présentés pour la première fois, ont été magnétisés et mis en somnambulisme tous les quatre en moins d'une heure. Il y a eu chez tous des modifications très remarquables ; deux des quatre ont fait preuve de lucidité.

III.

» L'un des somnambules ordinaires de M. Ricard, après avoir été magnétisé en peu d'instants, se laisse matelasser les yeux avec d'énormes tampons de coton en poil et un épais bandeau. Dans cet état, il fait une partie de piquet avec un incrédule avoué, qui a eu soin d'apporter les cartes ; non seulement le somnambule accuse son jeu et le manie avec une rapidité et une exactitude exquises, mais encore il signale les cartes que tient en main son adversaire et celles qui sont écartées par ce dernier. — Une personne propose de faire une partie d'écarté avec le somnambule à une distance de quatre à cinq pas ; elle a apporté des cartes, et elle désire faire pour le premier coup ; tout cela est accepté. La partie est admirablement suivie par le sujet, qui nomme les cartes que tient en main son adversaire. — Douze pièces de cinq francs de millésimes différents, sont disposées sur une table hors de la portée du somnambule ; l'une de ces pièces ayant été magnétisée par M. Ricard, et placée conformément à l'indication donnée par les spectateurs, est reconnue par le somnambule. — Le magnétisé, ayant le dos tourné à son magnétiseur, qui est placé assez loin de lui, entend la musique (ce qu'il indique en hochant la tête en mesure) ou cesse de l'entendre (ce qu'il indique en cessant tout mouvement), à la volonté du maître, qui agit à un signal donné par les spectateurs. — M. Ricard propose de faire mouvoir par son ordre mental l'un des membres ou la tête du sujet ; il prie les personnes qui doutent encore d'écrire l'ordre à leur gré, afin que, le transmettant tacitement et sans faire le moindre geste, l'expérience ait force convaincante en cas de réussite ; la défiance est grande en pareille matière, aussi quelques uns des plus rigides censeurs décident-ils, à huis-clos, d'écrire un ordre en dehors du programme, et d'en demander l'exécution, certains que si quelque connivence existe pour les exercices proposés par le professeur, le somnambule se trouvera sans doute en défaut.

On écrit donc : « FAIRE LEVER LE SOMNAMBULE ET LE FAIRE MARCHER. » L'écrit est remis à M. Ricard seulement lorsqu'il est éloigné de son sujet de trois ou quatre pas ; alors, sans proférer un mot, sans faire un geste, un signe, sans bouger enfin, le magnétiseur agit mentalement sur son sujet qui, au grand étonnnement de toute l'assemblée, SE LÈVE ET MARCHE. Un autre groupe de personnes se forme dans un coin du salon, et l'une d'elles vient remettre à M. Ricard, pour les transmettre mentalement au somnambule, les ordres ci-après : « LUI FAIRE FAIRE LE TOUR DE LA CHAISE QUI EST AU MILIEU DU SALON EN PRENANT PAR SA DROITE, PUIS LE FAIRE MONTER SUR CETTE MÊME CHAISE. » Cette double expérience, singulièrement compliquée, réussissant admirablement, ne permet plus de douter de la réalité du phénomène de la TRANSMISSION DE LA PENSÉE.

» Après avoir vu cela de ses yeux, étant bien éveillé, bien sûr qu'on ne rêve pas, ne serait-il pas permis de s'écrier comme Montaigne : « Grand Dieu! que savons-nous ? » Et pourtant, ce n'est là que le moins surprenant de la lucidité extraordinaire de ce somnambule. Les expériences suivantes donneront peut-être la mesure du développement extrême de ses facultés dans l'état magnétique.

» Une personne que son rang, sa fortune et son savoir mettent à l'abri de toute suspicion, propose à M. Ricard de faire explorer par le magnétisé un château situé à une vingtaine de lieues de Paris ; après quelques préliminaires utiles, le sujet donne la désignation exacte de plusieurs pièces, inventoriant à mesure les meubles qui les garnissent, et indiquant leur position respective.

» Un Anglais de distinction demande à son tour à conduire mentalement le somnambule dans une maison de Paris. Le sujet donne de ce nouveau lieu une description parfaite, et va jusqu'à dire : *Dans telle chambre, je vois une dame malade qui est couchée.* — Ce qui est vrai (1).

____

(1) « Nous avons appris que quelques jours après cette expérience, le

IV.

» L'une des *somnambules-médecins* de M. Ricard ayant été magnétisée devant trois personnes seulement, et dont nous faisions partie, a indiqué de la manière la plus exacte l'affection dont était frappé le malade soumis à son exploration. Elle magnétise elle-même la partie affectée, ce qui procure déjà au patient un soulagement marqué ; puis elle indique un traitement qui paraît très rationnel, et dont nous ferons connaître les résultats, quels qu'ils soient.

» Après cette expérience, qui prouve irréfragablement la profonde lucidité de la dormeuse, le magnétiseur la met, sur sa demande, en crise d'extase contemplative, d'où elle revient à l'état somnambulique au bout de quelques minutes.

V.

» Un enfant de quatorze à quinze ans se présente pour la première fois chez M. Ricard ; il n'a, dit-il, aucune idée du magnétisme, et veut bien se soumettre à l'action du magnétiseur. En peu d'instants, il est magnétisé complétement et mis en somnambulisme. Alors on lui parle d'une personne de sa famille qui se trouve actuellement dans une maison du boulevard Bonne-Nouvelle ; on arrive à lui demander ce que fait dans le moment même cette personne. Le sujet hésite d'abord ; mais sa lucidité se développant admirablement, il indique le plus minutieusement, et avec une précision parfaite, chacun des actes de la personne ; ce que deux des spectateurs vont vérifier immédiatement, et déclarent ensuite d'une exactitude mathématique.

» Nous oubliions de dire qu'une épingle ayant été enfoncée profondément dans l'épaisseur de la main de cet enfant, il n'a

---

somnambule ayant été consulté par cette dame, il l'avait reconnue aussitôt après lui avoir touché la main, et lui avait prescrit un traitement dont elle a éprouvé les effets les plus heureux. »

témoigné aucune sensibilité, et est resté dans l'état de calme le plus serein.

» NÉRON. »

SÉANCES.

« Le lundi 15 mars, à huit heures et demie du soir, une vingtaine de personnes se rendirent chez M. Ricard afin d'y examiner les phénomènes que présente son somnambule ordinaire.

» Le sujet fut magnétisé et mis en somnambulisme en moins de cinq minutes. Après l'avoir isolé de tout bruit, M. Ricard l'invita à jouer aux cartes avec une des personnes les moins croyantes. On appliqua préalablement sur les yeux du magnétisé des tampons de coton d'une grosseur plus que suffisante pour remplir les cavités orbitaires ; ces tampons furent comprimés avec un mouchoir en forme de bandeau, de telle façon que l'on demeura convaincu qu'aucun rayon lumineux ne pouvait arriver à l'organe de la vue.

» Après qu'on eut pris les précautions les plus minutieuses pour éviter toute supposition de supercherie ou de compérage, le sujet joua, avec une rapidité extrême et une justesse admirable, deux parties d'écarté et une partie de piquet.

» M. Ricard produisit ensuite sur son somnambule des effets surprenants d'attraction et de répulsion.

» Le vendredi 19 mars, à huit heures du soir, près de quarante personnes se rendirent chez le même magnétiseur, dans le but de se convaincre de la réalité ou de la fausseté du fait de vision malgré l'occlusion des yeux. La société était composée de savants, d'artistes, de médecins, d'hommes de lettres et de quelques dames. Une personne d'un scepticisme avoué manifesta le désir de jouer elle-même avec le somnambule, après avoir pris toutes les précautions convenables et présenté un jeu de cartes cacheté, elle pria le sujet de couper à qui ferait. — A vous, dit le magnétisé. C'était juste. La partie d'écarté fut faite de la manière la plus satisfaisante ; non seulement le somnambule nommait les cartes qui étaient jouées et celles qu'il tenait en main, mais il nommait également celles qui étaient tenues par son adversaire. Deux autres personnes succédèrent à la première, le sujet fit leur partie avec la même lucidité.

» Après avoir laissé reposer le magnétisé, M. Ricard le fit obéir aux ordres qu'il lui donna mentalement.

» Le lundi 29 mars, à huit heures du soir, au milieu d'une foule avide de se convaincre, M. Ricard fit répéter à son somnambule les expériences mentionnées plus haut ; ensuite il magnétisa une pièce de cinq francs qui fut mêlée parmi une douzaine d'autres, et que le somnambule reconnut néanmoins.

» Une expérience de vue à distance réussit également. »

LECTURE MALGRÉ L'OCCLUSION DES YEUX.

—

Le 21 juillet 1840, à huit heures du soir, M. Ricard magnétise Calixte, dont il a appliqué la vision somnambulique à la lecture, fait que pour la première fois il essaie de produire publiquement.

Dès que le sujet est magnétisé au degré voulu, deux personnes lui mettent sur les yeux des tampons de coton cardé, qu'elles compriment par l'application d'un mouchoir plié en bandeau ; puis, pour surcroît de précaution, elles bourrent encore du coton sous le bord inférieur du bandeau, de manière que, pour les plus exigeants, il demeure avéré qu'aucun rayon lumineux ne peut arriver à l'œil du patient.

Plusieurs personnes présentent successivement à Calixte des livres, des journaux, des imprimés de diverses sortes, que celui-ci lit avec une rapidité extrême. Deux des plus sceptiques écrivent chacune une phrase sur leur calepin, et dès qu'un calepin est présenté au somnambule, la phrase est lue rapidement, malgré la distance.

Enfin il reste prouvé de la manière la plus évidente que Calixte lit malgré l'occlusion la plus parfaite des yeux.

Les personnes qui assistaient à cette séance sont reconnues capables d'observer ; voici les noms de quelques unes : MM. le docteur Frapart, le docteur Grabowski, le docteur Molin, le docteur Berna, le docteur Pigeaire ; Duvert, homme de lettres ; de Lauzanne, homme de lettres ; Mialle, homme de lettres ; Harel, économiste ; le chevalier Brice, ingénieur-géographe ; Vanson, mathématicien ; Sauzet, Roussillon, Dequen, Javal, Busch, Froment, Bécherel, rentiers, etc.

LETTRE DE M. DEMAY.

« Monsieur, le 15 mai 1838, je fus conduit chez mademoiselle R... par quelqu'un qui m'avait dit qu'il pensait que cette jeune personne devait être très sensible à l'action magnétique.

» On demanda à cette demoiselle si elle voulait se laisser magnétiser, elle répondit négativement. Une de ses amies qui se trouvait là, offrit, elle, de se soumettre à la magnétisation. Alors je commençai à magnétiser cette dernière, et, tandis que j'opérais, mademoiselle R... sentit un pressant besoin de dormir ; elle quitta la chambre et revint peu après s'asseoir à quelque distance de moi, où elle s'occupa à un ouvrage manuel. Alors, sans la prévenir, je dirigeai mon action magnétique vers elle ; elle s'en aperçut et me demanda de cesser ; mais comme il me sembla qu'elle ne tarderait pas à entrer en somnambulisme si je continuais mon action, je la priai instamment de me laisser faire. Elle y consentit enfin, et en moins de dix minutes, elle fut magnétisée complétement, et le somnambulisme ne tarda pas à se manifester. L'amie de mademoiselle L... me dit alors : Demandez-lui où est M. *tel.* — Savez-vous où est M. *** ? lui demandai-je. — Comment voulez-vous que je vous dise cela! répondit la somnambule, je n'ai jamais vu ce monsieur, je ne le connais que par ce que j'ai ouï dire de lui. — N'importe, tâchez de voir où il est ?— Attendez ; il est à bord du navire dont il est lieutenant ; je le vois bien actuellement. — Que fait-il ? — Il écrit. — Mais qu'écrit-il ? est-ce une lettre ou autre chose ? — Il n'écrit point de lettre, il fait des écritures relatives au chargement du navire.

» Alors je remarquai l'heure qu'il était, afin de pouvoir vérifier si la somnambule était dans le vrai.

» Peu d'instants après, je la rendis à son état ordinaire, et je quittai ces dames.

» Le même soir, le fait de vue à distance ayant été vérifié, a été trouvé parfaitement exact.

» Demay. »

DEUXIÈME LETTRE DE M. DEMAY.

—

« *A M. Ricard, rédacteur du* Révélateur,

» Monsieur et cher professeur, je vous ai parlé d'un vol qui a été commis dans ma chambre, et des informations que j'ai prises sur le voleur auprès de mademoiselle Louise T..., somnambule que j'ai formée. Voici le fait tel qu'il s'est passé, et ce que m'a dit mademoiselle Louise pendant son sommeil magnétique.

» Si vous trouvez ce fait digne d'être inséré dans votre intéressant journal de Magnétisme animal, je vous prie de le publier, si vous avez une petite place pour lui :

» Averti, par je ne sais quel pressentiment, le 8 mai à cinq heures et demie du matin, je me réveillai en sursaut en demandant, assez haut : qui est-ce qui est-là ? Je vis un homme me tournant le dos, vêtu d'une redingote bleue et ayant la tête nue ; cet homme avait le bras allongé vers ma table de nuit, et s'enfuit aussitôt que j'eus parlé. L'idée me vint de suite que c'était un voleur, et je sautai hors du lit en criant : Au voleur ! Je crois que je perdis l'usage de mes yeux et de ma langue, lorsque je fus debout, car je ne le vis plus et je n'articulais aucune parole, malgré que je criasse très haut ; cependant je le poursuivais. Arrivé au bout du corridor devant la porte de mon voisin, qui s'était levé au premier bruit, il me demanda ce qu'il y avait ; je lui dis que je poursuivais un voleur que j'avais vu près de mon lit en me réveillant ; mais, comme nous étions tous deux en chemise et qu'il devait être déjà sorti de la maison, nous ne le poursuivîmes pas. En rentrant dans ma chambre, je vis sur le plancher tous les vêtements que je portais la veille, puis, sur une chaise près de la porte, un foulard à moi que le voleur avait placé là, probablement pour faire un paquet. Je fus à ma table de nuit : ma montre n'y était plus ; je regardai sur ma commode où j'avais posé ma bourse la veille en me couchant, elle avait disparu. Je revins près de la porte pour ramasser mes vêtements, et ne fus pas peu surpris de trouver ma bourse dans le foulard. Enfin, le voleur n'avait pris que ma montre.

» Je suivais depuis quelque temps un cours de magnétisme animal, et j'avais déjà formé quelques somnambules. Dans l'après-midi, je fus chez mademoiselle Louise T., la plus lucide, et la priai de se laisser endormir, parce que j'avais quelque chose à lui demander ; mais je ne lui dis pas de quoi il était question. Quoique affectée d'une irritation de poitrine qui la faisait beaucoup tousser, elle ne s'y refusa pas, et je la magnétisai. Lorsqu'elle fut arrivée à l'état somnambulique, je lui demandai si elle savait ce qui s'était passé le matin dans ma chambre ; elle me répondit qu'elle l'ignorait. Voulez-vous venir chez moi ? lui dis-je. — Ma foi, non. — Qu'est-ce que cela vous fait ; nous y irons sans sortir d'ici. — Ah ! comme ça, je le veux bien. — Je crus pouvoir la transporter tout d'un coup dans ma chambre, et pendant que le voleur y était ; mais je ne pus y réussir. Il me fallut la faire passer par toutes les rues qui séparent sa maison de la mienne, en lui demandant de temps en temps, si nous n'étions pas dans tel endroit. Sur ses réponses affirmatives, je ne doutai plus que je la conduirais jusque chez moi. Effectivement, je l'introduisis dans ma chambre, qu'elle me dépeignit parfaitement bien, quoiqu'elle n'y fût jamais venue. Je lui demandai s'il y avait quelqu'un : — Je ne vois personne. — Et moi : est-ce que je n'y suis pas ? — Si, mais vous êtes au lit, et vous dormez. — Mais il y a encore quelqu'un. — Ah! c'est sans doute une femme. — Non, regardez bien. — Ah! je vois les jambes d'un homme, mais il a une robe. — Levez la tête, regardez-le bien, et vous verrez s'il a une robe. — Je ne puis voir que ses jambes. — Alors je dégageai et développai bien sa vue. — Ah! me dit-elle, je le vois : — il a une redingote bleue. — Comment est-il coiffé ? — Il a la tête nue. Ah! mon Dieu, c'est un voleur qui est chez vous. — Je le sais bien, mais il faut le laisser faire et nous le prendrons. Que fait-il maintenant ? — Il ne fait rien, il est là entre l'armoire et la cheminée, il vous regarde ; mais cet homme a bien peur, il tremble. Ah! le voilà qui regarde sur la cheminée. — Ne le perdez pas de vue. — Il cherche quelque chose qu'il ne trouve pas. Ah ! il s'approche de la commode, il prend votre bourse. Non, il la laisse. Mon Dieu, que j'ai peur! allons-nous-en. — Et elle allongeait ses bras pour me chercher. Je lui donnai mes mains, qu'elle saisit avec force, en me suppliant de l'emmener. Je lui dis qu'elle n'avait rien à craindre, puisque j'étais là et que d'ailleurs le voleur ne pouvait nous voir. — Ah! le voilà qui va vers le cabinet. Il n'ose l'ouvrir, de peur de faire du bruit ; il voudrait bien aussi ouvrir les tiroirs de la commode, mais il ne le fera pas. Puis, se jetant à mon cou : — Ah! mon

Dieu! il s'approche de votre lit; il va vous faire du mal. —
Elle tremblait; elle voulait crier et se pressait contre moi.
— A-t-il des armes pour me faire du mal? — Non, il n'a
rien. — Alors n'ayez pas peur, mais ne le perdez pas de vue.
— Il vous prendra votre montre, mais vous vous réveillerez.
Oh! le voilà qui retourne à l'armoire; il voudrait bien l'ouvrir, mais il a peur de faire du bruit. Cet homme est bien en
colère; il jure, parce qu'il ne trouve pas ce qu'il cherche;
il cherche quelque chose qui n'y est pas. Ah! il retourne à la
commode; il prend votre bourse, il la met dans la poche de
son pantalon. Il revient à vous. Mon Dieu que j'ai peur! em-
menez-moi; je ne veux plus rester là. Le voilà qui entre dans
l'alcôve, il prend vos vêtements, il fouille dans vos poches,
il revient vers vous (puis, avec la plus grande frayeur) : il
prend votre montre, vous vous réveillez, il se sauve, vous
courez après lui, en criant. — Suivez-le. — Il descend. Ah!
il a manqué de tomber au premier, suivez-le toujours. Je ne
le vois plus, il a disparu avant d'être en bas. — Je la ramenai
dans ma chambre : — Voyez-vous, me dit-elle, en entrant,
voyez-vous, il a jeté votre redingote, votre pantalon et votre
gilet, pour mieux se sauver. — Alors il lui prit une toux très
violente; elle me pria de la réveiller. Je ne le fis pas de suite,
espérant que cela se calmerait. Mais sa toux ne fit qu'augmenter, et je fus obligé de la réveiller.

» J'espère, lorsqu'elle sera guérie, la remettre sur les traces
du voleur, et je ne désespère pas de le découvrir.

» Veuillez agréer, monsieur, les salutations amicales de
votre élève reconnaissant.

» DEMAY.

» Bordeaux, le 19 mai 1838. »

TRAITEMENT DES SOURDS-MUETS

PAR LE MAGNÉTISME ANIMAL.

—

> « Tant que nous ne saurons point exactement
> quel rôle joue dans les phénomènes de la vie cet
> agent invisible, dont les nerfs sont les conduc-
> teurs, tout physiologiste de bonne foi avouera
> que ce qu'il sait n'équivaut pas à ce qu'il ignore.
> RICHERAND, *Elém. de Physiol.*

» Vers la fin de juin 1856, je magnétisai mademoiselle V....
pour une affection de poitrine dont elle était atteinte. Après
quatre séances, le somnambulisme se déclara ; dans peu de
jours il acquit tout son développement ; et je puis affirmer
que, sur plus de cent somnambules que j'ai vus, jamais je n'ai
rencontré rien d'aussi parfait.

» A l'instant où un soupir annonçait le passage à cet état extraordinaire, un changement subit s'opérait chez cette jeune
personne, au physique comme au moral : la face, et surtout
les lèvres, perdaient un peu de leur coloris ; les traits prenaient un accent de sévérité que rien ne pouvait troubler ; les
gestes étaient empreints d'une gravité toute particulière ; le
son de voix était changé ; les paroles avaient quelque chose de
prophétique ; les réponses étaient pleines d'un esprit et d'une
logique qu'à beaucoup près on ne retrouvait pas chez la somnambule dans son état de veille.

» Le grand nombre des personnes qui l'ont vue dans cet état
trouveront, sans doute, le tableau que j'en fais bien au-dessous
de la réalité.

» Me proposant de donner, dans un article spécial, le traitement de mademoiselle V...., et d'y relater les nombreux phénomènes qu'elle m'a présentés, je ne ferai mention dans celui-ci que de ce qui a trait aux sourds-muets.

» Dans une de nos conversations sur l'emploi du magnétisme

comme moyen thérapeutique, je lui demandai ce qu'elle pensait de son application aux sourds-muets. Après avoir réfléchi, elle me dit : — Chez les sourds-muets, le mutisme n'est que le résultat de la surdité ; or, faites entendre ces individus, et ils ne tarderont pas à parler. N'allez pas croire qu'ils parleront de suite comme vous et moi ; mais ils répèteront les mots qu'on leur dira, et ce ne sera qu'avec beaucoup de travail qu'ils acquerront cette faculté, comme nous la possédons. Du reste, c'est un sujet très grave, et j'ai besoin d'y refléchir. Ne m'en parlez que dans trois jours ; si vous veniez à l'oublier, je vous y ferais songer.

» Le jour indiqué, la somnambule me rappela notre conversation sur les sourds-muets, en me disant :

» —J'ai bien songé au sujet qui nous occupe, et je puis maintenant vous parler avec certitude : il est très facile de guérir de ces malheureux ; mais ne croyez pas que tous soient susceptibles de guérison, ce serait la croyance d'un insensé. Je vous affirme que l'on peut en guérir un tiers ; pour la moitié c'est probable, mais un tiers c'est certain. Quant à ceux qui sont sourds-muets de naissance (et il n'y en a pas autant que vous le croyez), le magnétisme est nul. Je me sens, continuat-elle, un bien grand désir d'en guérir quelques uns. Si vous pouviez obtenir pour nous deux l'entrée dans l'institution des sourds-muets, là, je tâterais toutes les têtes, nous mettrions de côté les individus les plus faciles à guérir. Sur ce premier choix, je choisirais encore celui qui nous offrirait le moins de travail, et, dans peu de jours, peut-être même dans peu d'heures, nous forcerions les plus incrédules, comme les plus intéressés à nier l'existence du magnétisme, nous les forcerions, dis-je, à reconnaître une puissance que rien n'égale sur la terre.

» La tête montée de ce que venait de me dire mademoiselle V...., je fus chez un magnétiseur de mes amis, à qui je racontai notre conversation ; je lui dis que mon intention était d'aller, en sortant de chez lui, voir M. Guilhe, afin de m'informer des démarches à faire pour obtenir l'autorisation de faire des essais sur les sourds-muets de l'institution royale de notre ville. — Puisque vous voulez, me dit-il, poursuivre cette idée, je vous dirai que j'y avais songé, que même je possède une brochure assez rare d'un homme qui rendit l'ouïe, et par suite la parole, à plusieurs sourds-muets, par un moyen qu'il ne fait pas connaître, mais tout me porte à penser que c'est par le magnétisme. Puisque vous voulez essayer, voici la brochure, emportez-la.

» Dans la journée, je me présentai chez M. Guilhe, qui me reçut avec cette bonté, cette douceur qui le caractérisent. Je lui fis part du but de ma visite. Il approuva ma détermination, me parla du magnétisme en homme qui a vu et bien vu, me demanda mon nom, et termina en me disant qu'il ne pouvait prendre sur lui de me laisser faire mes essais, mais qu'il allait en écrire de suite au ministre, et que dès qu'il aurait reçu une réponse favorable, il m'en informerait.

» Je me retirai bien satisfait de ma première démarche, et, dans l'attente de l'autorisation, je lus avec avidité tout ce que je pus me procurer sur les sourds-muets. Voici les questions sur lesquelles j'avais besoin de m'éclairer :

» 1° Quelles sont les proportions qui existent entre les sourds-muets de naissance et ceux qui le deviennent par la suite ?

» 2° Quelles sont les causes qui font naître le mutisme chez les muets qui ne le sont pas de naissance ?

» 3° Les sourds-muets sont-ils tout-à-fait sourds, ou bien entendent-ils quelques sons ?

» 4° La médecine ordinaire a-t-elle guéri beaucoup de sourds-muets ?

» 5° En a-t-on guéri par le magnétisme ?

» Première question. — *Quelles sont les proportions qui existent entre les sourds-muets de naissance et ceux qui le deviennent par la suite ?*

» D'après le rapport statistique fait par M. Gallaudet sur les sourds-muets de l'institution de Hartford, dans le Connecticut, il résulte que depuis 1816 jusqu'en 1829, le nombre des élèves a été de 279, dont 116 sourds-muets de naissance et 163 dans leurs premières années.

» A l'institut de Prague, sur 54 sourds-muets, 19 de naissance, 35 dans leurs premières années.

» A l'institution de Leipzig, sur 51 élèves qui y étaient en 1830, 22 étaient sourd-smuets de naissance et 29 dans leurs premières années.

» Ainsi, en prenant pour point de comparaison ces trois documents :

	De naissance.	Premières années.	Nombre d'élèves.
» Hartfort.	116	163	279
» Prague..	19	35	54
» Leipzig..	22	29	51
	157	227	584

on trouve 9/16ᵉ pour le nombre des sourds-muets qui ne le sont pas de naissance.

» DEUXIÈME QUESTION. — *Quelles sont les causes qui font naître le mutisme chez ceux qui n'en sont pas atteints de naissance ?*

» Voici le résumé de ce que dit M. Itard, médecin, au sujet des sourds-muets : « Souvent la surdité date des deux premières années de la vie, et reconnaît ordinairement pour cause occasionnelle les convulsions avec ou sans fièvre, les chutes sur la tête et les fréquentes otites (*phlegmasie de la membrane muqueuse*). »

» M. Boisseau, médecin, s'exprime ainsi : « La surdité de naissance et celle qui survient, soit avant que l'enfant ne sache parler, soit pendant le temps où il apprend à parler, s'oppose invinciblement à ce que la parole se développe, ou fait perdre le peu d'instruction déjà acquise en ce genre ; et, dans ces trois cas, elle entraîne le mutisme.

» L'imperfection native du cerveau, la faiblesse naturelle des facultés intellectuelles, déterminent le mutisme.

» Toute affection du cerveau résultant d'une maladie des voies digestives peut entraîner le mutisme.

» Il ne faut pas oublier que le mutisme n'est jamais primitif, soit qu'il dépende de la perte de la voix, de la surdité, de la mauvaise conformation, ou de la maladie primitive ou secondaire du cerveau.

» Si le mutisme dépend de la surdité ou d'une maladie du cerveau, il dure autant qu'elle, et cesse avec, lorsqu'elle est curable. »

» Troisième question. — *Les sourds-muets sont-ils tout-à-fait sourds, ou bien entendent-ils quelques sons ?*

» Voici la classification des sourds-muets faite par M. Itard, à l'institution royale, pendant dix années d'observation :

« 1/40e perçoit les nuances de la voix qui expriment la pitié, la douleur, le plaisir. Il entend la parole pourvu qu'elle soit lente, plus élevée, plus directe, et plus rapprochée qu'elle ne l'est dans la conversation ordinaire.

» 1/30e perçoit les voyelles et quelques consonnes.

» 1/24e n'entend que les voyelles.

» 3/5e n'entendent que les bruits les plus violents, tels que ceux du tonnerre, d'une arme à feu, de la percussion, d'une porte, d'une grosse cloche, du tam-tam.

» 1/4e ne peut jamais entendre. »

» Quatrième question. — *La médecine ordinaire a-t-elle guéri beaucoup de sourds-muets.*

» Laissons encore parler M. Itard :

« Les graves conséquences de la surdi-mutité justifient tous les efforts que la médecine a tentés pour guérir, bien qu'ils aient été si rarement heureux. Les longs intervalles de temps auxquels ont été obtenues ces rares guérisons, et la diversité des moyens qui les ont produites, et qui ont été ensuite inutilement répétés, prouvent assez combien peu ces mêmes remèdes méritent notre confiance, et la part qu'un heureux hasard a eue à leurs succès. »

» CINQUIÈME QUESTION.— *En a-t-on guéri par le magnétisme ?*

» Cette question me rappelant sur mon terrain, mes citations seront plus nombreuses :

» Deleuze, page 244, de son *Instruction pratique*, dit :

« On a quelquefois réussi sur des sourds-muets. »

» Dans l'exposé des cures opérées en France par le magnétisme animal, depuis Mesmer jusqu'à nos jours, on trouve, à la pag. 310 du 2ᵉ vol. :

« Un enfant de 10 ans, Claude-Louis Lhomme, sourd-muet de naissance, fils d'un laboureur de Poligny, département du Jura, a été envoyé à Paris, il y a trois mois (1830), pour être placé chez M. Sicard. La demande faite pour lui d'une place dans cet établissement est dans les bureaux du ministre de l'intérieur.

» M. Menuret ayant vu cet enfant chez la personne à qui on l'avait adressé, a essayé de le magnétiser, et l'a endormi dès la première fois. Cet effet lui donnant quelque espoir de le guérir, il a voulu continuer le traitement, et il l'a logé chez lui. Dès le troisième jour, l'enfant a senti dans les oreilles un mouvement qui l'engageait à y porter les mains ; le cinquième jour, il a entendu avec surprise le son d'une petite cloche ; quelques jours après, le bruit le fatiguait tellement, qu'on a cru devoir le magnétiser beaucoup moins, pour ne pas trop exciter la sensibilité.

» Maintenant l'enfant entend lorsqu'on lui parle un peu haut ; il répète les mots qu'on lui prononce et le nom des choses qu'on lui montre, mais il n'attache encore point d'idées aux verbes ou aux adjectifs, et son dictionnaire n'est pas fort étendu ; il va à l'école, où il apprend à lire. »

» Venons maintenant à la brochure que me prêta le magnétiseur de ma connaissance ; elle a pour titre :

» *Notions sur le sens de l'Ouïe en général, et en particulier sur le développement de ce sens, opéré chez Rodolphe Grivel et chez plusieurs autres sourds-muets de naissance; par* Fabre d'Olivet (1819). »

» Avant de citer les passages de cette brochure qui ont trait aux sourds-muets, il est bon, je crois, de dire quelques mots sur son auteur et sur la raison qui le détermina à tenter ce genre de cures.

» Fabre d'Olivet occupait, sous le directoire, un emploi dans les bureaux de Bernadotte, alors ministre de la guerre ; ayant perdu sa place par suite de la haine que Napoléon lui portait, il voulut, en 1810, publier un ouvrage intitulé : *la Langue hébraïque restituée et le Sépher;* il en fit la demande à l'empereur, mais il n'obtint pas de réponse. Alors il s'adressa à M. de Montalivet, qui tenait le portefeuille. Une discussion s'éleva entre eux. Ici, je vais laisser parler l'auteur.

« Une discussion assez vive, dit-il, s'éleva entre nous, du sein de laquelle jaillit la première pensée qui me conduisit à développer le sens de l'ouïe dans un sourd-muet, et voici comment cela se fit :

» Tandis que je parlais avec feu des beautés sublimes renfermées dans le Sépher, et que je disais à M. de Montalivet, ce que j'ai publié depuis, que ce livre antique, sorti tout entier des sanctuaires de Thèbes et de Memphis, renferme tous les secrets du sacerdoce égyptien, et développe en peu de pages les principes de toutes les sciences, le ministre m'arrêta brusquement, et me dit : « — Monsieur d'Olivet, si ce que vous annoncez avec tant de force est vrai, si les principes de toutes les sciences sont dans le Sépher, vous devez les connaître, puisque vous vous flattez d'avoir restitué la langue de ce livre sacré et que vous en avez traduit dix chapitres ?

Eh bien, montrez-moi un seul de ces principes, et je ferai imprimer votre livre tout entier. »

» Frappé de cet argument, et peut-être un peu piqué à mon tour de l'espèce de défi qui m'était porté, je dis au ministre que je ferais ce qu'il me demandait, et je sortis. »

» Ensuite, d'Olivet raconte qu'ayant rencontré le jeune Rodolphe Grivel : « Il me sembla, dit-il, que la Providence le plaçait sur mes pas pour me donner occasion de répondre victorieusement au défi du ministre de Napoléon, *en appliquant* à ce sourd-muet *le principe d'une science que je connaissais bien, et certainement celui de tous qui se trouve le plus clairement énoncé dans les dix premiers chapitres du Sépher, quand on sait le lire.* »

» L'organe auditif inerte chez Rodolphe Grivel reçut la vie le 9 janvier 1811.

» Une lettre écrite à ce sujet par un nommé Lombard fut imprimée dans *le Journal de Paris*, et dans *la Gazette de France*, le 3 mars suivant :

« Louis Vieillard, âgé de vingt ans, sourd-muet, reçut dans l'espace de quelques jours la faculté d'ouïr et de parler.

» Après ces deux cures et celle de Marie Rolland, Napoléon me fit de nouveau comparaître devant son préfet de police, qui, après m'avoir déclaré, de la part du ministre de l'intérieur, que l'intention de Sa Majesté était que je ne me mêlasse plus directement ni indirectement de la guérison des sourds-muets, me demanda si j'étais résolu à obéir. On sent qu'il aurait été plus que téméraire de répondre négativement à une semblable déclaration ; je n'avais pas cinquante légions à mes ordres. Je répondis donc que je trouvais l'ordre péremptoire, et que j'y obéirais. »

» Dans une lettre de d'Olivet à madame B. R., qui lui demandait de guérir ses enfants sourds-muets, j'ai remarqué ce passage : « Je ne suis point médecin ; je n'ai point cherché, en faisant une cure extraordinaire, à attirer les yeux sur moi, ni à me donner ce qu'on appelle une clientèle : je ne veux pas exercer la médecine : *Je ne compose aucune espèce d'elixir ni d'opiat qui soit à vendre.* »

» Dans sa quatrième lettre, d'Olivet dit, en parlant de Grivel : « Il est évident que depuis l'instant où *le moyen employé* avait opéré sur l'organe, » etc., etc.

» Sept ans plus tard, d'Olivet rendit l'ouïe à la jeune Nina, âgée de quatre ans, fille de M. Tromparent, pasteur et président de l'église consistoriale réformée de Privas. Cette cure eut lieu du 12 au 15 juillet.

» Le 17 du même mois, la faculté auditive fut donnée à la première séance à une jeune sourde-muette âgée de quatorze ans ; elle se nommait Emilie.

» M. Maraval, pasteur d'Aigues-Vives, avait également un enfant sourd-muet.

« Le 31 du même mois de juillet, dit l'auteur, Adolphe Maraval, âgé de neuf ans, *reçut de mes mains la faculté auditive.* »

» Antoine Besson, âgé de vingt-deux ans, reçut la même faculté le 25 août.

» La note 4 de cette brochure doit encore trouver place dans cet article :

« Ce que je dis ici à madame B. R., de l'intérêt que m'inspirait ses enfants, est vrai. Jamais je n'ai éprouvé un si vif désir de tenter l'heureux *moyen* que la Providence mettait entre mes mains, qu'en cette occasion. Mais cela était impossible. Si, au moins, un des enfants de cette dame ne reçut pas la faculté auditive *de mes mains*, elle doit en accuser, non pas moi, mais Napoléon qui ne le voulut pas. J'étais tellement porté de bonne volonté envers elle, que, malgré le péril où je m'exposais, je lui indiquai, en terminant ma lettre, un moyen indirect de faire ce qu'elle désirait ; elle ne le sentit pas, ou, ce que je crois plutôt, on l'empêcha de le sentir, en le dénaturant à ses yeux. »

Note 9ᵉ :

« Je donne le nom de *moyen* à la chose qui, connue dans les sanctuaires antiques et assez clairement énoncée dans les premiers chapitres du *Sépher*, *peut faciliter le transport de la vie dans un organe qui en est privé.* On trouve le mot *remède* dans la première édition de cet ouvrage; mais ce mot était mal choisi. »

» Je crois n'avoir pas besoin de multiplier les citations de cette brochure pour que tout magnétiseur reconnaisse que ce *moyen* n'est autre que le magnétisme; la note 9ᵉ, surtout, doit lever tout doute à cet égard.

» Néanmoins, pour corroborer les preuves que je viens de donner, je vais rapporter un passage du second chapitre du *Sépher*, auquel renvoie Fabre d'Olivet dans sa brochure :

« Et il laissa tomber Ihôah, lui-les-Dieux, *un sommeil sympathique, mystérieux et profond*, sur Adam, » etc., etc.

» Au mot *sommeil sympathique*, il donne cette explication :

« C'est une espèce de léthargie ou de *somnambulisme* qui s'empare des facultés sensibles, et les suspend, ainsi que le témoigne le chaldaïque et l'arabe même. La composition hiéroglyphe du mot hébreu, est remarquable. Elle peut donner lieu à de singulières réflexions touchant quelques découvertes modernes.

» Il n'y a personne qui, d'après l'analyse de ce mot, n'y reconnaisse cet état extraordinaire auquel les modernes ont donné le nom de *sommeil magnétique*, ou de *somnambulisme*, et qu'on devrait peut-être qualifier, comme en hébreu, de sommeil *sympathique*, ou simplement de *sympathisme*. Je dois remarquer, au reste, que les hellénistes qui disent *une extase*, se sont moins écartés de la vérité que saint Jérôme, qui dit simplement *un assoupissement*. »

» Ce dernier paragraphe me prouve évidemment :

» 1° Que le magnétisme était connu de toute antiquité;

» 2° Que Fabre d'Olivet connaissait cette science;

» 3° Enfin que c'est le moyen dont il s'est servi pour rendre l'ouïe aux sourds-muets cités plus haut.

» Revenons maintenant aux démarches que je fis pour essayer du magnétisme sur les sourds-muets de l'institution.

» Une quinzaine de jours s'étaient écoulés depuis ma première visite à **M.** Guilhe ; inquiet de ne pas recevoir de réponse à la demande qu'il devait avoir faite , pour moi , au ministre , je lui écrivis la lettre suivante :

» Bordeaux , le 21 août 1836.

» Monsieur, lorsque je me présentai chez vous le 7 de ce mois, pour vous faire part de mon projet de faire des essais sur les sourds-muets , dans l'espoir de leur rendre l'ouïe et par suite la parole , la manière flatteuse dont vous m'accueillites et l'espoir que vous me donnâtes , que **M.** le ministre ne refuserait pas son consentement à la demande que vous deviez avoir la bonté de lui faire pour moi; ces deux circonstances redoublèrent mon ardeur.

» Depuis ce jour, j'ai fait des recherches qui ont été couronnées du plus heureux résultat, et j'ose pouvoir affirmer maintenant que ce qui n'était , il y a quelques jours , qu'une idée que je croyais m'appartenir tout entière , et par cette raison pouvoir être fausse , se trouve être une vérité. »

(Ici je cite plusieurs passages rapportés ci-dessus.)

« Jugez, monsieur, si je dois éprouver un désir bien grand de rapprocher le plus qu'il me sera possible l'instant de mes expériences? De grâce , ne m'abandonnez pas ; sans vous , je ne puis marcher ; votre appui et vos lumières me sont indispensables. Réalisons mon grand projet, et, s'il réussit, comme j'ai tout lieu de l'espérer , nous aurons, vous et moi, bien mérité de l'humanité.

» Agréez , etc. , etc. »

» Huit jours s'étant écoulés sans avoir de réponse, je retournai chez **M.** Guilhe. N'ayant pas été reconnu d'abord, je me nommai, sans être plus heureux. Ce monsieur m'ayant demandé quel était le but de ma visite , je cherchai à lui rappeler, en peu de mots, ce que je lui avais déja dit dans notre première entrevue. Il chercha un instant, et me répondit qu'il ignorait entièrement ce dont je lui parlais. Je lui rappelai ma lettre qu'il avait reçue huit jours avant : même feinte d'ignorance de sa part. Alors je m'assis, et lui dis : Puisque je n'ai pas eu le bonheur de laisser dans votre mémoire un seul souvenir de ce que je vous ai déjà expliqué avec assez de détails, je vais recommencer. J'étais entré en matière, lorsque M. Guilhe m'arrêta, en me disant. — « Oui, j'y suis ; j'ai réfléchi depuis la promesse que je vous fis, et je n'ai pas écrit au ministre, parce que cela regarde M. le préfet. Je pense qu'il m'accordera volontiers cette autorisation ; mais il pourra se faire que M. de Preissac veuille assister à vos expériences, et je crains que cela ne puisse vous convenir. — Au contraire, monsieur, je serai flatté que cela se fasse devant une autorité ; car mes expériences ainsi faites ne pourront être contestées. — Oui, mais madame de Preissac voudra peut-être y assister aussi ? — Ce sera un honneur de plus pour moi. — Mais je réfléchis encore que M. le préfet ne pouvant pas se déranger tous les jours, vous serez obligé de venir à la préfecture. » Ici, perdant patience, je me levai ; et dis à M. Guilhe : Pour aplanir toute difficulté, si l'on met pour condition qu'il faille que mes expériences soient faites sous les yeux de *Louis-Philippe*, je suis prêt à partir pour Paris.

» Voyant bien que je ne devais pas compter sur M. Guilhe, j'allai à la préfecture remettre la lettre suivante :

« Bordeaux, le 8 septembre 1836.

« Monsieur le préfet, les essais infructueux faits par les médecins pour rendre aux sourds-muets les deux sens dont ils sont privés, m'ont engagé à chercher ailleurs un moyen que ne possède pas la médecine ordinaire.

» Après de nombreuses recherches et un travail opiniâtre, je me suis convaincu que je possédais un moyen certain pour rendre aux sourds-muets l'ouïe, et par suite la parole.

» En conséquence, je m'adresse à vous, monsieur le préfet, pour savoir s'il y aurait possibilité de faire quelques essais sur les jeunes élèves qui sont à l'institution royale des sourds-muets de Bordeaux.

» Si, comme je me plais à le croire, cette permission m'est accordée, je désirerais qu'une ou plusieurs personnes prises dans cette administration fussent nommées par vous pour que je leur fasse connaître mon procédé et que je leur prouve qu'il n'y aurait aucun danger à l'appliquer à ces jeunes enfants.

» Une chose indispensable à la réussite de mes essais, c'est qu'il n'y ait pas de médecins dans la commission qui serait nommée.

» Recevez, etc., etc. »

» Voici la réponse qui me fut faite :

« Bordeaux, le 15 septembre 1836.

» Monsieur, j'ai reçu la lettre que vous m'avez fait l'honneur de m'écrire le 8 de ce mois, et dans laquelle vous me faites connaître que, croyant posséder un moyen certain de rendre aux sourds-muets l'ouïe, et par suite la parole, vous désirez faire quelques essais sur les élèves de l'institution royale des sourds-muets de Bordeaux ; vous me demandez en même temps que des personnes n'appartenant pas à la Faculté de médecine soient nommées par moi pour examiner votre procédé, et apprécier l'opportunité de son application.

» On ne saurait trop vous louer, monsieur, d'avoir dirigé vos recherches sur un sujet aussi important ; mais pour qu'il soit possible de nommer une commission et de vous confier des élèves de l'institution royale des sourds-muets, il est nécessaire que vous ayez exposé préalablement, dans un mémoire spécial, vos vues fondamentales. Vous devez comprendre, monsieur, que, quel que soit l'intérêt que porte l'administration à toutes les recherches d'utilité publique, il ne serait pas convenable de donner cours à votre demande sur des données aussi vagues que celles que vous fournissez.

» Recevez, etc., etc.

> *Le pair de France, préfet de la Gironde,*
>> *Signé :* Comte de Preissac. »

» Ma première idée fut de rédiger ce mémoire ; mais la réflexion m'en empêcha ; car, me doutant bien au jugement de qui mon travail serait soumis, il m'était facile de deviner le genre de réponse qui me serait faite.

» Du reste, ce qui était arrivé en 1811 et en 1817 à M. de Puységur, me revint à la mémoire, et je résolus de ne pas donner suite à ma demande. Voici ce fait qui va se trouver à sa place, et que je copie dans l'ouvrage sur le magnétisme de M. Foissac, médecin de Paris, à l'article de *M. de Puységur :*

« Dans un mémoire sur la puissance de la volonté, inséré pag. 42 du premier numéro de *la Bibliothèque du magnétisme*, M. de Puységur raconte qu'en 1811 ou 1812, il avait proposé à l'abbé Sicard de se renfermer dans l'hospice des sourds-muets, et de magnétiser les malades, afin de les mettre en somnambulisme, et donner ainsi des preuves irrécusables de la réalité de cette découverte. Il est inutile de dire que le gouvernement refusa l'autorisation. En 1817 il renouvela sa proposition, avec aussi peu d'espérance de la voir acceptée.

» En l'insérant, dit-il, dans les Mémoires de notre Société de magnétisme, elle y prendra date d'ancienneté, et lorsque les Français un jour apprendront par les gazettes qu'une expérience si simple et si décisive a été faite à la satisfaction des savants de l'Europe, ils pourront au moins en revendiquer la priorité. »

« Ainsi, tout bien réfléchi, je trouvai plus rationnel de chercher à guérir un sourd-muet, et de l'envoyer ensuite à M. le préfet, étant certain qu'on ne ferait pas de lui ce qu'on aurait fait de mon mémoire , c'est-à-dire l'oublier dans un carton.

» Je fus donc voir une famille de ma connaissance ayant une jeune enfant de sept ans sourde-muette, à laquelle j'avais déjà songé depuis long-temps, mais dont le caractère turbulent et méchant me faisait douter de trouver chez elle la tranquillité nécessaire pour la magnétisation.

» Les parents ayant accepté avec reconnaissance la proposition que je leur fis, nous commençâmes le 20 septembre 1836.

» Le père fut obligé de tenir son enfant sur ses genoux. Après quatre ou cinq minutes de magnétisation, la respiration devint difficile; il y eut commencement de somnolence.

» 21. Les yeux se ferment ; après une minute elle les ouvre en poussant un cri et portant les mains aux oreilles. Je continue; elle fait signe que la tête lui fait mal, et que les douleurs qu'elle éprouve dans les oreilles lui semblent produites par une boule qui tend à faire expansion.

» 22. C'est en vain que j'essaie de la magnétiser ; elle s'y oppose , en me faisant signe que l'intérieur des oreilles lui a fait trop mal la veille.

» Je consulte ma somnambule sur la jeune sourde-muette ; elle ne veut pas s'en occuper, me disant qu'il y a trop de difficulté pour la magnétiser.

» 23. Les douleurs continuent ; je veux l'actionner, mais je suis obligé de cesser, parce qu'elle change continuellement de place.

» 24. A force de prières, elle finit par se laisser magnétiser, encore faut-il que le père la tienne. J'obtiens la somnolence ; elle ressent des douleurs aux amygdales.

» 25 et 26. Rien de nouveau.

» 27. Elle ne veut pas se laisser magnétiser.

» 28. Ayant été purgée le matin, la séance est renvoyée au lendemain.

» 29 et 30. Elle ne reste pas tranquille ; effets nuls.

» Deux jours après, étant suante, elle va se reposer dans une chambre humide ; une fluxion de poitrine se déclare. On envoie chercher un médecin ; je cesse de magnétiser. Lorsqu'elle est rétablie, on la fait entrer à l'institution des sourds-muets.

» Dans l'espoir de rencontrer un sujet qui veuille se prêter à mon action, et sur lequel je puisse opérer à ma fantaisie, je fais parler à un M. V., qui avait deux enfants sourds-muets. Après bien des démarches, il consentit à laisser toucher son fils par ma somnambule ; mais pour sa jeune demoiselle, il ne le voulut pas.

» Le 16 novembre 1856, jour convenu, M. V., son fils, sourd-muet, âgé de quatorze ans, et M. D., négociant à Bordeaux, vinrent voir endormir la somnambule. Dès que le sourd-muet vit le passage de l'état de veille au sommeil magnétique, phénomène qui ne dura qu'une demi-minute, il fit un mouvement de surprise. M. D. lui demanda, par signe, s'il voulait se soumettre à mon action ; il fit un signe négatif empreint d'un sentiment de frayeur.

» Après que la somnambule se fut reposée, elle appela, de la main, le jeune sourd-muet ; il se leva spontanément et vint se placer sur une chaise qu'elle avait à ses pieds.

» La somnambule prit la tête de l'enfant dans ses mains, la pencha sur sa poitrine, lui palpa le crâne dans tous les sens, et le magnétisa fortement ; ensuite elle fit plusieurs signes au jeune sourd-muet, qu'il comprit très bien. Elle termina en lui faisant comprendre de la main d'avoir toute confiance, que cela allait bien pour lui, et que bientôt il entendrait comme elle. Après s'être reposée un quart d'heure, elle m'appela et me dit : « Il faudra magnétiser cet enfant de la manière que je vous indiquerai demain, et cela sans interruption aucune pendant trente-huit jours ; le trente-neuvième, seulement, les effets se feront sentir et il commencera à entendre ; maintenant que je l'ai touché, soyez sûr que nous réussirons. Il ne souffrira pas de la tête ; il y éprouvera seulement un grand vide, comme si quelque chose en sortait. Il ressentira quelques douleurs dans la poitrine ; mais elles passeront bientôt ; du reste il n'y aura aucun danger. » Un instant après, elle ajouta : « Je n'ai jamais touché de tête où l'imagination soit aussi ardente. » Le père et M. D. me confirmèrent dans ce que venait de dire la somnambule.

» M. V. s'étant retiré, sans m'informer de ce qu'il voulait faire, le lendemain je lui écrivis :

« Bordeaux, le 16 novembre 1836.

« Monsieur, d'après ce que vous avez vu hier au soir, je me plais à croire que vous aurez bientôt pris une détermination, et que, dans l'intérêt de votre fils, vous rapprocherez le plus qu'il vous sera possible le jour où nous devrons commencer.

» Dans le cas où vous voudriez voir les parents des enfants guéris par Fabre d'Olivet, je joins à ma lettre sa brochure sur le sens de l'ouïe.

» De grâce, monsieur, hâtez-vous, car si je venais à perdre l'être extraordinaire que vous avez vu, la cure de votre enfant serait beaucoup plus longue.

» C'est au nom de vos enfants, de tous les sourds-muets et de l'humanité, que je vous prie de hâter votre retour à Bordeaux.

» Agréez, etc., etc. »

» Le surlendemain, M. V. quitta Bordeaux. Ce ne fut que long-temps après que j'appris qu'une assemblée de famille avait eu lieu au sujet de cette grande affaire, et que le plus savant de l'endroit avait été convoqué. Mais comme ce docteur ne pouvait pas croire à ce que croit le vulgaire, sa non-croyance au magnétisme prévalut, et je n'entendis plus parler ni du père, ni des enfants.

» J'ai d'autant plus de raison de m'étonner de l'apathie de M. V. que, lors de son voyage à Paris pour consulter M. Itard, ce médecin lui dit que tout espoir de guérir ses enfants était perdu, attendu que la médecine n'y pouvait rien.

» Peiné, mais non découragé du peu de succès de mes démarches pour trouver un sourd-muet sur lequel je pusse faire mes essais, je priai quelques amis de se charger de ce soin ;

mais, jusqu'à ce jour, leurs démarches ont été vaines, car la presque totalité des enfants sourds-muets sont à l'institution, et il est impossible aux parents de les mettre à ma disposition une heure par jour, pendant un certain temps.

» Je fais donc un appel aux familles qui ont des enfants frappés de cette infirmité. Mes occupations me permettant d'entreprendre un traitement, je désirerais profiter de la belle saison où nous allons entrer, et trouver un sujet sourd-muet de 10 à 15 ans, jouissant d'une parfaite santé.

» J'invite les magnétiseurs, ceux surtout qui ne font pas un amusement de cette science, à me seconder dans ce genre d'essai. Leurs tentatives seront, je n'en doute pas, couronnées de plus de succès que les miennes. Qu'ils ne perdent pas de vue que le premier qui réussira aura rendu un service immense à l'humanité, aura prouvé l'existence du magnétisme d'une manière irrécusable, et sera regardé comme un sauveur par tous les sourds-muets qui sont guérissables.

« Ed. Meillier. »

(Extrait du *Révélateur*.)

LE JEUNE DAUBAS,

DE ROCHEFORT.

M. Daubas, après avoir épuisé les ressources de la médecine ordinaire sans pouvoir obtenir pour son fils âgé de treize ans la guérison d'une surdité ancienne, voulut recourir au magnétisme. Il me présenta son enfant, au milieu d'une séance publique, et, sur mon avis, consentit que le jeune malade fût magnétisé sur-le-champ. Cinq minutes suffirent pour obtenir le somnambulisme avec preuve de clairvoyance. Le sujet annonça que cinq ou six magnétisations suffiraient pour opérer sa guérison ; cequi se réalisa admirablement.

Après quelques séances, le jeune Daubas arriva à un point extraordinaire de lucidité. Il n'était jamais sorti de Rochefort ; je le conduisis mentalement à Paris : il me décrivit exactement les Tuileries, le Louvre, le Palais-Royal, la Bourse, etc. Je lui fis voir Anvers qu'il me retraça exactement ; son exploration de la citadelle de cette place fut extrêmement minutieuse ; car, après m'avoir dit qu'un fleuve en baignait les murs d'un côté, que sur tel point se trouvait une brèche, sur tel autre, une autre ; il me désigna l'endroit où se trouvait le mortier-monstre auquel je ne pensais pas moi-même dans le moment. Conduit de même à la bourse de cette ville, il dit qu'elle était bien différente de celle de Paris, et en donna l'exacte description. Un jour nous voulûmes essayer de le faire lire, je lui demandai s'il pourrait supporter sans gêne l'application d'un bandeau. — Pourquoi un bandeau ? me répondit-il. — Afin que personne ne suppose que vous voyez comme tout le monde. — Eh bien ! rien n'est plus facile à prouver : appliquez-moi le livre au milieu du dos. Nous le fîmes, et il lut. — Placez-moi un écrit sous le pied, sur la tête, où vous voudrez, je le lirai. Nous essayâmes, et il lut. M. le docteur S...., médecin de la marine, encore dans le doute sur le fait de transposition du sens de la vue ou de vision malgré l'occlusion des yeux, proposa une épreuve péremptoire : un billet écrit secrètement par lui, cacheté par lui, fut placé par lui sous le pied du magnétisé, qui lut très couramment le contenu.

Un autre jour, nous voulûmes savoir s'il comprendrait ce que nous lui dirions en langues qui lui étaient étrangères. (Nous savions qu'il n'avait fait aucune étude, si ce n'est d'apprendre à lire, à écrire, à compter un peu.) M. S... lui parla anglais ; il répondit juste à ce qu'on lui demandait, mais en français. Je lui adressai en latin, puis en espagnol, plusieurs questions auxquelles il répondit avec la plus grande justesse. Je le priai de me donner la traduction d'une phrase latine que j'articulai lentement et nettement, il me dit le sens, mais non la traduction littérale. Enfin, je lui citai un passage de Virgile qu'il ne put traduire, parce que, me dit-il, je ne songeais pas moi-même à la signification générale de la phrase. Toutefois, il reconnut que c'était de la poésie, car il se récria en ces termes : — Comment voulez-vous que je comprenne cette *musique?* vous la *chantez* sans y penser.

Daubas, comme plusieurs autres de mes somnambules, comprenait admirablement l'ordre qui lui était mentalement donné, soit par son magnétiseur, soit par les personnes qui étaient en rapport avec lui. Il n'était donc pas surprenant d'après cela qu'il comprît la pensée qu'on lui manifestait par un moyen quelconque, suffisant pour éveiller son attention et la stimuler ; ainsi ce n'était pas le mot à mot qu'il comprenait, mais l'esprit de la phrase.

Quelques magnétiseurs de bonne foi, peu portés à l'enthousiasme et bons observateurs, m'ont assuré qu'ils avaient vu des somnambules qui répondaient en langues qui leur étaient inconnues durant la veille. Ainsi leur parlait-on grec ou latin, ils répondaient comme l'eussent pu faire Démosthènes ou Cicéron; allemand ou anglais, comme Schiller ou Byron. Or, c'est là, selon moi, le *nec plus ultrà* du somnambulisme ; et j'avoue sincèrement que, quoique le caractère des personnes qui ont été témoins de ces choses, et qui m'en ont fait part, ne me permette d'éleve   doute sur leur véracité, je désirerais vivement voir de mes yeux, entendre de mes oreilles, car je n'ai jamais rencontré rien de pareil.

MADEMOISELLE DUFAUT.

—

Le *Bulletin médical du Midi*, journal de Bordeaux (n° 202), contient l'article ci-après :

« VUE PARFAITEMENT DISTINCTE A UNE DEMI-LIÉUE DE DISTANCE.

» Nous empruntons au cours inédit de Magnétisme animal

de M. le comte de Beaumont-Brivazac, le fait suivant qui nous paraît digne de fixer l'attention de nos lecteurs. La science bien connue du docteur Pons, d'Agen, en présence duquel ont été faites les expériences, nous est un sûr garant qu'il n'y a eu en cette affaire ni illusion, ni absence de saine et judicieuse critique.

» Madame de L*** était, en 1828, aux eaux thermales de Castera-Verduzan, département du Gers ; elle souffrait beaucoup de vives douleurs spasmodiques qu'elle ressentait dans la région épigastrique. On lui prescrivit quelques doses de sulfate de quinine et l'usage des eaux et bains ferrugineux. Cette médication, loin de soulager madame L., aggrava son mal. Les douleurs étant devenues intolérables, je me rendis aux sollicitations de la malade, à celles de son mari et de sa belle-mère, qui voulaient que j'essayasse, contre cette affection, l'action du magnétisme. Le magnétisme calma toujours et arrêta souvent spontanément ces crises douloureuses, presque toujours accompagnées d'attaques de nerfs ; mais le sommeil magnétique ne se présenta jamais ; par conséquent, pas de somnambulisme au moyen duquel on pût découvrir la cause du mal et le moyen de le guérir. Il faut dire que la médecine avait épuisé les ressources de la thérapeutique. Cette jeune et intéressante malade fut passer l'hiver à Agen, et ce fut deux mois après qu'elle eut quitté Castéra-Verduzan, que j'eus le plaisir de la revoir dans cette ville.

» Madame L. était toujours aussi souffrante. Le magnétisme arrêtait, détruisait momentanément le spasme ; mais il ne guérissait pas la maladie. Je rencontrai chez madame L., M. le docteur Pons, professeur d'anatomie, médecin d'un grand mérite. Le docteur était dans les rangs des incrédules ; mais son scepticisme, ainsi que ses nombreux écrits l'ont prouvé depuis, n'avait rien de cet acharnement, de cette fureur irascible qui distinguent d'une manière déplorable quelques membres de la Faculté, quand ils parlent du magnétisme. M. Pons fut acteur et témoin dans les faits que je vais raconter, et j'eus le bonheur d'opérer chez lui une conversion complète.

» J'avais conduit chez madame L. , le 26 septembre, la
jeune Adeline Dufaut, âgée de quinze ans environ, l'une de
mes somnambules les plus lucides ; j'espérais avec une extrême
confiance qu'elle pourrait indiquer un remède propre à guérir notre intéressante malade. Le docteur Pons n'ayant jamais
vu de somnambule, ne se fit pas attendre. Je commençai par
magnétiser madame L. , parce qu'elle souffrait par accès de
son spasme ordinaire. Je prouvai au docteur que non seulement je pouvais calmer le spasme , mais même l'arrêter spontanément pour la seule application de ma main sur la région
épigastrique.

» Je m'empressai ensuite de mettre mademoiselle Dufaut
en somnambulisme et de la mettre en rapport avec madame L.
La somnambule était sérieuse ; elle paraissait entièrement
concentrée, et elle continuait de tenir la main de la malade
dans la sienne, lorsque la malade éprouva un nouveau spasme.
J'engageai alors le docteur à essayer de produire le même
effet que celui qu'il m'avait vu obtenir en plaçant la main sur
l'épigastre de madame L.; mais l'heureux résultat ne put avoir
lieu ; car, à peine M. Pons eut-il touché la partie souffrante,
qu'il retira sa main avec vivacité, en s'écriant : — Je suis convaincu pour toujours!... je n'ai plus besoin de rien voir. Le
docteur venait d'éprouver le même effet qu'il eût ressenti s'il
avait touché une torpille ou le gymnote engourdissant. Son
bras droit éprouvait une sorte de torpeur que je détruisis
promptement par quelques passes prolongées de l'épaule à
l'extrémité de la main. Dès ce moment M. Pons étudia le
magnétisme avec d'autant plus de zèle, qu'il ne tarda pas à
produire lui-même les effets les plus surprenants. Madame
de L. se prit à rire forcément d'un événement aussi singulier
qu'imprévu, et ce rire immodéré mit fin au spasme : la somnambule, totalement étrangère à ce qui se passait, demeura
impassible.

» Consultée sur la maladie de madame de L., elle répondit
sans hésiter, de manière à ce que le docteur pût juger qu'elle
indiquait clairement une irritation et non pas une inflamma-

tion. Le raisonnement que faisait la somnambule étonnait singulièrement M. Pons, qui avouait cependant ne pouvoir plus être surpris de rien. Mademoiselle Dufaut devint admirable, lorsqu'avec une joie indicible elle annonça qu'elle voyait le moyen de guérir madame de L. La présence de madame de L., de la mère de la malade et celle d'un habile médecin donnaient le plus vif intérêt à cette scène : — Là, disait la somnambule, *là sur un coteau de..... de..... Mont.* (Je nommai pour l'aider tous les coteaux des environs d'Agen et enfin celui de *Mont-Grand.*) — *Oui, de Mont-Grand*, s'empressa-t-elle de répéter, *près du pont..... à côté du ravin..... contre une pierre..... là..... voyez-vous cette plante, cette grande herbe!* Elle la décrit parfaitement ; et, d'après l'hésitation que je mettais à prononcer *oui, je la vois*, elle fait un mouvement comme pour cueillir une branche et me la donner, en disant : — *Tiens, vois..... comme elle a une odeur forte et mauvaise.....* — Oui, c'est vrai ; quel est son nom ? — *Oh! çà, je ne sais pas.....* — Que faut-il en faire? Est-il nécessaire d'en faire de la tisane pour la malade? — *Oh! non, mon Dieu, non..... pas boire.... la faire blanchir, la piler comme des épinards..... faire un cataplasme, le mettre entre deux linges, pendant vingt-quatre heures, sur l'estomac de la dame... ensuite une autre fois la même chose, et puis elle sera guérie.*

Elle décrivit la plante, sa forme, ses feuilles, sa couleur ; elle indiqua encore de nouveau, et parfaitement, le site où elle la voyait. *Est-ce que tu ne la vois pas? ne sens-tu pas cette odeur forte?* disait-elle avec impatience. Nous constatâmes que la somnambule, âgée de quinze ans et demi, n'avait pas été au coteau de Mont-Grand depuis l'âge de sept à huit ans. Je lui demandai si, étant éveillée, elle pouvait reconnaître cette plante. Elle me répondit que oui, si je l'y obligeais. Je procédai en conséquence, et ainsi qu'on le doit faire en pareil cas, pour qu'elle conservât le souvenir de la plante ; mais j'oubliai de lui imprimer celui du lieu où elle se trouvait et où elle la voyait encore. Au reste, nous avions pris note de tout, et n'avions nul besoin de son indication déjà écrite. Peu de temps après je mis fin au somnambulisme. A son réveil mademoiselle Dufaut, questionnée sur ce qu'elle avait éprouvé, par M. le docteur Pons, répondit qu'elle ne se souvenait de rien, mais qu'elle avait rêvé d'une plante *dont je sens encore l'odeur,* ajouta-t-elle. Elle ne savait pas pourquoi elle pensait à cette plante, qu'elle décrivit de nouveau dans les mêmes termes ; mais elle ignorait complétement où elle était, parce qu'elle n'en avait jamais vu de pareille, pas même au jardin de M. de Saint-Amand.

» Le lendemain, 27 septembre, en compagnie de M. de L., de M. de Brienne, du marquis de Mata-Florida, de mademoiselle Dufaut, de sa mère, et d'une de leurs amies, nous nous rendîmes au coteau de Mont-Grand, en laissant ignorer à la jeune fille le but de cette promenade. Arrivés près du pont jeté sur le ravin, je la priai de regarder autour d'elle, et de voir si elle ne pourrait pas trouver la plante qu'elle avait rêvée. A l'instant même elle se mit à la chercher, en disant : *Elle est par ici, oui, car je la sens..... mais je ne la vois pas.* Elle s'impatientait, frappait son pied contre terre ; en effet, elle n'avait aucun souvenir du lieu indiqué par elle. Je prévins M. de Brienne, et je mis mademoiselle Dufaut en somnambulisme pendant son exploration. Elle s'arrêta sur-le-champ, et l'ayant priée de cueillir la plante qui devait guérir madame de L. : *Ah ! oui,* dit-elle ; et elle courut droit vers le petit pont, exactement au lieu indiqué par elle à Agen ; elle descendit le ravin, et, sur le revers, contre un bloc de pierre roulé des hauteurs, également désigné dans son somnambulisme, elle cueillit un pied extrêmement touffu d'une plante d'un beau vert et qui exhalait une odeur désagréable et pénétrante ; personne, parmi nous, ne put la connaître. Peu de temps après je réveillai mademoiselle Dufaut et nous l'instruisîmes de tout ce qui s'était passé. De retour à Agen, nous présentâmes cette plante à plusieurs personnes qui ne la connurent pas mieux que nous. Cependant, le pharmacien qui demeure sous la vieille horloge, élève du célèbre M. de Saint-Amand, nous affirma que c'était la Psoralea bituminosa, plante qui répand, comme son

nom l'indique, une forte odeur de bitume, et qui n'est point
employée en médecine. N'importe, M. le docteur Pons n'hésita pas à en faire l'usage prescrit par la somnambule, et, dès
le soir même, le cataplasme ordonné fut appliqué sur la région épigastrique de madame de L... Cet appareil fut levé au
bout de vingt-quatre heures, ainsi que la somnambule l'avait
prescrit. La malade passa la journée sans éprouver de spasme ;
ce cataplasme avait produit l'effet d'un révulsif très actif.
Quelques faibles réminiscences spasmodiques reparurent dans
la nuit ; le cataplasme fut renouvelé, et, passé ce jour, madame de L... a été entièrement guérie.

» Il serait certainement difficile de trouver un exemple plus
remarquable de la réalité et de l'exactitude de la vue à distance chez certains somnambules, et mademoiselle Dufaut a
donné vingt autres preuves tout aussi remarquables de cette
étonnante faculté.

» *Signé :* **S. A.** D. M. P. »

MADAME BUSSIÈRE.

> « Le premier soin de celui qui débute dans
> l'étude d'une science doit être de préparer son
> esprit à recevoir la vérité, par l'abandon de
> toutes les notions imparfaites et adoptées à la
> hâte concernant les objets dont il va entre-
> prendre l'examen, notions qui ne tendraient
> qu'à embarrasser ou à égarer sa marche.
>
> JOHN HERSCHELL, *Tr. élém. d'Astr.*

» Madame Bussière (Désirée), épouse d'un sous-lieutenant
des douanes, demeurant à Bordeaux, rue du Quai-Bourgeois,
n° 58, était malade depuis plusieurs mois, par suite d'une
suppression ; elle ressentait des douleurs dans la poitrine,

était privée de sommeil et d'appétit, ce qui l'avait fait dépérir d'une manière alarmante.

» S'étant trouvée par hasard, le 16 avril 1836, chez son beau-frère, que je magnétisais, son mari me pria d'essayer du magnétisme sur elle, ce que je fis sur-le-champ. Dès la troisième passe, elle ferma les yeux et s'endormit; à la cinquième elle était en somnambulisme.

» Lui ayant demandé comment elle se trouvait, je ne pus en obtenir aucune réponse, car les mâchoires étaient en état de catalepsie.

» J'essayai, par tous les moyens connus des magnétiseurs, de lui rendre la parole, mais ce fut en vain; je fus donc obligé de me contenter des réponses qu'elle me fit par signes.

» — M'entendez-vous? lui demandai-je.—Elle me fit signe que oui. — Dans combien de jours parlerez-vous? — Elle compte le nombre quatorze sur ses doigts.

» Depuis ce jour jusqu'au 30, elle continua (dans son sommeil) de m'indiquer de la même manière le nombre des minutes qu'elle voulait dormir; et lorsque le temps indiqué par elle était écoulé, elle me faisait signe de la réveiller, sans que j'eusse besoin d'y songer.

» Le 30, jour où elle avait annoncé qu'elle parlerait, elle tint sa promesse, mais elle parlait avec difficulté et ses idées étaient sans liaison; elle me pria de ne pas la questionner pour le moment, parce qu'elle avait besoin de se reposer.

» Avant de la réveiller, je lui fis les questions suivantes : — De quelle partie du corps souffrez-vous? — *De la poitrine.* —Voyez-vous votre mal?— *Non, je vois tout trouble.* — Quand le verrez-vous? — *La première ou la seconde fois que vous m'endormirez.*

» Du 1ᵉʳ mai.—Après l'avoir endormie : Voyez vous votre mal? — *Oui, c'est du sang dont j'ai un amas sur la poitrine, il m'étouffe; plus il s'accumule et plus je souffre. Quand vous me magnétisez, vous le remuez, il s'écarte, et j'éprouve du soulagement.* — Voyez-vous quelque boisson, quelque chose qui puisse aider aux effets du magnétisme pour hâter votre guérison? — *Non, rien ne peut me faire du bien que le magnétisme.* — Et l'eau magnétisée? —*Non, elle serait inutile.* — Comment ce sang vous fait-il du mal?— *Plus il augmente, et plus il pèse sur le cœur; c'est pour cela que plus je vais et plus mon mal empire.* — Votre cœur est-il malade? —*Non, je le vois, il est bien.* — Voyez-vous les poumons ? — *Oui.* — Comment sont-ils? — *Bien; mais si je n'eusse pas été magnétisée, ils auraient été attaqués au premier jour.* — A une certaine époque du mois, l'amas de sang que vous avez sur la poitrine se dissipera-t-il ? —*Oui, une partie; mais le reste ne disparaîtra que le mois prochain.*

» Du 2 mai.—Madame Bussière étant endormie, me dit que dans une douzaine de jours elle serait beaucoup mieux. Elle s'ordonne de la salade de cresson et de la tisane de chiendent pour huit jours.

» Du 9 mai. — Dans le sommeil : *Demain, à sept heures du soir, ma crise périodique aura lieu. Une partie de ce sang que j'ai sur la poitrine s'en ira; mais le reste ne se dissipera qu'à la prochaine fois.*

» Du 11 mai.—M. Bussière m'informa que la crise annoncée l'avant-veille par sa femme a eu lieu le jour précédent, à sept heures. Ayant endormi la malade, elle me dit qu'elle souffrait beaucoup; mais que dès que la moitié du sang qu'elle a sur la poitrine en sera sorti, il y aura du mieux jusqu'à la prochaine crise périodique.

» Du 14 mai. — Madame Bussière étant endormie à onze heures du matin, elle me dit que sa crise est terminée, mais qu'elle ne peut songer à son état, ayant quelque chose qui la préoccupe ; et ne pouvant voir ce que c'est, elle me prie de l'aider à le chercher. J'emploie le moyen usité en pareille circonstance ; elle se concentre ; un instant après elle pleure, et me dit : *Je vois mon beau-frère qui est à Libourne. Il a une fluxion de poitrine; sa femme m'a écrit hier pour m'apprendre cet événement et la lettre arrivera ce soir; elle m'y mande de partir pour Libourne.* Après un moment de silence : *Je suis malade, et je crains que cette lettre me fasse beau-*

*coup de mal lorsqu'elle arrivera. Je vous prie, à mon ré-
veil, de m'en prévenir, mais avec ménagement ; surtout
dites-moi que je ne puis m'absenter au plus que douze jours,
ayant besoin d'être magnétisée à cette époque jusqu'à la prochaine crise, qui sera la dernière. Je ne puis vous dire quel
jour elle aura lieu ; je ne pourrai la voir que la veille.*

» L'ayant réveillée, je fis ce qu'elle m'avait prescrit, insistant fortement sur le besoin qu'elle avait d'être de retour le
26, dans l'intérêt de sa santé.

» Le soir, le mari me remit la lettre annoncée par elle durant son sommeil ; le contenu était identique avec ce que m'a-
vait dit madame Bussière.

» La malade partit pour Libourne. Le 26, elle fut de retour,
et je la magnétisai. Etant en somnambulisme, elle me dit que
si je ne l'eusse pas endormie ce jour, sa guérison aurait été
retardée d'un mois.

» J'ai continué de la magnétiser depuis le 26 mai jusqu'au
8 juin : elle me dit ce jour-là que, dans la nuit, à onze heures,
sa dernière crise périodique aurait lieu.

» 9 juin.—Ainsi qu'elle me l'avait annoncé, la crise a eu lieu
à l'heure indiquée. Elle voit le reste du sang qu'elle a sur la
poitrine s'en aller peu à peu, et affirme qu'il se dissipera
entièrement. Elle ajoute que, le 11, elle sera tout-à-fait
guérie.

» 10 juin. — Madame Bussière me confirme ce qu'elle m'a
dit la veille ; mais il faut, pour que sa cure soit terminée,
qu'elle prenne le matin à jeun, pendant trois jours, un verre
d'eau magnétisée ; et craignant que, dans son état de veille,
elle ne puisse pas la boire, elle me donne une bague d'or pour
que je la lui magnétise dans l'intention de vaincre sa répugnance.

» Après que j'eus magnétisé la bague et l'eau, madame Bussière me dit qu'elle était guérie ; elle me remercia dans les
termes les plus expressifs de toute la peine que je m'étais
donnée pendant son traitement. Elle m'annonça, en pleurant,
que je ne pourrais plus la mettre en somnambulisme, *à moins,*

ajouta-t-elle, *que je ne vinsse à être malade de nouveau, auquel cas vous pourriez faire renaître cet état aussi facilement que la première fois.*

» Je lui demandai si elle n'avait plus rien à me dire concernant sa maladie, et sur sa réponse négative, je la réveillai.

» Le surlendemain et à deux autres reprises depuis, je l'ai magnétisée, et n'ai pu obtenir que la somnolence, et encore après une action long-temps soutenue.

» Depuis quinze mois que madame Bussière a été guérie par le magnétisme, elle a joui d'une santé parfaite. C'est avec son consentement et celui de son mari que j'ai rendu public le traitement de sa maladie. Puissent toutes les personnes qui doivent le retour de leur santé à l'agent magnétique, en agir ainsi que cette dame, et autoriser la publication de leur traitement! ce sont des argumens moins spirituels peut-être, mais plus concluants que le facétieux rapport de M. Dubois (d'Amiens). Je n'ai pas cru nécessaire de donner de la publicité à la lettre mentionnée plus haut et à la déclaration qui m'a été donnée par M. Bussière.

» Outre ce que madame Bussière m'a dit touchant sa maladie pendant son traitement, elle m'a présenté les phénomènes les plus curieux. Je crois de quelque utilité de rapporter les suivants qui peuvent intéresser ceux qui sont voués à la recherche et à la défense de la même vérité que nous.

» Quatre secondes suffisaient pour la mettre en somnambulisme, et lorsqu'elle était dans cet état, j'étais forcé de m'éloigner d'elle, parce que, dès que je la touchais, la partie de mon corps mise en contact avec elle était frappée de catalepsie : vers la fin de sa maladie, sa force magnétique était devenue si grande, qu'il n'était plus nécessaire que je la touchasse pour ressentir des effets ; car, malgré toute la résistance que je m'efforçais de lui opposer, elle agissait mentalement sur mon cerveau, et le besoin de dormir s'emparait aussitôt de moi. Ce qu'il y a de bien extraordinaire, c'est que souvent cette même action était indépendante de sa volonté, puisqu'elle en éprouvait elle-même un véritable chagrin, et qu'elle m'indiqua un moyen de m'en garantir : ce fut de porter sur moi une plaque de verre magnétisée par une autre de mes somnambules. Ce moyen réussit en effet comme elle l'avait prévu.

» Un jour que j'avais oublié mon *talisman*, je ressentis les effets du sommeil. Voulant me distraire, je pris machinalement sur mon doigt une tourterelle apprivoisée qui se promenait dans la chambre ; mais à peine fut-elle en repos qu'elle ferma les yeux et s'endormit. Madame Bussière, qui affectionnait singulièrement cet oiseau, s'en aperçut et parut vivement agitée de la voir dans cet état ; elle me supplia de le déposer, ce que je fis pour faire cesser l'état d'émotion pénible dans lequel cette expérience l'avait mise.

» Un jour, l'ayant priée de toucher une de ses amies qui était malade, elle s'y refusa, en me disant qu'au lieu de la soulager, elle ne pourrait que lui faire du mal. Elle me fit la même réponse au sujet de son mari qui avait un dérangement et que je voulais lui faire toucher. Je me suis décidé à rapporter ces circonstances, parce qu'elles sont en opposition avec l'instinct des somnambules en général, qui les porte à donner leurs soins aux êtres souffrants qui les entourent. »

(*Communiqué par* M. Meillier, *de Bordeaux.*)

MARGUERITE, DE NIORT.

—

« Le 17 mai 1836, un des élèves de M. Ricard ayant conduit au cours de ce professeur une fille nommée *Marguerite*, cette fille a été endormie en moins d'un quart d'heure. Le magnétiseur a établi sur son sujet l'insensibilité la plus complète, au point que lui ayant appliqué sous le nez un flacon d'ammoniaque concentré, bien reconnu tel par toutes les personnes présentes, il n'en a pas éprouvé le moindre effet.

» L'un des élèves lui a chatouillé les lèvres et les fosses nasales avec une barbe de plume , et lui a enfoncé à plusieurs reprises dans les joues la partie acérée de la plume ; le sujet n'a pas fait le moindre mouvement.

» Une chaise précipitée inopinément et avec violence par l'un des élèves de cette ville, ne lui a pas fait éprouver la plus légère sensation.

» Chacun séparément, et tous ensemble, lui ont crié, sifflé aux oreilles, sans pouvoir exciter en elle la moindre sensibilité.

» Mais le spectacle le plus curieux qui nous ait été révélé durant cette première séance, c'est que le sujet qui entendait son magnétiseur et lui répondait lors même qu'il parlait le plus bas possible , et qui se taisait aux questions de tout autre, répondait instantanément à chacun dès qu'il s'était mis en rapport avec lui , soit en le touchant , soit en touchant sa chaise ou quelque partie de son vêtement , soit même en touchant le magnétiseur ou quelque objet qui lui appartînt.

» Le 18 , trois nouveaux sujets ont été conduits et endormis dans cette séance.

» La fille *Marguerite* a subi sa seconde expérience. Endormie en sept minutes, et après avoir subi les épreuves, elle a chanté des couplets qu'elle a dit à son réveil ne pas savoir, mais qu'à la vérité savait la personne avec qui elle était en rapport magnétique.

» Elle s'est prise à marcher , et a conduit son magnétiseur à travers une foule d'obstacles , dans plusieurs chambres et greniers d'une maison où elle n'était jamais venue. Un des élèves ayant , improvisément et avec force , jeté une chaise sur son passage, la somnambule, sans avoir tressailli le moins du monde, l'a ôtée de devant elle. Et comme l'élève s'est lui-même mis en obstacle au devant d'elle , elle lui a fait signe de la main et lui a dit de se retirer. Une montre lui ayant été posée sur l'épigastre, elle a dit l'heure à quelques minutes près ; elle a chanté.

» Le 19 , à cette séance , un phénomène exorbitant nous a plongés dans la stupéfaction la plus profonde.

» La fille Marguerite était endormie lorsque M. le docteur Bonnenfant s'étant présenté comme investigateur, a été mis en rapport avec elle. Cette fille, sur la demande de monsieur le docteur, a fait l'exacte description de sa maison de campagne, bien qu'elle ne fût jamais allée dans le lieu où elle est située.

» La même fille ayant prétendu, étant réveillée, n'avoir jamais dormi, et ayant demandé la preuve de son sommeil, M. Ricard lui a répondu : *Retirez-vous chez vos maîtres, et dans moins d'un quart d'heure vous aurez cette preuve.*

» A peine dix minutes étaient écoulées qu'on est venu en toute hâte chercher M. Ricard pour réveiller cette fille, qui avait été endormie par la seule volonté de son magnétiseur.

» Étaient présents à cette expérience d'honorables personnes étrangères au cours, et notamment M. Vauguyon, agent de change.

» Le 23, la nommée *Marguerite* a décrit plusieurs localités éloignées et qui lui étaient tout-à-fait inconnues. Elle a indiqué à un maître de fabrique la quantité d'ouvriers qu'il y employait.

» Le 26, elle a désigné au docteur Assegond les malades qu'il avait visités dans la matinée, en spécifiant le genre d'affection de chacun ; puis, s'interrompant, elle a dit à monsieur le docteur : *Vous-même vous souffrez de l'estomac, et vous éprouvez un malaise général.* —C'est vrai, dit M. le docteur.

» Une lettre lui ayant été présenté par M. R***, avocat, elle lui a dit : *Cette lettre a été adressée à vous, et vient de Poitiers* (Marguerite ne sait pas lire). »

(Extrait du *Mémorial de l'Ouest.*)

MADAME D. B. ET LA JEUNE M.

—

» Un phénomène que je n'ai vu consigné dans aucun ouvrage de magnétisme, est celui qui m'arriva l'année passée.

» A cette époque, je magnétisais mademoiselle M. qui, après une vingtaine de séances, acquit une puissance remarquable. Comme le traitement de cette jeune personne touchait à sa fin, j'entrepris une autre malade, madame D. B., que j'eus le bonheur de mettre en somnambulisme. Cette dame n'ayant jamais vu de sujet magnétisé, me pria de lui en faire voir un. Pour satisfaire à sa demande, je l'invitai à venir le soir assister à la magnétisation de mademoiselle M. Elle y vint ; mais, à peine le somnambulisme fut-il produit, que des étouffements prirent madame B.; la face devint très colorée, les membres se tordirent, et tous les symptômes d'une crise violente se firent remarquer. Je m'approchai de cette dame, et j'essayai de faire renaître le calme ; mais mon action n'eut pas l'effet que j'en attendais, car la crise augmentait toujours. Soupçonnant que mademoiselle M. pourrait bien être cause de cet état, je la réveillai subitement, et, peu d'instants après, madame B. fut calmée ; mais dans la crainte de voir recommencer ses douleurs, elle se retira.

» Le lendemain et jours suivants, je continuai à magnétiser madame B., qui acquit bientôt une puissance plus grande que mademoiselle M.

» Un jour, madame B., en somnambulisme, me pria de lui amener la jeune M. Je crus devoir lui rappeler la scène qui avait eu lieu lors de leur première entrevue, espérant par là éluder sa demande; mais elle me répondit : — Vous pouvez l'amener maintenant, je suis plus forte qu'elle, et nous pourrons rester dans la même chambre sans que j'aie rien à risquer de ses petites méchancetés.

» Le lendemain, je me rendis à son désir, et je les endormis alternativement ensemble ; la concorde la plus parfaite régna entre elles.

» Je remarquai qu'étant toutes deux endormies, elles se parlèrent longuement à voix basse ; enfin, je les réveillai, et nous nous séparâmes.

» Il est bien d'observer, avant d'aller plus loin, que madame B. était magnétisée tous les matins à onze heures, et mademoiselle M. tous les soirs à neuf.

» Le lendemain matin, lorsque j'endormis madame B., elle me parla de la jeune M. Dans la conversation, je lui dis que le soir je me proposais de faire quelques questions à mon autre somnambule.

» — Voulez-vous, me dit cette dame, qu'elle vous réponde ou non ? — Vous pensez donc, lui dis-je, que vous pourriez avoir de l'influence sur elle ? — Oui, certainement, me dit madame B., et pour vous en donner une preuve, M. ne répondra à aucune de vos questions.

» Le soir, dès que mademoiselle M. fut endormie, la chose fut facile à vérifier, et ce que m'avait dit madame B. eut lieu. J'en conclus que c'était le résultat d'une convention faite entre elles lors de leur dernière entrevue.

» Nous étions dans les premiers jours de janvier, et, comme je connaissais le goût bien prononcé de la jeune M. pour les bonbons, je lui en offris dans son état de somnambulisme. Elle les accepta, et me demanda si je serais aussi galant à l'égard de madame B. Sur ma réponse affirmative, elle sourit en me disant : — Si je le voulais bien, vos bonbons seraient refusés. Croyant la chose impossible, je lui dis que son pouvoir n'allait pas jusque là.

» Sa réponse fut : — Vous verrez.

» Le lendemain je ne voulais pas apporter chez madame B. des bonbons que j'avais chez moi, et je fus en acheter d'autres. L'ayant endormie, je les lui offris ; mais ils furent refusés ; je voulus insister, cette dame me dit : — C'est inutile, M. ne le veut pas.

32

» Le dernier fait qui eut lieu au sujet de cette correspondance est celui-ci :

» Madame B. me dit : — Vous croyez peut-être que ce que je vous dis sont des choses que je vois dans votre cerveau. Eh bien, non ; et, pour vous le prouver, savez-vous où travaille aujourd'hui la jeune M. ? — Non, lui répondis-je. — Je vais vous le dire, continua-t-elle, et vous le vérifierez ce soir ; elle est rue Saint-James. Le soir, je le demandai à mademoiselle M., et cela était exact.

» Cette correspondance bizarre durait depuis une quinzaine de jours entre mes deux somnambules sans que j'eusse pu découvrir les moyens qu'elles employaient, lorsque je me décidai à demander à madame B. le mot de cette énigme. Voici l'explication qu'elle me donna :

» Dans la dernière entrevue que j'ai eue avec la jeune M., il est demeuré convenu que lorsque nous voudrions nous dire quelque chose, nous en *chargerions* votre cerveau, afin que l'autre pût le voir dès que vous l'endormiriez. C'est ainsi que, hier au soir, lorsque vous lui avez dit que vous ne pourriez pas venir me magnétiser après-demain, elle en a frappé votre cerveau *pour moi*; c'est ce que j'ai vu dès que j'ai été mise en somnambulisme, et c'est de ce moyen que nous nous sommes servies pour vous prouver que les magnétiseurs ne savent pas tout.

» Bordeaux, le 17 novembre 1837. »

(*Communiqué par M. Meillier.*)

CATALEPSIE

ACCOMPAGNÉE DE DIVERSES AFFECTIONS GUÉRIES
PAR LE MAGNÉTISME.

—

Vue à distance. — Transport des sens à l'épigastre. — Effet singulier que produit l'action du fer dans l'état magnétique de la somnambule. — Étrange phénomène de répulsion qu'elle éprouve du fluide de M. M***.

—

> Il ne faut pas juger ce qui est possible et ce qui ne l'est pas, selon ce qui est croyable ou incroyable à notre sens, c'est une grande faute en laquelle la plupart des hommes tombent, de faire difficulté de croire d'autrui ce qu'eux ne sauraient ou ne voudraient faire.
>
> MONTAIGNE.

« Mademoiselle N. Léon, âgée de vingt-trois ans, demeurant à Bordeaux, rue Sainte-Catherine, n° 44, était cataleptique depuis trois ans et demi. Cette maladie était d'autant plus grave qu'elle se compliquait de convulsions atroces, de crachements de sang et de douleurs très vives au foie. Les accès revenaient au moins tous les jours, souvent deux fois en été : ils duraient plusieurs heures. Ce n'était que pendant l'hiver qu'ils étaient moins fréquents.

» Après avoir été traitée sans succès par trois médecins, mademoiselle Léon voulut essayer si le magnétisme apporterait quelque soulagement à ses souffrances. Le 26 août 1836, elle se rendit avec une dame de ses amies, chez les dames C...., où se réunissaient habituellement plusieurs magnétiseurs et divers malades qui avaient invoqué les secours de cette puissance curative. Là, elle fut témoin des phénomènes du somnambulisme, et s'étant fait mettre en rapport avec une dame

C..., somnambule, elle lui demanda ce qu'elle pensait de sa maladie.

» Dès que M. M..., qui la magnétisait, entendit ces paroles, il défendit *mentalement* à la dame C... d'y répondre, parce qu'on lui avait dit que mademoiselle Léon était épileptique, et qu'il ne savait pas si cette demoiselle était disposée à entendre la vérité. La somnambule lui dit simplement qu'elle ne pouvait répondre à sa question. Le magnétisme me fera-t-il du bien ? — *Oui.* — Dormirai-je ? — *Quand vous aurez été magnétisée une fois, je vous le dirai.* Ici, M. M... pria mademoiselle Léon de s'éloigner un peu afin de réveiller la malade. Dès que celle-ci eut les yeux ouverts, mademoiselle Léon éprouva dans tout son corps une commotion semblable à celle que produirait une machine électrique.

» J'arrivai dans ce moment et je magnétisai, en présence de ces dames, la femme Jeannette, qui était aussi somnambule. Mademoiselle Léon suivit tous les détails de la séance avec la plus grande attention, mais soit que le spectacle nouveau pour elle d'une médecine toute de charité et de bienveillance, l'eût agitée, soit qu'elle se trouvât réellement indisposée, dès que j'eus réveillé Jeannette, mademoiselle Léon eut une attaque de nerfs.

On s'empressa de lui donner tous les secours nécessaires, et M. M... la magnétisa, afin de la calmer. Après quelques passes à grands courants, il porta les doigts sur l'épigastre ; à l'instant même, mademoiselle Léon poussa un cri étouffé et elle eut de nouvelles convulsions dans tous les membres. M. M... s'aperçut alors, en l'examinant avec plus d'attention, que la malade n'était point épileptique, car il n'y avait pas d'écume à sa bouche. Enfin, en soulevant le bras gauche de mademoiselle Léon et le voyant conserver la position dans laquelle il l'avait laissé, il reconnut la catalepsie. Comme il se sentait très fatigué, il me pria de le remplacer. Je magnétisai donc pour la première fois cette personne ; et, remarquant que je ne pouvais lui faire des passes vers le cœur sans lui occasionner des douleurs et des convulsions, je lui adressai plusieurs fois la parole, elle ne me répondit que lorsque, sur l'invitation de M. M... je lui appliquai les doigts sur l'épigastre. — Comment vous trouvez-vous ? — *Assez bien, sauf un peu d'étouffement.* — Que puis-je faire pour vous soulager ?—*Des passes sur les genoux.*—Se trouvant mieux après, elle en demanda sur l'épigastre, puis enfin sur le sommet de la tête. Elle fut alors tout-à-fait calme. Je voulus savoir quel était le meilleur moyen de la mettre en somnambulisme ; elle me répondit de la magnétiser sur le front, et qu'il fallait faire de même pour la réveiller, mais *avec une intention toute contraire.* Après cela, elle me pria de la laisser dormir en repos et de la réveiller au bout de trois quarts d'heure. Je la prévins qu'ayant absolument besoin de m'absenter pendant ce temps, je reviendrais au moment qu'elle m'avait indiqué et je sortis avec M. M...

» Pendant notre absence, M. M... se rappela que nous avions oublié de recommander aux personnes chez qui mademoiselle Léon était restée, de ne point lui dire qu'elle était somnambule. Il s'empressa de revenir chez les dames C... pour réparer cette omission. Il n'était pas encore arrivé à la porte extérieure de la maison, que la malade, jusque là parfaitement tranquille, à ce que nous ont certifié les témoins, leva les mains et dit : *Le voilà !*

» En entrant dans l'appartement, M. M... trouva mademoiselle Léon agitée, et lui en demanda la raison ; elle lui répondit que le temps qu'elle avait fixé pour son sommeil était écoulé et qu'elle souffrait beaucoup. — Voyez-vous si M. Engler vient ? — *Oui, je le vois, il est encore chez lui.* — Si vous souffriez, ou qu'il tardât trop long-temps, ne pourrais-je pas vous réveiller ? — *Non, il faut que ce soit lui.* Après quelques minutes d'attente, M. M... renouvela sa question : M. Engler vient-il ? — *Oui, mais un bavard l'arrête.* — En effet, j'avais été retenu dans la rue par suite d'un accident dont un témoin officieux me racontait toutes les circonstances. Mademoiselle Léon, au bout de quelques instants, dit avec l'accent de la joie : *Ah! le voilà ! appelez-le vite... Je ne puis plus y tenir, je souffre trop*... M. M... vient au-devant de moi, je me hâte d'accourir, je calme et réveille mademoiselle Léon, qui ne conservait d'autres fatigues de son attaque qu'un violent mal de tête, que je dissipai facilement en peu de minutes.

» Il est inutile d'ajouter que nous nous empressâmes tous d'engager cette personne à se laisser magnétiser, lui promettant une guérison prochaine et très probable, elle y consentit et la deuxième séance eut lieu le 28 août suivant.

» Elle fut endormie en peu d'instants. Dès que je l'interrogeai sur sa santé, elle me dit que si je la magnétisais une fois tous les deux jours, elle serait guérie dans trois semaines, et qu'elle n'aurait plus d'accès pendant ce temps-là. Puis elle me pria de la laisser tranquille et de la réveiller au bout d'une demi-heure. Quand je lui ouvris les yeux, elle se plaignit de douleurs et de faiblesses dans les jambes; mais elle en fut guérie par quelques minutes de magnétisation.

» J'eus l'occasion de voir, pendant cette séance et les suivantes, combien mademoiselle Léon était impressionnable, car chaque fois que mon attention se portait sur d'autres choses que sa santé, ou que j'adressais la parole à l'un des témoins, elle avait des convulsions; la présence seule de personnes en rapport avec quelqu'un qui lui déplaisait, suffisait pour l'agiter et lui causer des étouffements intolérables. Que l'on juge d'après cela, combien il est délicat de tenter des expériences de pure curiosité devant des spectateurs comme MM. Bouillaud, Dubois (d'Amiens), etc.

» *Troisième séance*, 30 août. — A peine en sommeil, mademoiselle Léon me prévint qu'il fallait la laisser en repos, c'est-à-dire ne lui adresser aucune question, sans quoi elle aurait une attaque. Comme elle paraissait souffrir vivement et qu'elle avait des convulsions fréquentes, qu'à la vérité je calmais aussitôt, je lui fis boire de l'eau magnétisée, et, dans l'espoir d'agir plus efficacement, je lui mis au doigt une bague en fer magnétisée. A l'instant elle éprouva une telle convulsion, que son corps se plia en deux, la face touchant les genoux. Je m'empressai de lui ôter cette bague, et le calme se rétablit de suite.

» Je remarquai aussi, en la réveillant, une chose assez singulière : elle ouvrit les paupières ; mais les yeux étaient relevés vers le ciel et paraissaient immobiles et sans vie ; ce ne fut qu'à la seconde passe qu'ils revinrent à leur état naturel (1).

» La quatrième séance ne présente rien de remarquable que j'aie à rapporter.

» *Cinquième séance*, 3 septembre.—J'appris ce jour-là avec une vive satisfaction, que mademoiselle Léon se trouvait fort bien, qu'elle n'avait pas eu de nouvelles attaques, et que les crachements de sang auxquels elle était sujette depuis quelque temps avaient entièrement cessé depuis que je la magnétisais.

» *Sixième séance*, 5 septembre. — L'état de mademoiselle Léon était des plus satisfaisants. Les forces augmentaient et les maux de tête avaient complétement disparu. Je mis plus de temps que de coutume pour l'endormir ; lorsque je lui en demandai la cause, elle me dit qu'une douleur que j'avais au cœur diminuait mes forces. C'était vrai, car j'en avais souffert toute la matinée.

» Depuis les premiers jours de son traitement, j'avais interrogé fréquemment mademoiselle Léon sur sa maladie de foie sans pouvoir en tirer les renseignements nécessaires. Ce jour-là, cependant, elle m'avoua que l'application de vingt sangsues sur la partie souffrante lui ferait beaucoup de bien, mais qu'elle ne pouvait pas s'y décider. Comme j'attachais une haute importance à la guérison de la catalepsie, je pensai qu'il y avait peu d'inconvénients à différer de quelques jours le traitement de l'autre maladie, et je laissai mademoiselle Léon dormir en repos, selon son habitude. Il y avait près d'un quart d'heure qu'elle était parfaitement calme, lorsqu'il entra quelqu'un pour qui elle paraissait avoir, dans cet état, une sorte

____

(1) Le savant docteur Petetin avait également fait cette observation sur ses cataleptiques. (*Électricité animale*, pag. 99.)

de répulsion instinctive. Je causais depuis quelques secondes à voix très basse avec cette personne ; tout-à-coup mademoiselle Léon se précipite la face contre terre de toute sa hauteur et avec une violence incroyable. M. M... en devinant la cause sort à l'instant. Je relève et calme la malade, qui m'apprend alors la cause de ce qui venait de lui arriver, c'est-à-dire la présence de M. M... Du reste, je n'attribuai cette susceptibilité passagère qu'à l'état de faiblesse dans lequel elle se trouvait. Cet accident n'eut pas de suite.

» *Septième séance*, 5 septembre.—Un événement avait occasionné une rechute des plus graves à mademoiselle Léon. Sa famille m'envoya chercher et je la trouvai anéantie et les membres froids comme la glace. Je parvins cependant à la mettre en somnambulisme dans l'espace de dix minutes, et je réussis à dissiper tous les symptômes alarmants.

» *Huitième et neuvième séances*, 7 et 10 septembre.—Tout était réparé et mademoiselle Léon se trouvait à merveille. Pendant la neuvième séance, elle me dit qu'une de mes malades, absente depuis plusieurs jours et que je ne croyais plus revoir, m'attendait chez les dames où je l'avais vue pour la première fois, ce qui me fut confirmé par les témoins.

» La douzième séance eut lieu le 16 septembre et compléta la guérison de la catalepsie. Dès que mademoiselle Léon fut endormie elle m'assura qu'elle n'aurait plus d'attaque, à moins de quelque malheur qu'elle ne pouvait prévoir. Elle me donna des conseils pour ma santé, et m'indiqua les précautions que j'avais à prendre si je magnétisais quelques personnes atteintes de maladies contagieuses, etc.

Je la mis de nouveau en somnambulisme le 18, le 21 et le 23 septembre pour la dernière fois. Ce jour-là, j'enseignai à son frère les procédés du magnétisme, afin qu'il pût la guérir de ses douleurs au foie. Il réussit à l'endormir ; mais il y mit trop de force, et mademoiselle Léon se plaignit d'une douleur violente au cœur que je fus obligé de calmer. Elle s'ordonna alors vingt sangsues au côté droit et des sinapismes, m'assurant que cela suffirait pour son rétablissement. Depuis que j'ai cessé de magnétiser mademoiselle Léon, elle est parfaitement bien. Je l'ai revue au commencement de cette année, et elle m'a dit se trouver mieux qu'elle ne l'a jamais été.

» ENGLER,
» Membre de la Société de l'harmonie, de Bordeaux. »

(Extrait du *Mémorial bordelais*, n° 9651.)

LE MAGNÉTISME EN DILIGENCE.

—

« Mirande (Gers), le 14 juillet 1838.

» Le dimanche, 1ᵉʳ juillet courant, je suis parti de Bordeaux par un temps orageux, et à 6 heures du matin, me dirigeant vers les Pyrénées, dans les berlines du commerce, entreprise Daroles, de Condom. L'intérieur de la diligence était occupé par M. Montgorgé, négociant de Bordeaux ; M. Dubordieu, négociant au Pont-de-Bordes ; mademoiselle de Sabran ; mademoiselle Rigades, élève de Saint-Denis, rentrant à dix-huit ans dans le sein de sa famille ; mademoiselle E...P..., dont il faut taire le nom, et moi sixième. Le coupé était plein ; M. de Saint-Cyr, un avocat de Paris, et une dame également de Paris ; la diligence portait enfin quatorze voyageurs, et le sieur Vignes, conducteur.

» Nous étions à peine à une lieue de Bordeaux, au bois de Barret, lorsque mademoiselle E... P... se plaignit d'un violent mal de tête. C'est l'avant-coureur d'une attaque de nerfs, nous dit-elle, et mademoiselle Rigades, sa jeune amie, qu'elle avait été chercher à Saint-Denis, nous déclara alors qu'en effet mademoiselle E... P... avait eu une violente attaque de nerfs dans la diligence de l'entreprise des Messageries royales, et deux jours avant, entre Tours et Poitiers. Mademoiselle

E... P... ajouta alors qu'en effet, depuis plus de dix ans, elle avait de singulières et de fréquentes attaques, auxquelles cependant ses médecins ne comprenaient rien; je conserve ses expressions. Dès lors, me rappelant que M. le docteur Orfila, en défendant le magnétisme devant l'Académie de médecine, avait dit : *Si le magnétisme agit sur l'imagination, faisons de la médecine d'imagination;* je dis d'un ton grave à la personne qui souffrait : Mademoiselle, *si vous avez une attaque de nerfs,* je l'arrêterai. — Je lui parlai du magnétisme, elle ne le connaissait pas, et les autres témoins, de leur propre aveu, étaient incrédules renforcés. Ils sont bien loin de l'être aujourd'hui, et je les appelle tous en témoignagne; d'après leur volonté, je les ai nommés.

» Nous venions de relayer au Bouscaut, lorsque je m'aperçus que mademoiselle E... P... éprouvait des crispations nerveuses dans tous les membres; elle se tordait les mains avec force, et le sang paraissait se porter avec rapidité vers la tête; je l'observais encore avant de chercher à la soulager, lorsqu'après un léger cri, elle se renversa rapidement en arrière; à des mouvements nerveux violents, succéda tout-à-coup une rigidité extraordinaire des membres. Ce fut alors seulement qu'étant placé vis-à-vis d'elle dans un des coins de la voiture, je la pris par les deux poignets, mettant en jeu toute ma volonté, toutes les ressources de l'action magnétique. L'espace d'une minute était à peine écoulé, que mademoiselle E... P... était complétement calme, la flexibilité des membres était tout-à-fait rétablie; en un mot, à une violente attaque de nerfs mêlée de catalepsie, avait spontanément succédé le calme profond du sommeil magnétique. Rien ne saurait surpasser l'étonnement des témoins. Ce ne fut qu'en arrivant à Castres que j'essayai de savoir s'il y avait somnambulisme; jusque là je m'étais borné à faire des passes à grands courants, afin de répandre et répartir également le fluide magnétique dans tout l'organisme, et de rétablir l'harmonie troublée, évitant surtout de charger la tête, puisque le teint et les traits de la malade ne présentaient rien d'anormal. Son pouls donnait alors 88 pulsations par minute, ce qui fut vérifié par M. Montgorgé.

» Je ne fus nullement étonné, lorsqu'à ma première question la somnambule répondit, avec un changement de voix notable, qu'elle était bien, parfaitement bien, et qu'il fallait la laisser dormir parce que cela la guérirait. La diligence avait donc acquis la vertu des parvis du temple d'Epidaure? Rien ne saurait dépeindre l'étonnement de mes compagnons de voyage ; les secousses, les soubresauts que faisait éprouver la voiture roulant sur un détestable pavé, ne dérangeaient en rien le paisible sommeil de mademoiselle E... P...; mais, parfaitement isolée, sans que j'eusse cherché à provoquer ou produire cette forme, personne ne pouvait la toucher, et elle avait le plus grand soin d'interposer le pan de mon manteau qui était sur mes genoux, entre elle et sa voisine mademoiselle de Sabran.

» Arrivée au relai de Castres, la somnambule refusa obstinément d'être réveillée, en me répondant avec raison qu'il valait mieux pour elle se trouver dans l'état où elle était, que de passer cinq ou six heures en convulsions. Tous les voyageurs s'empressèrent de venir vérifier par eux-mêmes un phénomène que la plupart voyaient pour la première fois.

» Au relai de Barsac, mademoiselle E.... P..... s'obstina pareillement à ne pas être réveillée, et, pour parvenir plus aisément à ce but, j'eus la pensée de lui faire entendre le son de la cloche qui appelait les fidèles à l'église pour assister au service divin ; je lui rappelai qu'en partant de Bordeaux elle avait un vif regret de n'avoir pu entendre la messe avant son départ. Ce fut alors que se présenta le phénomène qu'une commission de l'Académie de médecine est aujourd'hui appelée à vérifier chez mademoiselle Pigeaire. La somnambule me répondit, même assez brusquement, qu'elle n'avait pas besoin d'être réveillée pour assister à la messe, et qu'elle allait la lire. Les paupières de mademoiselle E.... P.... étaient bien parfaitement closes. Le globe de l'œil entièrement convulsé, ce que chacun pouvait aisément vérifier ; et de plus, je plaçai un mouchoir sur les organes habituels de la vue. J'attendais, enfin, lorsque la somnambule, fouillant dans un panier de latanier, qui était près d'elle, en retira un livre de prières qu'elle ouvrit en le portant avec rapidité sur la région épigastrique ; elle le feuilleta et me le remit en disant : *La messe n'y est pas*. En effet, c'était l'Imitation de notre Seigneur Jésus-Christ, petit format. Elle revint immédiatement à la charge et retira du panier un paroissien romain. Elle le présenta également devant l'épigastre en l'ouvrant, et le retourna de suite, parce qu'elle l'avait ouvert au rebours. Bientôt elle tourna vivement les feuillets afin de chercher l'évangile, l'épître et la préface du jour, ce qui fut vérifié sur-le-champ, et elle ne s'était pas trompée. Dès ce moment, elle demeura plongée dans une sorte d'extase, priant avec ferveur et à voix basse, après avoir exigé que je ne m'occupasse que d'elle et de la messe qu'elle allait lire. Et si, comme je n'en doute pas, elle pouvait lire ma pensée, elle devait jouir de mon obéissance et de l'enthousiasme des témoins..... Ses prières terminées, l'extase prit fin ; elle replia son livre et le remit dans le panier, où elle prit des gâteaux qu'elle se mit à manger, après en avoir distribué à chacun sans toucher personne.

» On objectera qu'à trente ans, mademoiselle E.... P.... pouvait savoir la messe par cœur, et je le crois même, mais c'est une objection spécieuse seulement, car elle ne pouvait savoir ainsi le propre du temps, puisqu'elle le disait comme un enfant qui ne sait pas bien lire, se trompant même quelquefois, mais alors elle me donnait le livre sans l'élever jamais au-dessus de l'épigastre. Souvent, comme plusieurs autres de mes somnambules, elle parcourait les pages avec le bout des doigts ; mais elle a constamment déclaré qu'elle voyait par la *bouche de l'estomac*, ce sont ses propres expressions. Il est inutile de rapporter ici les nombreuses expériences que je fis, conjointement avec MM. Montgorgé et Dubourdieu, pour constater la transposition du sens de la vue et la complète nullité de l'organe habituel de la vision chez la somnambule cataleptique qui était magnétisée pour la première fois. Je ne fais point ici un cours de magnétisme ; je rapporte seulement un fait très remarquable constaté par un grand nombre de témoins, puisque tous les voyageurs voulurent juger par eux-mêmes.

» Arrivés au relai de Langon, mêmes sollicitations de la part de la somnambule pour n'être pas réveillée ; même affluence de curieux autour de la voiture. Mais mademoiselle E.... P.... me dit alors que je pourrais la réveiller à l'endroit où la diligence devait s'arrêter ; *à la dînée,* ajouta-t-elle. En conséquence, un moment avant d'arriver à Bazas, je commençai à la dégager, en soutirant le fluide de l'épigastre ; mais bientôt elle interrompit mon action, en disant « *encore sept minutes,* » et elle éleva sept doigts en l'air. MM. Montgorgé, Dubourdieu, et mademoiselle de Sabran prirent leurs montres, et à mesure qu'une minute était écoulée la somnambule abaissait un de ses doigts ; la seule montre de mademoiselle de Sabran variait, et au moment même où la somnambule abaissait le septième doigt, la diligence s'arrêtait à la porte de Bazas... Qu'elle est étonnante cette juste appréciation du temps !... Deux ou trois passes transversales sur les yeux et la poitrine suffirent pour réveiller mademoiselle E.... P.... et la rendre à son état normal. Parfaitement éveillée, elle se croyait encore au Bouscaut, pendant qu'elle en était à onze grandes lieues ; elle ne se souvenait de rien, ne se rappelait absolument rien, pas même les signes précurseurs de son attaque.

» Tel est, monsieur le rédacteur, le récit aussi bref que possible, d'une singulière séance de magnétisme à laquelle mes compagnons de voyage et moi étions bien loin de nous attendre à coup sûr ; et j'ajouterai que depuis quinze jours notre somnambule improvisée n'a pas eu une seule attaque de nerfs, ni de catalepsie ; et il n'est jamais arrivé qu'elle ait eu ainsi autant de repos. Au reste, toutes les stations des berlines du commerce, sur la route de Bordeaux à Tarbes, retentissent des phénomènes que je viens de rapporter. Peu m'importe qu'on veuille les nier, puisque je les reproduirai sans cesse, toutes conditions voulues étant remplies.

> » *Signé :* Le comte de BEAUMONT-BRIVARSAC. »

> (Extrait du *Courrier de Bordeaux.*)

UN MOMENT D'EXTASE MAGNÉTICO-POÉTIQUE.

—

M. Alexandre Marie, ce poëte toulousain dont la verve est si connue, vint, dans les premiers jours de juillet dernier, m'honorer de sa visite. Après que nous eûmes échangé quelques phrases banales, il me demanda de le magnétiser pour lui enlever un mal de tête qui le contrariait singulièrement. J'accédai à son désir, et en quelques minutes le mal de tête fut dissipé ; mais il était aisé de reconnaître que M. Marie se trouvait dans un état extraordinaire, quoiqu'il ne fût pas réellement endormi. Il me pria d'écrire ce qu'il allait me dicter, et voici ce qu'il improvisa :

« O ne t'éloigne pas, pieuse rêverie !...
Entretiens dans mes sens cette extase chérie
  Dont mon cœur est émerveillé !...
Lorsque, m'abandonnant à de si doux mensonges,
Ton art divin m'offrait de prophétiques songes,
  Pourquoi donc m'as-tu réveillé ?

» Oui, tu m'as fait goûter ces moments de silence
Où, le cœur palpitant d'un rêve d'espérance,
  Appelle un riant avenir ;
Où la noble pensée, enfantine et rieuse,
Sur ses deux ailes d'or, errante et voyageuse,
  Se complaît dans le souvenir !

» Alors, de nos destins nos yeux fixent l'étoile,
Nous comprenons la vie... en déchirant le voile
    Qui cache un voyage de deuil ;
Le monde montre à nu son squelette livide,
Et le vice à l'œil cave, à la bouche fétide
    Râle un dernier souffle d'orgueil.

» Aimant à feuilleter le livre de la vie,
Répudiant ces biens que le vulgaire envie,
    Nous sommes fiers de nos haillons ;
Des titres, des grandeurs le pompeux étalage,
Pour nos yeux clairvoyants n'est qu'une folle image
    Qui se perd dans les tourbillons....

» Sur ce fleuve agité, si fécond en naufrages,
Où les vents déchaînés roulent de noirs orages
    Qui brisent la barque au rescif,
Évitant les écueils qu'offre l'onde en furie,
Vers le port qui promet une rive fleurie
    Vogue notre léger esquif.

» Que je me trouve heureux, lorsque tout à moi-même
J'essaie en mes pensers le poids du diadème
    Que les rois se donnent pour dot....
Mieux vaut des fleurs des champs une fraîche couronne
Que ces brillants rubis dont l'orgueil s'environne
    Pour fasciner les yeux du sot.

» Quand d'une belle enfant la poitrine oppressée,
D'un amoureux désir révèle la pensée,
    De pitié tressaille mon cœur ;
Car bientôt cette fleur, par le vice souillée,
Sous son souffle empesté va tomber effeuillée
    Sans avoir connu le bonheur.

» Que de déceptions sur cette aride plage,
Où chacun en naissant entreprend un voyage
    Qui le provoque à maint assaut.

L'un, dans une mansarde, évite une culbute,
L'autre, dans un palais, roulant de chute en chute,
   Du trône tombe à l'échafaud !

» Oh ! dis-le-moi ; pourquoi, sur le bord de la tombe,
Quand sous le poids des ans l'honnête homme succombe,
   Son corps s'éteint-il sans douleur ?
Sans doute qu'un mystère à son cœur se révèle,
Qu'il sent dans ce moment que son âme immortelle
   Retourne vers son créateur !

» Mais c'en est fait !... Adieu, pieuse rêverie,
Adieu, divine extase où mon âme attendrie
   Goûtait un saint recueillement.
Je me dois à ce monde où mon devoir m'appelle ;
Où mon cœur qui bat, pur, d'une amitié fidèle
   N'enfreindra jamais le serment.

»ALEXANDRE MARIE. »

CURES DIVERSES.

Le Recueil des cures magnétiques, par M. S. Mialle, l'un des plus importants ouvrages que nous ayons, contient une foule de faits des plus curieux, parmi lesquels j'ai cru devoir citer les suivants (1) :

FOLIE *dite frénésie, attaques de nerfs, somnambulisme naturel, sur* Alexandre Hébert, *âgé de douze ans (somnambule), à Buzancy, près Soissons,* par M. le marquis de Puységur.

(Magnétisme immédiat.)

Cet enfant se blessa à la tête vers l'âge de trois ans ; on

---

(1) Deux volumes in-8°. 1822.

fut obligé de lui faire une opération huit mois après, pour extirper le dépôt qu'avait formé l'humeur. Depuis ce moment, il devint sujet à un tremblement presque continuel, mais peu sensible et à de fréquents maux de tête. Au mois d'octobre 1811, il eut une violente attaque de nerfs avec de grands maux de tête, délire, etc. Trois semaines après, il lui prit un tel besoin de pleurer, sans cause connue, qu'on ne put parvenir à l'apaiser. Huit ou neuf mois s'écoulèrent ensuite dans un état apparent de santé ; mais depuis le 15 juillet 1812, il fut sujet à de nouvelles crises, ainsi qu'à un état de somnambulisme presque habituel. Il était alors en pension chez M. le curé de Busancy. Enfin, le 16 juin, M. de Puységur, compatissant aux alarmes de ce bon pasteur, alla magnétiser Hébert. Dès la première fois ses yeux se fermèrent, et il resta près d'un quart d'heure dans une immobilité parfaite. Trois jours de suite il ressentit les mêmes effets. Le 20, il répondit aux questions de son magnétiseur et assura qu'il ne pouvait pas guérir. Le 23, il dit que la cause de son mal était l'opération qu'il avait subie à l'âge de quatre ans ; qu'on lui avait dérangé la cervelle, etc. Il avertit qu'il fallait prendre garde à lui quand il avait ses crises de frénésie et éviter ses morsures, qui seraient très dangereuses, qu'il faudrait couper la partie mordue. Le lendemain, mis en rapport avec M. Godet, médecin, il répéta ce qu'il avait déjà dit la veille, et finit par dire que le magnétisme pourrait bien le guérir, mais qu'il faudrait un an. Il annonçait assez exactement ses accès à l'avance ; mais les précautions qu'il fallait prendre pour éviter de le faire tomber dans des accès de rage étaient si minutieuses, que M. de Puységur fut obligé de le faire coucher dans sa chambre. Le 9 août au matin, il dit que la maladie ne durerait que six mois, qu'au bout de ce temps il serait guéri, mais que sa tête serait toujours faible, qu'il fallait éviter de le faire écrire, apprendre par cœur, etc.; qu'il pourrait seulement apprendre un état, celui de menuisier. Le 13, il arriva un fait qui peut donner une idée des ménagements qu'il fallait avoir pour ce malheureux enfant. M. de

Puységur racontait en sa présence à quelqu'un que le tonnerre était tombé à Bordeaux devant la maison de sa fille, ce qui lui avait causé beaucoup de peine. Hébert eut le soir un accès de folie; quand il fut calmé, il dit à M. de Puységur : J'ai senti la peine que vous avez éprouvée. Il lui recommanda de ne plus parler de cet accident et se coucha fort tranquillement. Le lendemain, il se réveilla aveugle. On se rappelle qu'il couchait dans l'appartement de M. de Puységur. Dès qu'il lui eut dit qu'il ne voyait plus, M. de Puységur le mit en somnambulisme. Alors Hébert lui expliqua que son état était la suite du saisissement qu'il avait eu la veille et qu'il serait ainsi pendant six jours, qu'il n'y avait rien à faire, qu'il irait, viendrait, jouerait comme à son ordinaire, mais qu'il ne verrait que comme les somnambules.

» M. de Puységur partait pour Paris, il l'emmena dans cet état. Par une anomalie inexplicable, Hébert fut en rapport avec tous les objets extérieurs, et s'amusa infiniment de tout ce qu'il rencontrait dans son chemin. Il sortit de cet état, suivant son annonce, le 19, à huit heures du matin. Le 26, M. de Puységur l'amena chez M. Pinel, médecin de la Salpétrière. Il l'endormit devant lui, et lui fit répéter ce qu'il avait déjà dit sur la cause de sa maladie. Ce célèbre professeur lui dit qu'il ne savait jusqu'à quel point il pouvait ajouter foi aux visions somnambuliques de cet enfant; n'ayant point assez vu de faits de ce genre pour prendre à leur égard une opinion arrêtée; mais que, d'après l'observation de plusieurs anatomistes, il était prouvé qu'un homme peut vivre avec une partie de la cervelle enlevée. Le 29, M. de Puységur, appelé à Laon comme juré, ramena Hébert à Buzancy. Ne pouvant pas le quitter d'un moment, il fut obligé de le conduire à Laon, où siégeait le tribunal. On ne peut concevoir comment il eut le bonheur de concilier ses fonctions avec les soins incroyables qu'exigeait le malade. Aidé d'une patience et d'une charité sans exemple, il en vint à bout cependant; et dès le 8 septembre, Hébert commença à recouvrer la mémoire et à se rappeler tout ce qu'il avait vu et fait à Paris, depuis le moment où il était sorti de crise. Le 17, après une journée passée dans de continuels accès de folie, il annonça à M. de Puységur que sa guérison était achevée autant qu'elle pouvait l'être, qu'il n'aurait plus d'accès de rage, qu'il ne voudrait plus se tuer, et que dès le lendemain on pouvait le renvoyer à ses parents.

» M. de Puységur enseigna à sa mère à le magnétiser, afin qu'elle pût le calmer, quand par hasard on n'observerait pas à son égard les précautions qu'il avait indiquées. Parmi les faits très étonnants que présente le journal de ce traitement, il en est un que nous croyons pouvoir citer comme offrant un problème de psychologie fort intéressant à résoudre.

» Le 12 septembre, cet enfant eut plusieurs accès de folie. Dans un de ces moments, il saisit un tableau qui se trouvait à sa portée, et dit, en le frappant avec son poing, qu'il allait en briser le verre. M. de Puységur dirige aussitôt la main sur lui sans rien dire, avec la volonté qu'il le lâche. A l'instant, Hébert le jette au pied de son lit, en s'écriant avec l'accent de l'horreur : ah ! le vilain serpent ! Son couteau, qu'il prit ensuite et avec lequel il voulait, disait-il, éventrer un coquin, fut de même jeté par lui sur le plancher avec un cri d'effroi, dès que M. de Puységur lui en eut mentalement intimé l'ordre. Nous concevons bien que cet enfant, soumis à la volonté de son magnétiseur, ait exécuté à l'instant des ordres qu'il en recevait ; mais comment se fait-il que, sans la participation de celui-ci, la volonté ait donné une forme effrayante aux objets dont son magnétiseur voulait l'obliger à se dessaisir ?

—

» FOLIE *sur une jeune personne de treize à quatorze ans (somnambule), à Portsmouth (Angleterre), 1816, par M. Corbeaux.*

(Magnétisme immédiat.)

Extrait d'une lettre de M. Corbeaux à M. Deleuze.

« J'ai guéri une jeune personne de treize à quatorze ans,

absolument folle, et qui, après des peines inouïes, des soins continus dont on aurait peine à se faire une idée, se trouve enfin parfaitement bien depuis plus de deux mois. Sa folie. s'était, dans les derniers temps, réduite à des paroxysmes nerveux et habituels, que constituaient un état de vrai somnambulisme naturel (je n'entends pas le noctambulisme) avec la plus grande partie des facultés qui sont propres à cet état. Elle appelait cela son état de raison et appelait état de bêtise son état naturel, et qui alternait avec l'autre dix fois le jour plus ou moins. Dans sa prétendue raison, il lui arrivait souvent de lire des lettres qui excitaient sa curiosité et qui étaient enfermées dans un secrétaire. Tout en pirouettant au milieu de la chambre, elle se trouvait avoir lu tout ce que j'écrivais à six pas d'elle et dont elle ne paraissait pas s'occuper ; elle se souvenait parfaitement de toutes les circonstances de son état naturel (dit de bêtise), dont elle parlait comme avec pitié. Dans les rues, elle y voyait aussi bien par derrière que par devant ; elle jouait au loto et souvent tirait les numéros à volonté ; enfin mille choses semblables. Lorsque ses paroxysmes, sans être trop forts, duraient assez pour m'impatienter ou gêner mon monde, je lui prenais les poignets, et, la regardant fixement, je la réveillais comme en sursaut. Ces crises naturelles n'étaient pas toujours faciles à distinguer de l'état lucide, et j'avais besoin quelquefois de lui demander si elle était en raison, surtout le soir, avant de se coucher. Si par malheur je la laissais se coucher avant une crise terminée, elle se relevait en état de noctambulisme. Dans ce dernier état, je n'avais aucun pouvoir magnétique ; il fallait laisser suivre à la nature son cours. Je ne pouvais la toucher de mon propre mouvement sans qu'elle éprouvât la même chose que les somnambules les plus irritables, lorsqu'une personne non en rapport les heurte brusquement ; mais elle pouvait venir à moi, s'asseoir sur le tapis, la tête reposée sur mes genoux, passer une heure à causer ensemble, en rendant compte de tout comme une parfaite somnambule, et aussi lucidement que dans l'état magnétique ; enfin, me disant bonsoir, m'embrassant elle-même, mais m'avertissant que ce n'était pas moi qui devais la toucher. J'en aurais plus long à vous dire sur cet état ; mais où j'en veux venir positivement, c'est que les quatre états différents où je la voyais dans son intervalle d'une heure ou deux, étaient caractérisés de telle sorte, qu'en sommeil magnétique elle avait le souvenir distinct de tous les quatre états et des idées qui les accompagnaient. Dans le noctambulisme, souvenir également parfait de trois états ; dans les crises nerveuses mêlées de somnambulisme naturel, le souvenir n'était plus que deux états ; et enfin dans ses moments naturels et tranquilles, elle ignorait absolument tout ce qu'elle avait dit, fait ou pensé dans tout autre état que celui-ci, et qui avait seulement de pénible de voir la journée tellement coupée, qu'elle n'avait jamais d'idée précise de l'heure, ni du premier repas qu'elle devait s'attendre à faire. Aujourd'hui, il n'est plus question de rien... C'est à présent une jeune personne tout-à-fait sensée et raisonnable.

» Cette demoiselle n'a été guérie qu'au bout de vingt-deux mois de traitement magnétique.

» Le lecteur peut voir un second exemple de ces anomalies singulières dans le traitement de mademoiselle Sirven. *Voyez* Hystérique (affection). »

« FURONCLE *sur un fermier âgé de vingt à vingt-cinq ans*, par M. Deleuze.

» M. Deleuze avait à sa campagne deux fermiers âgés de vingt à vingt-cinq ans, et très robustes. Dans le temps de la moisson, l'un d'eux eut au-dessous de la joue un furoncle dont il fut sérieusement malade. Il n'était pas encore guéri, que son frère prit, à la même place, un bouton accompagné d'enflure, d'inflammation et de douleur. Il voulait partir le soir pour aller à la ville consulter le médecin. M. Deleuze lui conseilla d'attendre au lendemain ; il le fit asseoir, et l'endor-

mit dans quelques minutes. Une heure et demie après, il s'é-
veilla, et fut fort étonné de voir que la douleur, l'enflure et
l'inflammation avaient disparu.

» Quelques jours après, cet homme eut plusieurs boutons
sur le corps, ce qui ne l'empêcha pas de continuer ses travaux.
Il est à présumer que cette éruption fut produite par l'humeur que M. Deleuze avait dispersée en l'écartant de la joue,
et qu'elle n'aurait pas eu lieu s'il avait magnétisé le malade
quelques jours de suite pour exciter la transpiration ou toute
autre crise. Quoique l'inflammation à l'entour du furoncle eût
été entièrement dissipée, le bouton était resté. Il noircit, et
se détacha au bout de cinq à six jours, comme un clou de six
lignes de longueur. »

———

« GALE DE NAISSANCE, *sur mademoiselle***, âgée de onze
ans, à Paris,* 1784, par M. Patillon, médecin.

(Magnétisme immédiat.)

» La demoiselle qui fait le sujet de cette observation naquit
avec une gale qui se pourrait nommer lépreuse. Ses parents,
espérant qu'une nourrice saine pourrait réparer une maladie
contractée dans le sein d'une mère malsaine, n'avaient pas balancé à lui choisir ce qu'il y avait de mieux en nourrices. Le
temps s'écoulait sans qu'il y apportât aucun changement favorable. Parvenue à l'âge où les organes ont acquis plus de force,
et où l'on peut sans craindre administrer quelques remèdes, à
cet âge, dis-je, on lui fit user de tous les remèdes qui sont
décrits dans nos pharmacopées pour les maladies de la peau,
mais ce fut toujours sans succès. Les gens de l'art voyant échouer
tous leurs remèdes, crurent qu'il n'y avait que l'âge où les règles
paraîtraient qui pourrait la délivrer d'une maladie aussi opiniâtre que dégoûtante. Elle avait onze ans lorsque j'ai été appelé pour la traiter.

» Après tant de vains efforts, il était réservé au seul ma-

gnétisme de changer la constitution de cette malade. Au bout
de quinze jours de traitement, sans autre remède qu'une légère boisson de crème de tartre, on a vu les boutons psori-
ques se détacher et laisser à nu une nouvelle peau : à un teint
plombé qu'avait toujours eu la malade, a succédé la peau la
plus blanche. Dans ce moment je la traite encore pour dépurer
entièrement la masse des humeurs, et elle touche au terme
heureux de sa guérison. D'après des exemples aussi frappants,
l'on ne peut sans manquer de bonne foi, nier l'existence du
magnétisme. Si quelqu'un doutait des faits que j'avance, il
peut s'adresser à moi, je lui ferai voir les malades, et il sera
convaincu par ses yeux.

> » PATILLON, médecin. »

—

« GLOUSSEMENT CONVULSIF, *sur une femme, à Paris,* 1784,
par M. Varnier, médecin.

(Magnétisme immédiat.)

» Il y avait près de huit ans que le système du magnétisme
animal excitait l'attention de la capitale ; des traitements publics, gouvernés d'après ce système, attiraient une foule de
malades et de curieux ; un grand nombre de médecins, tant
des Facultés de province que de celles de Paris, suivaient ces
traitements pour s'assurer des effets qui en résultaient, et
vérifier l'existence de l'agent, jusqu'alors inconnu, qui faisait
la base de cette doctrine.

» Jusque là j'avais partagé avec la Faculté de Paris l'opinion
que le magnétisme animal n'était qu'une erreur qu'on cherchait à ressusciter, et dont l'illusion ne tarderait pas à se manifester. Mais la consistance que ce nouveau système acquérait
de jour en jour, les partisans distingués qu'il trouvait dans les
classes les plus respectables, les témoignages imposants qui
s'élevaient en sa faveur, les défis publiquement portés à la
société par les professeurs de cette doctrine ; enfin, l'embarras

apparent que laissaient entrevoir plusieurs médecins de la Faculté, quand il s'agissait de prononcer sur le mérite de ce système, me tirèrent de l'espèce d'inaction à laquelle je m'étais condamné.

» Je fis réflexion que ma qualité de médecin m'imposait l'obligation de ne rien laisser échapper de ce qui pouvait perfectionner mon art, étendre mes moyens, et concourir au soulagement de l'humanité souffrante.

» On annonçait un système de curation auquel on attribuait les plus heureux effets; il se pouvait faire que ce fût une chimère; mais cette supposition n'autorisait pas mon indifférence, parce qu'il pouvait aussi se faire que le système en question eût quelque réalité.

» N'ayant donc, par moi-même, aucune raison de prononcer ni pour ni contre, je crus qu'il était de mon devoir d'éclaircir mes doutes, sans m'en rapporter à la foi d'autrui.

» En conséquence, je me déterminai à profiter de l'accès que M. d'Elson, docteur de la Faculté, avait ouvert chez lui aux médecins, et je commençai, dans son traitement, un cours d'observations qui devait fixer mon incertitude.

» Ce fut après avoir suivi ce traitement pendant trois mois, avec toutes les précautions possibles, que M. Varnier fut convaincu.

» Il se livra alors à la pratique du magnétisme, opéra plusieurs guérisons étonnantes, parmi lesquelles il cite les suivantes, dans une lettre qu'il écrit au doyen de la Faculté de médecine, M. Pourfour-Dupétit, pour lui prouver que les effets du magnétisme sont indépendants de l'imagination.

» J'ai rappelé, pour ainsi dire, à la vie, une femme sujette à un gloussement convulsif, que je trouvai sans sentiment, sans mouvement, et avec la respiration stertoreuse. Je n'ai pas employé d'autre moyen pour guérir cette femme. Elle ne connaissait pas le magnétisme, même de nom; elle ne se doutait pas d'être magnétisée lorsqu'elle est revenue à elle; elle n'a été magnétisée que cette seule fois, pendant environ une heure, et ne sait pas même actuellement qu'elle l'ait été.

» A ce fait si remarquable, M. Varnier joint encore les effets qu'il a obtenus sur des enfants à la mamelle, tels que celui de M. d'Acosta, fermier des États de Bretagne. Le visage de cet enfant, âgé de six mois, se gonflait singulièrement pendant la séance du magnétisme, et se dégonflait lorsqu'elle était finie. On l'endormait sans contact. J'ai calmé, dit-il, et fait cesser les mouvements convulsifs les plus graves. J'ai vu d'autres enfants, à peu près du même âge, éprouver de véritables crises. Dois-je, puis-je même rapporter ces effets à l'imagination des malades ou à la mienne?

» Pour toute réponse à ces interpellations, M. le doyen fit un arrêté portant qu'aucun médecin n'eût à se déclarer partisan du prétendu magnétisme animal, ni par ses écrits ni par sa pratique, sous peine d'être rayé du tableau des docteurs régents. M. Varnier et tous ceux de ses confrères qui refusèrent de signer furent rayés. »

—

» Goitre dégénéré, *sur* Madame ***.

» En parlant de l'action lente et insensible du magnétisme, M. Koref dit :

» L'exemple le plus remarquable en ce genre que j'aie vu de ma vie est celui d'une dame qui avait un goître dégénéré présentant l'aspect d'un fongus hématode, provoqué par un séton placé mal à propos. Je ne prenais qu'une part indirecte à cette cure ; je me bornais au rôle d'observateur. La malade était tellement épuisée d'hémorragie par ce fongus, qu'on n'osa la transporter. Une somnambule qui ne l'avait jamais vue, qui n'avait pas entendu parler d'elle, mise en rapport par le moyen d'une pièce de laine dont on couvrait souvent la tumeur pendant douze ou vingt-quatre heures, dirigea de loin tout le traitement. Cette malade fut en peu de mois amenée à un tel point d'amélioration, qu'elle put être transportée dans la ville où demeurait la somnambule, avec laquelle on la mit alors en rapport direct. Nous avions soin de ne jamais parler à la somnambule, pendant son état de veille, de cette malade, dont l'existence lui était tout-à-fait inconnue. Elle fut guérie dans l'espace de dix-sept mois, par les moyens magnétiques les plus simples, dirigés sur les organes glanduleux du bas-ventre, où la somnambule reconnut le siége de la maladie, dont il n'y avait pas de signes apparents pour le diagnostic d'un médecin.

» Après la guérison de la malade, nous l'avons présentée à la somnambule en état de veille, et nous l'avons engagée à lui raconter l'histoire de sa maladie et de sa guérison. Nous avons vu avec étonnement que, chez celle-ci, aucun souvenir n'avait passé de l'état de somnambulisme dans l'état ordinaire, et qu'une personne dont elle s'était si souvent occupée, qui lui devait la vie, lui paraissait alors tout-à-fait étrangère. Ce fait psychologique, analysé avec soin, serait riche en résultats pour quiconque s'occupe avec un intérêt sincère des différents états dans lesquels l'âme humaine peut se trouver, sans que le souvenir établisse entre eux la moindre liaison. »

« Goutte sciatique, *avec atrophie de la cuisse et de la jambe droite, sur* M. Landresse, *à Paris*, 1784, par M. Deslon, médecin.

(Baquet.)

» En 1779, M. Landresse fut attaqué d'un rhumatisme goutteux aux articulations des cuisses, des jambes et des pieds.

» Les douleurs les plus aiguës le tourmentèrent pendant quatre mois consécutifs. Sur la fin de 1781, le rhumatisme se fit ressentir très vivement à la tête. Après l'avoir fait souffrir très long-temps, l'humeur se porta sur les yeux, et l'enflure y devint telle qu'ils commencèrent à se déplacer. M. Béquet, oculiste, lui fit prendre des bains de vapeur de sureau qui le soulagèrent beaucoup. Pendant quarante-cinq jours, il prit des bains de pieds ; mais il ne fut pas plutôt soulagé des yeux qu'il ressentit des élancements cruels au pied droit. A mesure que les douleurs augmentaient dans cette partie, ses yeux se guérissaient ; enfin, son pied devint très enflé. Dix mois s'écoulèrent sans qu'il pût marcher, et au milieu de souffrances continuelles. On lui conseilla l'usage des astringents ; l'enflure disparut, mais elle se prolongea le long de la cuisse ; et de cette imprudence il résulta un goutte sciatique, une crispation de nerfs, une esquinancie, et les yeux redevinrent malades.

» Il eut alors recours à l'électricité, et suivit pendant six semaines le traitement de M. Mauduit. C'était en novembre 1782. Il obtint un peu de soulagement dans ses douleurs, et un peu plus de force, mais la goutte était toujours fixée dans les articulations. Deux mois de séjour à la campagne n'apportèrent aucun changement à son état ; il ressentait à chaque pas une douleur aiguë. La jambe et la cuisse étaient entièrement desséchées.

» Le 5 avril 1784, il vint au traitement de M. d'Eslon. Pendant les premiers jours, il n'éprouva aucun effet ; mais le septième, sans avoir rien ressenti de sensible, tout son corps et son visage devinrent très jaunes. Il se trouva en même temps beaucoup plus de force, de gaieté, et un appétit excessif. Il resta cinq ou six jours dans cet état. Peu à peu les douleurs diminuèrent, la sciatique disparut, et il commença à marcher librement. Ses forces augmentaient chaque jour, lorsqu'à la fin de mai il éprouva tout-à-coup, étant au traitement, une douleur à la tête.

» Le lendemain l'œil gauche était enflammé, et rendait des eaux âcres mêlées d'une matière jaunâtre, surtout lorsqu'il était magnétisé. Au bout de onze jours, l'œil fut guéri. Pendant ce temps, la cuisse, la jambe et le pied avaient repris de la nourriture, et il se sentait beaucoup de forces. Sur la fin de juin son teint devint encore une fois jaunâtre, et l'œil fut attaqué de nouveau. L'inflammation fut si forte qu'il ne put suivre le traitement, ni même supporter le jour le plus faible. Il fut ainsi trois jours sans être magnétisé ; le quatrième, un médecin du traitement vint le voir, et en moins d'une heure il détermina l'écoulement de l'humeur, fit disparaître le gonflement, et rendit au malade la faculté de voir et de supporter la lumière. Il retourna le lendemain chez M. d'Eslon, et fut guéri de l'œil le dix-septième jour. Dès lors, il cessa de ressentir aucune douleur, il avait seulement un léger embarras sous la plante et les doigts du pied lorsqu'il marchait.

» Insensiblement, l'humeur se dissipa, les doigts se redressèrent, la circulation se rétablit partout également, et quatre mois de magnétisme lui rendirent, selon son expression, une nouvelle vie.

» Après sa guérison, **M.** Landresse se livra à l'étude et à la pratique du magnétisme, et publia une petite brochure intitulée *Le Cri de la Nature*, etc. »

LE JEUNE VICTOR, DE PARIS.

—

Le hasard m'a conduit cet enfant dont l'affectibilité magnétique a surpris tant de personnes de haute intelligence. On sait que je me procure des sujets avec assez de facilité, parce que j'agis sans façon sur tous ceux qui se présentent. Un de mes élèves m'amena, un soir, quelques gamins du boulevard. J'en magnétisai quatre ensemble, je les endormis tous les quatre. L'un d'eux, le jeune Victor, entra en somnambulisme immédiatement, et comme il m'annonça qu'il était malade, je le séparai de la chaîne et ne m'attachai plus qu'à lui seul, laissant les autres magnétisés aux mains de mes aides.

» Lorsque j'eus calmé quelques mouvements convulsifs qui s'étaient manifestés, je demandai à cet enfant quelle était sa maladie ? — Dites mes maladies, me répondit-il ; car j'en ai deux :

1° Je pisse au lit toutes les nuits sans m'en apercevoir, et même le jour il m'arrive souvent de sentir s'échapper mon urine sans que je puisse la retenir ;

2° J'ai très fréquemment des attaques de nerfs qui me jettent par terre sans connaissance, qui me tordent les membres et le corps, me font écumer la bouche et me laissent ensuite comme un imbécile.

— Puis-je vous guérir ?

— Oui. Si vous voulez me magnétiser pendant cinq jours, je pourrai me retenir de pisser. Cette maudite urine ne s'en ira plus malgré moi. Si vous me magnétisez pendant un mois, je serai radicalement guéri de mes deux maladies.

Quatre jours plus tard, Victor me dit, dans son somnambulisme, que si je lui faisais boire coup sur coup trois verres d'eau magnétisée, il serait guéri de son incontinence d'urine ; et qu'en continuant l'usage du même moyen, il serait promptement guéri de son affection nerveuse principale ; car, ajouta-t-il, ces deux maladies sont dues à la même cause.

Je lui donnai les trois verres d'eau magnétisée qu'il avala avec une avidité sans égale.

Dans la suite, il eut des crises nerveuses cataleptiformes pendant son état magnétique ; mais il devint si impressionnable dans l'intervalle de ses crises, que mon intention était admirablement sentie par lui. Je lui demandai, s'il ne lui serait pas nuisible de parler long-temps : — Non, me dit-il, je puis même chanter si vous le voulez. Je lui proposai alors de ne chanter que sur mon ordre mental et de cesser de chanter sur un ordre pareil. Il me dit qu'il le ferait. Et en effet, vingt fois au moins nous avons éprouvé que dès que je lui commandais volontairement de chanter, il se mettait à le faire, s'arrêtait dès que je le voulais, et reprenait son morceau où il l'avait laissé, dès que je lui ordonnais, toujours mentalement, de continuer.

Cet enfant était un des sujets les plus affectibles que j'aie rencontré. Cent personnes m'ont vu exercer sur lui dans l'état de veille les mêmes influences que dans l'état magnétique ; et elles étaient senties avec plus d'intensité peut-être. Ainsi, je le plaçais la face contre la muraille, je me tenais à trois pas derièrre lui éveillé, une tierce personne me donnait le signal convenu pour que je le fisse chanter, je prenais la volonté que cela s'exécutât et il m'obéissait immédiatement. Quand sur un autre signal je voulais qu'il s'arrêtât, il obéissait encore, et si rapidement, que toute idée de compérage tombait aux yeux des plus sceptiques.

M. le docteur Frapart, connu pour son extrême méfiance et son tact observateur, a été témoin et acteur dans plusieurs des expériences que j'ai faites avec cet enfant, et il est demeuré bien convaincu de la réalité des effets magnétiques que je viens de mentionner.

La guérison totale de cet enfant, que j'ai perdu de vue, ne m'a pas été suffisamment démontrée pour que j'avance qu'elle a eu lieu comme il l'avait annoncé, bien que tout me porte à croire qu'elle a dû s'effectuer.

Ce somnambule est aussi un de ceux qui ont cherché à me tromper en feignant le sommeil magnétique. Heureusement que depuis bien des années je me tiens constamment en garde contre la supercherie des sujets, et que je ne me suis pas laissé prendre à la feinte. Je lui ai même donné une sévère leçon pour le corriger de sa fourberie ; j'ignore si elle a porté ses fruits.

THÉODULA,

ou,

L'EXTATIQUE DE 1833.

Théodula, la comtesse de Aldibar sa tante, et Juliani, arrivèrent à Bruxelles à l'époque où le monde fashionable de toute l'Europe semblait s'y être donné rendez-vous (1). Les fêtes de septembre allaient commencer. Juliani et la comtesse espéraient que Théodula y trouverait des distractions capables de dissiper le sentiment de nostalgie qui l'affectait si cruellement. Le programme des divertissements était pompeux; les jeux qu'il annonçait seraient nouveaux et piquants pour les étrangers : des joûtes d'albalétriers, à la coutume des anciens Flamands, des courses en sac, un concert vocal et instrumental de 1,500 exécutants, les exercices prodigieux du fameux Rapo, les représentations de Nourrit et de madame Damoreau, les divins accords du violon enchanté de Paganini, les brillantes promenades de Mont-Plaisir et de Lakeen, tout cela n'était qu'une partie des amusements qui seraient offerts.

Dès le lendemain de leur arrivée, nos voyageurs voulurent visiter cette capitale du Brabant, qu'ils avaient entendu vanter avec une exagération emphatique par quelques personnes qui avaient, sans doute, peu parcouru le monde. Quelques heures leur suffirent pour voir en détail toute la ville; et, le soir, toutes leurs illusions étaient tombées; car Bruxelles ne présente véritablement rien d'admirable. De tous les monuments qui l'enrichissent, celui que les habitants montrent avec le plus d'orgueil aux visiteurs, c'est le Menneken-pis, statuette en bronze d'un enfant qui satisfait, au coin d'une rue, un besoin naturel.

Néanmoins Bruxelles possède un parc assez beau, des boulevards agréables, un hôtel-de-ville protégé par l'archange saint Michel, et une très longue promenade appelée l'*Allée verte*. Ses palais sont peu splendides; celui dit du Prince d'Orange est remarquable plus par son peu d'élévation que par son élégance; celui du roi est moins grandiose que certaines maisons bourgeoises; le seul qui ressemble quelque peu

---

(1) Je place ici cette anecdote, parce que j'en puis garantir la vérité ; toutefois je dois prévenir le lecteur que, par des motifs particuliers, j'ai déguisé les noms des personnes qui y figurent.

à un monument national, est celui des états Belges, où les représentants et les sénateurs tiennent leurs assemblées.

Le jour suivant, on alla à Waterloo, village de douloureuse mémoire pour les Français. Deux heures suffisent pour venir de Bruxelles à Mont-Saint-Jean, qui n'en est séparé que par la forêt de Soignes : on visita la *Haie Sainte*, la *Belle Alliance*, *Hougoumont*, la maison Lacoste, où Napoléon passa la nuit d'avant la funeste bataille, le monticule artificiel où est planté le ridicule lion d'airain. Enfin, on s'en revint, ayant dans le cœur un sentiment indicible de malaise et de tristesse.

Les fêtes arrivèrent ; la comtesse et Juliani avaient pris leurs dispositions pour en faire jouir Théodula, dont la mélancolie était loin de disparaître.—Allons, ma nièce, dit madame de Aldibar à Théodula, mettez-vous à votre toilette ; nous monterons en voiture dans deux heures. — Pardon, chère tante, répondit la jeune fille, je serais désolée de vous contrarier le moins du monde ; mais si vous le permettez, je resterai à l'hôtel, car j'ai un mal de tête accablant, et je craindrais qu'il augmentât encore si j'allais au milieu du bruit.

— Mademoiselle, dit Juliani, nous retarderons notre sortie pour ne pas aller sans vous. Ce retard sera de si peu, que madame la comtesse qui vous aime sincèrement n'en sera sans doute nullement contrariée. Vous savez que le magnétisme vous est favorable, et que par son application j'ai eu souvent le bonheur de rétablir votre santé ; permettez-moi donc de tenter, par son moyen, une guérison que je crois devoir être certaine. La comtesse approuva Juliani ; Théodula se soumit.

L'opération fut prompte : en moins de deux minutes les yeux de la patiente se fermèrent, sa tête balança doucement sur ses épaules, s'inclina en avant, se redressa, puis tomba mollement en arrière sur le dossier de la dormeuse ; l'état magnétique était complet.

Quel doux repos que celui que goûtait à présent Théodula, quelle expression de bonheur avait pris sa figure, à quel gra-

cieux abandon elle était livrée tout entière! Ah! si les anges
dorment quelquefois, le sommeil de Théodula devait ressem-
bler au sommeil des anges!

Un quart d'heure s'était à peine écoulé lorsque Théodula
eut un songe mensambulique; elle rêva de sa mère qui était
demeurée en Castille: —Ma mère, dit-elle, ma mère, venez
près de nous, quittez l'Espagne, hâtez-vous : dans un mois
Ferdinand aura cessé de vivre, et alors, notre malheureuse
patrie deviendra encore le théâtre d'une guerre civile d'autant
plus cruelle que les Espagnols sont déjà aigris par l'adversité.
Oh! partez, partez, c'est votre enfant qui vous en supplie! »
Puis, relevant un peu sa belle tête : — Comtesse de Aldibar,
s'écria-t-elle d'une voix mêlée de terreur et de larmes, chère
tante, vous à qui ma mère m'a confiée, écrivez à votre sœur
qu'elle presse sa fuite, c'est sa Théodula qu'elle aime qui la
conjure à genoux d'abandonner la terre natale!

Le songe cessa, le sommeil redevint calme. Cependant la
comtesse avait été vivement émue, et l'altération subite de
ses traits prouvait que l'impression qu'elle venait de recevoir
de la prédiction de sa nièce avait fait naître en elle un sentiment de crainte qu'il ne lui était plus permis d'effacer de son
esprit.

Après quelques instants d'un sommeil réparateur, Théodula parut s'inquiéter; des spasmes se manifestèrent, un sentiment de douleur se peignit sur tous ses traits.

—Souffrez-vous, mademoiselle? dit Juliani.—Non, répondit-
elle, je ne souffre point comme vous pourriez le comprendre.
Je ne ressens réellement aucune douleur; ce que j'éprouve,
c'est quelque chose de vague, d'inexplicable; c'est un mélange de douceur et d'amertume, de liberté et de crainte, de
confiance et d'anxiété, d'amour et d'indifférence; mais tout
cela se présente à moi d'une manière si neuve, si étrange,
qu'il ne m'est point possible d'en donner aux autres la plus
légère idée. Tenez, continua-t-elle, vous, Juliani, je vous
connais depuis bien peu de temps, eh bien! il me semble,
parfois, qu'il y a des siècles que votre vie est liée à la mienne.

Dans ces moments-là, je me figure que nous ne pourrions nous séparer désormais sans que mon existence fût brisée, car je vous aime plus qu'un frère, qu'un amant! mais cet amour que j'ai pour vous n'est point une passion égoïste et désordonnée qui corrompt le cœur en égarant la pensée; oh! non, c'est une estime profonde, c'est un sentiment religieux et sublime qui porte à l'abnégation de soi-même; qui, dégagé de toute idée de corporéité, est pur comme l'encens qui monte vers l'Éternel, comme les célestes concerts des anges, comme le feu créateur qui régit les mondes! et pourtant, je sais que le jour de notre séparation est peu éloigné; je sais que vous devez vous rendre en Allemagne, où je n'irai certes jamais; je sais que cette séparation sera pour toute notre vie dans ce monde; je sais tout cela, et je n'en suis point affligée! Et ce serait vainement que vous chercheriez à me dissuader; car ma persuasion à moi est au moins aussi forte, aussi inébranlable que vos convictions les plus intimes. Ne cherchez pas non plus à résister au penchant qui vous entraîne, vos efforts seraient nuls : L'homme qui, comme vous, poursuit la réalisation d'une idée de progrès qu'il s'est formulée avec soin, ne recule plus devant aucun sacrifice possible : honneurs, richesses, repos, voluptés ne lui inspirent qu'indifférence. Imbu de son sujet, il en poursuit la propagation avec toute la vertu dont il est capable, et quoi que l'on puisse faire pour l'en détourner, l'amour de sa pensée l'emporte; l'avenir seul occupe son esprit. Il devient nécessairement l'apôtre de la doctrine qu'il a reconnue; il est lié au principe de cette doctrine, et quels que soient ses efforts désormais pour s'en séparer, il ne saurait y parvenir. C'est qu'il est une puissance souveraine qui commande à la volonté humaine et à laquelle celle-ci ne peut rien opposer. Dès lors, l'homme cesse de s'appartenir; il est l'instrument obligé de cette puissance suprême; et, chose bizarre, il se complaît dans son esclavage, il caresse même avec bonheur les fers dont il est enchaîné; car leur poids est léger, et n'a rien de honteux!

Durant ces réflexions, Théodula avait un air prophétique

d'autant plus imposant, que sa voix était devenue plus grave, plus noblement accentuée, plus profondément pénétrante. Ce n'était plus une timide et tendre jeune fille dont l'amabilité, l'esprit et les grâces physiques inspiraient l'amour sensuel que la plupart des humains regardent comme le souverain bonheur ; c'était une prêtresse sacrée dont la candeur, la raison, le jugement, la haute sagesse, inspiraient dans le cœur du plus simple mortel un sentiment divin de sympathie parfaite, d'amour pur et sincère, d'ivresse harmonieuse ; c'était une âme sensible qui soufflait une vie nouvelle d'une suavité délicieuse sur tous ceux qui l'environnaient.

À présent l'extatique était retombée dans une sorte de léthargie particulière que les magnétistes ont appelée sommeil, probablement à cause du repos dont y jouissent les sujets.

L'état de calme fut bientôt troublé par de nouveaux mouvements spasmodiques dont le magnétiseur détruisit immédiatement la cause.

— Théodula, dit Juliani, lorsque tout-à-l'heure je vous ai demandé si vous éprouviez quelque souffrance, vous m'avez répondu de manière à éluder l'explication que je désirais obtenir de vous. La réponse que vous m'avez faite eût pu satisfaire, peut-être, un homme qui vous serait moins dévoué que moi, ou qui, peu habitué au langage des malades, n'aurait vu dans vos paroles aucun des symptômes que j'y ai remarqués ; mais un médecin, un philosophe ne saurait se méprendre sur votre état. Vous avez une peine secrète, et dans la crainte d'affliger ceux qui vous approchent, en leur confessant vos chagrins, vous vous résignez aux plus cruelles angoisses. Ah ! croyez-en mon expérience et l'intérêt que je vous porte : le fardeau le plus lourd, lorsqu'il est divisé, se soulève aisément ; n'appréhendez donc pas de nous initier à vos secrets tourments ; la peine que nous éprouverons en compatissant à la vôtre sera bien moins amère que l'inquiétude où vous nous tenez.

L'affectibilité de l'extatique se réveilla , sa poitrine devint subitement oppressée , des pleurs brûlants s'échappèrent de ses yeux presque fermés, ses muscles se contractèrent , une convulsion générale s'empara de son corps ; elle tomba en syncope!

Soudain , la comtesse effrayée de l'état de sa nièce jeta un cri et s'évanouit !

Qu'on juge de l'embarras du pauvre magnétiseur ! Auprès de qui devait-il le plus tôt s'empresser ? comment pourrait-il soulager l'une des deux crisiaques sans abandonner l'autre à toute l'horreur de sa situation ?... Dieu guida et soutint sa raison : ses premiers soins furent pour la comtesse ; mais tout en exerçant sur elle une action physique suffisante, il gardait mentalement la vie de sa magnétisée, conservant en cette occurrence le sang-froid le plus imperturbable , et mettant à profit toute son instruction, toute son expérience.

La comtesse fut promptement rétablie, et à peine avait-elle eu le temps de se reconnaître que, par les soins de Juliani, Théodula était revenue à son extase antérieure, et parfaitement remise.

— Ecoutez-moi , dit alors la mensambule en laissant échapper un soupir gros de prédictions sinistres :— Ce que je vous ai annoncé tout-à-l'heure se réalisera positivement. Ferdinand ne sortira plus de son lit royal que pour entrer dans la tombe, et avant trente jours nous aurons reçu la nouvelle de sa mort. Alors la discorde cruelle , parcourant les Espagnes , un brandon à la main , répandra de toutes parts un horrible incendie. Les parents, les amis s'entre-tueront avec rage, avec désespoir ; et les palais saccagés, les villes abîmées, les saints lieux profanés , les campagnes dévastées ; tout cela ne sera que le prélude effroyable des maux de toutes sortes qui fondront sur notre patrie désolée!

— Ma chère amie, dit la comtesse à sa nièce, en lui prenant la main , toutes les frayeurs que tu te fais ne sont que de vains fantômes qu'il faut bannir de tes pensées : Les rêves ne sont le plus souvent que des égarements de l'imagination, que la raison ne saurait accepter. Allons, remets-toi, et n'aie plus de ces paniques terreurs dont un enfant rougirait.

— Ma tante, reprit Théodula, au nom de tout ce qui nous est cher et sacré, je vous conjure d'ajouter foi à mes paroles; croyez bien que je ne me crée pas de chimériques pensées; et que tout ce que je vous dis s'accomplira. Ce que les hommes dont le corps veille appellent hallucinations, illusions, rêveries, folies même, n'est rien moins que de l'erreur. Quand je vous ai dit, il y a un instant, que je pressentais les malheurs qui vont nous frapper, je n'ai point ce qu'on appelle deviné l'avenir; il y a des causes existantes desquelles j'ai induit des conséquences qui peuvent étonner les gens dont l'esprit est trop obscurci par la matière qui l'enveloppe, pour s'élever à la hauteur où le mien est parvenu actuellement, mais pour celui dont l'âme plane, en quelque sorte, sur le monde matériel, les révélations même des secrets de la nature ne sont pas plus surprenantes que ne le sont, pour le commun, les combinaisons mathématiques du plus faible calcul.

A présent, Juliani, dit-elle à son magnétiseur, rendez-moi à la vie ordinaire. Je sens que je ne dois pas rester plus long-temps magnétisée. Juliani obéit; le mal de tête était dissipé. L'état normal de l'extatique fut très bien rétabli.

Un mois après cette séance toute l'Europe politique retentit du bruit de la mort du roi d'Espagne. La comtesse de Aldibar et sa nièce prirent le chemin de leur patrie, Juliani dirigea ses pas vers l'Allemagne. A son arrivée à Vienne où la comtesse lui avait promis de lui écrire, il trouva une lettre portant le timbre de Paris et un cachet noir :

Théodula était morte!!!

CONSIDÉRATIONS

SUR

LE MAGNÉTISME ET LE SOMNAMBULISME

APPLIQUÉS AU TRAITEMENT DES MALADIES.

—

J'ai dit quelque part que, dans le monde, et surtout à Paris, on a encore aujourd'hui et l'on conservera peut-être long-temps de bien fausses idées sur le magnétisme. En effet, toutes les personnes qui ont renoncé aux moyens de la médecine ordinaire ou que la médecine a abandonnées, et qui recourent au magnétisme comme dernière ressource, veulent toutes et toujours des consultations somnambuliques. Ici, l'on ne connait du magnétisme qu'une partie, et c'est justement celle qui présente le plus de chances défavorables. Il m'est arrivé déjà bien des fois d'engager des malades à se faire magnétiser eux-mêmes avant que d'interroger un somnambule ; mais à l'air ébahi de chacun, j'ai pu juger que je leur semblais venir d'un autre monde.

Comme mon intention est de faire luire au grand jour et dans tout son éclat la plus utile des vérités, je vais examiner rapidement le magnétisme d'une part, le somnambulisme d'autre part, et laisser à chacun le soin de tirer de ce double examen les conséquences rationnelles.

LE MAGNÉTISME. — Toutes les fois qu'un homme sain et bienveillant agit magnétiquement sur un invalide consentant, celui-ci éprouve des effets salutaires plus ou moins prompts, plus ou moins manifestes ; et, dans aucun cas, si l'opérateur a la prudence et la raison nécessaires, il ne peut arriver au patient rien de fâcheux. Il n'est nullement besoin que le sommeil magnétique envahisse le malade pour qu'il soit soulagé et même guéri par les applications sympathiques. Il arrive assez fréquemment que lors même qu'on ne cherche point à endormir le sujet, il tombe doucement dans l'état de sommeil et arrive au somnambulisme ; là, il a presque toujours assez de lucidité pour connaître parfaitement sa position et se prescrire un traitement convenable. Je n'ai pour ainsi dire jamais vu qu'un malade en somnambulisme se soit fourvoyé quand il s'agissait de son individu propre.

Ainsi, je le demande, est-il humainement possible de trouver un moyen comparable au magnétisme simple ?... La seule chose à laquelle un malade doive prendre garde, c'est au choix de son magnétiseur.

LE SOMNAMBULISME. — Quand il s'agit de prendre l'avis d'un magnétisé relativement à autrui, mille difficultés se présentent à l'homme consciencieux : la lucidité du somnambule a-t-elle été suffisamment éprouvée pour qu'on puisse lui accorder pleine confiance ?... le somnambule est-il ordinairement de bonne foi dans son sommeil ?... le désir de gagner de l'argent n'est-il point son principal mobile ?... sera-t-il assez loyal pour déclarer qu'il n'est pas clairvoyant si sa lucidité est momentanément affaiblie ?..... Celui qui le dirige est-il capable de le faire ?... Tous les magnétiseurs ou les gens qui se donnent pour tels sont-ils assez probes pour refuser les avis de leur somnambule quand ils savent que celui-ci est susceptible d'induire en erreur le malheureux qui se confie à ses dires ?... La soif du gain ne pousse-t-elle pas l'un et l'autre ou bien l'un ou l'autre à abuser du somnambulisme ?... Le somnambule est-il réellement magnétisé toutes les fois qu'il parle à un malade, ou bien feint-il de l'être ?... Celui qui donne plusieurs consultations dans le même jour ne confond-il point les états pathologiques et les moyens thérapeutiques ?... Je n'en finirais pas s'il me fallait suivre tous les points. Hélas! hélas! pauvres malades, que je vous plains! Pour un bon somnambule consultant, il y en a cent mauvais (j'entends parler des somnambules de profession et non des autres); pour un qui dort, il y en a cinquante qui feignent le sommeil; pour un qui est loyal, il y en a vingt qui sont de mauvaise foi.

Ah! que Mesmer avait raison de taire à ses disciples le

somnambulisme! Il savait bien que c'était une arme trop délicate et trop dangereuse à la fois pour devoir être mise dans les mains du premier venu. Aussi n'enseigna-t il que le magnétisme proprement dit. Et, nous devons l'avouer, il ne se faisait pas moins de guérisons ni des guérisons moins surprenantes du temps de Mesmer qu'il ne s'en fait de nos jours. Je crois même que si l'on pouvait peser les unes et les autres, ce ne serait pas de notre côté que pencherait la balance.

Qu'on ne s'imagine pas, toutefois, que je prétende que tous les somnambules sont nuisibles ou inutiles, non ; je sais trop quels services éminents on peut tirer de ceux qui sont réellement bons. Je dis seulement que, de la manière dont on use aujourd'hui du somnambulisme, les malades sont exposés à bien des déceptions, mais voilà tout. C'est à eux, à présent qu'ils sont prévenus, à agir désormais avec toute la prudence, toute la circonspection dont la raison est capable.

UTILITÉ

DES EXPÉRIENCES PUBLIQUES.

Depuis long-temps certains magnétiseurs ne cessent de se récrier contre les expériences, et trouvent mauvais que ceux de leurs confrères qui ne partagent pas leur opinion sur cet objet montrent à tout venant les phénomènes du magnétisme et du somnambulisme. Examinons cette question, et voyons si les partisans du mystère sont recevables dans leurs prétentions, ou bien si les amis de la propagande sont guidés par des motifs raisonnables.

Tant que les magnétiseurs ont craint de se montrer au grand jour, qu'ils ont expérimenté, pour ainsi dire, clandestinement, on avait dans le monde, en général, une bien fâcheuse opinion de leurs opérations, et chacun se demandait, avec une apparence de raison, pourquoi, si la chose était bonne, on négligeait de la mettre en évidence?... Je veux pour un moment que le jugement des masses doive être considéré comme nul en matière de science, et que le plus important pour accréditer une vérité ignorée soit simplement de la faire connaître aux hommes de capacité. Mais pour atteindre ce dernier but quels moyens aura-t-on? La publication des faits produits, me dira-t-on sans doute. Oui, je le conçois, si l'on venait annoncer des phénomènes vraisemblables, ces phénomènes ne fussent-ils pas vrais, les hommes studieux et sages chercheraient à les obtenir dès qu'ils auraient pu s'instruire des procédés à mettre en usage. Quelques uns croiraient sur parole l'auteur d'un livre où le raisonnement viendrait à l'appui du système. Nul n'oserait rejeter *à priori* la nouveauté dont on lui aurait tracé le tableau. Mais en magnétisme, les effets qui se manifestent sont-ils de nature à être appréciés à la lecture? évidemment non. Ce qui le prouve c'est qu'aujourd'hui encore, malgré que le prosélytisme ait, depuis quelques années, marché à pas de géant, il ne se trouve pas une personne sur cent qui s'en rapporte à ce qui a été écrit sur ce sujet, même par les hommes les plus respectables. Ainsi les livres du bon Deleuze, dont la mémoire si justement révérée et honorée serait en toute autre matière un billet de garantie pour tout le monde, sont encore loin de déterminer les savants à étudier le magnétisme. D'ailleurs, combien de gens bien intentionnés, agissant de la meilleure foi du monde, qui, n'ayant pu rien ou presque rien produire, malgré des essais réitérés, s'abandonnent à mille conjectures défavorables, par cela seul qu'ils n'ont rien obtenu, rien vu, et qu'ils ne sauraient comprendre la possibilité de choses si étranges!

Si, dans un cercle quelconque, depuis le salon du prince jusque dans l'arrière-boutique du marchand, la conversation vient à s'engager sur le magnétisme, que se demande-t-on? Avez-vous vu?... croyez-vous?... cela se peut-il?... Et s'il ne se trouve personne qui affirme sérieusement avoir été témoin de faits extraordinaires, toute la compagnie s'égaie aux dépens du magnétisme, des somnambules, des magnétiseurs et des malades magnétiques.

Il faut le reconnaître : cent ouvrages seraient publiés cha que mois en faveur du magnétisme, que toujours les gens, même les plus versés dans les sciences, viendraient dire aux magnétiseurs : Montrez-nous des faits ; prenez-nous un à un, si vous le voulez, mais prouvez-nous que vous n'en imposez pas ou que vous n'êtes pas vous-mêmes dans l'erreur. En définitive, il faudra toujours en venir à faire des expériences, ne voudrait-on tenter la conversion que d'un seul individu.

Dans les provinces, voire dans des villes considérables, personne ou presque personne ne savait, il y a dix ans, à quoi s'en tenir à l'égard de cette science dont le nom était ignoré du plus grand nombre ; il s'ensuivait que pas un malade sur mille n'osait ou ne pouvait recourir à ce moyen de guérison. Les hommes dont les opinions ou l'intérêt se trouvaient en opposition au magnétisme débitaient, sans craindre de trouver une bouche qui s'ouvrît pour les démentir, tout ce que l'envie et la haine peuvent imaginer de plus horrible contre'les magnétiseurs et leur doctrine. A présent, c'est bien différent. Depuis que quelques personnes plus énergiques que le commun des mortels n'ont pas craint de produire ouvertement les phénomènes du somnambulisme, d'ouvrir dans quantité de villes des cours publics auxquels les amateurs de nouveautés se rendaient, il est vrai, bien plutôt pour satisfaire leur curiosité que pour étudier la science, on peut aisément s'apercevoir que le nombre des partisans du magnétisme est prodigieusement augmenté. Partout ou presque partout les mots *Magnétisme* et *Somnambulisme* sont connus ; sur dix voyageurs, il s'en rencontre un qui a vu des expériences, son esprit, quelque bizarre ou borné qu'il soit, a été frappé des effets singuliers dont il a été témoin, et quand même il chercherait à se persuader qu'il a été dupe de l'illusion ou du compérage, il ne peut s'empêcher de reconnaître qu'il y a eu de l'extraordinaire. Au surplus, fût-il encore dans l'incrédulité la plus profonde, il aime à raconter dans les diligences, dans les tables d'hôte, partout enfin, les phénomènes vrais ou simulés qui se sont passés sous ses yeux. Et si l'on vient encore me dire que les expériences publiques nuisent à la cause du magnétisme, soit parce qu'elles ne réussissent pas constamment, soit parce qu'elles peuvent être mal présentées, soit enfin par une cause quelconque ; je répondrai que toutes les circonstances contraires, se rencontrassent-elles dans une, deux, trois, dix, vingt séances de suite, le magnétisme serait encore loin de perdre à cela ; car il faut voir les choses, non pas toujours telles qu'elles sont actuellement, mais telles qu'elles seront inévitablement en suivant une marche régulière. Je m'explique : sur cent personnes qui auront assisté à des expériences non réussies, cinquante au moins iront dire dans tous les lieux publics beaucoup de mal du magnétisme, et finiront, sans s'en douter, par éveiller la curiosité d'une foule de gens ordinairement indifférents qui, d'abord, feront chorus, mais qui, plus tard, chercheront toutes les occasions de voir par eux-mêmes ; enfin les échecs magnétiques auront suffi pour vulgariser le nom du magnétisme, ce qui est déjà quelque chose. Sur cent expériences tentées même par les plus maladroites gens, une au moins réussira. A la vérité les témoins ne seront pas pour cela unanimement convaincus ; mais les gens sensés n'oseront certes plus dire que le magnétisme est nul ; et dans les conversations qu'ils engageront par la suite à propos de cette science, ils ne manqueront pas, tout en s'exprimant d'une manière dubitative, d'exposer les phénomènes de façon que leurs auditeurs n'osent leur donner un démenti, et soient tout disposés à voir des faits dès que l'occasion leur en sera offerte.

Je sais bien qu'il est assez difficile de voir réussir des expériences somnambuliques devant un grand concours de curieux ; cependant, je n'ai encore échoué dans aucune des villes que j'ai parcourues. J'ai eu fréquemment cinq, six et jusqu'à huit cents personnes autour de moi, sans m'en trouver gêné aucunement et sans que mes somnambules en éprouvassent la moindre inquiétude. Tout Paris sait que je fais journellement des expériences publiques auxquelles peut assister qui veut, et que, quels que soient ceux qui m'environnent, cela ne me nuit nullement.

Je sais bien aussi que, depuis quelque temps, certains individus, dont l'incapacité est flagrante, se sont mis à parcourir les provinces pour donner en spectacle des sujets d'une lucidité fort douteuse, lesquels ils sont aussi loin de pouvoir diriger convenablement, qu'ils sont loin de connaître le but que se proposent les magnétiseurs-professeurs en faisant des expériences; et que cela peut, jusqu'à un certain point, nuire momentanément au magnétisme; mais j'affirme néanmoins que, somme toute, ces gens-là font beaucoup de bien pour l'avenir. Au surplus, ce qui s'est passé à Orléans au commencement de cette année prouve la justesse de mon raisonnement :

Deux prétendus magnétiseurs annoncent aux Orléanais une séance d'expériences magnétiques dans laquelle, d'après leur programme imprudent, ils s'engagent à montrer des merveilles. Leur somnambule, qui est une prostituée de la ville, doit, en quelque sorte, faire des miracles : le moment de la séance arrive, six cents personnes ont payé deux francs chacune pour entrer dans la grande salle du jeu de paume où l'on s'attend à voir mille et un prodiges; l'un s'apprête à interroger la somnambule sur ce qui se passe à la cour du sultan, l'autre va lui demander comment et quand finiront les affaires d'Espagne; celui-ci veut savoir s'il deviendra ministre; celui-là, ce qui se passe dans la lune; enfin, chacun attend dans le silence de l'anxiété l'heureux instant où le sommeil lucide aura répandu ses charmes sur la nymphe banale. Un homme entre et traverse la foule curieuse : c'est le premier magnétiseur! On tousse, on crache, on se mouche, on se met à l'aise; le calme se rétablit; le grand homme se dispose à haranguer ses spectateurs, on écoute : « Messieurs, dit le pauvre débutant, qui ne s'était jamais trouvé à pareille fête, et que six verres de cognac dont il vient de se gargariser n'ont pu mettre d'aplomb, messieurs, ... hum.... messieurs, ... ne me demandez aucune explication sur les admirables beautés des brillants et étonnants phénomènes qui vont surprendre les plus malins d'entre vous; je suis à cet égard tout aussi ignorant que vous pouvez l'être, et vous sortirez d'ici tout aussi *bêtes* (textuel) que vous y êtes entrés. »

Après cette noble allocution, le magnétiseur fait coucher sur un canapé la tremblante sibylle dont l'émotion profonde annonce la sensibilité; aussi peu calme qu'elle, son maître la brutalise pour l'endormir. Bref, il ne peut en rien tirer, et tous les assistants crient à la déception! Le magnétiseur se révolte, insulte tout le monde, les cannes se lèvent sur sa tête, il va être victime de son zèle maladroit; mais quelques personnes raisonnables et influentes détournent l'orage, et on le laisse partir avec la recette, son associé et sa somnambule.

Voilà, ce me semble, tout ce qui peut arriver de pire, des séances publiques expérimentales. Certes, pendant quelques jours après cette scène, les pauvres Orléanais se croyaient et devaient se croire dupes d'un intrigant dont l'effronterie n'avait pu répondre complétement à l'imposture; aussi eussent-ils lapidé volontiers tout partisan du magnétisme. Cependant, cette échauffourée fut loin de nuire à la propagation de la science, et c'est peut-être à cela que je dois les succès que j'ai eus dans cette bonne ville d'Orléans.

» L'article ci-après que j'extrais du *Journal du Magnétisme* (**N° 4**, page 226) prouvera évidemment que je ne suis pas dans l'erreur à cet égard :

LE MAGNÉTISME A ORLÉANS.

« Frappez, et on vous ouvrira.

« Qu'une vérité se produise dans les circonstances les plus défavorables en apparence, sous les auspices les plus fàcheux, le fait est qu'elle ne peut perdre de terrain, qu'elle en gagne, et que les oppositions qu'elle soulève doivent tôt ou tard tourner à son profit. De plus, toute épreuve est réellement un enseignement pour l'avenir, en ce qu'elle fait ressortir, sans ménagement en général, les fautes que peuvent faire commettre l'enthousiasme et la confiance des croyants. Telles sont, en résumé, les réflexions que nous a suggérées la première séance publique de magnétisme à Orléans. En effet, lorsque M. L., magnétiseur de profession, vint se soumettre à notre examen comme représentant de cette science, il servit réellement la cause de la vérité, et cependant tout le monde s'accorde à dire qu'il y eut dans son fait manque de tact et fautes énormes de direction, et cependant la généralité des esprits se souleva contre lui, et ses premières expériences furent annihilées.

» Quand nous nous prononçons ainsi, nous ne prétendons pas imputer à l'homme tout ce qu'il y eut de malencontreux dans cette occurrence. Mieux que personne nous avons été à même d'apprécier combien les chances extérieures versèrent sur lui de défaveur. Nous lui devons même la justice de dire qu'à nos yeux sa moralité ne s'est nullement compromise, et nous ferions aisément partager notre opinion s'il nous était permis d'entrer à ce sujet dans des détails suffisants. Mais la question n'est pas de savoir si le tort est imputable ou non à M. L.

» Ce qu'il nous importe de signaler, c'est que les phénomènes magnétiques ne pouvaient guère être présentés sous un plus mauvais jour, sous des couleurs moins attrayantes. D'une part, en effet, des faits extraordinaires, en dehors des idées communes, à mettre en évidence ; de l'autre, des moyens de conviction très précaires, et environnés de tout ce qui peut amener le discrédit. C'est ainsi qu'à la séance publique par laquelle on débuta, lorsqu'avec des précautions minutieuses il eût été presque impossible de réussir à souhait, c'est-à-dire de faire les expériences d'une manière convaincante pour tous, on ne prit pas même la peine de préparer les esprits en quoi que ce fût, de les mettre, autant que possible, au fait de la question qu'ils allaient avoir à résoudre. Pour tout préambule, on lut sèchement des faits plus incroyables encore que ceux qu'on devait produire : des faits burlesques qui, en prêtant à l'hilarité, disposèrent le public au plus mal. D'ailleurs, il faut le dire, M. L. est un homme qui produit les phénomènes magnétiques, voilà tout ; ce n'est rien moins qu'un homme de savoir, et il eût difficilement posé la question à son véritable point de vue. Il répétait à chaque instant que lui-même ne concevait absolument rien à ce qu'il produisait, et qu'on ne devait pas même chercher à s'en rendre compte ; cependant, il avait mis sur ses cartes d'entrée : *séance scientifique*. Si maintenant, en face de cela, on considère un concours de six cents personnes, voulant toutes voir, toucher, s'assurer par elles-mêmes de tout ce qui était avancé, enfin contrôler personnellement chaque expérience, tandis qu'il n'y en avait peut-être pas, sur la totalité, dix capables de faire abstraction de toute circonstance étrangère pour ne s'en tenir qu'à l'observation des faits magnétiques, on aura une idée de ce qui put se passer alors.

» Il y eut des scènes dignes de *l'Entr'acte au paradis :* brouhaha général d'une part, déroute complète de l'autre.

» Toutefois, M. L. ne laissa pas que de réparer l'outrage fait publiquement à son honneur, et de montrer autant qu'il était en lui, c'est-à-dire par des faits, que le nom d'imposteur n'eût pas dû lui être prodigué. Il expérimenta devant divers comités particuliers, et réussit parfaitement dans tout ce qu'il voulut produire ; mais il agissait toujours sans préparer les esprits qu'il voulait convaincre, et l'étonnement était ce qu'il obtenait le plus complétement. En voyant les faits les plus extraordinaires, et n'ayant aucun éclaircissement sur leur production, le plus grand nombre était plutôt étourdi que convaincu. Et d'ailleurs, la question restait toujours mal posée, si toutefois on la posait ; car il ne fallait pas faire du magnétisme une chose purement curieuse, mais bien le présenter au point de vue de son utilité médicale ; car ce qui est important, ce n'est pas qu'on admette quelques uns de ses phénomènes extraordinaires, mais bien qu'on l'applique le plus généralement possible comme moyen thérapeutique.

» On le voit, si le désordre empêcha les premières expériences d'être convaincantes, le défaut de tact scientifique diminua considérablement le succès des expériences ultérieures.

» Eh bien ! nous le répétons, cependant M. L. a servi la cause de la vérité. Voici nos motifs en deux mots : de ceux qui ne croyaient point au magnétisme, quelques uns ont cru ; presque tous ont été conduits à s'en occuper : quant à ceux qui y croyaient, ils ont profité de ses fautes pour les éviter à l'avenir en pareil cas. Son séjour à Orléans a été pour nous un véritable boute-selle, et peut-être fallait-il un éclat semblable pour attirer notre attention sur un point aussi important ; car ce n'est pas nous, Orléanais, en général, que l'enthousiasme scientifique peut faire voler au-devant d'une vérité, comme les hommes du Midi ; ce n'est pas nous que le besoin d'approfondir et le véritable esprit d'observation peut pousser sur les traces d'un phénomène inexplicable, comme les hommes du Nord. Nous sommes entre le Midi et le Nord ; si j'osais, je dirais que nous sommes neutres. Ce qu'il y a de certain, c'est qu'il faut du bruit, du bruit fait à notre oreille pour nous faire prêter l'oreille ; non que nous manquions de prévoyance et que nous ne puissions entendre de loin, mais bien en vertu de cette prévoyance même, qui nous porte à rejeter loin de nous, autant que possible, toute chose neuve, toute chose demandant à être élaborée en tout sens ; sûrs que nous sommes que d'autres s'en occuperont et feront ce qu'il y a de pénible dans l'œuvre, nous en attendons tranquillement les fruits. Mais ce quiétisme peut-il tenir contre un esclandre tel que celui produit à Orléans par l'apparition du magnétisme ? Le fait répond négativement à cette question, puisque le lendemain de la première séance, sur cent conversations qu'on pouvait saisir le long des rues, quatre-vingt dix-neuf roulaient sur ce thème.

» Il était donc réservé à M. L. de forcer les Orléanais à s'occuper de magnétisme, et d'assumer sur lui tout ce qu'il y eut de pénible dans cette tâche.

» Quoi qu'il en soit, d'ailleurs, ce fut sous une telle in-

fluence qu'il se forma dans notre ville un petit noyau de magnétiseurs qui, au départ de **M. L.**, résolurent de propager
la science sous son véritable jour. L'expérience venait de
montrer que Deleuze avait eu complétement raison de repousser la production du magnétisme en public. On comprenait, du reste, parfaitement que, pour convaincre des incrédules intéressés, ou du moins qui se croient intéressés à l'être,
il fallait ne leur laisser aucun moyen de biaiser, aucun moyen
de rejeter le succès d'une expérience sur l'adresse, le compérage, etc., etc., toutes hypothèses qu'on ne peut rigoureusement repousser dans une séance publique. Les prendre un
à un, et leur montrer les faits produits par eux-mêmes, pour
ainsi dire, tel était donc le plan que l'on se préparait à suivre
pour les forcer dans leurs derniers retranchements, lorsque
M. Ricard, professeur de magnétisme et directeur d'un journal
qui a pour but de répandre cette science, se trouva forcé de
séjourner quelque temps à Orléans avant de reprendre la route
de Paris, où il se rendait en ligne directe. Un professeur de
magnétisme pouvait-il arriver plus à propos ? **Aussi**, se rallier
à lui, le prier de faire un cours, lui trouver un local convenable à cet effet, fut ce qu'on eut de plus pressé à faire dès
qu'on eut appris son arrivée.

» La publicité fut donc cette fois rendue au magnétisme
d'une manière tout-à-fait convenable. **M. Ricard** ouvrit en effet, un cours de dix séances, et ceux qui le suivirent avec
quelque exactitude, purent juger avec connaissance de cause.
Il est vrai qu'il était impossible, par cette voie, de forcer la
main aux incrédules dont nous parlions tout-à-l'heure ; mais
ce n'était que reculer pour mieux sauter. En s'adressant à
l'intelligence et aux yeux de tous les gens de bonne foi , la
science devait gagner du terrain et se répandre peu à peu dans
la masse. On affermissait ainsi, en général, les fondements
de la croyance , on augmentait le nombre des adeptes , c'était
autant de chances de plus pour la lutte qu'on devait reprendre. Chaque jour une trentaine de personnes venaient entendre un résumé précis et nettement exposé de tout ce qu'on

sait en magnétisme, et voir dans l'intimité, pour ainsi dire, les expériences les plus convaincantes et les plus curieuses en même temps. Le somnambule ordinaire fut la plupart du temps d'une lucidité très remarquable, et assez surprenante à cause de la fréquence et de la fatigue de ses épreuves. Deux vues à distance réussirent surtout d'une manière tout-à-fait parfaite et ne durent laisser aucun doute dans l'esprit des spectateurs sans prévention.

» M. Ricard se prêtait volontiers à tout ce qui était regardé par le public comme devant rendre les expériences plus convaincantes, et laissait, autant que possible, à autrui la direction entière de son somnambule, bien que le peu d'habitude des personnes qui le conduisaient le fatiguât beaucoup ; mais il eût été à désirer qu'on apportât au moins dans les modifications que subissaient les expériences, un calcul consciencieux et juste, d'après lequel on ne remplaçât un mode d'expérimentation que par un autre à coup sûr plus concluant : cependant, on ne fit en ce genre que des tentatives futiles et mal dirigées ; citons un seul exemple :

» — Le somnambule décrivait parfaitement, dans sa lucidité, toutes les particularités de la maison où il était conduit mentalement, et de plus leurs rapports de position. Or, le plus simple bon sens vous dira que, si, pour indiquer chaque particularité dans tous ses détails, il y a des millions de chance contre une ; si, d'ailleurs, ces chances négatives se multiplient par le nombre des particularités, et encore par celui de leurs dispositions possibles, pour donner le nombre total des chances contre la réussite de l'expérience, il est absurde d'imputer cette réussite au hasard.

» C'est pourtant ce que l'on fit ; car, il semblait bon de douter, on tenait à douter ; et, le compérage, les signes, ne pouvant fournir aucun moyen de récusation, il fallait bien s'appuyer sur quelque chose. Le hasard, en pareil cas, est souverain, par cela seul qu'il n'est pas dépourvu d'une certaine obscurité, plus ou moins grande d'ailleurs, selon que la pupille intellectuelle est plus ou moins dilatable. Eh ! le hasard n'a-t-il pas expliqué l'univers ! !

» A la vérité, on n'osa pas faire cette objection en forme ; le principal récalcitrant eût craint de se voir malmené, par le premier venu qui aurait pu lui donner sur les doigts avec le calcul des probabilités. Mais on proposa une autre façon de faire l'expérience, qui était censée péremptoire. La voici :

» — On conduisit le somnambule dans une maison, puis dans un cabinet au premier, sans lui laisser le temps de rien dire, que ces mots : — J'y suis, — à mesure qu'un lieu lui était indiqué. On lui décrivit tous les meubles et leur disposition : puis, on attira son attention sur un objet particulier, très connu d'ailleurs.

» Nous demandons maintenant ce qu'il y eut dans cette expérience de mieux combiné que dans les premières. Le nombre des particularités sur lesquelles devait être éprouvée la lucidité du somnambule était diminuée, et voilà tout. Donc si l'expérience réussit, à plus forte raison devront l'attribuer au *hasard*, ceux qui prétendent qu'on peut décrire, par *hasard*, une maison quelconque, de la cave au grenier, et avec tous ses détails. Mais si elle ne réussit pas, c'est-à-dire, si le somnambule ne voit pas le seul objet sur lequel on le questionne, que faut-il en conclure? Rien ; car, quoique ce soit naïf, il faut le redire et le redire sans cesse, de ce que je ne vois pas quand mes yeux sont fatigués, il ne s'ensuit pas que je n'aie jamais vu. Remarquons du reste, que la fatigue du somnambule était le résultat le plus positif que devait attendre l'expérimentateur, qui le forçait ainsi à dépenser sa lucidité, sur des détails préliminaires très multipliés et très rapides ; et cela sans en tirer aucun profit.

» Plusieurs autres faits, qu'il serait trop long de citer, trahirent encore cette même tendance à contrarier sans utilité la marche logique de l'expérimentation. Il est vrai de dire que de tels observateurs ou critiques sont ceux qui affectent la plus profonde ignorance de l'état de la question. Ce sont ceux qui pendant la partie théorique du cours, étalent avec présomption leur inattentive impatience. Ils vous diraient, si vous les interrogiez : *Pour convaincre il faut des faits et non des paroles.* Mais, pour Dieu! ne glissez pas ainsi sur la surface des raisonnements, et regardez-y de plus près. Des faits? vous en aurez; et les paroles ne sont pas pour vous convaincre, mais bien pour vous instruire de ce dont il faut vous convaincre. Ecoutez d'abord ce qui s'adresse à votre si *rapide* intelligence, afin de ne pas commettre de bévues lorsqu'on s'adressera à vos yeux. — Eh! messieurs, qui passez pour de fortes têtes scientifiques dans votre ville natale, si, par *hasard*, vous avez fait de la chimie ou de la physique quelquefois en votre vie, dites-nous quelle est celle de ces deux sciences fécondes qui pourrait prouver l'existence de ses lois à l'improviste, sans préambule et devant des juges non préparés? Voyons, mettons la physique à la place du magnétisme pour un instant, et regardons-la s'efforçant de se révéler, de se démontrer à des hommes qui ne veulent que des faits, qui repoussent toute considération préparatoire. Que devant ces hommes soient faites, après avoir été annoncées sans aucun développement, les expériences les plus simples, celles qui constatent l'attraction et la répulsion des fluides électriques, par exemple. Les voyez-vous, ces juges, et ne haussez-vous pas les épaules à les voir trancher de l'observateur compétent, poser des objections en dehors des faits, et, partant de là, vouloir modifier les expériences à leur caprice; tirer de ces mêmes faits des conséquences qu'ils appelleront certaines, quoiqu'il soit excessivement difficile et délicat d'en tirer, alors même qu'on est initié à toute l'analyse qu'ils comportent. — Ne riez-vous pas bien haut, maintenant qu'ils jettent, avec arrogance, leurs sarcasmes sur la science et l'expérimentateur, parce que les expériences ne réussissent pas toujours; maintenant, qu'ils dédaignent les explications qu'on cherche à leur donner, qu'ils nient et traitent de dupes ceux qui croient; maintenant, enfin que, s'il survient quelque désordre capable d'arrêter la production des phénomènes, ils s'écrient de suite qu'on s'est ménagé ce subterfuge pour se tirer d'embarras, au cas où l'on aurait affaire à des observateurs trop clairvoyants. — Nous n'avons dit là que ce que vous faites pour le magnétisme.

» Vous avez des préventions? Libre à vous; mais ne crée

pas d'objections puériles , de difficultés imaginaires. Abordez vos préventions avant d'aborder l'expérience. Eclairez-les ; cherchez-en les causes ; voyez ce qui pourrait raisonnablement les détruire. Jetez un coup d'œil sur l'histoire et le but du magnétisme, sur ses hommes , sur ses théories. Voyez à quoi se réduisent celles de ces préventions qui vous effraient : *Produire* ARTIFICIELLEMENT , *à l'aide du fluide nerveux , l'état extraordinaire qu'on nomme* SOMNAMBULISME , *lequel se manifeste* NATURELLEMENT *chez certains sujets , ainsi que cela est constaté dans les annales de la médecine.* Considérez attentivement tout cela, et dites-moi s'il n'y a pas de quoi en finir complétement avec vos idées préconçues. Le doute, naturel en face d'un fait qu'on n'a pas apprécié, voilà ce qui pourra vous rester encore ; si, toutefois, vous n'êtes déjà portés à regarder comme vrai, ce qui, n'ayant rien que de rationnel, se présente, d'ailleurs, sous des auspices recommandables.

» Il est bon de constater encore ici la conduite de certains sceptiques, qui ont, pour caractère général, de décider toujours, de décider quand même. — Ils arrivent en vous disant : « Je n'ai aucune prévention , mais je veux des preuves, et des » preuves certaines. » Ils ajouteraient , s'ils osaient : « Ce ne » sont pas des observateurs de notre trempe qui admettent » le magnétisme sur de simples probabilités. » Or, le somnambule , ce jour-là, n'est pas lucide ; il voit mal, ou bien, les faits se présentent à lui entourés de quelques nuages. Il faut donc qu'ils se résignent à attendre mieux , car il n'y a rien de constaté, rien de mis en évidence. — Ah! vous croyez qu'ils vont attendre ! Erreur ! erreur ! Il vaudrait mieux demander à une pierre de ne pas tomber, qu'à eux de suspendre leur décision ! — Mais que concluent-ils donc ? Eh! bon Dieu! nous n'en savons rien ; puisque nous ne voyons pas matière à conclusion. Ecoutez-les, si vous tenez à le savoir : « J'en étais » bien sûr que c'était impossible ; c'est une jonglerie! » — Avez-vous assez de bonté d'âme pour vous approcher d'eux et leur demander pourquoi ils *décident* que c'est impossible ;

pourquoi ils affirment, pourquoi ils sont convaincus que c'est une jonglerie, et s'ils ont vu escamoter ; ils laisseront tomber sur vous un regard plein de mépris et de *dignité*, et vous tourneront le dos.

» Eh bien ! il faut les laisser ces logiciens à bâtons rompus formuler à tout propos leurs décisions en l'air. Ils tomberaient malades si on les contenait. Décidez, messieurs, décidez tant qu'il vous plaira ; mais vous trouverez bon que la science s'inquiète fort peu de vos décisions.

» Revenons au fait : à toutes les tracasseries dont nous avons parlé, M. Ricard opposait un merveilleux sang-froid. Il savait, par expérience, qu'il est impossible d'éclairer ceux qui de leur aveuglement font une affaire d'amour-propre. Il procédait, avec le calme et l'assurance que donne la vérité, à ses développements théoriques, et mettait sans cesse en évidence des phénomènes qui devaient convaincre les véritables observateurs. A chaque séance, il reproduisait les faits les plus simples, d'abord, et comme devant servir d'échelle à des faits supérieurs. Nous devons donc à M. Ricard de sincères félicitations pour l'excellente direction qu'il a donnée à son enseignement ; et nous croyons lui offrir, d'ailleurs, la seule récompense qu'il ambitionne, en l'assurant qu'il est parvenu à généraliser la connaissance et les applications du magnétisme à Orléans. Nous le remercierons encore de la bienveillante idée qu'il a eue de donner une séance publique au profit des pauvres de notre ville. Aller au devant d'une épreuve difficile pour faire une bonne œuvre, est une action qui élève autant M. Ricard que la prudence et la fermeté qu'il déploya pour la faire réussir.

» Il nous reste, pour terminer l'historique, à parler de deux *puissances* avec lesquelles le magnétisme doit avoir des relations : Je veux dire les journalistes et les médecins. Nous avons à déplorer le silence des uns, l'absence des autres.

» Et, d'abord, pour ce qui est des premiers, nous ne concevons absolument rien à leur mutisme obstiné sur ce chapitre. Il faut qu'il y ait là-dessous quelque intérêt majeur qui nous échappe, car ils ne manquent pas de temps pour apprécier, eux qui s'occupent le plus souvent de futilités faute de sujets convenables. Ils ne manquent pas de place dans leurs feuilles, eux qui remplissent à grand'peine leurs colonnes avec tous leurs moyens de *remplissage*. — Mais de quoi manquent-ils donc ? — Répondra qui pourra.

» Quant aux médecins, ils manquent de courage. Oui, s'ils ne viennent pas voir, c'est qu'ils ont peur de se compromettre dans leur réputation, dans leur fortune... dans leur vie, peut-être ! qui sait ? Oh ! ils seraient traités de *charlatans*, *de novateurs*, au moins, et ils perdraient la confiance qu'ils ont acquise. Comme si un médecin connu, qui a prouvé à sa clientèle qu'il est prudent, sensé, consciencieusement éclairé, ne pouvait pas dire à tous : « Vous savez si je suis dans le cas de » vous en imposer ; eh bien ! voici ce que je sais de nouveau, » voici mes preuves. » Doucement ! et l'amour-propre, et la vanité, qui ont fait dès long-temps cause commune contre le magnétisme. Ne savez-vous pas que ces messieurs ont, depuis long-temps, traité, à tout propos, cette science de jonglerie, et ses croyants, de dupes, leurs confrères magnétiseurs, d'intrigants. Or, il est amer d'être amené, après ces boutades, à dire : Je crois au magnétisme, je suis magnétiseur ; car on a craché en l'air !

» Mieux vaut faire de l'esprit de corps, et se mettre à l'abri derrière l'autorité de M. Bouillaud, le chef de la médecine exacte, que nous révérons, du reste, et s'écrier avec lui : C'EST IMPOSSIBLE ! *Il faut faire, pour la question du magnétisme, ce que l'Académie des Sciences fait pour la question de la quadrature du cercle.* A votre aise, messieurs, à votre aise. L'Académie des Sciences a suffisamment examiné la question dont vous parlez pour avoir une solution complète et qui ne laisse aucun nuage ; elle a, sur ce point, tous les éclaircissements désirables, et c'est pour cela qu'elle rejette, comme oiseux, tous ceux qu'on pourrait lui présenter. Faites comme elle ; étudiez le magnétisme ; éclairez-vous sur tous ses points d'une lumière suffisante ; faites de la science, enfin, et, quand vous en aurez fait, on vous laissera libres d'écouter ou de ne pas écouter ceux qui voudront vous instruire. — Mais ce n'est pas ainsi que M. Bouillaud entend son argument. Pour lui, probablement, la question de la quadrature dn cercle est insoluble, et c'est pour cela qu'il met le magnétisme sur la même ligne. Nous sommes fâchés, non pas pour lui, mais toujours pour ceux qui se couvrent de son égide, de lui donner cette sorte de démenti. Nous lui passerions, du reste, le vice de son raisonnement, s'il pouvait nous démontrer l'impossibilité de la vue à distance, par exemple, comme on démontre en mathématiques l'impossibilité de la rencontre d'une ligne droite par une autre en plus d'un point. En attendant qu'il le fasse, prions-le, pour le salut de ses fidèles, de se résigner à consulter les faits sur la vérité des théories, et non pas les théories sur la vérité des faits, et renvoyons ces mêmes fidèles aux lettres de M. le docteur Frapart.

» Toutefois, il est encore parmi eux, comme partout ailleurs, des gens qui rejettent le magnétisme, qui ne veulent pas en entendre parler parce qu'il est *épouvantablement dangereux dans ses conséquences*, vous diront-ils. Chez ceux-ci, c'est faiblesse d'esprit. Parlons-leur en parabole : Je vois une pierre qui va tomber sur la tête de cet homme; regardez, lui dis-je, une pierre vous menace. — Oh! c'est trop effrayant, répond-il en cachant sa tête dans ses mains. — *Mais croyez-vous qu'elle tombera moins parce que vous ne la voyez pas? croyez-vous que la voir ne soit pas un avantage pour s'en garantir?*

» Nous terminerons ici ce que nous avions à dire sur l'histoire du magnétisme à Orléans, et à propos de cette histoire. Loin de nous laisser arrêter par son peu d'incidents curieux, nous avons pensé qu'elle méritait d'autant mieux la publicité, qu'elle ne contient rien de particulier, que ses faits sont de nature à se reproduire partout en pareil cas. Nous nous plaisons donc à croire qu'il doit en ressortir un enseignement dont pourront profiter tous les magnétiseurs qui se trouveront dans de pareilles circonstances; tel est, au moins notre but dans cet article.   » A. BRIERRE. »

—

Dans toutes les villes où j'ai fait des cours, j'ai toujours éprouvé beaucoup de peine pour parvenir à me faire écouter. Les hommes sérieux en apparence criaient comme les autres avant de rien savoir : « Montrez-nous des expériences ; nous ne voulons que des expériences. » Et partout et toujours on a demandé des expériences, et l'on demande encore des expériences.

En résumé, c'est par des expériences que j'ai fait, pour ma part, plus de dix mille prosélytes au magnétisme ; c'est par des expériences que j'ai fait comprendre que l'homme possède un moyen naturel de conserver la santé et de la rétablir en cas d'affection ; c'est par des expériences que j'ai obtenu qu'un grand nombre de malades se confiassent aux traitements magnétiques ; c'est par des expériences que j'ai prouvé que certains individus acquièrent la faculté de reconnaître les maladies dont ils sont atteints et celles dont sont frappées les personnes qui entrent en rapport avec eux soit immédiatement soit médiatement, et qu'ils ont, de plus, l'intuition des remèdes convenables (1) ; enfin, c'est par des expériences que j'espère contribuer à gagner l'opinion, et à forcer, par celle-ci, les Académies de s'avouer vaincues.

---

(1) Notez bien que je suis loin de dire que tous les somnambules possèdent ces rares facultés ; je suis convaincu, au contraire, que le nombre des bons somnambules est très petit.

FIN.

TABLE DES MATIÈRES.

—

DEUXIÈME PARTIE.

LEÇONS THÉORIQUES ET PRATIQUES DE MAGNÉTISME ANIMAL.

TROISIÈME PARTIE.

FAITS, OBSERVATIONS ET CONSIDÉRATIONS.

FIN DE LA TABLE.